作物养分科学管理
控制病虫害的理论与实践

董 艳 董 坤 杨智仙 等 编著

科学出版社

北京

内 容 简 介

本书在明确土壤管理与作物病害可持续控制、作物抗病虫性原理及其与矿质养分关系的基础上，系统总结了大量、中量及微量元素养分影响病虫害发生的机制，提出了控制病虫害的养分综合管理技术。同时以云南水稻生态系统为例，深入分析了水稻种植管理措施（抗病品种、施肥、农药等）对水稻病虫害发生和流行动态及水稻产量的影响，尤其是以小麦和蚕豆间作系统氮素养分管理为特色，立足作物营养与作物健康理念，探讨矿质营养与作物病虫害控制的内在联系，揭示养分均衡吸收利用与病虫害控制的原理和相互作用机制。

本书可供土壤与植物营养、植物保护、农业生态相关专业科研工作者，高等农业院校师生和农业技术指导人员参考。

图书在版编目（CIP）数据

作物养分科学管理控制病虫害的理论与实践/董艳等编著. —北京：科学出版社，2021.11
ISBN 978-7-03-070066-7

Ⅰ.①作… Ⅱ.①董… Ⅲ.①作物–土壤有效养分–研究②作物–病虫害防治–研究 Ⅳ.①S506.1②S435

中国版本图书馆 CIP 数据核字(2021)第 209560 号

责任编辑：马 俊 李 迪 郝晨扬／责任校对：王晓茜
责任印制：赵 博／封面设计：刘新新

科学出版社出版
北京东黄城根北街 16 号
邮政编码：100717
http://www.sciencep.com
北京厚诚则铭印刷科技有限公司印刷
科学出版社发行 各地新华书店经销
*
2021 年 11 月第 一 版 开本：787×1092 1/16
2022 年 2 月第二次印刷 印张：19 1/2
字数：459 000
定价：198.00 元
(如有印装质量问题，我社负责调换)

《作物养分科学管理控制病虫害的理论与实践》
编著者名单

第 1 章　　董　艳（云南农业大学资源与环境学院）

第 2 章　　董　艳（云南农业大学资源与环境学院）

第 3 章　　董　艳（云南农业大学资源与环境学院）

第 4 章　　董　艳（云南农业大学资源与环境学院）

第 5 章　　杨智仙（云南大学图书馆）

　　　　　　董　艳（云南农业大学资源与环境学院）

第 6 章　　杨智仙（云南大学图书馆）

　　　　　　董　艳（云南农业大学资源与环境学院）

第 7 章　　杨智仙（云南大学图书馆）

第 8 章　　董　艳（云南农业大学资源与环境学院）

第 9 章　　董　坤（云南农业大学动物科学技术学院）

第 10 章　　董　坤（云南农业大学动物科学技术学院）

第 11 章　　郭增鹏（云南农业大学资源与环境学院）

　　　　　　马连坤（云南农业大学资源与环境学院）

第 12 章　　朱锦惠（云南农业大学资源与环境学院）

　　　　　　郭增鹏（云南农业大学资源与环境学院）

前　　言

　　农作物病虫害是农业生产上的重要生物灾害，也是制约农业可持续发展的主要因素之一。近几十年来，随着农业现代化水平的提高，以高投入与高产出、种植品种单一、复种指数高和大量施肥、施药等为特点的集约化种植已成为我国重要的农业生产模式。这一模式的不断推广与发展导致土壤生物多样性降低，有害生物的危害频率逐年加重，严重影响土壤和作物健康状况。多年来，农业生产者对作物病虫害的防治主要基于病理学观点，对病原菌和害虫进行有效杀灭，但也对我国的农产品安全、环境安全和生态安全构成了极大的威胁，引起全社会的高度重视。长期以来，相关研究对作物营养状况与植物健康关系的关注不够。作物营养状况及养分均衡供应对作物的生长和自身免疫能力的提高至关重要。矿质营养通过改变作物生理生化特性、形态学和解剖学特征，显著影响作物对病虫害的抵抗力。随着作物病害防治研究的深入开展，新的防治方法不断出现，安全有效、无污染的防治方法越来越受到人们的重视。矿质养分管理成为各国病虫害综合防治技术中最重要的一环。

　　当前集约化农业发展到了一个新的阶段，改变了传统化肥和农药施用量高、环境污染风险大的生产模式，以绿色发展为导向，将作物养分管理和病虫害控制相结合，实现农业有害生物可持续治理成了必然选择。将作物养分管理和病虫害控制相结合，不仅关注作物养分均衡吸收利用，而且关注土壤肥力管理对作物病虫害发生和发展的影响；不仅关注作物稳产高产，而且关注减少化肥、农药的投入及其对环境的负面影响和农产品的安全性，将作物生产的养分高效利用、根际微生物调控、作物健康结合为一体，探讨作物养分资源利用与作物抗病虫性提高的关系和相互作用，构建基于作物营养与作物保护相结合的作物健康综合管理技术，是实现有害生物绿色防控和农业可持续发展的关键。

　　本书重点从养分管理与作物健康角度入手，系统总结了通过养分管理控制作物病虫害发生的原理，如土壤肥力管理对病害发生的调控，大量、中量和微量元素养分管理与病虫害发生的内在联系；最后以稻田生态系统和小麦与蚕豆间作系统为研究实例，探讨了养分管理在病虫害持续控制中的重要作用。本书重点阐明各种植物必需营养元素与病虫害发生的内在关系并总结了控制病虫害的养分综合管理技术，为解决单一化学防治带来的环境及农产品污染问题提供了理论基础和新途径，对促进植物营养学、植物保护学、土壤学和生态学等多学科的交叉具有重要学术价值，也为探索矿质养分管理持续控制病虫害、减少农药施用、提高作物产量、实现环境友好的可持续农业生产提供了科学理论依据。

本书系统总结该领域的最新研究成果，期望对同行的研究工作具有一定的参考作用。鉴于我们的能力、水平和知识结构的差异，研究工作中还存在许多不完善之处，敬请各位专家、同行指教。书中难免有不足之处，恳请读者提出宝贵批评意见。

本书共 12 章，由董艳统稿。在即将出版之际，我们感谢国家自然科学基金项目（项目编号：31860596，31560586）的资助，感谢云南农业大学资源与环境学院赵正雄教授在写作思路上提出的宝贵意见，感谢各位被引用成果的研究者，也感谢同行前辈的悉心指导和支持！

董　艳

2020 年 8 月

目　　录

第1章 土壤管理与作物病虫害可持续控制

传统作物管理中，过度使用化学农药对生态环境和人类健康的影响，包括生物多样性锐减和人类疾病增多。1950～2000 年，施用于土壤和作物上的各种化学杀菌剂持续增加，全球化肥消费总量增加了 10 倍，每年化学杀菌剂的使用量为 30 亿 L，价值为 300 亿美元。大量证据表明，生长在富含氮、磷、钾土壤中的作物易发生病虫害。对土壤进行管理并利用土壤环境条件进行病虫害综合治理，可为农业可持续发展和环境保护做出重大贡献。增加土壤有机质含量，可增加土壤中微生物的活性，并通过增加微生物对营养物质的竞争，使微生物抑制病原菌的能力增强。农业生产中，应了解土壤环境因素对作物病虫害发生的影响，寻求最佳作物管理策略，预防、避免和控制病虫害。

作物病虫害在农业生产中可造成经济损失。事实证明，尽管在作物生产中广泛使用化学杀菌剂，但病虫害造成的损失仍然显著。由杂草造成的作物损失占全球粮食损失的10%（Marshall et al.，2003）。当易感寄主和致病菌处于有利于病原菌生长的环境中时，作物病虫害就会发生（Sullivan，2001）。如果寄主、病原菌和环境 3 个条件中有任何一个未得到满足，则不会发生作物病虫害。许多病虫害管理措施如使用杀菌剂和熏蒸剂均是在病虫害症状明显时才被用来控制病原菌，往往因使用太晚而没有效果。一个更可靠的方法是在感染发生前进行管理，这将不利于病原菌生长而有利于作物生长。

在所有生产系统中，土壤是作物生长的基本介质。任何系统的正常运行在很大程度上取决于土壤特性，如养分供应和影响根系生长的土壤结构。作物生长的土壤条件也可影响作物病虫害的发生及严重程度。管理土壤环境，充分利用其对病虫害的抑制作用，并以此作为综合控制策略的一部分，可对环境友好型的可持续农业发展做出巨大贡献（Quimby et al.，2002）。抑制作物病虫害发生的土壤特征是使病原菌不能存活，或者即使病原菌存在，但其导致的病虫害很少或没有，或者即使病虫害发生，但持续的时间很短，其抑制程度既与土壤物理条件、肥力水平、土壤生物多样性和种群结构有关，也与土壤管理制度密切相关（Sullivan，2001）。土壤环境通过间接影响杂草生长、病虫害发生及直接影响水分和养分供应而改变作物的生长发育。目前大部分相关理论中缺乏土壤因子及土壤环境条件影响作物病虫害严重程度的详细内容，然而这些内容是必不可少的，可为作物病虫害管理提供理论指导。

1.1 土 壤 肥 力

人们不会惊讶于生长在健康土壤中的作物比生长在贫瘠或成分比例失衡土壤中的作物的抗病能力更强，但很难理解为何昆虫有时专门攻击弱小的作物，而不去享用健康强壮、郁郁葱葱的美食。以上两种情况有着直接联系。当土壤处于营养平衡的良好状态时，通常病虫害的发生率低。实际上，土壤抗病虫害的能力可以看作土壤自身的免疫力。当土壤缺乏必要的营养或营养失衡时，作物病虫害就会猖獗（比阿特丽斯·特鲁姆·亨特，2011）。

病原菌在植株上定植需要寄主组织提供足够的有效性养分（Snoeijers et al.，2000）。过量施肥会导致作物叶片和其他组织徒长而增加作物的感病性（Davies et al.，1997）。许多研究者发现，土壤肥力对不同作物和病原菌的影响不同，因而对作物病虫害发展的作用也有差异。Portela 等（1999）发现生长于肥力低、通气性差及土壤紧实而限制根系扩展的土壤中的美洲栗（*Castanea dentata*）感染黑水病后较难恢复。Maynard 等（1961）发现胡萝卜斑点病与胡萝卜根系及叶柄钙含量低有关。土壤钾含量过高会导致钾素营养在胡萝卜植株体内累积而影响钙的吸收，进而加剧胡萝卜斑点病的发展（Hiltunen and White，2002）。束庆龙等（2003）研究发现，在干旱季节，土层贫瘠、容重过大、黏性土等情况下的栗园易导致树皮和枝干皮层处于缺水状态，再加上营养不足，最终造成树木抗性下降、病情严重。与健康植株相比，番茄青枯病罹病植株根际土壤 pH、有机质、全氮、全磷、全钾含量以及碱解氮、速效磷、速效钾含量等均呈下降趋势，尤其是碱解氮、速效磷和速效钾含量的下降趋势尤为显著（杨尚东等，2013）。

1.1.1　氮素养分

大多数研究表明，氮素是与作物病虫害密切相关的营养元素。氮营养过高会使作物徒长，营养生长期延长，成熟期延后，增加植株的感病概率；氮营养不足则会导致植株生长稀疏且缓慢，同样容易发病（Agrios，1997）。区分供氮水平对寄主-病原菌的直接或间接影响比较困难，这是因为不同供氮水平对病原菌的影响很难与其对作物生长、作物生理及作物微气候的效应区分开（Sasseville and Mills，1979）。作物生长和发病情况对高氮水平的响应在多种作物和病原菌上已被证实并报道（Marti and Mills，1991；Sasseville and Mills，1979；Smiley and Cook，1973）。土壤氮素水平对不同农作物病虫害发展的影响见表 1-1。

表 1-1　氮、磷、钾水平变化对作物病虫害的影响（Ghorbani et al.，2008）

寄主	病原菌	养分含量变化	病害严重程度
氮			
梨（*Pyrus* spp.）	解淀粉欧文氏菌（*Erwinia amylovora*）	+	+
小麦（*Triticum aestivum*）	禾柄锈菌（*Puccinia graminis*）	+	+
	白粉病菌（*Erysiphe graminis*）	+	+
	立枯丝核菌（*Rhizoctonia solani*）	+	+
	全蚀病菌（*Gaeumannomyces graminis*）	−	+
水稻（*Oryza sativa*）	立枯丝核菌（*Rhizoctonia solani*）	+	+
甜菜（*Beta vulgaris*）	齐整小核菌（*Sclerotium rolfsii*）	−	+
马铃薯（*Solanum tuberosum*）	早疫病菌（*Alternaria solani*）	−	+
番茄（*Lycopersicon esculentum*）	尖孢镰刀菌（*Fusarium oxysporum*）	−	+

续表

寄主	病原菌	养分含量变化	病害严重程度
磷			
小麦（Triticum aestivum）	叶枯病菌（Septoria tritici）	+	+
大麦（Hordeum vulgare）	全蚀病菌（Gaeumannomyces graminis）	+	−
马铃薯（Solanum tuberosum）	疮痂病菌（Streptomyces scabies）	+	−
棉花（Gossypium spp.）	尖孢镰刀菌（Fusarium oxysporum）	+	+
菠菜（Spinacia oleracea）	黄瓜花叶病毒（Cucumber mosaic virus）	+	+
甘蓝（Brassica oleracea）	立枯丝核菌（Rhizoctonia solani）	+	−
亚麻（Linum usitatissimum）	尖孢镰刀菌（Fusarium oxysporum）	+	+
豇豆（Vigna unguiculata）	炭疽病菌（Colletotrichum lindemuthianum）	−	+
钾			
小麦（Triticum aestivum）	叶锈菌（Puccinia triticina）	+	+
	禾柄锈菌（Puccinia graminis）	+	−
大豆（Glycine max）	疫霉菌（Phytophthora sojae）	+	+
	大豆花叶病毒（Soybean mosaic virus）	+	+
水稻（Oryza sativa）	稻瘟病菌（Magnaporthe grisea）	+	+
	南方根结线虫（Meloidogyne incognita）	+	+
洋葱（Allium cepa）	洋葱霜霉病菌（Peronospora destructor）	+	−
棉花（Gossypium spp.）	大丽轮枝菌（Verticillium dahliae）	−	+
马铃薯（Solanum tuberosum）	早疫病菌（Alternaria solani）	+	−

注：+表示养分含量增加将增加（+）或降低（−）病害严重程度；−表示养分含量降低将增加（+）或降低（−）病害严重程度

在非农作物上也观察到相似的研究结果，如 Ghorbani 等（2002）的研究表明，由壳二孢属（Ascochyta）病菌引起的藜草病害发展随植株组织氮含量的增加而加剧，因而减少了藜草的干重。氮营养除对作物株型和微气候（湿度）产生影响外，还影响病原菌孢子的萌发，供氮水平增加可能会影响作物表皮特性、细胞壁结构和叶片代谢活性，进而加重作物发病情况（Snoeijers et al.，2000）。某些作物在受病原菌感染后，缺氮可能也是加重病害的原因之一。

1.1.2　磷素养分

磷酸盐在作物细胞代谢中起着反应物和效应分子的核心作用，在多种生态系统中，磷酸盐是大量必需营养元素，但其较低的有效性通常限制作物的生长（Abel et al.，2002）。土壤磷酸盐对病害的发展同样至关重要（Sullivan，2001）。亚磷酸盐是农业杀菌剂或作物营养的优良磷源。已有文献报道，亚磷酸盐可有效控制由各种疫霉属病原真菌引起的作物病虫害（McDonald et al.，2001）。许多研究报道了土壤有效磷含量与作物病虫害发展的关系（表1-1）。作物最佳养分水平因土壤条件和病虫害不同而异，有效磷的测定和管理及其与其他养分的平衡应该被纳入控制作物病虫害的总体策略中。

1.1.3　钾素养分

钾肥同样与作物病害有关（表 1-1），如在黄瓜（*Cucumis sativus*）植株上喷施草酸钾、磷酸氢二钾或磷酸三钾溶液（20mL 或 50mL），可诱导其对炭疽病菌（*Colletorichum lagenarium*）、黄瓜黑星病菌（*Cladosporium cucumerinum*）、白粉病菌（*Erysiphe graminis*）、丁香假单胞菌（*Pseudomonas syringae*）、嗜维管束欧文氏菌（*Erwinia tracheiphila*）、烟草坏死病毒和黄瓜花叶病毒产生诱导抗性（Mucharromah and Kuc，1991）。施用钾肥可降低芥末黑斑病严重程度的原因是施钾增加了芥末植株体内抑制分生孢子萌发与产孢的酚类物质含量（Sharma and Kolte，1994）。苹果腐烂病的病害程度与树体及土壤的含钾量呈显著负相关，即腐烂病越严重，树体及土壤的含钾量越低（季兰等，1994）。当土壤中速效钾含量增加时，林下人参红皮病的发病指数下降，可能是由于钾离子的存在降低了根系对二价铁离子的吸收，从而减少了铁离子在根系表面的富集（李腾懿等，2013）。过量施氮从土壤中带走的钾越来越多，导致土壤中速效钾含量下降，降低了水稻抗病性（刘玲玲等，2008）。作物病虫害控制需要考虑植株体内钾营养的比例、形态及其与土壤中其他养分的平衡，也需要确定不同作物最佳的养分平衡。

1.1.4　其他中量与微量营养元素

对钙、镁、铁、锌和其他微量营养元素的研究表明，土壤中这些营养元素的含量水平与植物对某些病害的感病性与抗病性有密切关系。钙营养对控制小麦、甜菜、大豆、花生、豌豆、辣椒、菜豆、番茄和洋葱的猝倒病有显著影响（Weltzien，1989）。在美国佛罗里达缺硅的有机土壤中，连续两年施用炉渣硅钙肥，与对照相比水稻胡麻叶斑病发病率分别降低 15.0%和 32.4%。在巴西缺硅的土壤中施用硅肥，可以显著减少水稻胡麻叶斑病的发生，而不受土壤中 Mn 含量的影响（宁东峰和梁永超，2014）。在碱解氮含量过高的土壤中施入适量钙肥可以增加钙的有效性，使番茄具有较高的抗枯萎病能力（于威等，2016）。钙+镁/钾对多种作物病虫害有重要影响，如南方根结线虫对玉米、甜瓜、芥菜、油菜、豇豆、番茄的损伤程度与土壤中的钙+镁/钾含量有关（Bains et al.，1984）。4 种不同基因型水稻穗瘟病的严重程度与水稻穗组织中的养分浓度有关，穗组织中氮、磷和镁的含量与穗瘟病发病率呈正相关关系，而钾和钙与穗瘟病发病率呈负相关关系。改良水稻品种较低的病害严重程度与其组织中高钾、锌和低氮、磷、镁有关（Filippi and Prabhu，1998）。Matocha 和 Hopper（1995）及 Matocha 和 Vacek（1997）指出，棉花缺铁（或锌）的黄化程度与棉花根腐病发病率有关。对土壤样品的分析表明，至少两种元素（铁和镁或锌和镍）的供应不足会增加病原菌的侵染。

氯肥可有效控制小麦白粉病和小麦叶锈病（Engel et al.，1994）。Duffy 等（1997）的研究表明，康氏木霉（*Trichoderma koningii*）对小麦全蚀病的控制效果与土壤中铁、硝态氮、硼、铜、可溶性镁含量及黏粒百分比呈正相关关系，而与土壤 pH 和有效磷含量呈负相关关系。Lee 等（1998）报道了在缺硅土壤中添加硅可减轻水稻稻瘟病的严重程度。健康蕉园土壤的大多数理化性状和养分含量高于患病蕉园，尤以土壤黏粒、有机质、阳离子交换量（CEC）、全氮、全磷、有效磷、有效铜、有效铁、有效硼和交换性钙含量表现更为明显，其在健康蕉园中的含量均为患病蕉园的 1.5 倍以上。同一患病蕉园根际土壤 pH 随植株感病级别的增加而上升，而有效磷和有效硼含量随植株感病级别的增加而降低（邓晓等，2012）。健康烟株根际土壤中交换性钙、有效硼、有效钼等矿质营养的含量显著低于青枯病发病烟株根际土壤中的含量；土壤中有效钼、交换性钙的含量可能是影响青枯病发生最关键的土壤营养因子（郑世燕等，2014）。烟草青枯病的发病率与土壤有机质、碱解氮、有效铁、有效锰和交换性镁含量呈显著负相关关系，土壤深翻或仅配合石灰施用，降低了土壤有机质含量及铁、锰、镁等中微量元素的有效性，使得烟草青枯病发病率增加。因此，烟区土地整理应注重土壤有机质及中微量元素的补充，以减少烟草青枯病害的发生（万川等，2015）。

1.2　土壤有机质

土壤有机质是土壤维持肥力和农业生产力的重要组分，由一系列存在于土壤中、组成和结构不均一、主要成分为碳和氮的有机化合物组成。有机质含有作物生长所需的各种营养元素并影响养分循环、微生物活动、土壤保水和保肥能力，促进土壤形成良好结构，决定农作物产量和抗病性，同时还能减轻重金属、农药污染等造成的影响。有机质在不同土壤中含量差异很大，高的可达 200g/kg 以上，低的不足 5g/kg，而耕地表层土壤有机质含量均在 50g/kg 以下。土壤有机质是大量元素库，提供了有机质中超过 95%的氮和硫，以及 20%～70%的磷，在作物生产中具有非常重要的意义。长期以来，经过国内外研究者的大量田间试验和生产实践证明，增施有机肥、提高秸秆还田量、合理轮耕、种植豆科牧草肥田等措施，均能有效提高土壤肥力（潘剑玲等，2013）。

在自然生态系统（草原生态系统和森林生态系统）中，有机质由土壤中的动植物源源不断地提供，土壤中的微生物将枯叶残枝腐解转化为腐殖质，维系着土壤肥力的持久性。然而，在农业生态系统中，原来的动植物因种植新的农作物而被清除。为了保持土壤肥力，必须提供有机质，让土壤自身生成腐殖质，或者外源施用含有腐殖质的堆肥。

传统农耕制度中，秸秆还田增加了农田有机质，尤其是新鲜有机质（未经深度分解的有机质；新鲜有机质易分解、供给作物利用，是土壤活性有机碳的主要来源，其含量与土壤活性有机碳含量呈正相关关系）的含量。由于有机质的增加，农田土壤中动物和微生物的数量增加，其分泌物和排泄物与深度降解有机质所形成的腐殖质等都是活性很强的胶黏物质，有利于土壤团聚体的形成（盛丰，2014）。秸秆还田后土壤有机质含量相对于非还田土壤平均提高了 0.29g/kg，且秸秆释放有机物质是一个逐渐的过程，这样既能增加土壤有机质含量，又有利于土壤改良和可持续发展（潘剑玲等，2013）。但是，在集约化农业生产中，随着化肥和杀虫剂的大量施用，传统的秸秆还田模式被大量化肥所取代，加之各种农业革新技术使农田土壤发生了巨大变化，农作物的快速生长也加快了有机质的消耗速度，并且其消耗速度远远高于有机质的累积速度。由于土壤贫瘠速度的加快，农作物病虫害发生较为普遍。

　　在可持续农业生产中，大多数农业措施均能提供均衡的矿质养分，同时提高特定养分的有效性和作物对病害的忍耐力（Oborn et al.，2003）。例如，轮作、施用绿肥和农家肥、间作和翻耕等措施会影响病害抗性和作物生长。这些措施中大多数能显著提高土壤有机质含量，这是农业可持续发展的重要因素。

　　土壤有机质的含量和质量影响许多与土壤健康相关的土壤功能，如保蓄性、通透性和排水性等。农田施用有机物料（作物残茬、秸秆和有机废弃物）影响土传病原菌的存活而抑制病害发生（Stone et al.，2004）。施用泥炭、动物粪便及翻压绿肥已经被证明能抑制土传病原菌的生长，恶化其生存环境，并且对作物生长无不良影响。研究表明，向土壤中添加泥炭能抑制腐霉菌侵染引起的病害（Hu et al.，1997）。另有研究表明，添加不同有机改良剂能减轻疫霉菌引起的根腐病危害（Dordas，2008）。

　　土壤有机质、土壤微生物、农药通过为作物和致病菌提供养分、有利或不利的环境条件而影响作物病原菌的生长与发育（Newman，1985）。土壤有机质对病害的控制作用主要与增加微生物活性和病毒抗性、降低病原菌侵染或毒性有关。苗床中还原物质浓度随地貌类型不同而变化，其中活性有机质与人参病情指数的相关性最高，是人参红皮病发生的主要因素（李志洪等，1999）。

　　土壤有机质的含量和数量会影响作物营养状况。有机质不仅影响土壤养分含量，也可以通过影响土壤微生物活性而影响养分有效性。因此，矿质养分通过提高作物抗性，改善作物生长状况，改变病原菌的生存环境而抑制病害发生。一般每年施用有机物料的农田均会有较高的微生物活性和钾含量。根部病害的发病率与土壤中硝酸盐及作物组织中氮含量呈正相关关系，而与土壤中氮的矿化率、微生物活性、土壤全氮含量及土壤 pH 呈负相关关系。研究发现，向土壤中添加污泥可以提高土壤中的氮含量，使黑麦草的发芽率提高，生长状况改善，从而增强黑麦草对叶锈病的耐性（Loschinkohl and Boehm，2001）。

1.3　土壤 pH

　　土地利用方式改变及种植作物对土壤酸化有重要影响。Jackson 等（2005）的研究表明，为促进生物固碳而大量种树可加速土壤酸化。因此，森林土壤比经常翻耕的农田土壤更容易发生酸化。事实上在农田生态系统中，免耕措施更易加速土壤酸化（徐仁扣，2015）。收获农作物时从土壤中移走钙、镁、钾等盐基养分，也会加速土壤酸化。豆科作物和茶树对土壤酸化具有更明显的加速作用。20 世纪 50 年代由于豆科牧草的种植，澳大利亚和新西兰发生大面积土壤酸化，豆科三叶草种植 30 年后土壤 pH 下降近 1 个单位。豆科作物从土壤中吸收的 Ca^{2+}、Mg^{2+}、K^+ 等无机阳离子多于无机阴离子，导致根系向土壤释放质子，加速土壤酸化。种植豆科作物增加土壤有机氮是加速土壤酸化的另外一个原因。种植茶树导致土壤持续酸化已是众所周知的事实，除施用氮肥等外部原因外，茶树本身也会加速土壤酸化，但对其机制并不清楚。早期研究认为，茶树凋落物中铝的生物地球化学循环是加速土壤酸化的原因，但近期研究发现由于茶树的喜铵和富铝特性，其对铵离子和铝离子的大量吸收导致根系释放大量质子，可能对土壤酸化有重要贡献（徐仁扣，2015）。

　　土壤酸化会影响土壤微生物的活动，这是因为大多数土壤微生物都对酸敏感。土壤酸化后土壤微生物的数量会减少，微生物的生长和活动受到抑制，从而影响到土壤有机质的分解和土壤中碳、氮、磷、硫的循环（徐仁扣，2015）。土壤 pH 通过直接影响土传病原菌及微生物数量，间接影响土壤中营养物质的有效性来影响作物病害的感染和发展。例如，孢子萌发，当 pH<4.0 时，樟疫霉（*Phytophthora cinnamomi*）孢子囊形成，游动孢子释放率和死亡率均降低（Blaker and MacDonald，1983）。与偏碱性土壤相比，pH 5.6 的土壤中生长的花生茎更容易被齐整小核菌（*Sclerotium rolfsii*）感染，但这种病害在 pH 8.7~9.8 时不会发生（Shim and Starr，1997）。Holmes 等（1998）研究了当 pH 4.5~8.0 时，以寡雄腐霉（*Pythium oligandrum*）作为拮抗剂防治甜菜立枯病的效果，结果表明，只有当土壤 pH 为 7.0 和 7.5 时，寡雄腐霉才能防治甜菜立枯病。当土壤 pH 5.2~8.0 时，马铃薯疮痂病发生严重（Dominguez et al.，1996）。Sullivan（2001）的研究表明，马铃薯疮痂病在 pH>5.2 的土壤中发生更严重，但在较低 pH 的土壤中病害通常得到抑制。香蕉枯萎病又称黄叶病、巴拿马病，是由尖孢镰刀菌古巴专化型侵染引起的维管束病害，属于真菌类土传病害，容易在 pH 6 以下、肥力低的砂质和砂壤酸性土壤中发生，其致病力强、孢子存活时间长，一旦发病即有毁灭性危害。目前我国蕉园由于长期大量施用铵态氮、氯化钾等酸性或生理酸性常规化肥而加剧了土壤酸化。研究表明，土壤酸化会抑制细菌和放线菌等土壤有益微生物的生长，而有利于喜酸性土壤的真菌类有害微生物，如尖孢镰刀菌古巴专化型的生存和繁殖（李进等，2018）。土壤 pH 对尖孢镰刀菌在土壤中增殖的影响最显著，酸化的土壤环境非常有利于尖孢镰刀菌的生长，随着酸化程度的增加，尖孢镰刀菌的增殖速率显著增加，尖孢镰刀菌在中性或碱性土壤中的增殖速率较低，因此土壤酸化可能是造成黄瓜连作后枯萎病高发的重要原因（姚燕来等，2015）。

　　铵态氮通过酸化土壤减轻了马铃薯疮痂病发生的严重程度，而施用石灰加剧了马铃薯疮痂病发生的严重程度。虽然降低土壤 pH 是防控马铃薯疮痂病的有效措施，但增加土壤 pH 或钙的水平，也有益于许多其他作物的病害管理（Sullivan，2001）。通过对土壤特性与香蕉枯萎病发生关系的研究发现，枯萎病发病率与土壤 pH、阳离子交换量、土壤溶液中的钠和铁含量有关。Blank 和 Marray（2007）的研究表明，pH 4.7~7.5 的土壤对禾谷头孢霉（*Cephalosporium gramineum*）分生孢子的萌发无显著影响。田间调查发现，十字花科作物根肿病以土壤 pH 4.5~6.5 时相对较重，人工接种试验发现土壤 pH 与十字花科作物根肿病的发生密切相关，适宜根肿病发生的土壤 pH 为 4.0~6.5，最适 pH 为 4.5~5.5，调节土壤 pH 至 6.5 以上病情减轻，通过施用石灰调高土壤 pH，能减轻或抑制根肿病发生（黄蓉等，2015）。尖孢镰刀菌在 pH 5.5 或 pH 4 的土壤中繁殖速度较快，碱性土壤（pH 8.5）不利于尖孢镰刀菌的生长，表明致病性尖孢镰刀菌在中性或中性偏酸性土壤中的存活率较高，过酸和过碱均不利于尖孢镰刀菌在土壤中的生长。因此，在不影响作物生长的前提下，调整土壤 pH 至碱性或许能够在一定范围内控制枯萎病的发生或蔓延（彭双等，2014）。

施用石灰 1500kg/hm^2 或草木灰 18 000kg/hm^2，有利于改善土壤环境，提高土壤 pH，增加土壤中放线菌数量，降低土壤中青枯病病原菌数量，对烟草青枯病有一定的控制作用（施河丽等，2015）。碱性条件能干扰和延迟根肿病菌游动孢子囊的形成以及影响皮层侵染来抑制根肿病的发生，在田间管理上可通过适当施用生石灰、有机肥等提高土壤 pH 至中性或弱碱性，创造不利于根肿病菌侵染的条件，进而减轻根肿病的危害（班洁静等，2015）。在易发烟草青枯病的砂泥田耕层土壤中掺混红砂土 150~450m^3/hm^2 后，土壤 pH 由酸性（4.78）渐变为中性（7.06），土壤中细菌和真菌数量减少，而放线菌数量增加，青枯病发病率和病情指数比砂泥田分别下降了 42.2%～73.5% 和 51.4%～81.1%，相关分析表明，pH 与青枯病发病率、病情指数均呈极显著负相关关系（李集勤等，2017）。

香蕉枯萎病易在 pH 6 以下的酸性砂质或砂壤中发生，偏酸性环境可增强某些真菌类病原菌孢子的萌发率和致病力，而偏碱性环境则对其有明显的抑制作用；土壤尖孢镰刀菌数量及香蕉枯萎病的危害程度随土壤 pH 的升高而削弱；与常规肥料相比，施用碱性肥料后土壤 pH 升高了 0.75 个单位，而土壤中尖孢镰刀菌数量减少了 4.5×10^{3}CFU/g，香蕉枯萎病的发病率降低了 45 个百分点。原理是尖孢镰刀菌属于喜酸性土壤环境的真菌，当碱性肥料中和了土壤中部分酸性并使土壤环境呈中性或偏碱性时，改变了尖孢镰刀菌生存的土壤微环境酸碱度（李进等，2016）。施用木薯渣、蔗渣、石灰等改良土壤，可使土壤 pH 提高到 7.0～7.5，降低尖孢镰刀菌古巴专化型的致病力，土壤 pH 与香蕉枯萎病发病率、病情指数呈极显著负相关，即土壤酸性越强，香蕉枯萎病越严重；施用碱性肥料增加香蕉产量的原因一方面在于提高了土壤 pH 而降低了香蕉枯萎病的发病率及病情指数，减少了香蕉的黄叶数量，使香蕉有较多的绿叶进行光合作用而高产；另一方面香蕉生长期土壤处于中性或偏碱性环境能有效抑制尖孢镰刀菌的生长和致病，有利于其他有益微生物的生长，从而为香蕉健康生长营造良好的土壤环境（樊小林和李进，2014）。

铵态氮肥的过量施用是农田土壤加速酸化的主要原因，因此应逐步减少铵态氮肥的施用量，增加有机肥施用量。研究表明，长期施用有机肥或将有机肥与化肥配合施用可以维持土壤酸碱平衡，减缓土壤酸化，这是因为有机肥含一定量的碱性物质。长期施用有机肥还可以提高土壤有机质含量，从而提高土壤的酸缓冲容量，显著提高土壤抗酸化能力。作物吸收硝态氮，其根系会释放氢氧根离子（OH$^-$），能中和根际土壤酸度。因此，以硝态氮肥替代铵态氮肥可以从源头切断氮肥在土壤中产酸。农作物秸秆经过热解炭化制备的生物质炭是一种优良的酸性土壤改良剂，不仅可以在短期内中和土壤酸度，提高土壤 pH，而且可以显著提高土壤的酸缓冲容量和抗酸化能力，对酸化土壤的治理及化学肥料持续施用导致的土壤再酸化的阻控均有很好的效果（徐仁扣等，2018）。

土壤 pH 对土壤肥力和养分有效性具有重要的影响，对于某些病害，通过改变土壤酸度引起营养失调，使寄主作物生长变差，可能会影响病害的发生和严重程度。酸沉降导致的土壤铝活化是北美森林土壤缺钙的主要原因，因为土壤有效态钙含量与土壤交换性铝呈显著的负相关关系。酸化后土壤对磷酸根、钼酸根和硼酸根的吸附能力增加，土壤中磷与微量元素钼和硼的有效性降低。同时土壤酸化还造成土壤中钙、镁、钾、磷等营养元素大量流失或被固定，导致土壤养分失衡，肥力严重下降，易造成香蕉枯萎病或有利于其他有害微生物的繁殖（樊小林和李进，2014）。土壤酸化使土壤中 H^+、铝离子和锰离子等浓度增加，活动性增强，从而影响作物的抗病性（徐仁扣，2015）。例如，土壤 pH 高低与苹果粗皮病的发生相关，锰元素易受土壤环境条件影响，其中土壤 pH 是影响土壤中锰元素转化和可给性的最主要因素，土壤 pH 越低，土壤有效锰含量越高，苹果粗皮病发病程度越重（徐圣友等，2008）。酸性较强的土壤能更好地促进作物对锰的吸收，充足的锰能诱发某些作物产生抗性（Sullivan，2001）。目前已经在一些作物如番茄、棉花、甜瓜上观察到适当的钙水平和/或更高的土壤 pH 能减少枯萎病发生（Jones et al.，1989）。施用石灰提高土壤 pH 可减轻胡萝卜斑点病的发生（Hiltunen and White，2002）。施用石灰和石膏可改变土壤酸度、养分有效性及病害发生严重程度。

1.4　土壤质地和结构

土壤质地和结构影响作物病害发生是因为其影响作物的持水能力、营养状况、气体交换及作物根系生长。例如，生长在砂质土壤中的花椰菜茎腐病最为严重，而生长在黏土中的花椰菜茎腐病程度较轻（Chauhan et al.，2000a，2000b）。砂土中小麦根腐病菌的放射状传播速度是壤质砂土中的 2 倍，而壤质砂土中小麦根腐病菌的传播速度又是砂质黏壤土的两倍多（Gill et al.，2000）。Bolanos 和 Belalcazar（2000）的研究表明，种植在砂粒含量较高土壤中的作物更容易感染菊欧文氏菌（*Erwinia chrysanthemi*），与细质地土壤相比，南方根结线虫（*Meloidogyne incognita*）在粗质地土壤中更易繁殖（Koenning et al.，1996）。土壤质地与耕作的互作对许多病害具有非常重要的影响。与传统耕作模式相比，粉砂质壤土和壤土中进行保护性耕作（少耕和更多的作物覆盖）时作物立枯病的发病率更高。然而在砂质壤土中，传统耕作的田块中作物立枯病的发病率显著高于保护性耕作地块。廖咏梅等（1997）研究了广西番茄青枯病抑病土壤的抑菌作用，他们在试验中发现土壤普遍具有抑菌作用，但对抑病则有砂壤土明显强于砂质土和黏质土的规律，其可能的机制是：砂质土保水、保肥能力差，土温昼夜温差大，易造成番茄伤根，使病原菌易于从根部伤口侵染番茄而引起发病；同样，黏质土壤板结，不利于番茄根的伸展，也易造成伤根而促进青枯病的发生。土壤质地对番茄青枯病发生的影响较大，随土壤砂性的增加，番茄青枯病发生率升高；随土壤黏性的增加，番茄青枯病发生率下降（蔡燕飞等，2003）。不利的土壤结构会导致土壤板结或排水不良，大大增加许多作物严重感染病原菌的机会。以小麦全蚀病为例，黏重土壤条件下作物能忍耐较轻程度的发病而对产量无太大影响。然而，当土壤板结引起排水较慢时，相同的发病程度对作物造成的危害更大（Davies et al.，1997）。较差的土壤结构、土壤类型或渍水状况造成土壤通气性差，能促进胡萝卜斑点病的发生与发展（Hiltunen and White，2002）。土壤紧实度、土壤温度和水分影响豌豆根腐病的发生。Chang（1994）的研究结果表明，土壤容重增加而使土壤更加板结，豌豆根腐病的发病率和发病严重程度显著增加而豌豆植株的鲜重急剧降低。束庆龙等（2003）调查了土壤肥力与板栗枝干病害的关系，结果表明，土壤类型以黏土、石砾土的栗园发病较重，黏土栗园发病重的原因是土壤通气透水性能差，导致根系生长不良甚至腐烂，枝干常处于生理缺水状态；壤土、砂壤土、黄棕壤的栗园发病较轻；土壤容重对病情的影响非常显著，病害随着土壤容重的增大而加重；土层厚度与感病指数呈负相关。土壤内部排水对土传病害有重要影响，这种影响主要在于排水对敞开的土壤孔隙的作用，因而影响作物根部和土壤微生物的氧气供应，也影响大多数微生物繁殖和侵染所需自由水的供应情况，土壤微生物的数量随土壤深度的增加而减少，这主要是随着深度的增加，土壤通气性随之减少所致。在黏重或潮湿的土壤中，某些微生物之所以比其他微生物占优势，往往在于它们能够忍耐低的土壤通气条件。土壤微生物对土壤氧气的争夺能限制病原菌活动，当土壤中添加大量未腐解的有机物时更是如此。

土壤团聚体是土壤最基本的结构单元。研究表明，大团聚体可提高土壤质量，塑造良好的土壤结构，调节土壤通气与持水、养分释放与保持的矛盾，促进作物生长，防控土传病害发生。土壤团聚体形成过程中细菌分泌的多糖、真菌菌丝及植物根系对团聚体的形成与稳定起着重要作用（邓照亮等，2018）。渭北苹果园土壤质地为壤质土，有机质含量相对欠缺，土壤团聚作用差，团聚体"稳定性"不强，随着植果年限的增加，土壤翻耕扰动少，在植果期间土壤黏粒逐渐向深层移动与累积，最终造成果园土壤亚表层及其下土层的紧实化，果园出现了树势衰弱、树体衰老、抗性降低、腐烂病及早期落叶病频繁发生、盛果期缩短、果品产量与品质明显下降及耐储藏性降低等问题（魏彬萌和王益权，2015）。

人参红皮病是氧化还原过程交替，铁、锰离子在人参根表面沉淀的结果，通气孔隙度与活性高铁/活性亚铁值呈显著正相关，持水孔隙度与活性高铁/活性亚铁值呈显著负相关，土壤通气孔隙处于好气状态，进行氧化过程，使有机质大量分解，形成有络合能力的中间产物，固相表面含水氧化铁被络合还原，形成有机络合亚铁进入溶液中；持水孔隙则处于嫌气状态，进行还原过程，使液相内 Fe^{3+} 嫌气还原为 Fe^{2+}。两者的共同作用使溶液中 Fe^{2+} 浓度维持较高的水平，成为人参红皮病发生的重要条件（李志洪等，1999）。

大豆田平作时，根腐病发病最重，而垄作时发病较轻，原因是平作土壤含水量高、易板结、易涝并且透气性差，利于大豆根腐病病原菌的生长，而垄作使土壤变得疏松，改善了通气性并降低含水量，从而促进大豆根系发育而减轻了根腐病的发生（魏巍，2012）。还有许多研究发现，施用有机物质可改善土壤结构。此外，Forge 等（2003）的研究表明，使用有机材料作为覆盖物对土壤食物网结构具有深远影响，这种影响与微生物生物量及大量营养元素有关。

1.5　土壤微生物群落

土壤微生物是农田生态系统多样性研究的重要组成部分，保持其多样性是人类农业生产赖以生存的基础。土壤微生物区系、数量、活性的变化，与土壤物理、化学和生物学性状以及各种病虫害的发生都有非常密切的关系。近年来，过度依赖化肥和化学农药，以及单一作物连作，影响了土壤微生物结构和功能，也给农田生态系统带来了不稳定性。据联合国粮食及农业组织的统计，在氮素固定、有机废弃物处理、土壤形成、污染修复及农业病虫害控制等方面，全球农业土壤微生物每年创造的总价值超过 1542 亿美元。

　　土壤是农业生产中的重要资源，降低农用化学品的投入、提高土壤质量、保持土壤健康是实现农业可持续发展的关键因素。现代农业以集约化生产为特征，高效农业给农民带来了显著的经济效益，但也给土壤增加了巨大负担。土壤中存在数量巨大、种类繁多的微生物，它们中的绝大部分是有益的，在土壤发育、物质转化、结构形成、提高作物养分有效性、抑制病原菌活性等方面发挥着不可替代的作用。但是，土壤中也存在着引起作物病害的有害微生物，通称为土传病原菌（soil-borne pathogen）。由生活在土壤中或残留在病株残体中的病菌引起的作物病害统称为土传病害（soil-borne disease）。土传病害是最常见和最严重的作物病害，是造成农药过量使用的主要原因（黄新琦和蔡祖聪，2017）。土传病害在世界范围内极其普遍，如枯萎病、立枯病、黄萎病、根腐病、青枯病、根结线虫病和疫霉病，这些病害给农业生产带来了重大的经济损失，严重制约着高效农业的可持续发展。无论是发病面积还是相对比例，我国都是目前世界上作物土传病害发生率最高和最严重的国家（蔡祖聪和黄新琦，2016）。

　　土传病害主要由土壤中作物的病原微生物引起，常见的土传病原微生物有尖孢镰刀菌（ *Fusarium oxysporum* ）、立枯丝核菌（ *Rhizoctonia solani* ）、大丽轮枝菌（ *Verticillium dahliae* ）、腐霉菌（ *Pythium* spp.）、疫霉菌（ *Phytophthora sojae* ）和花生根结线虫（ *Meloidogyne arenaria* ）等，这些微生物在集约化种植土壤中广泛分布（黄新琦和蔡祖聪，2016）。作物是土传病原微生物的寄主，作物的生长促进土传病原微生物的繁殖；作物收获后，失去了寄主的病原微生物数量将逐渐下降。在传统种植模式下，作物产量较低，在作物生长过程中，病原微生物的生长繁殖比较缓慢。作物收获后，经过休闲期或非寄主作物生长期，病原微生物数量逐渐下降到原有水平。所以，即使长期种植，病原微生物数量也始终维持在作物发病的临界水平以下，作物土传病害发生的可能性较小。在现代种植模式下，作物产量大幅度提高，作物生长期病原微生物的生长和繁殖速率远高于传统种植模式。虽然在休闲期或非寄主作物生长期病原微生物的数量也将下降，但很难恢复到原有水平。随着寄主作物种植时间的延长，病原微生物数量最终超过发病临界值，作物发生土传病害。同一作物连续种植时，因无病原微生物数量的自然衰减过程，在更短的种植时间内，土传病原微生物的数量即可达到使作物致病的临界水平。所以，单一作物连续种植最容易导致作物发生土传病害（蔡祖聪和黄新琦，2016）。

　　一些土传病原菌，如尖孢镰刀菌、全蚀病菌（ *Gaeumannomyces graminis* ）、樟疫霉（ *Phytophthora cinnamomi* ）在导病型土壤中容易发病，而在抑病型土壤中不发病或发病很轻。影响土壤抑病能力最主要的因素就是土壤中的微生物，由于土壤灭菌而使抑病型土壤丧失抑病能力。许多研究表明，多样性高和动态平衡的土壤微生物区系组成是土壤抑病的真正原因。从小麦全蚀病、烟草黑胫病和枯萎病的抑病型土壤中能分离出很多产生抗生素的荧光假单胞菌。例如，能产生抗生素 2,4-二乙酰基间苯三酚（2,4-DAPG）的荧光假单胞菌在小麦全蚀病抑病型土壤中大量富集，当接种到导病型土壤中时，可以部分诱导该土壤形成较强的抑病能力（张瑞福和沈其荣，2012）。

健康樱桃树根际土壤细菌、放线菌数量相对于患病（黑疙瘩病）樱桃树根际较多且差异显著，而两者霉菌数量差异不显著；优势细菌的鉴定结果显示，患病樱桃树根际土壤的优势细菌数量及种类不仅少于健康樱桃树根际且菌群结构比例发生变化，其土壤优势细菌考克氏菌属、微小杆菌属、类芽孢杆菌属的比例降低且缺少壤霉菌属和贪噬菌属；综合土壤微环境菌群的数量及种类差异，可能是患病樱桃树根际土壤菌群结构比例变化后病菌入侵，引起病害，进而患病植株营养传输被阻断，造成根际土壤营养不均衡，不利于微生物的生长，土壤失去自我修复的能力，作物病害持续加重（杨璐等，2017）。健康和发病植株根际土壤都以短小茎点霉（*Phoma exigua*）和镰孢菌属（*Fusarium*）真菌为主要种群，而健康植株根际土壤中火丝菌属（*Pyronema*）和被孢霉属（*Mortierella*）等真菌类群的相对丰度显著高于发病植株根际土壤，尖孢镰刀菌和拟刺盘孢周刺座霉（*Volutella colletotrichoides*）的相对丰度则显著低于发病植株（吴照祥等，2015）。

正是由于土壤微生物在陆地生态系统中的重要性，有关土壤微生物多样性的研究得到了广泛重视。一般，一个具有多样性与活性的生物群落的土壤一定有较为丰富的土壤养分。细菌型土壤是土壤肥力提高的生物指标，土壤养分含量与微生物数量存在较高的正相关性，土壤微生物数量的多少在一定程度上反映了土壤的肥力水平；更重要的是，土壤微生物群落结构和组成多样性不仅提高了土壤生态系统的稳定性与和谐性，而且提高了作物对病害的抵抗能力（焦晓丹和吴凤芝，2004）。作物在受到土传病原菌侵染时，可以利用根际微生物群落保护自己并抵抗病原菌。微生态系统平衡、养分均衡的土壤的各类微生物数量和种类都显著高于病害发生严重的土壤；棉花对黄萎病的抗性与根际真菌和放线菌数量呈正相关（李洪连等，1998）；抗病品种大豆的根瘤重量明显高于感病品种，说明抗病品种可能通过大量结瘤来固氮，改善自身的营养状况，提高抗病能力（陈宏宇等，2005）；嫁接茄的抗病性增强，与其根际放线菌数量增加、放线菌数量与真菌数量的比值提高有关（李云鹏等，2007）；抗病品种黄瓜的根际真菌、放线菌数量在结瓜期显著高于感病品种（苗则彦等，2004）。在接种小麦全蚀病病原菌的条件下，小麦病株根际细菌群落中可培养假单胞菌的数量显著提高，同时其他细菌种群的数量也有所增加，尽管这些种群中的一部分在抑菌试验中并没有显著影响病原菌的生长，但它们在不同程度上对具有抑制病原菌作用的假单胞菌有拮抗作用（张瑞福和沈其荣，2012）；微生物多样性与根系病害的抑制作用存在联系，轮作田块中赤豆根系的真菌多样性要高于连作田块，真菌多样性指数与赤豆褐色茎腐病的病情指数呈负相关。以上研究表明，作物病害的发生，尤其是土传病害的发生与根际微生物的数量、区系组成和群落结构关系密切。

许多因素共同影响着土壤微生物的活动，如土壤水分、温度、土壤有机质和灌溉、农药和肥料施用等农事活动（Hiltunen and White，2002）。土壤微生物是有机质转化与养分元素循环的引擎，土壤中各种来源和形态的有机质最终都必须经过微生物的分解矿化过程才能重新参与土壤的生物地球化学循环。化学氮肥施入土壤后会发生作物根系与微生物竞争氮素的现象，短期内微生物获胜，导致氮素固定；而微生物生命周期短，其死亡后分解释放氮素，可被作物利用，所以作物是最终的胜利者。因此，微生物对养分的固持与释放在作物养分供应方面也具有重要作用。过量和不合理施肥会影响土壤微生物区系，进而抑制菌根侵染及固氮菌等有益微生物的活性，导致作物病害加剧，影响作物吸收与利用养分（周建斌，2017）。

马媛媛等（2017）向健康土壤中接入连作番茄根区病土（感染根结线虫），研究结果表明病土对番茄根区土壤微生态系统产生了复杂的影响，病土通过对根区土壤微生物、根系内细菌种类数量、土壤线虫的种类与数量及番茄生化代谢产生影响而抑制番茄生长，加重根结线虫病害。病土中携带的根结线虫完全改变了健康土壤原有的线虫群落结构，使其成为作物寄生线虫的主体；病土接入使作物病原细菌甘蓝假单胞菌成为番茄根系内的优势菌。有害线虫及微生物的大量繁殖降低了番茄防御性酶活性及抗逆性，加重了根结线虫病害，严重抑制了番茄的生长及开花结果。连作病土对番茄生长的负作用是通过对"番茄根区土壤微生物-根内微生物-土壤线虫-番茄植株"微生态系统的整体影响及系统内各要素相互作用实现的（图 1-1）。

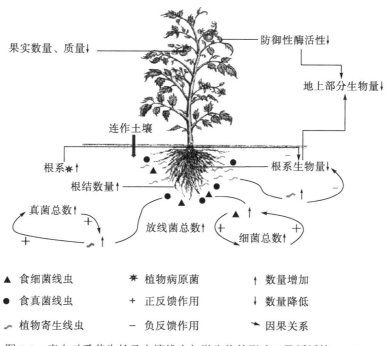

图 1-1　病土对番茄生长及土壤线虫与微生物的影响（马媛媛等，2017）

线虫群落包括作物寄生线虫、食细菌线虫、食真菌线虫、捕食性和杂食性线虫等不同营养类群，是土壤动物中数量最多、功能最丰富的一类。土壤线虫以食微线虫为主要营养功能类群，通过取食微生物，进而影响土壤有机质分解和养分循环以及作物生长，是土壤健康状况的敏感性指示生物。食微线虫通过捕食土壤微生物，释放固持于微生物生物量中的养分或减少微生物间的竞争，最后加快土壤矿化，进而影响土壤生态过程和作物生长（马媛媛等，2017）。土壤中食微线虫主要通过线虫的取食作用改变土壤微生物的数量和活性。这些活动不仅能通过改变高等作物的养分含量、健康和活性等影响作物的感病性，而且决定了根际真菌及其与有益微生物的竞争（Curl and Old，1988）。链霉菌是土壤的腐生菌，通常与作物根系有关，它们是抗生素的重要生产菌。Samac 等（2003）发现，链霉菌能够定植于作物根际而降低病原菌侵染的伤害，它对包括苜蓿、马铃薯、玉米和大豆在内的多种作物的综合病害管理均有显著贡献。

　　土壤微生物和作物病原菌的种群受田间管理与农业措施的影响，所有提高土壤微生物活性和添加有机质的措施均会增加根际有益微生物对营养物质的竞争而抑制病原菌生长。由于自然死亡以及根系微生物共同具有的拮抗性，轮作作物对特定病原菌的不敏感，可能造成病原菌的减少（Fry，1982）。作物多样性栽培或人为引入有益土壤微生物等措施，可以改善土壤环境，恢复原有的微生物群落或提高土壤微生物多样性，从而抑制作物土传病菌，从根本上解决作物的连作障碍问题（吴林坤等，2016）。近年来国内外研究者围绕调控根际微生物促进作物生长和保持作物健康，对增强有益菌根际定植、调控根际微生物群落结构、培育高生物肥力及抑病型土壤微生物区系等基础科学问题开展了一些研究。国外提出了根际工程法（rhizosphere engineering method），通过育种的方法调控根系分泌物特性，进而调控根际有益微生物种群的构建，改善作物生长环境。近年来，以南京农业大学沈其荣教授为首的团队结合我国特有的集约化管理模式，开展了构建和调控高生物肥力及抑病型根际土壤微生物区系的工作，利用外源有益微生物与有机肥通过二次固体发酵制成的生物有机肥，在调控根际微生物区系、促进作物生长和健康的研究方面取得了突出成就（周建斌，2017）。

1.6　土壤湿度和温度

　　以降水或灌溉形式存在于作物表面或根周围的有效水含量和持续时间，以及空气相对湿度和露水对微生物非常重要（Colhoun，1973；Hoagland，1990）。许多病害影响作物的地下部（根、块茎）和幼苗生长，病害的严重程度与土壤湿度成正比，如腐霉属真菌引起的幼苗猝倒和种子腐烂（Hiltunen and White，2002）。

　　病原菌在潮湿土壤中最易繁殖和移动，增加土壤水分似乎主要影响病原菌（Agrios，1997）。土壤湿度增加，使土壤中可利用的氧气减少，降低土壤温度，抑制了寄主作物的自我保护功能。由堇菜腐霉（*Pythium violae*）引起的胡萝卜斑点病在平坦、排水不良而贫瘠的土壤中更常见（Hiltunen and White，2002）。土壤湿度高会促进柑橘根腐病的发展（Feld et al.，1990）。当土壤含水量为田间持水量时，许多土壤真菌、细菌和大多数线虫对作物的侵染可导致最严重的症状。许多侵染作物幼嫩组织的细菌和真菌在土壤湿度或相对湿度较高时危害更为严重（Agrios，1997）。

　　三七根腐病的发病率随着土壤含水量的增加迅速升高，由于土壤水分状况明显影响三七根腐病的发病率，因此在生产中应重视调控土壤含水量，以降低三七根腐病的发病率（赵宏光等，2014）。土壤含水量与玉米丝黑穗病的发病有较明显的关系，土壤湿度为 15%时有利于孢子萌发与侵染，发病率为 31.1%；土壤湿度为 10%～20%时发病率仅为 3.7%～8.8%；干旱和高湿不利于病菌孢子萌发，土壤湿度是决定发病程度的主导因素（李宝英等，2006）。相对含水率为 10%～30%时，土壤中尖孢镰刀菌的增殖速率较快，在土壤相对含水率大于 40%时，由于土壤相对含水率过高，造成缺氧环境，而尖孢镰刀菌是好氧菌，在缺氧的环境条件下则生长停滞，增殖速率较慢（姚燕来等，2015）。50%的土壤饱和持水量为蚕豆生长的最佳土壤含水量，有利于蚕豆健康生长，减少根腐病的发生与危害，在 30%、50%和 70%土壤饱和持水量的条件下，播种 10 周后蚕豆植株的死亡率分别为 18.5%、4.8%和 256%（李春杰和南志标，2000）。土壤水分是姜瘟病发生和扩散的重要媒介，降雨可导致姜瘟病大量发生和流行；当土壤含水量较低时，病原菌的运动受阻，侵染性显著受到抑制（刘汉军等，2015）。土壤湿度对白术根腐病的发生具有重要影响，该病害随着土壤湿度的升高而危害增加，但当土壤湿度低于 40%时，几乎不发病，因此降低土壤湿度是减轻病害发生的关键农艺措施（李品明等，2011）。

当土壤含水量低于 30%或高于 80%时白菜根肿病发病较轻，土壤含水量为 40%、50%、60%、70%时发病较重（杨明英等，2004）。土壤含水量与白菜根肿病菌的短距离扩散有关，土壤含水量为 38%～115%、病菌距植株 5cm 时，大白菜植株均感病；病菌距植株 10cm、土壤含水量为 115%时，植株未发病。两种距离条件下，均为低湿度发病轻，77%湿度时发病最重，湿度过高时病情反而有减轻的现象（于晓坤等，2011）。

干燥条件有时对寄主作物不利，可能会使其更容易被感染。例如，干旱胁迫一直被认为是促进黄曲霉菌（*Aspergillus flavus*）入侵花生的原因（Wotton and Strange，1987）。腐皮镰刀菌（*Fusarium solani*）引起的大豆干腐病和粉红镰刀菌（*Fusarium roseum*）引起的立枯病，在干燥的环境中发展迅速，也造成水分胁迫下作物的病害严重程度高于有更多可自由利用的水环境下的病害严重程度（Agrios，1997）。灌溉的目的是保持有利于作物生长的水分含量且不过量，农户应仔细考虑土壤水分含量（Hiltunen and White，2002）和监测作物水分利用及需求（Hulme et al.，2000）。

土壤温度是致病菌能否存活的关键因素。随着温度的升高，从土壤中可提取的尖孢镰刀菌活菌菌落数量先增加后减少，25℃适合其生长，30℃以上时其在土壤中的生活力下降，当升高到 45℃时丧失活力。威百亩的熏蒸效果随着土壤温度的升高而增强，在 25℃、30℃、35℃时对黄瓜枯萎病的防治效果分别为 80.2%、98.2%和 100.0%（王惟萍等，2017）。土壤温度为 21℃时，玉米丝黑穗病的发病率最高，为 31.3%；17℃低温下发病率为 10.9%～16.7%；温度为 24℃时，发病率为 3.7%～4.8%（李宝英等，2006）。Pathak 和 Srivastava（2001）报道了土壤水分和土壤温度共同影响立枯丝核菌生长的试验结果，在该项研究中，随土壤湿度增加和土壤温度降低，病害减轻。当土壤温度低于 10℃，土壤湿度最适宜作物生长时，小麦幼苗根腐病严重发生。但在相对干燥的土壤条件下，土壤温度为 10℃、15℃、20℃、25℃时，病害发生程度相似（Gill et al.，2001）。

1.7　种植制度和农业措施

诸如轮作、施肥以及农药施用等种植制度和农业措施会对土壤特性和作物病害发展产生影响。常规生产系统和有机生产系统间的主要区别在于它们的土壤肥力和病虫害管理方法。Brown 等（2000）进行的农场试验和调查显示，农场有机管理对土壤物理、化学和生物性状均具有积极影响，以复合肥的形式供给作物氮、磷、钾和钙 4 种元素，但其施用浓度远远超过作物需求。传统管理系统常通过以下两种方式造成土壤养分失衡：①增加或降低一些作物必需营养元素的有效性，以及改变土壤 pH；②在短时间内提高土壤生产力。对于一些作物生长的必需营养元素，则长期处于缺乏状态。与之形成对比的是有机系统，其使用的是含有大量、中量和微量营养元素的有机肥。有机农场中的肥力平衡有助于减少病害管理中的问题（Lampkin，1999）。

传统管理系统通常施用的是易溶的速效性肥料，这在一定程度上不需要太多土壤养分转化过程。而在有机系统中，主要是向土壤中添加有机物质（粪便、堆肥、秸秆）或缓释物质（磷矿石）来为作物提供营养。在有机系统中，进入土壤的大多数物质都不含有易溶养分，因此更多地依赖于化学和生物过程来释放难溶性养分为作物所能吸收利用的养分形态（Stockdale et al.，2002）。

研究表明，有机管理农场的土壤总氮、总磷、胡敏酸、阳离子交换量、水分保持能力和微生物生物量等均高于传统农场（Wells et al.，2000）。有机管理农场的土壤营养均衡，有利于病害管理（Lampkin，1999）。

Berry 等（2003）在调查的 9 个农场中，有 7 个农场的氮水平、6 个农场的磷水平和3 个农场的钾水平高于传统农场。Derrick 和 Dumaresq（1999）发现，有机农场中土壤的交换性钾、钙、钠的浓度高于常规农场，而交换性锰的浓度则低于常规农场。在总镁、钠、氮、锰和钾的浓度和交换性镁及有机碳的含量上，有机农场和常规农场之间没有明显差异。

Joo 等（2001）发现，有机农场和常规农场的土壤有效磷含量分别为 986mg/kg 和935mg/kg，有机农场土壤平均总磷含量为 2973mg/kg，而常规农场为 1830mg/kg。Oehl 等（2002）报道，有机管理 21 年后，土壤有效磷水平依然保持平衡。平衡的投入与产出有助于保持磷的有效性在一个恒定水平。Wells 等（2000）也曾报道，经过三年半的蔬菜种植，有机农场的土壤有效磷含量比常规农场多。有机农场土壤中熏蒸提取的碳和氮，可矿化氮和底物诱导呼吸作用均显著高于常规农场（Gunapala and Scow，1998）。

然而，也有很多研究报道了相反的结果。Derrick 和 Dumaresq（1999）发现，有机农场土壤中速效磷浓度显著低于常规农场。Loes 和 Ogaard（1997）及 Haraldsen 等（2000）报道了有机耕作制度下土壤的钾含量下降。以上研究表明，农场的有机管理改善了土壤养分平衡，有助于长期减少病害的发生。

虽然目前研究者对土壤管理与病害控制机制的了解十分有限，但各种形式的有机修复和残茬管理方法均有助于抑制作物病害发生（Bailey and Lazarovits，2003）。有机耕作制度下的土壤有机质含量和生物活性总体上高于常规系统（Brown et al.，2000；Condron et al.，2000；Daroub et al.，2001；Wells et al.，2000）。Joo 等（2001）发现，有机农场的有机质平均含量高达 44g/kg，显著高于常规农场的 24g/kg。此外，也有一些研究显示，有机农场和常规农场在土壤有机质含量方面没有显著差别（Friedel，2015）。

已发表的研究结果表明，有机肥料的施用增加了土壤中的总磷含量并因此加剧了一

些作物病害的发生。总磷含量高可能是由于多次施用低 N/P 值的堆肥（Joo et al.,
2001）。Shepherd 等（2002）研究表明，为改善土壤结构的稳定性，需要频繁投入新鲜
的有机物质。

使用有机改良剂控制病害的好处是逐步体现的，通常它比化学熏蒸剂或杀菌剂见效
慢，但持续时间更长，效果也可以累积（Bailey and Lazarovits，2003）。

改变土壤环境的农业措施对土壤微生物群落具有强烈影响。土壤管理中，碳含量不
同的有机物质的投入，对土壤生物区系和群落结构产生不同影响。一般的方法是施用有
机物料及覆盖作物，增加有机碳对微生物的有效性。Gunapala 和 Scow（1998）比较了进
行两年或四年轮作、有机管理模式下种植番茄的土壤的微生物组成情况，结果发现，常
规管理农场中土壤微生物组成与土壤矿化氮含量呈显著负相关，而有机管理农场中土壤
微生物组成与矿化氮含量呈正相关。Bolton 等（1985）发现在有机管理农场中，土壤的微
生物活性及生物量都较高。另一项研究显示，常规管理农场的土壤细菌总量最高，而有
机管理农场土壤中活性微生物与细菌总量的比例最高（Glenn and Ristaino，2002）。
Schjonning 等（2002）发现，经过 40 多年有机管理的土壤微生物生物量碳高于常规管理
的土壤。作物残茬腐解释放的碳有助于提高土壤微生物活性，从而增加微生物在土壤中
的竞争效应。

向土壤中添加作物残茬，可使病原菌从其最适宜的生态位移开，从而降低病原菌的
存活能力（Bailey and Lazarovits，2003）。由于土地管理方式转向有机化，土壤微生物
生物量发生改变（Shannon et al.，2002），病原菌群落在有机和常规管理系统中也有所
不同。此外，由于有机耕作土壤中不施用农药，因此对土壤生物多样性和昆虫等有益生
物具有积极的作用（Klingen et al.，2002）。

在常规耕作土壤中，常常发生土壤结构恶化等问题（Jordahl and Karlen，1993）。
Brown 等（2000）的研究表明，在常规农场中，团聚体稳定性和阳离子交换量最低，而
在有机农场中，胡敏酸含量、通气性和保水性都比较高。常规耕作中经常出现反复耕
作、化肥和农药过度使用等情况。这些农业措施都可能对土壤结构产生严重破坏，最终
使作物的生长环境恶化，更易遭受病原菌侵袭。常规农场也具有土壤板结和侵蚀的问
题。长此以往，随着土壤的退化，农业生产力和收益性也将大打折扣（Wells et al.，
2000）。Gerhardt（1997）认为，有机农场土壤结构显著改善，淋溶层厚度提高，有机质
含量、孔隙度、蚯蚓丰富度和活动均有所增加，土壤团聚体数量比常规农场更多。

有机管理方式能够长期保持和改善土壤结构。Wells 等（2000）发现，经过三年半的
蔬菜种植，有机管理的田间土壤中阳离子交换量增加。与传统农场相比，有机农场的土
壤性质有所改善。

许多作物的次生代谢物都具有防虫作用。例如，酚类物质是水果和蔬菜的常见代谢
成分，能够抵御昆虫和动物的取食（Stevenson et al.，1993）。传统农业技术措施，如杀
虫剂和肥料的大量使用会干扰作物中酚类代谢物的自然合成（Asami et al.，2003）。许
多研究都表明，作物的次生代谢物在作物和人体健康上都发挥着重要作用。由于作物酚
类代谢物具有良好的抗氧化活性和包括抗癌、抗氧化、抑菌活性在内的广谱药理特性，
因此非常重要（Rein et al.，2000）。

人们越来越担心集约化农业生产中作物的酚类化合物含量低于人体健康所需的最佳水平（Brandt and Mølgaard，2010；Woese et al.，1997）。有机和常规生产的水果及蔬菜中次生代谢物含量的差异，使有机生产体系更有利于作物和人体健康（Asami et al.，2003）。

平衡施肥是土壤综合管理和作物病害抑制的重要组成部分。有研究表明，作物有效养分与某些病害的发病率存在正相关和负相关关系。然而，在大多数情况下，高水平的矿质营养已被证明会导致更高的作物病害发病率。因此，平衡的土壤肥力，通常是通过添加适量的有机物质而实现的，它是防治作物病害的实用策略。

用于指示土壤生物多样性的土壤微生物生物量被发现能对作物病原菌产生拮抗作用而影响病害发生。可以通过适当的作物管理措施如合适的轮作、耕作制度、覆盖物等，增加土壤微生物多样性。

无论是正效应还是负效应，土壤 pH 都被认为对病害的发生具有显著影响。土壤 pH 已被证实通过直接或间接影响土壤养分有效性而影响土传病原菌的生长。土壤物理性质如温度、湿度和结构，通过影响土壤的紧实度、透水性和温度而影响土传病害的发病率和严重程度。

在所有种植系统中，各种有机物质，如堆肥、农家肥均可以改善根区土壤结构、食物网和养分的矿化，以控制作物病害。几乎所有的作物生产措施不仅影响作物病原菌的数量和病害严重程度，而且影响有益土壤微生物和土壤动物数量。作物收获后给土壤补充有机质，应该是目前农业实践主要关注的问题。原因是土壤有机质的长期管理可以使作物更好地抵御病虫害。为了设计有害生物综合管理（integrated pest management，IPM）而进行有机农场和常规农场土壤特性的比较研究，则需要更好地了解土壤的生物、物理和化学性质及其对作物病害的影响。

参 考 文 献

班洁静, 侯明生, 蔡丽. 2015. 土壤 pH 对芸薹根肿菌侵染及病害发生的影响[J]. 植物保护, 41(6): 55-59.

比阿特丽斯·特鲁姆·亨特. 2011. 土壤与健康[M]. 李淑琴, 译. 北京: 中国环境科学出版社.

蔡燕飞, 廖宗文, 罗洁, 等. 2003. 不同质地土壤抑病性和微生物特征[J]. 农业环境科学学报, 22(5): 553-556.

蔡祖聪, 黄新琦. 2016. 土壤学不应忽视对作物土传病原菌微生物的研究[J]. 土壤学报, 53(2): 305-310.

曹云, 常志州, 马艳, 等. 2013. 沼液施用对辣椒疫病的防治效果及对土壤生物学特性的影响[J]. 中国农业科学, 46(3): 507-516.

陈宏宇, 李晓鸣, 王敬国. 2005. 抗病性不同大豆品种根面及根际微生物区系的变化——Ⅰ. 非连作大豆（正茬）根面及根际微生物区系的变化[J]. 植物营养与肥料学报, 11(6): 804-809.

邓晓, 李勤奋, 侯宪文, 等. 2012. 蕉园土壤因子与香蕉枯萎病发病的相关性研究[J]. 生态环境学报, 21(3): 446-454.

邓照亮, 陈莎莎, 孙敏, 等. 2018. 不同类型短期逆境胁迫对蕉园土壤团聚体组成及酶活性的影响[J]. 土壤, 50(3): 485-490.

樊小林, 李进. 2014. 碱性肥料调节香蕉园土壤酸度及防控香蕉枯萎病的效果[J]. 植物营养与肥料学报, 20(4): 938-946.

黄蓉, 黄瑞荣, 胡建坤, 等. 2015. 土壤 pH 与十字花科作物根肿病相互关系研究[J]. 江西农业大学学报, 37(1): 67-72.

黄新琦, 蔡祖聪. 2017. 土壤微生物与作物土传病害控制[J]. 中国科学院院刊, 32(6): 593-560.

季兰, 贾萍, 苗保兰, 等. 1994. 苹果树腐烂病病害程度与树体及土壤内含钾量的相关性[J]. 山西农业大学学报, 14(2): 141-144.

焦晓丹, 吴凤芝. 2004. 土壤微生物多样性研究方法的进展[J]. 土壤通报, 35(6): 789-792.

李宝英, 郑铁军, 郭玉莲. 2006. 土壤温湿度及播种期对玉米丝黑穗病发生的影响[J]. 植物保护, 32(6): 61-63.

李春杰, 南志标. 2000. 土壤湿度对蚕豆根病及其生长的影响[J]. 植物病理学报, 30(3): 245-249.

李洪连, 袁红霞, 王烨, 等. 1998. 根际微生物多样性与棉花品种对黄萎病抗性关系研究Ⅰ: 根际微生物数量与棉花品种对黄萎病抗性的关系[J]. 植物病理学报, 28(4): 341-345.

李集勤, 陈俊标, 袁清华, 等. 2017. 客土改良对植烟土壤营养及烟草青枯病的影响[J]. 中国烟草科学, 38(1): 48-52.

李进, 樊小林, 蔺中. 2018. 碱性肥料对土壤微生物多样性及香蕉枯萎病发生的影响[J]. 植物营养与肥料学报, 24(1): 212-219.

李进, 张立丹, 刘芳, 等. 2016. 碱性肥料对香蕉枯萎病发生及土壤微生物群落的影响[J]. 植物营养与肥料学报, 22(2): 429-436.

李俊华, 蔡和森, 尚杰, 等. 2010. 生物有机肥对新疆棉花黄萎病防治的生物效应[J]. 南京农业大学学报, 33(6): 50-54.

李品明, 杨成前, 吴中宝, 等. 2011. 白术根腐病发病影响因素研究[J]. 西南大学学报(自然科学版), 33(3): 163-166.

李腾懿, 孙海, 张丽娜, 等. 2013. 不同树种土壤酶活性、养分特征及其与林下参红皮病发病指数的关系[J]. 吉林农业大学学报, 35(6): 688-693.

李云鹏, 周宝利, 李之璞, 等. 2007. 嫁接茄的黄萎病抗性与根际土壤生物学活性的关系[J]. 生态学杂志, 26(6): 831-834.

李志洪, 田淑珍, 孙艳君, 等. 1999. 人参红皮病与土壤生态条件的关系[J]. 生态学报, 19(6): 864-869.

廖咏梅, 张桂英, 罗家立, 等. 1997. 土壤条件与番茄青枯病发生的关系探讨[J]. 广西植保, (3): 13-16.

刘汉军, 陈强, 杨玉国, 等. 2015. 犍为县姜瘟病发生与土壤养分及环境因子关系研究[J]. 四川农业大学学报, 33(1): 39-44.

刘玲玲, 彭显龙, 刘元英, 等. 2008. 不同氮肥管理条件下钾对寒地水稻抗病性及产量的影响[J]. 中国农业科学, 41(8): 2258-2262.

马媛媛, 李玉龙, 来航线, 等. 2017. 连作番茄根区病土对番茄生长及土壤线虫与微生物的影响[J]. 中国生态农业学报, 25(5): 730-739.

苗则彦, 赵奎华, 刘长远, 等. 2004. 健康与罹病黄瓜根际微生物数量及真菌区系研究[J]. 中国生态农业学报, 12(3): 156-157.

宁东峰, 梁永超. 2014. 硅调节作物抗病性的机理: 进展与展望[J]. 植物营养与肥料学报, 20(5): 1280-1287.

潘剑玲, 代万安, 尚占环, 等. 2013. 秸秆还田对土壤有机质和氮素有效性影响及机制研究进展[J]. 中国生态农业学报, 21(5): 526-535.

彭双, 王一明, 叶旭红, 等. 2014. 土壤环境因素对致病性尖孢镰刀菌生长的影响[J]. 土壤, 46(5): 845-850.

盛丰. 2014. 康奈尔土壤健康评价系统及其应用[J]. 土壤通报, 45(6): 1289-1296.

施河丽, 向必坤, 彭五星, 等. 2015. 调节植烟土壤酸度防控烤烟青枯病[J]. 中国烟草学报, 21(6): 50-53.

束庆龙, 徐建敏, 肖斌, 等. 2003. 土壤肥力对板栗枝干病害的影响[J]. 应用生态学报, 14(10): 1617-1621.

万川, 蒋珍茂, 赵秀兰, 等. 2015. 深翻和施用土壤改良剂对烟草青枯病发生的影响[J]. 烟草科技, 48(2): 11-26.

王丽丽, 石俊雄, 袁赛飞, 等. 2013. 微生物有机肥结合土壤改良剂防治烟草青枯病[J]. 土壤学报, 50(1): 150-156.

王惟萍, 石延霞, 赵一杰, 等. 2017. 土壤环境条件对威百亩熏蒸防治黄瓜枯萎病的影响[J]. 植物保护学报, 44(1): 159-167.

王小兵, 骆永明, 李振高, 等. 2011. 长期定位施肥对红壤地区连作花生生物学性状和土传病害发生率的影响[J]. 土壤学报, 48(4): 725-730.

魏彬萌, 王益权. 2015. 渭北果园土壤物理退化特征及其机理研究[J]. 植物营养与肥料学报, 21(3): 694-701.

魏巍. 2012. 大豆长期连作土壤对根腐病病原菌微生物的抑制作用[D]. 北京: 中国科学院大学博士学位论文.

吴林坤, 吴红淼, 朱铨, 等. 2016. 不同改良措施对太子参根际土壤酚酸含量及特异菌群的影响[J]. 应用生态学报, 27(11): 3623-3630.

吴照祥, 郝志鹏, 陈永亮, 等. 2015. 三七根腐病株根际土壤真菌群落组成与碳源利用特征研究[J]. 菌物学报, 34(1): 65-74.

徐仁扣. 2015. 土壤酸化及其调控研究进展[J]. 土壤, 47(2): 238-244.

徐仁扣, 李九玉, 周世伟, 等. 2018. 我国农田土壤酸化调控的科学问题与技术措施[J]. 中国科学院院刊, 33(2): 160-167.

徐圣友, 张福锁, 王贺, 等. 2008. 环境因子对苹果粗皮病发生的影响[J]. 果树学报, 25(1): 73-77.

杨璐, 杜岩新, 徐利娟, 等. 2017. 土壤微生态环境对樱桃树"黑疙瘩"病发生的影响[J]. 土壤, 49(2): 308-313.

杨明英, 杨家鸾, 孙道旺, 等. 2004. 土壤含水量对白菜根肿病发生的影响研究[J]. 西南农业学报, 17(4): 482-483.

杨尚东, 吴俊, 赵久成, 等. 2013. 番茄青枯病罹病植株和健康植株根际土壤理化性状及生物学特性的比较[J]. 中国蔬菜, (22): 64-69.

姚燕来, 黄飞龙, 薛智勇, 等. 2015. 土壤环境因子对土壤中黄瓜枯萎病致病菌增殖的影响[J]. 中国土壤与肥料, (1): 106-110.

于威, 依艳丽, 杨蕾. 2016. 土壤中钙、氮含量对番茄枯萎病抗性的影响[J]. 中国土壤与肥料, (1): 134-140.

于晓坤, 吴毅歆, 毛自朝, 等. 2011. 水介导十字花科作物根肿病的传播及其化学防治[J]. 华中农业大学学报, 32(1): 48-53.

张鹏, 王小慧, 李蕊, 等. 2013. 生物有机肥对田间蔬菜根际土壤中病原菌和功能菌组成的影响[J]. 土壤学报, 50(2): 381-387.

张瑞福, 沈其荣. 2012. 抑病型土壤的微生物区系特征及调控[J]. 南京农业大学学报, 35(5): 125-132.

张云伟, 徐智, 汤利, 等. 2013. 不同有机肥对烤烟根际土壤微生物的影响[J]. 应用生态学报, 24(9): 2551-2556.

赵宏光, 夏鹏国, 韦美膛, 等. 2014. 土壤水分含量对三七根生长、有效成分积累及根腐病发病率的影响[J].

西北农林科技大学学报, 42(2): 173-178.

郑世燕, 丁伟, 杜根平, 等. 2014. 增施矿质营养对烟草青枯病的控病效果及其作用机理[J]. 中国农业科学, 47(6): 1099-1110.

周建斌. 2017. 作物营养从有机肥到化肥的变化与反思[J]. 植物营养与肥料学报, 23(6): 1686-1693.

Abawi G S, Widmer T L, Zeiss M R. 2000. Impact of soil health management practices on soilborne pathogens, nematodes and root diseases of vegetable crops[J]. Applied Soil Ecology, 15(1): 37-47.

Abel S, Ticconi C A, Delatorre C A. 2010. Phosphate sensing in higher plants[J]. Physiologia Plantarum, 115(1): 1-8.

Adams P B. 1990. The potential of mycoparasites for biological control of plant diseases[J]. Annual Review of Phytopathology, 28(1): 59-72.

Adebitan S A. 1996. Effects of phosphorus and weed interference on anthracnose of cowpea in Nigeria[J]. Fitopatologia Brasileira, 21(1): 173-179.

Agrios G N. 1997. Plant Pathology[M]. San Diego: Academic Press.

Asami D K, Hong U J, Barrett D M, et al. 2003. Comparison of the total phenolic and ascorbic acid content of freeze-dried and air-dried marionberry, strawberry, and corn grown using conventional, organic, and sustainable agricultural practices[J]. Journal of Agricultural and Food Chemistry, 51(1): 1237-1241.

Bailey K L, Duczek L J. 1996. Managing cereal diseases under reduced tillage[J]. Canadian Journal of Plant Pathology, 18(2): 159-167.

Bailey K L, Lazarovits G. 2003. Suppressing soil-borne diseases with residue management and organic amendments[J]. Soil & Tillage Research, 72(2): 169-180.

Bains S S, Jhooty J S, Sharma N K. 1984. The relation between cation-ratio and host-resistance to certain downy mildew and root-knot diseases[J]. Plant and Soil, 81(1): 69-74.

Berry P M, Stockdale E A, Sylvester-Bradley R, et al. 2003. N, P and K budgets for crop rotations on nine organic farms in the UK[J]. Soil Use and Management, 19: 112-118.

Berry P M, Stockdale E A, Sylvester-Bradley R, et al. 2010. N, P and K budgets for crop rotations on nine organic farms in the UK[J]. Soil Use and Management, 19(2): 112-118.

Blaker N S, MacDonald J D. 1983. Influence of container medium pH on sporangium formation, zoospore release and infection of rhododendron by *Phytophthora cinnamomi*[J]. Plant Disease, 67(1): 259-263.

Blank C A, Murray T D. 2007. Influence of pH and matric potential on germination of *Cephalosporium gramineum* conidia[J]. Plant Disease, 82(9): 975-978.

Bolanos M M, Belalcazar S. 2000. Relation between the fertility of the soil, the nutrition and severity of *Erwinia chrysanthemi* in a plantain plantation[J]. Suelos Ecuatoriales, 30(1): 147-151.

Bolton H J, Elliot H L F, Papendick R I, et al. 1985. Soil microbial biomass and selected soil enzyme activity: effect of fertilization and cropping practices[J]. Soil Biology & Biochemistry, 17: 297-302.

Brandt K, Mølgaard J P, 2010. Organic agriculture: does it enhance or reduce the nutritional value of plant foods [J]? Journal of the Science of Food and Agriculture, 81(9): 924-931.

Brown S M A, Cook H F, Lee H C. 2000. Topsoil characteristics from a paired farm survey of organic versus conventional farming in southern England[J]. Biological Agriculture and Horticulture, 18(1): 37-54.

Burke D W, Miller D E, Holmes L D, et al. 1972. Countering bean root rot by loosening the soil[J]. Phytopa-thology, 62(1): 306-309.

Candido V, D'Addabbo T, Basile M, et al. 2008. Greenhouse soil solarization: effect on weeds, nematodes and yield of tomato and melon[J]. Agronomy for Sustainable Development, 28(2): 221-230.

Chang T J. 1994. Effects of soil compaction, temperature, and moisture on the development of the Fusarium root rot complex of pea in southwestern Ontario[J]. Phytoprotection, 75(3): 125-131.

Chauhan R S, Maheshwari S K, Gandhi S K. 2000a. Effect of nitrogen, phosphorus and farm yard manure levels on stem rot of cauliflower caused by *Rhizoctonia solani*[J]. Agricultural Science Digest, 20(2): 36-38.

Chauhan R S, Maheshwari S K, Gandhi S K. 2000b. Effect of soil type and plant age on stem rot disease[J]. Agricultural Science Digest, 20(2): 58-59.

Chen C, Bauske E M, Rodriguezkabana R, et al. 1995. Biological control of Fusarium wilt on cotton by use of endophytic bacteria[J]. Biological Control, 5(1): 83-91.

Chen C, Musson G, Bauske E, et al. 1993. Potential of endophytic bacteria for biological control of Fusarium wilt of cotton[J]. Phytopathology, 83(1): 1404.

Colbach N, Maurin N, Huet P. 1996. Influence of cropping system on foot rot of winter wheat in *France*[J]. Crop Protection, 15(3): 295-305.

Colhoun J. 1973. Effects of environmental factors on plant disease[D]. Manchester: The University of Manchester.

Condron L M, Cameron K C, Di H J, et al. 2000. A comparison of soil and environmental quality under organic and conventional farming systems in New Zealand[J]. New Zealand Journal of Agricultural Research, 43(4): 443-466.

Cook R J, Baker K F. 1983. The Nature and practice of biological control of plant pathogens[R]. São Paulo: American Phytopathological Society.

Cu R M, Mew T W, Cassman K G, et al. 1996. Effect of sheath blight on yield in tropical, intensive rice produc-tion system[J]. Plant Disease, 80(10): 1103-1108.

Curl E A, Old K M. 1988. The role of soil microfauna in plantâ disease suppression[J]. Critical Reviews in Plant Sciences, 7(3): 175-196.

Daroub S H, Ellis B G, Robertson G P. 2001. Effect of cropping and low-chemical input systems on soil phosphorus fractions[J]. Soil Science, 166(4): 281-291.

Davies B, Eagle D, Finney B. 1997. Soil Management[M]. Ipswich: Farming Press.

Derrick J W, Dumaresq D C. 1999. Soil properties under organic and conventional management in southern New South Wales[J]. Australian Journal of Soil Research, 37(6): 1047-1056.

Develash R K, Sugha S K. 1997. Management of downy mildew (*Peronospora destructor*) on onion (*Allium cepa*)[J]. Crop Protection, 16(1): 63-67.

Dominguez J, Negrin M A, Rodriguez C M. 1996. Soil chemical characteristics in relation to Fusarium wilts in banana crops of Gran Canaria Island (Spain)[J]. Communications in Soil Science and Plant Analysis, 27(13-14): 2649-2662.

Dordas C. 2008. Role of nutrients in controlling plant diseases in sustainable agriculture: a review[J]. Agronomy for Sustainable Development, 28(1): 33-46.

Duffy B K, Ownley B H, Weller D M. 1997. Soil chemical and physical properties associated with suppression of take-all of wheat by *Trichoderma koningii*[J]. Phytopathology, 87(3): 1118-1124.

Engel R E, Eckhoff J, Berg R K. 1994. Grain yield, kernel weight, and disease responses of winter wheat cultivars to chloride fertilization[J]. Agronomy Journal, 86(5): 891-896.

Feld S J, Menge J A, Stolzy L H. 1990. Influence of drip and furrow irrigation on Phytophthora root rot of citrus under field and greenhouse conditions[J]. Plant Disease, 74(1): 21-27.

Filippi M, Prabhu A. 1998. Relationship between panicle blast severity and mineral nutrient content of plant tissue in upland rice[J]. Journal of Plant Nutrition, 21(8): 1577-1587.

Forge T A, Hogue E, Neilsen G, et al. 2003. Effects of organic mulches on soil microfauna in the root zone of apple: implications for nutrient fluxes and functional diversity of the soil food web[J]. Applied Soil Ecology, 22(1): 39-54.

Friedel J K. 2015. The effect of farming system on labile fractions of organic matter in Calcari-Epileptic Regosols[J]. Journal of Plant Nutrition and Soil Science, 163(1): 41-45.

Fry W E. 1982. Principles of Plant Disease Management[M]. New York: Academic Press.

Gerhardt R A. 1997. A comparative analysis of the effects of organic and conventional farming systems on soil structure[J]. Biological Agriculture and Horticulture, 14(2): 139-157.

Ghorbani R, Scheepens P C, Zweerde W V D, et al. 2002. Effects of nitrogen availability and spore concentration on the biocontrol activity of *Ascochyta caulina* in common lambsquarters (*Chenopodium album*)[J]. Weed Science, 50(5): 628-633.

Ghorbani R, Wilcockson S, Koocheki A, et al. 2008. Soil management for sustainable crop disease control: a review[J]. Environmental Chemistry Letters, 6(3): 149-162.

Gill J S, Sivasithamparam K, Smettem K R J. 2000. Soil types with different texture affects development of Rhizoctonia root rot of wheat seedlings[J]. Plant and Soil, 221(2): 113-120.

Gill J S, Sivasithamparam K, Smettem K R J. 2001. Effect of soil moisture at different temperatures on Rhizoctonia root rot of wheat seedlings[J]. Plant and Soil, 231(1): 91-96.

Glenn D L, Ristaino J B. 2002. Functional and species composition of soil microbial communities from organic and conventional field soils in North Carolina[J]. Phytopathology, 92(1): 30.

Gunapala N, Scow K M. 1998. Dynamics of soil microbial biomass and activity in conventional and organic farming systems[J]. Soil Biology & Biochemistry, 30(6): 805-816.

Haraldsen T K, Asdal A, Grasdalen C, et al. 2000. Nutrient balances and yields during conversion from conventional to organic cropping systems on silt loam and clay soils in Norway[J]. Biological Agriculture and Horticulture, 17(3): 229-246.

Hiltunen L H, White J G. 2002. Cavity spots of carrot (*Daucus carota*)[J]. Annals of Applied Biology, 141(3): 201-223.

Hoagland R E. 1990. Microbes and microbial products as herbicides[J]. ACS Symposium Series, 439(1): 2-52.

Hollinger E, Baginska B, Cornish P S. 1998. Factors influencing soil and nutrient loss in storm water from a market garden[C] // Proceedings of the 9th Australian Agronomy Conference: 741-744.

Holmes K A, Nayagam S D, Craig G D. 1998. Factors affecting the control of *Pythium ultimum* damping-off of sugar beet by *Pythium oligandrum*[J]. Plant Pathology, 47(4): 516-522.

Hu S, Bruggen A H C V, Wakeman R J, et al. 1997. Microbial suppression of *in vitro* growth of *Pythium ultimum* and disease incidence in relation to soil C and N availability[J]. Plant and Soil, 195(1): 43-52.

Hulme J M, Hickey M J, Hoogers R. 2000. Using soil moisture monitoring to improve irrigation[R]. Proceedings of Carrot Conference Australia. Perth: 23-24.

Jackson R B, Jobbágy, Avissar R, et al. 2005. Trading water for carbon with biological carbon sequestration[J]. Science, 310(5756): 1944-1947.

Jager G, Velvis H. 1983. Suppression of *Rhizoctonia solani* in potato fields. II. Effect of origin and degree of infection with *Rhizoctonia solani* of seed potatoes on subsequent infestation and on formation of sclerotia[J]. Netherlands Journal of Plant Pathology, 89(4): 141-152.

Jatala P. 1986. Biological control of plant-parasitic nematodes[J]. Parasitology Today, 11(4): 453-489.

Jones J P, Engelhard A W, Woltz S S. 1989. Management of Fusarium wilt of vegetables and ornamentals by macro- and microelement nutrition[J] // Engelhard A W. Soilborne Plant Pathogens: Management of Diseases with Macro-and Microelements. Saint Paul, Minnesota American Phytopathological Society: 217.

Joo K P, Young C D, Douglas M. 2001. Characteristics of phosphorus accumulation in soils under organic and conventional farming in plastic film houses in Korea[J]. Soil Science and Plant Nutrition, 47(2): 281-289.

Jordahl J L, Karlen D L. 1993. Comparison of alternative farming systems. III. Soil aggregate stability[J]. American Journal of Alternative Agriculture, 8(1): 27-33.

Jr H B, Elliott L F, Papendick R I, et al. 1985. Soil microbial biomass and selected soil enzyme activities: effect of fertilization and cropping practices[J]. Soil Biology & Biochemistry, 17(3): 297-302.

Klingen I, Eilenberg J, Meadowa R. 2002. Effects of farming system, field margins and bait insect on the occurrence of insect pathogenic fungi in soils[J]. Agriculture, Ecosystems & Environment, 91(1): 191-198.

Kloepper J W, Leong J, Tientze M, et al. 1980. Enhanced plant growth by siderophores produced by plant growth promoting rhizobacteria[J]. Nature, 286(1): 885-886.

Koenning S R, Walters S A, Barker K R. 1996. Impact of soil texture on the reproductive and damage potentials of *Rotylenchulus reniformis* and *Meloidogyne incognita* on cotton[J]. Journal of Nematology, 28(4): 527-536.

Lambert B, Leyns F, Van Rooyen L, et al. 1987. Rhizobacteria of maize and their fungal activities[J]. Applied and Environmental Microbiology, 53(8): 1866-1871.

Lampkin N. 1999. Organic Farming[M]. Ipswich: Farming Press.

Lee F N, Norman R J, Datnoff L E. 1998. The evaluation of rice hull ash as a silicon soil amendment to reduce rice diseases[J] // Research Series-Arkansas Agricultural Experiment Station, University of Arkansas, Fayetteville, USA: 132-136.

Loes A K, Ogaard A F. 1997. Changes in the nutrient content of agricultural soil on conversion to organic farming in relation to farm level nutrient balances and soil contents of clay and organic matter[J]. Acta Agriculturae Scandinavica, 47(4): 201-214.

Loschinkohl C, Boehm M J. 2001. Composted biosolids incorporation improves turfgrass establishment on disturbed urban soil and reduces leaf rust severity[J]. Hortscience, 36(1): 790-794.

Marshall R, Larsen K, Schiefelbein D, et al. 2003. Nutritional characteristics of bunya nuts[R]. Brisbane: Partners in Parks Collaborative Research Forum: 14.

Marti H, Mills H. 1991. Nutrient uptake and yield of sweet pepper as affected by stage of development and N form[J]. Journal of Plant Nutrition, 14(11): 1165-1175.

Matocha J E, Hopper F L. 1995. Influence of soil properties and chemical treatments on *Phymatotrichum omnivorum* in cotton[C] // Proceedings of Beltwide Cotton Conference. San Antonio, National Cotton Council: 224-229.

Matocha J E, Vacek S G. 1997. Efficacy of fungicidal and nutritional treatments on cotton root rot suppression[C] // Proceedings of Beltwide Cotton Conference. San Antonio, TX, USA, National Cotton Council: 135-137.

Maynard D N, Gersten B, Vlash E F, et al. 1961. The effect of nutrient concentration and calcium levels on the occurrence of carrot cavity spot[J]. Proceedings of the American Society for Horticultural Science, 78(1): 339-342.

McDonald A E, Grant B R, PlaxtonW C. 2001. Phosphite (phosphorous acid): its relevance in the environment and agriculture and influence on plant phosphate starvation response[J]. Journal of Plant Nutrition, 24(10): 1505-1519.

Mclaren D L, Huang H C, Rimmer S R, et al. 1989. Ultastructural studies on infection of sclerotia of *Sclerotinia sclerotiorum* by *Talaromyces flavus*[J]. Canadian Journal of Botany, 67(7): 2199-2205.

Mucharromah E, Kuc J. 1991. Oxalate and phosphates induce systemic resistance against diseases caused by fungi, bacteria and viruses in cucumber[J]. Crop Protection, 10(4): 265-270.

Newman E I. 1985. The rhizosphere: carbon sources and microbial populations[J] // Fitter A H, Atkinson D, Read D J, et al. Ecological Interactions in Soil: Plants, Microbes and Animals[M]. Oxford: Blackwell: 107-121.

Oborn I, Edwards A C, Witter E, et al. 2003. Element balances as a tool for sustainable nutrient management: a critical appraisal of their merits and limitations within an agronomic and environmental context[J]. European Journal of Agronomy, 20(1): 211-225.

Oehl F, Oberson A, Tagmann H U, et al. 2002. Phosphorus budget and phosphorus availability in soils under organic and conventional farming[J]. Nutrient Cycling in Agroecosystems, 62(1): 25-35.

Pacumbaba R P, Brown G F, Rojr P. 2007. Effect of fertilizers and rates of application on incidence of soybean diseases in northern Alabama[J]. Plant Disease, 81(12): 1459-1460.

Pathak D, Srivastava M P. 2001. Effect of edaphic and environmental factors on charcoal rot development in sunflower[J]. Annals of Applied Biology, 17(1): 75-77.

Peacock A D, Mullen M D, Ringelberg D B, et al. 2001. Soil microbial community responses to dairy manure or ammonium nitrate applications[J]. Soil Biology & Biochemistry, 33(7): 1011-1019.

Peters R D, Sturz A V, Carter M R, et al. 2003. Developing disease-suppressive soils through crop rotation and tillage management practices[J]. Soil & Tillage Research, 72(2): 181-192.

Portela E, Aranha J, Martins A, et al. 1999. Soil factors, farmer's practices and chestnut ink disease: some interactions[J]. Acta Horticulturae, 494(1): 433-441.

Quimby P C, King L R, Grey W E. 2002. Biological control as a means of enhancing the sustainability of crop/land management systems[J]. Agriculture, Ecosystems & Environment, 88(2): 147-152.

Rein D, Paglieroni T G, Wun T, et al. 2000. Cocoa inhibits platelet activation and function[J]. American Journal of Clinical Nutrition, 72(1): 30-35.

Rosen C J, Miller J S. 2001. Interactive effects of nitrogen fertility and fungicide program on early blight and potato yield[J]. HortScience, 36: 482-483.

Samac D A, Willert A M, Mcbride M J, et al. 2003. Effects of antibiotic-producing *Streptomyces* on nodulation and leaf spot in alfalfa[J]. Applied Soil Ecology, 22(1): 55-66.

Sasseville D N, Mills H A. 1979. N form and concentration: effects on N absorption, growth, and total N accumulation with southernpeas[J]. Journal of the American Society for Horticulture Science, 104(5): 586-591.

Savary S, Castilla N P, Elazegui F A, et al. 1995. Direct and indirect effects of nitrogen supply and disease source structure on rice sheath blight spread[J]. Phytopathology, 85(9): 959-965.

Schjonning P, Elmholt S, Munkholm L J, et al. 2002. Soil quality aspects of humid sandy loams as influenced by organic and conventional long-term management[J]. Agriculture, Ecosystems & Environment, 88(3): 195-214.

Shannon D, Sen A M, Johnson D B. 2002. A comparative study of the microbiology of soils managed under organic and conventional regimes[J]. Soil Use and Management, 18(s1): 274-283.

Sharma S R, Kolte S J. 1994. Effect of soil-applied NPK fertilizers on severity of black spot disease (*Alternaria brassicae*) and yield of oilseed rape[J]. Plant and Soil, 167(2): 313-320.

Shepherd M A, Harrison R, Webb J. 2002. Managing soil organic matter–implications for soil structure on organic farms[J]. Soil Use and Management, 18(s1): 284-292.

Shim M Y, Starr J L. 1997. Effect of soil pH on sclerotial germination and pathogenicity of *Sclerotium rolfsii*[J]. Peanut Science, 24(1): 17-19.

Singh S N. 1999. Effect of different doses of N and P on the incidence of linseed wilt caused by *Fusarium oxysporum* f. *lini* (Bolley) Synder and Hans[J]. Crop Research, 17(1): 112-113.

Sivan A, Chet I. 1989. Degradation of fungal cell walls by lytic enzymes of *Trichoderma harzianum*[J]. Journal of General Microbiology, 135(1): 675-682.

Smiley R W, Cook R J. 1973. Relationship between take-all of wheat and rhizosphere pH in soils fertilized with ammonium vs. nitrate-nitrogen[J]. Phytopathology, 63: 882-890.

Snoeijers S S, Perezgarcia A, Mhaj J, et al. 2000. The effect of nitrogen on disease development and gene expression in bacterial and fungal plant pathogens[J]. European Journal of Plant Pathology, 106(6): 493-506.

Stevenson P C, Anderson J C, Blaney W M, et al. 1993. Developmental inhibition of *Spodoptera litura* (Fab.) larvae by a novel caffeoylquinic acid from the wild groundnut, *Arachis paraguariensis*[J]. Journal of Chemical Ecology, 19(12): 2917-2933.

Stockdale E A, Shepherd M A, Fortune S, et al. 2002. Soil fertility in organic farming systems-fundamentally different[J]? Soil Use and Management, 18(s1): 301-308.

Stone A G, Scheuerell S J, Darby H D. 2004. Suppression of soilborne diseases in field agricultural systems:

organic matter management, cover cropping and other cultural practices[J] // Magdoff F, Weil R R. Soil Organic Matter in Sustainable Agriculture[M]. London: CRC Press.

Sturz A V, Christie B R, Matheson B G. 1998. Associations of bacterial endophyte populations from red clover and potato crops with potential for beneficial allelopathy[J]. Canadian Journal of Microbiology, 44(44): 162-167.

Sturz A V, Christie B R, Nowak J. 2000. Bacterial endophytes: potential role in developing sustainable systems of crop production[J]. Critical Reviews in Plant Sciences, 19(1): 1-30.

Sullivan P. 2001. Sustainable management of soil-borne plant diseases[EB/OL]. ATTRA, USDA's Rural Business Cooperative Service. https://www. attra. org[2018-10-26].

Sweeney D W, Granade G V, Eversmeyer M G, et al. 2000. Phosphorus, potassium, chloride, and fungicide effects on wheat yield and leaf rust severity[J]. Journal of Plant Nutrition, 23(9): 1267-1281.

Umaerus V R, Scholte K, Turkensteen L J. 1989. Crop rotation and the occurrence of fungal diseases in potatoes[M] // Vos J, Van Loon C D, Bollen G J. Effects of Crop Rotation on Potato Production in the Temperate Zones[M]. Dordrecht: Kluwer Academic Publishers: 171-189.

Wells A T, Chan K Y, Cornish P S. 2000. Comparison of conventional and alternative vegetable farming systems on the properties of a yellow earth in New South Wales[J]. Agriculture, Ecosystems & Environment, 80(1): 47-60.

Weltzien H C. 1989. Some effects of composted organic materials on plant health[J]. Agriculture, Ecosystems & Environment, 27(1): 439-446.

Wen-Hsiung K, Ching-Wen K. 1989. Evidence for the role of calcium in reducing root disease incited by *Pythium* species[J] // Englehard A W. Soilborne Plant Pathogens: Management of Diseases with Macro-and Microelements[M]. Saint. Paul: APS Press: 217.

Woese K, Lange D, Boess C, et al. 1997. Comparison of organically and conventionally grown foods results of a review of the relevant literature[J]. Journal of the Science of Food and Agriculture, 74(3): 281-293.

Workneh F, Yang X B, Tylka G L. 1999. Soybean brown stem rot, *Phytophthora sojae*, and *Heterodera glycines* affected by soil texture and tillage relations[J]. Phytopathology, 89(10): 844-850.

Wotton H R, Strange R N. 1987. Increased susceptibility and reduced phytoalexin accumulation in drought-stressed peanut kernels challenged with *Aspergillus flavus*[J]. Applied and Environmental Microbiology, 53(2): 270-273.

第 2 章　作物抗病虫性原理
及其与矿质养分的关系

　　植物病虫害造成农作物减产、品质下降，是世界各国农业生产中的主要威胁（张杰等，2019）。矿质营养是植物正常生长发育所必需的，合理平衡施肥不仅使植物生长健壮，增强其抗病性，而且多数元素自身或其代谢物，或者直接作为病原菌营养需要，或者通过对病原菌产生毒害影响病原菌的侵染繁殖，从而影响植物的抗病性（慕康国等，2000）。

　　植物的营养水平与其防卫机制密切相关，许多矿质营养对不同病原菌侵染引起的本能防御反应都有着积极的影响（郑世燕等，2014）。深入研究利用植物抗病机制将为植物病害的防治提供新的思路（丁丽娜和杨国兴，2016）。在寄主与病原菌相互作用的复杂过程中，寄主作物表现出防御病原菌的特殊能力，这种防御能力在病理学上称为抗病性。长期以来，研究者从不同角度对抗病性进行了分类。根据寄主作物防御病原菌的机制，可分为形态结构抗病性和生理生化抗病性。前者主要是通过寄主形态结构的差异产生物理上的阻碍，或者通过诱导寄主形态结构发生改变而机械地阻碍病原菌的侵染，如寄主株型、叶型、表面蜡质层有无、角质层和木栓层的厚薄、毛或刺的多寡、气孔的结构和运动、细胞壁的硬度和厚薄等；而后者则主要是当病原菌侵入寄主时或侵入后，诱导寄主的生理生化过程发生改变而抵抗病原菌的侵染，或者产生对病原菌有毒的物质，如植保素等（董金皋和黄梧芳，1995）。从病原菌与寄主作物互作的角度，作物抗病可分为两个阶段：一是抗侵染阶段，若植物细胞壁及角质层厚，木质化、硅质化程度高，气孔开闭适当，表面无创伤，病原菌就难以侵染；二是抗繁殖阶段，作物体内病原菌生长繁殖所需养分及对其生长有抑制作用的生化物质的多寡影响病原菌繁殖（张福锁，1993）。矿质营养调节是控制植物病害发生的有效措施之一，是化学防治方法的补充；对于一些目前尚无较好化学防控措施的病害，调节矿质营养是值得探讨的一条新途径（袁瑛，2003；郑世燕等，2014）。

2.1　矿质营养对作物抗病性的影响及机制

2.1.1　矿质营养对作物形态结构的影响及其与抗病能力的关系

1. 角质层、细胞壁及表皮细胞性质

　　植物表皮的角质、木栓质，细胞壁沉积的木质素、胼胝质等，它们本身不具有抑菌活性，但能防止病原菌侵入植物组织（郭艳玲等，2012）。细胞壁是由纤维素、半纤维

素、果胶等高分子质量的多糖及蛋白质组成的高度复杂的动态网络，包含细胞之间、细胞与周围环境之间物质和信号交流的重要通道，也是植物细胞抵抗外来病原菌侵染的重要屏障和寄主-病原菌互作的重要场所（梁艳丽等，2016）。

细胞壁是大多数营死体寄生方式的病原真菌和细菌侵入作物细胞内所必须攻克的第一道防线，在侵染时往往直接破坏细胞壁的完整性，而营活体或半活体寄生方式的病原真菌和细菌在进入作物体内时也与细胞壁发生互作，抑制或干扰作物细胞壁的抗性，从而实现侵入作物体内并建立寄生关系的目的。在侵染过程中，病原真菌的孢子萌发产生芽管和附着胞，进而形成侵染钉，并由侵染钉穿透作物表皮和细胞壁，进入细胞中。病原真菌具有从活体寄生到死体寄生的不同营养方式，而且病原真菌的不同寄生方式直接影响其在作物细胞壁层面上的互作方式。营腐生营养的病原真菌可以释放出大量的细胞壁降解酶和毒素，其中释放的细胞壁降解酶直接降解作物细胞壁，破坏细胞完整性，杀死细胞，从而在死亡细胞上寄生，如灰霉病菌（*Botrytis cinerea*）拥有包括 6 个聚半乳糖醛酸酶（polygalacturonase，PG）在内的大量细胞壁降解酶系。相反，营活体营养的病原真菌一般不直接降解作物细胞壁，且不杀死作物细胞，而采用类似于盗窃的方式从活细胞中获取养分，实现其寄生生活，如小麦白粉病菌（*Erysiphe graminis*）和玉米黑粉菌（*Ustilago maydis*）基因组中编码细胞壁降解酶的基因数量要比营腐生营养的病原真菌少（师莹莹等，2011）。

寄主作物对病原菌侵入的第一道防线就是阻碍与其接触及其停留，病原菌要想侵入寄主首先必须能黏附在寄主表面，且萌发产生芽管，完成这一步常常需要寄主具备一个湿润的表面。田间生长的作物中有蜡质层的品种普遍比没有蜡质层的品种发病要轻，这主要是由于侵染液滴在表面很少聚集（董金皋和黄梧芳，1995）。作物表层的蜡质对雾滴润湿行为的影响较大，一般来讲，蜡质中长链碳氢化合物含量较多的疏水性较强，反之，醇和酸含量较多的亲水性较强（徐广春等，2014）。水稻不同部位的蜡质含量、表皮硅化细胞的数目和大小及角质层厚度与抗纹枯病侵染呈明显正相关，接种纹枯病菌后病斑扩展速度为叶鞘内侧>叶鞘外侧>叶片基部，叶枕不发病（童蕴慧等，2000）。

寄主角质层和表皮细胞的厚度与强度受细胞壁成分的影响，纤维素和木质素含量高则抗病能力强。木质素是一种结构复杂的酚类聚合物，它是构成作物细胞壁的成分之一。木质素含量提高可以增强细胞壁抗真菌穿透和抗酶溶解的能力。木质素虽然是组成型的结构物质，但它具有相当强的受诱导合成特性，作物受病原菌侵染的部位木质化程度迅速加强，细胞壁的抗侵染能力因此增强；同时木质素作为一种机械屏障，保护寄主细胞免受病原菌分泌酶的降解，抑制病原菌的扩展（郭艳玲等，2012）。木质素含量的增加为阻止病原菌对寄主的进一步侵染提供了有效的保护屏障：①木质素加大了病原菌穿透细胞壁的压力；②增强了细胞壁抗酶溶的作用，因为病原菌不能分泌分解木质素的酶类；③限制了真菌酶和毒素向寄主细胞内的扩散，同时也限制寄主细胞内水分及营养物质向病原菌扩散，导致病原菌因得不到营养而饿死（赵中秋等，2001）。

病原菌入侵后在细胞壁中也有胼胝质的积累，造成细胞壁加厚或形成乳头状小突起，胼胝质围绕在感染部位可能有阻碍病原菌扩散的作用。

当病原真菌侵染植物时，胼胝质通过与纤维素、木质素等在侵入位点形成乳突结构，限制病原菌的侵染与扩散。通过胼胝质合成酶增加胼胝质的生物合成，能有效抑制病原菌在植物细胞间的扩散（佟佳慧等，2020）。病原菌侵染后产生胶质体和侵填体，是作物维管束阻塞的主要原因，而维管束阻塞也是作物的一种重要的抗病反应，它既能防止真菌孢子和细菌菌体随作物的蒸腾作用上行扩展，防止病原菌产生的水解酶和毒素扩散，又能使寄主抗菌物质积累（高东等，2011）。当病原菌侵入和细胞壁受损时，富含羟脯氨酸的糖蛋白会大量积累，以修复和增强细胞壁的结构（高东等，2011）。

侵染维管束的病原菌如镰刀菌属、黄单胞菌属或轮枝菌属等通常是通过木质部传播的，当它们与作物互作时，木质素含量一般都会增加，且木质素含量的增加与植株的病原菌抗性存在正相关（张明菊等，2015）。在病原菌与寄主作物互作过程中，抗病品种木质素的积累速度和积累量往往高于感病品种，并且随着时间的推移，作物组织中的木质素含量显著增加（徐鹏等，2013）。

大量施氮能导致细胞壁厚度和强度降低，从而降低作物抗性，因为过量的氮素可以使构成细胞壁的材料如纤维素和木质素含量降低，从而使作物抗病能力降低（郭衍银等，2003）。钾有助于作物厚壁细胞木质化、厚角组织细胞加厚、角质发育、表层细胞硅化以及纤维素含量增加。因此，充足的钾营养会使作物茎秆粗壮，强度增大，机械性能改善，有效地阻碍病菌入侵和害虫侵蚀，同时又提高了抗倒伏的性能（黄建国，2004）。

硅在水稻叶片中沉积，与表皮细胞形成硅化细胞，构成一道机械屏障，不仅限制真菌吸器的形成及芽管和菌丝的生长，还影响真菌对细胞壁酶的降解作用（柯玉诗等，1997）。硅在水稻叶鞘内侧、叶表和厚壁细胞积累，起到了物理屏障的作用，延缓了纹枯病菌的扩展；纹枯病菌侵染后硅在叶表硅化细胞、乳突及其他部位的含量增加（张国良，2005）。

钙元素在维持植物细胞壁、细胞膜稳定性中扮演着重要角色，并且它同时又是信号分子，能够调节渗透性和维持植物离子平衡，从而在抗病中起重要作用（董鲜等，2015a）。钙能促进果胶的合成并与之形成果胶酸钙，使细胞间的黏结作用加强，并使细胞中胶层更稳定，从而抑制病原菌分泌的酶对中胶层的破坏，提高作物的抗病性（郭衍银等，2003）。硼能增强植物细胞壁的韧性和稳定性，有利于维持细胞结构的完整性，从而减少营养物质的外泌，有利于减轻病菌的侵染（董鲜，2014）。

2. 气孔及伤口

气孔是叶片和外界环境进行气体与水分交换的重要通道，气孔的形态、大小、分布和数量等会直接影响作物的光合作用和蒸腾作用等生理活动，对作物生命活动有着极其重要的作用，而且气孔特征参数与作物抗逆性密切相关（杨磊等，2012）。气孔被认为是多种叶际微生物，如细菌、真菌、放线菌和酵母等进入作物体内的主要通道。据统计，叶面上各种微生物的密度为 $10^6 \sim 10^7 CFU/cm^2$，叶际为多种微生物提供了适合生存的环境并在作物病原菌和宿主的相互作用中有重要作用。

研究发现外寄生菌可以在受多重胁迫（干旱、紫外线辐射和营养限制）的叶表面完成其附生生活史，但致病菌只有进入作物体内才能引发其致病性，因此病原菌必须穿过表皮进入宿主作物胞间隙和叶片内部组织才能定植（李岩等，2011）。病原菌常通过作物的自然开口如叶表皮气孔、根茎皮孔、叶缘、花腺或伤口进入作物体内,而气孔是主要的通道。魏爱丽等(2010)的研究表明,感病性小麦的气孔频率、气孔导度、气孔开度等指标均显著高于抗病性小麦。这一系列研究均显示气孔的形态结构和开闭特性与作物抗病性存在着内在联系。许多引起叶斑病的病原菌(主要是假单胞菌和黄单胞菌)只有在气孔开放时才能侵入,大田试验发现在高湿、雨水或霜冻等促进气孔开放的环境下细菌性病害的发病率较高,而在干旱或高 CO_2 等促进气孔关闭的环境条件下,细菌的侵染率较低,这也佐证了气孔主动调节病菌入侵的设想(李岩等,2011)。寄主作物的气孔在病原菌侵染建立时是一道重要的防御关隘,气孔会及时关闭从而阻止病原菌通过气孔进入组织。当作物感受到有病原菌入侵信号后,能够很快启动作物表皮组织的防御反应,包括适时地关闭气孔。同时,作物组织内 H_2O_2、NO 等信号分子的浓度会快速增加,诱导寄主的抗性反应(杨磊等,2012)。

缺钾或氮素过多都会引起气孔关闭延迟,使感病性增加。气孔及周围组织对病菌在胞间扩散和繁殖也有影响。中胶层果胶钙化度高就较难被病菌分泌的酶破坏,否则中胶层易遭破坏而出现腐烂病症。气孔周围组织湿润度高时,有利于病菌的繁殖扩散。缺钾叶片因湿润度高而加重了病害。叶片的湿润度在很大程度上取决于细胞膜的稳定性和渗透性,这也决定了对病菌的养分供给。钙对细胞膜具有稳定作用,增加钙的供给可增强作物对许多叶斑病的抵抗能力(张福锁,1993)。

在许多情况下,病菌经伤口侵入作物组织,因此,伤口的损伤程度及愈合速度对抗病相当重要。高钾能促进伤口愈合,减轻软腐病,缺钾则延迟伤口愈合。充足的钾供应可减少创伤或促进伤口愈合,从而增强寄主对软腐病的抵抗力(张福锁,1993)。

2.1.2　矿质营养与作物化学组成及抗病能力的关系

1. 酚类化合物的抗病作用及其与矿质营养的关系

酚类化合物是许多作物本身的固有成分,也是作物的次生代谢产物。酚类物质是抗菌性物质,它也是木质素合成的前体,使木质化增强,在作物抗病过程中有重要作用,可提高作物的抗病性(张朋等,2014)。在健康作物体内含有大量的酚类物质,如绿原酸、单宁酸、儿茶酚和原儿茶酚等,这些酚类物质对病原菌都有不同程度的毒性。具有橙黄鳞茎外皮的洋葱品种比无色鳞茎外皮的品种更抗洋葱黑斑病菌和炭疽病菌的侵染,酚类物质抑制洋葱表面的病菌孢子萌发,这是由于橙黄鳞茎外皮洋葱含有浓度较高的原儿茶酚和邻苯二酚。马铃薯块茎中含有绿原酸,研究发现抗疮痂病的品种中绿原酸含量比感病品种高,而且含有绿原酸或咖啡酸的氧化物也具有抗疮痂病菌的能力(章元寿,1996)。作物在感染后还会在木质部积累不同的酚类化合物。橄榄树受大丽轮枝菌(*Verticillium dahliae*)侵染后在感染部位会产生芸香苷、橄榄苦苷、毛地黄糖苷和对羟基苯乙酮等对病原菌具毒害作用的有机代谢化合物。有研究者用外源的酚类化合物处理荷兰榆树发现,可以诱导木质部组织中木栓质类化合物的积累从而增强对榆树枯萎病菌的抗性,这表明酚类化合物除了对维管束病原菌具有直接毒害作用以外还能激活其他防卫反应(张明菊等,2015)。

酚类化合物能抗病的原因为：①抑制孢子萌发；②抑制病菌生长；③抑制病菌分泌及产生分解酶；④降低病原菌产生的酶的活性；⑤降低或完全消除病原菌产生的毒素。

大量施用氮肥可使植株总酚含量下降，这是因为大量施氮使合成酚的关键酶苯丙氨酸解氨酶、酪氨酸解氨酶的活性降低（郭衍银等，2003）。氮素的供给不仅影响到酚类的含量，而且影响它们的毒性。在培养基中，可溶性氮素与酚类之间比例的提高会降低多元酚对病原真菌的毒性。在高氮条件下，小麦秆锈病感染性加剧是由酚的含量降低引起的。此外，酚的毒性也会因高含量氨态氮的存在而降低（张福锁，1993）。

钾的营养状况对酚代谢有很大影响。施钾促进糖的合成与运输，而糖是合成酚的原料，进而提高作物体内多酚的含量（郭衍银等，2003）。缺钾时，碳氮代谢失调，一般会使非蛋白氮积累。而氨态氮的相对积累会造成酚的迅速分解。

2. 含氮化合物对作物病害的影响及其与矿质营养的关系

作物体内可溶性氮（主要是氨基酸和酰胺）、蛋白氮与作物病害密切相关。一般可溶性氮含量高、蛋白氮含量低时作物易感病，蛋白氮含量高、可溶性氮含量低时作物不易感病。氨基酸是组成蛋白质的基本单位，也是蛋白质的分解产物，作物根系吸收、同化的氮素主要以氨基酸和酰胺的形式进行运输。大多数氨基酸在低浓度范围内可作为一种碳源被微生物吸收利用，因此对病原菌微生物的生长是有益的。病原菌为了侵染植株并在其体内生长，会使植株合成更多有利于其定植的氨基酸种类，并运输到根系供其吸收利用（董鲜等，2015b）。感病植株根系分泌物中氨基酸种类多，数量大，能够促进病原菌的生长，增加了植株根际病害发病率（董鲜等，2015b）。谷氨酸、天冬氨酸及其酰胺和丙氨酸是病原菌最好的氮源，这些氨基酸及酰胺含量高时作物极易感病。氨基酸及其酰胺含量高容易致病的机制如下：①诱导病菌孢子萌发；②促进病原菌生长；③提高一些水解酶的活性。有些氨基酸（主要是芳香族氨基酸）对抗病有利，这可能是它们与酚类物质关系密切的缘故（张福锁，1993）。

高氮能提高植物体内游离氨基酸的总量，使病原菌偏爱的氮源如谷氨酸、天冬氨酸及其酰胺的量大大提高，植物感病率提高（郭衍银等，2003）。

作物缺钾时淀粉酶、蔗糖酶、葡萄糖苷酶和蛋白酶等分解酶活性增加，使低分子量的碳水化合物和可溶性氮含量提高。钾能促进蛋白质的合成，促进糖分、淀粉的合成和运输，协调碳氮代谢；因此增施钾肥能减少作物体内可溶性氨基酸的含量，从而提高作物抗性（郭衍银等，2003）。

3. 碳水化合物的抗病作用及其与矿质营养的关系

糖既是酚类化合物、植物保卫素、木质素、纤维素等生物合成的原料，又是蛋白质和核酸的碳架。另外，糖还可抑制果胶酶、纤维素酶等水解酶的活性。因此糖对抗病十分重要。通常植株可溶性总糖含量高，则抗病性强，低则抗病性弱，有些病害与总糖关系不大，但却与某一类糖的含量关系密切，因此作物体内糖分的组成也很重要（郭衍银等，2003）。黄瓜子叶和同一植株不同叶位真叶内可溶性总糖含量与抗病性呈高度正相关性，还原糖含量和还原糖与总糖比与抗病性呈高度负相关（云兴福，1993）。

很多作物的抗病性与体内淀粉含量关系密切，因为淀粉含量高，可溶性氮含量就低，碳氮比大，不利于病菌繁殖，因此，不易发病（张福锁，1993）。

一般随着氮肥施用量的增加，作物体内含糖量降低，抗病能力减弱。不同氮肥品种的影响有所不同，施用硝酸钙，糖分含量无变化，甚至有所提高；施用硝酸铵、硫酸铵、尿素时，糖分含量都降低；施钾常常可提高含糖量，从而改善作物的抗病能力。作物体内的淀粉含量除受品种特性影响外，还与营养状况有关。一般重施氮肥或氮肥过量，淀粉含量就会下降，而多施磷钾则可提高淀粉含量（郭衍银等，2003）。

微量元素铁、锰、锌、铜等对作物光合作用的正常进行是必不可少的。高分子碳水化合物的形成也离不开微量元素。微量元素缺乏时，作物抗病性就减弱。

4. 植保素及其他抗菌物质的抗病作用及其与矿质营养的关系

植株正常生长发育过程中通常会合成一些抗菌化学物质，储存在特殊的组织器官中如腺体、表皮等，这些组成性或预先形成的抗菌化学物质在病原菌侵染前就已经存在于健康作物中，因此称为组成型抗菌物质。有的组成型抗菌物质如皂苷、咖啡因等直接具有抑菌活性，还有一些物质，如芥子油苷、生氰苷等在健康作物中不显示抗菌作用，但是当病原菌侵染时会被相关水解酶水解，产生硫氰酸酯、氰化氢等具有杀菌作用的化合物（张明菊等，2015）。

在作物与病原菌互作中，作物还会合成新的抗菌物质——植保素（phytoalexin）。植保素是作物在病原菌诱导下合成并积累的低分子抗菌化合物。植保素产生迅速，积累在侵染点周围，杀死或抑制病原菌，抑制病斑的扩大及病原菌在未侵染细胞中的扩展，其产生的速度和积累的量常常直接反映了作物抗病性的强弱（郭艳玲等，2012）。抗病能力不同的品种都能产生植保素，但抗病品种中产生的量多且速度快。植保素在作物体内不断受寄主及病原菌的降解，而且病原菌的降解速度快。植保素合成的部位、浓度、时期对抗病很重要。植保素的抗病机制可能包括 6 个方面：①抑制病原菌孢子萌发；②抑制萌芽管生长；③抑制孢子幼苗生长；④抑制菌丝体生长；⑤对菌丝顶端细胞有毒害作用；⑥抑制病原菌生长（张福锁，1993）。

2.1.3　矿质营养与作物生理变化及抗病能力的关系

作物体内的许多防御酶，如苯丙氨酸解氨酶（PAL）、过氧化物酶（POD）、超氧化物歧化酶（SOD）、多酚氧化酶（PPO）和过氧化氢酶（CAT）都与抗病性密切相关。POD 及其同工酶在作物机体防御体系中起重要作用，其不仅参与了木质素的聚合过程，也是细胞内重要的内源活性氧清除剂，因此 POD 活性与作物抗病性有着密切的关系。PPO 主要参与酚类氧化为醌以及木质素前体的聚合作用，与作物抗病性密切相关。病原菌侵染能诱导作物体内 PPO 活性升高，促进酚类化合物在受侵染部位的合成和积累，大量的酚可由多酚氧化酶氧化成醌，醌类化合物能钝化病原菌的呼吸酶，阻碍病原菌的生长。酚类化合物是细胞形成木质素的前体，可形成木质素，促进细胞壁和组织的木质化，以抵抗病原菌侵染。PAL 是作物苯丙烷类次生代谢途径总路第一步的关键酶，是苯丙烷类代谢途径的关键酶和限速酶，它催化苯丙氨酸脱氨基后产生肉桂酸并最终转化为木质素，因此它是与细胞内木质素生成和沉积有关的防御酶。当病菌入侵时，细胞受到刺激后启动 PAL 系统产生木质素并沉积在细胞壁周围，将病原菌限制在一定的细胞范围内，阻止其进一步扩散（宋瑞芳等，2007）。

不同抗性的玉米接种层出镰孢菌后，玉米叶鞘的防御酶活性均迅速增加并在达到高峰之后缓慢下降，高抗品种的相关防御酶活性增加幅度大于中抗品种，且酶活性水平与抗病性呈正相关（徐鹏等，2013）。接种纹枯病菌后，水稻几丁质酶活性被迅速激活后又下降，施用硅肥通过提高抗病品种几丁质酶和 β-1,3-葡聚糖酶活性，以及通过提高感病品种几丁质酶活性来增强对纹枯病的抗性（张国良等，2010）。施硅能显著降低感病小麦品种植株的白粉病病情指数，提高其对白粉病的抗病能力，原因是施硅可显著提高抗病品种的几丁质酶活性；接种病原菌后，抗/感品种小麦叶片的几丁质酶、β-1,3-葡聚糖酶、PAL 和 PPO 活性均显著提高（杨艳芳等，2003；杨艳芳和梁永超，2010）。长豇豆接种白粉病菌后，施硅可减轻白粉病菌对植株光合机构的伤害，显著提高植株叶片的 SOD、CAT 和 POD 活性和酚类物质的含量，明显降低长豇豆白粉病的病情指数（李国景等，2006）。

炭疽病菌感染后可促进叶片 PPO 活性的提高，相较于不施肥、低氮或过高氮营养，适宜的氮营养可明显加强炭疽病菌对 PPO 的诱导作用，所有氮营养处理的植株叶片的细胞膜完整性在受炭疽病菌侵染后，逐步遭到破坏，膜透性明显增加，但适宜氮营养比不施肥和高氮营养处理的细胞膜受炭疽病菌的破坏作用小，随着炭疽病菌感染时间的延长，叶片丙二醛（MDA）含量持续上升，表明植株受到炭疽病菌侵染后，脂质过氧化产物增加，脂质过氧化作用加强，经炭疽病菌侵染后，低氮和适宜氮营养早期会加速膜脂过氧化水平，但后期对脂质过氧化作用有所抑制，而不施肥或高氮水平下的作用效应正好相反（陈晓燕等，2004）。

2.2 矿质营养对作物抗虫性的影响及机制

2.2.1 作物形态结构的抗虫能力及其与矿质营养的关系

在植食性昆虫与作物漫长的协同进化过程中，作物形成了多种多样的防御机制来抵抗昆虫的危害。这些防御机制可归纳为两类：组成型防御和诱导型防御（常金华等，2004）。组成型防御是指作物中原本就存在的、能够阻碍植食性昆虫取食危害的物理和化学因子；而诱导型防御是指当作物受到胁迫时才被激活的防御机制。不管是组成型防御还是诱导型防御都有其物理和化学上的作用。物理防御主要包括对昆虫行为和生物学有负面影响的作物形态、组织和生长特性，如叶片表面绒毛、叶片厚度、作物表皮和枝干结构等都对昆虫取食行为具有显著影响。化学防御则是指作物生理生化特性的改变对害虫的影响，包括防御信号的产生，如植物激素（phytohormone）、寡糖素（oligosaccharin）、茉莉酸（jasmonic acid，JA）、乙烯（ethylene，ETH）、脱落酸（abscisic acid，ABA）以及水杨酸（salicylic acid，SA）等；营养成分的变化，如限制食物供给、降低食物营养价值等；作物次生物质的产生，如酚类化合物、含氮化合物、萜类化合物等（彭露等，2010）。

1. 作物表面蜡质、表皮毛和叶色对植食性昆虫行为的影响

表面蜡质可通过影响天敌对植食性害虫的捕食，从而间接影响植食性害虫的行为。作物表面蜡质的基本功能是防止植株体内水分散失和外界水分进入，其分布部位、化学成分和结构的复杂性与复杂的生态角色相对应。作物表面蜡质的物理化学特性能够抵抗各种各样的生物侵害，这些侵害包括真菌病害和植食性昆虫危害等。作物表面蜡质还是作物、植食性昆虫及其捕食者和寄生者相互作用的竞技场，表面蜡质影响植食性昆虫对寄主作物的选择，在取食寄主作物前，植食性昆虫要对作物的表面进行感官接触，通过触摸作物表面，对作物表面特征——颜色、质地和化学物质进行感官评估，其中表面蜡质的化学成分和光学特性是植食性昆虫选择寄主的重要因素。表面蜡质的理化特性能够改变害虫与寄主作物间的相互作用（王美芳等，2009）。

叶色主要由叶绿素和有色色素等决定，其对潜叶昆虫的影响可能因昆虫种类不同而异。例如，斑潜蝇具有趋向黄色、避开蓝色的习性，因此多在叶色黄绿的植株上取食和产卵。寄主作物叶色在美洲斑潜蝇寄主选择中起着重要的作用，叶色越浓绿，对美洲斑潜蝇的吸引越大。对于三叶草斑潜蝇，绿叶型的蓖麻是高感品种，而紫叶型的蓖麻则是抗性品种。黄色不透明或半透明的粘板对南美斑潜蝇的诱杀效果最好。但是，叶色对潜叶蛾的作用较为复杂（戴小华等，2011）。

表皮毛常干扰昆虫的产卵、取食和吞咽。一般表皮毛密度越大，越不利于潜叶昆虫成虫的活动。美洲斑潜蝇对寄主作物种类的选择受叶片表皮毛的影响。叶片表皮毛的密度大则抗性强，表皮毛长度大则受害轻，叶片不光滑则受害轻（戴小华等，2011）。

作物营养状况影响作物的颜色、大小、形状、体表性状等，次生代谢物质对多种昆虫的寄主选择和寄主定位存在影响。作物追施氮肥后常能使植株中游离氨基酸的浓度提高，碳氮比变低，叶色变深，生长嫩绿；而氮缺乏植株，其叶色常常黄化。例如，偏施氮肥的水稻叶片颜色浓绿，稻纵卷叶螟（*Cnaphalocrocis medinalis*）的危害就相对较严重，褐飞虱也喜欢在偏施氮肥的水稻上取食和产卵。又如，烟粉虱成虫对不同颜色有不同趋性，其趋性顺序为：黄绿>黄色>红色>橙红色>暗绿>紫色，而寄主作物体色在很大程度上受其营养状况的影响（卢伟等，2006）。

植食性昆虫依靠作物获得营养成分，寄主作物对植食性昆虫的营养效应主要取决于取食部位所含成分的性质和分量。寄主本身某种营养物质的缺乏或搭配比例不当，同样会影响害虫的正常发育，降低害虫的生存率而获得抗虫性。树皮含氮物质中蛋白氮所占的比例高，木质部碳氮比低有利于幼虫取食（张凤娟等，2006）。

2. 作物细胞壁结构对植食性昆虫行为的影响

植物抗虫性一方面体现在调节细胞壁结构修饰和组成的关键基因，通过主动增强细胞壁的合成能力，增加对蚜虫的抵御；另一方面细胞壁多糖被蚜虫唾液水解后，产生的低聚糖能够被细胞膜上的抗性受体识别，将信号转导至胞内，激活诱导防御反应（佟佳

慧等，2020）。玉米细胞壁的化学成分主要包括纤维素、半纤维素、结构蛋白和果胶等物质，以及随着植株的生长而形成的木质素。研究表明，细胞壁化学成分含量的增加可以提高其对螟虫的抗性。例如，茎秆、叶鞘细胞壁中的中性洗涤纤维、酸性洗涤纤维、纤维素、木质素等含量的增加可以提高其对欧洲玉米螟蛀茎取食的抗性（郭井菲等，2014）。

矿物元素也会通过影响细胞壁硬度、幼虫的取食生长来影响玉米抗螟性，如硅在作物细胞壁的沉积可增加组织的机械强度，硅和钾能促进作物厚壁细胞木质化和硅质化、厚角组织细胞加厚、角质发育以及纤维素含量增加（郭井菲等，2014）。水稻是高等作物中典型的嗜硅作物，硅化物在叶表面形成角质-硅-蜡层结构，在叶脉内形成硅化细胞，硅化细胞的形成增加了叶表皮厚度，强化了害虫入侵的第一道屏障，因而硅化细胞的分布与不同品种的抗虫性密切相关。随着水稻体内硅的不断累积，茎秆机械强度增加，对二化螟的抗性增强。同时，硅富集使作物体内硅含量升高，硅细胞密度增加，因而昆虫不能从作物中摄取足够的营养物质和水分，进而阻止植食性昆虫危害；同时硅可降低作物组织的适食性和可消化性，从而降低昆虫的食物利用效率（韩永强等，2012）。

2.2.2　矿质营养对作物生化物质组成的影响及其与抗虫能力的关系

酚类化合物是作物体内含酚羟基的一类化合物，它们在作物体内以游离态或结合态形式存在，包括酚酸、黄酮类化合物、醌类、单宁、木质素等。研究表明，酚类化合物是作物中一类重要的抗虫性次生物质，植株体内总酚含量与品种的抗蚜性呈极显著正相关，酚含量越高，品种的抗蚜性越强。

作物能否被害虫作为寄主取决于作物体内化学成分的含量，化学成分包括营养成分和次生物质，前者是指作物体内的氨基酸、蛋白质、糖类、脂类和维生素等基本有机物，后者则是指初级产物经过转化而形成的一些特有的化学成分。营养成分的差异往往对害虫是否选择该作物作为寄主具有一定的影响。例如，褐飞虱只能利用作物体内的有利氨基酸作为氮素营养，因此水稻叶鞘内的氨基酸含量影响褐飞虱对该水稻品种的选择。稻株内的全氮和游离氨基酸含量与水稻对白背飞虱的抗性呈显著负相关（郑文静等，2009）。榕树叶片的主要营养物质含量在品种间也存在显著差异，榕树叶片的蛋白质、精氨酸、组氨酸、异亮氨酸、亮氨酸、赖氨酸、苯丙氨酸、苏氨酸、缬草氨酸、非必需氨基酸和总氨基酸含量越高，越有利于榕管蓟马对盆栽榕树叶片的锉吸危害，故这些叶片营养指标均是影响榕管蓟马田间种群危害的主要营养因子。其中蛋白质、精氨酸、组氨酸、苯丙氨酸和缬氨酸含量与榕管蓟马危害呈极显著正相关性，是最主要的影响因子，可作为评判榕管蓟马田间种群危害的营养指标（余德亿等，2014）。马尾松中游离氨基酸总量是与松突圆蚧抗性关系最密切的指标，随游离氨基酸含量的上升，马尾松的抗性降低（陈顺立等，2011）。

蕾期棉蕾及铃期棉铃中蛋白质、可溶性糖和单宁含量与其对绿盲蝽的抗性存在显著负相关（杨宇晖等，2013）。冬小麦受蚜虫危害的关键生育期可溶性糖含量较高的品种抗蚜性强（郑文静等，2009）。美洲斑潜蝇寄主选择性的大小与叶片中的可溶性糖含量呈负相关，即糖含量越高，美洲斑潜蝇越倾向于不取食和产卵。可溶性糖增加作物抗虫性的原因可能是糖含量高会导致作物体内一些以碳为基础的次生物质如芥菜中的芥子油苷、番茄中的番茄碱苷增加，这些次生物质对美洲斑潜蝇的取食可能有抑制作用（戴小华等，2001）。Santiago 等（2005）在测定 13 种对地中海玉米蛀茎夜蛾有不同抗性的玉米自交系茎髓中的游离酚类化合物（对香豆酸、阿魏酸、香草酸、咖啡酸、丁香酸、绿原酸、对羟基苯甲酸和香草醛）含量时发现，对香豆酸通过使细胞壁硬化和木质化来发挥抗虫性，香草酸在植株最易受地中海玉米蛀茎夜蛾危害的时期呈减少趋势，表明这些化合物可能充当化学诱导的角色，从而减轻玉米蛀茎夜蛾危害。

增加氮肥施用量普遍加重了稻纵卷叶螟的危害程度。高氮区稻纵卷叶螟的平均密度和叶片被害率均比低氮区高，种群密度的增加是由于氮肥提高了稻纵卷叶螟中等个体的幼虫存活率（郑许松等，2015）。施氮增加麦蚜平均密度的效应与冬小麦叶部、穗部可溶性糖平均含量、总酚平均含量，叶部单宁平均含量的降低和叶部、穗部可溶性蛋白平均含量的增加有着密切关系；施硅降低冬小麦平均蚜虫密度的效应与施硅增加冬小麦叶部和穗部平均可溶性糖、平均总酚、平均单宁含量关系密切。低氮配施低硅可显著降低蚜虫密度，其效应与施硅增加了穗部可溶性糖的含量有密切关系；而高氮需配施高硅才可显著降低蚜虫密度，其效应与施硅增加了小麦叶部和穗部的可溶性糖、叶部单宁含量有密切关系（王祎等，2013）。

作物可以识别不同口器昆虫的危害，进而启动不同的信号转导途径如茉莉酸（JA）、水杨酸（SA）、乙烯（ET）等，并调控防御基因的表达和防御化合物的合成来抵抗害虫的侵害。施硅能提高水稻对稻纵卷叶螟等多种害虫的抗性，预先施硅处理的水稻植株遇到害虫袭击后 JA 含量迅速增加，使得作物能快速启动 JA 信号转导途径提高水稻抗虫防御。此外，氮素作为作物需要的主要营养元素同样可以影响作物对害虫的防御。例如，烟草在高氮处理下可以增加植株体内具有抗虫活性的尼古丁和蛋白酶抑制剂的含量，同时还能促进植株释放有机挥发物（王杰等，2018）。

2.2.3 矿质营养对作物生理变化的影响及其与抗虫能力的关系

在麦类作物对蚜虫的防御研究中发现，苯丙氨酸解氨酶（PAL）与麦类作物的抗蚜性有着密切关系。大麦抗蚜品种中的 PAL 活性高于敏感品种；蚜虫取食对麦类作物组织中的 PAL 有较强的诱导作用，麦长管蚜侵染可导致抗蚜和感蚜冬小麦品种在旗叶期及抽穗期的 PAL 活性增加（邹灵平等，2011）。蚜虫侵染大麦后，也会引起 PAL 活性升高；蚜虫感染可诱导抗虫品系和感虫品系旗叶期及穗期的 PAL 活性增加。蚜虫侵染 3 种不同抗性菊花叶片时，PAL 很快应对，且在接种 72h 后 2 种抗性菊花中的 PAL 活性较高。这些研究表明，苯丙氨酸解氨酶可能在作物对蚜虫的防御中具有重要的调控作用。在作物体内 PPO 能共价修饰昆虫消化蛋白并与之交联，降低昆虫中肠蛋白酶的水解能力。蚜虫取食可增加抗性小麦的 PPO 活性，小麦抗蚜品种营养组织中 PPO 的活性比感性品种高，当被蚜虫感染时，抗性和感性品种在抽穗期及拔节期的 PPO 活性都有所增加，且感性品种增加得更多。蚜虫取食能更显著地诱导感蚜品系旗叶期和抽穗期的 POD 活性增加。蚜虫侵染 3 种不同抗性菊花叶片时，POD 反应不迅速，仅在具最高抗性的菊花叶片中具有较高活性（邹灵平等，2011）。

随着蚜虫侵染时间的推移，降低蚜虫数量所需的供钾水平随之增加（付延磊等，2017）。高钾显著提高了蚜虫危害后小麦叶片中的脂肪氧化酶（LOX）、PAL、PPO 和 POD 活性，而低钾小麦体内 4 种酶的活性在整个虫害调查期间均没有显著变化，表明充足的钾供应能够显著提高小麦受到蚜虫危害后体内茉莉酸的含量，激活其体内的 JA 信号传导途径，从而提高防御酶活性，增强其对蚜虫的抵御能力（王祎等，2014）。随着钾水平的提高，寄主蚜虫取食诱导型氨基酸、可溶性蛋白的增加量与蚜虫密度呈显著的正相关，而可溶性糖的增加量与蚜虫密度呈显著的负相关；提高钾水平可能通过降低小麦组成型游离氨基酸的含量，降低蚜虫取食诱导型游离氨基酸和可溶性蛋白的积累，提高诱导型可溶性糖的积累，共同降低麦长管蚜密度（付延磊等，2017）。施钾提高了马铃薯叶片中茉莉酸的含量，进而调节了下游组分如蛋白酶抑制剂、过氧化物酶、多酚氧化酶活性，使马铃薯诱导抗虫性提高，桃蚜数量显著降低（马晓林等，2013）。随着钾水平的升高，苜蓿的新叶和老叶中可溶性糖及淀粉含量升高，表明钾肥促进了苜蓿叶片碳水化合物的合成，进而提高了苜蓿对蓟马的抗性（张晓燕等，2016）。

对已侵染和未侵染麦二叉蚜的小麦施用硅肥，均能诱导其体内的保护性酶（如 POD、PPO 和 PAL）大量增加，活性增强。其中 POD 参与作物组织木质化和木栓体的合成，增加了作物组织的硬度，同时产生了具有抗菌和抗虫特性的醌类物质和活性氧；PPO 催化酚类化合物氧化成醌类化合物，导致作物体内可消化性蛋白减少，营养质量下降；PAL 增加了作物体内对昆虫具有拒食或毒杀作用的酚类化合物的产生量。硅调节作物诱导性防御的机制包括：增加有毒物质含量、产生局部过敏反应或系统获得性抗性、产生有毒化合物和防御蛋白，延缓昆虫发育速度等直接防御，以及释放挥发性化合物来吸引捕食性和寄生性天敌等间接防御（韩永强等，2012）。

参 考 文 献

柏丽华, 王小奇, 田春晖, 等. 2005. 不同水稻品种对稻水象甲取食选择性的影响[J]. 沈阳农业大学学报, 36(5): 562-565.

常金华, 张丽, 夏雪岩, 等. 2004. 不同基因型高粱植株的物理性状与抗蚜性的关系[J]. 河北农业大学学报, 27(2): 5-7.

陈顺立, 杜瑞卿, 吴晖, 等. 2011. 不同抗性马尾松针叶中营养物质含量与对松突圆蚧抗性关系的判别分析[J]. 昆虫学报, 54(3): 312-319.

陈晓燕, 杨暹, 张璐璐. 2004. 氮营养对菜心炭疽病抗性生理的影响 II. 氮营养对菜心炭疽病及膜脂过氧化作用的影响[J]. 华南农业大学学报, 25(3): 1-5.

戴小华, 尤民生, 付丽君. 2001. 美洲斑潜蝇寄主选择性与寄主作物叶片营养物质含量的关系[J]. 山东农业大学学报(自然科学版), 32(3): 311-313.

戴小华, 朱朝东, 徐家生, 等. 2011. 寄主作物叶片物理性状对潜叶昆虫的影响[J]. 生态学报, 31(5): 1440-1449.

丁丽娜, 杨国兴. 2016. 植物抗病机制及信号转导的研究进展[J]. 生物技术通报, 32(10): 109-117.

董金皋, 黄梧芳. 1995. 作物的形态结构与抗病性[J]. 植物病理学报, 25(1): 1-3.

董鲜. 2014. 土传香蕉枯萎病发生的生理机制及营养防控效果研究[D]. 南京: 南京农业大学博士学位论文.

董鲜, 郑青松, 王敏, 等. 2015a. 铵态氮和硝态氮对香蕉枯萎病发生的比较研究[J]. 植物病理学报, 45(1): 73-79.

董鲜, 郑青松, 王敏, 等. 2015b. 香蕉幼苗三类有机小分子溶质对尖孢镰刀菌侵染的生理响应[J]. 生态学报, 35(10): 3309-3319.

付延磊, 王祎, 王宜伦, 等. 2017. 适宜钾浓度降低小麦蚜虫密度的生理代谢机理[J]. 植物营养与肥料学报, 23(4): 1006-1013.

高东, 何霞红, 朱有勇. 2011. 农业生物多样性持续控制有害生物的机理研究进展[J]. 作物生态学报, 34(9): 1107-1116.

郭井菲, 何康来, 王振营. 2014. 玉米对钻蛀性害虫的抗性机制研究进展[J]. 中国生物防治学报, 30(6): 807-816.

郭衍银, 徐坤, 王秀峰, 等. 2003. 矿质营养与植物病害机理研究进展[J]. 甘肃农业大学学报, 38(4): 385-393.

郭艳玲, 张鹏英, 郭默然, 等. 2012. 次生代谢产物与作物抗病防御反应[J]. 植物生理学报, 48(5): 429-434.

韩永强, 魏春光, 侯茂林. 2012. 硅对作物抗虫性的影响及其机制[J]. 生态学报, 32(3): 974-983.

黄建国. 2004. 作物营养学[M]. 北京: 中国林业出版社.

柯玉诗, 黄小红, 张壮塔, 等. 1997. 硅肥对水稻氮磷钾营养的影响及增产原因分析[J]. 广东农业科学, (5): 25-27.

梁艳丽, 赵婧, 刘林, 等. 2016. 植物细胞壁在植物与病原菌互作中的作用[J]. 分子植物育种, 14(5): 1255-1261.

李国景, 刘永华, 朱祝军, 等. 2006. 硅和白粉病对长豇豆叶片叶绿素荧光参数和抗病相关酶活性的影响[J]. 植物保护学报, 33(1): 109-110.

李虎. 2007. 氮肥对超级稻冠层特性、纹枯病发生和产量的影响[D]. 长沙: 湖南农业大学硕士学位论文.

李岩, 徐珊珊, 高静. 2011. 气孔免疫的研究进展及展望[J]. 植物生理学报, 47(8): 765-770.

梁艳丽, 赵婧, 刘林, 等. 2016. 植物细胞壁在植物与病原菌互作中的作用[J]. 分子植物育种, 14(5): 1255-1261.

卢伟, 侯茂林, 黎家文. 2006. 植物营养对植食性昆虫行为与发育的影响[C] // 中国植物保护学会 2006 年学术年会论文集.

马晓林, 白雪, 李惠君, 等. 2013. 施钾与蚜害处理后马铃薯叶片中多酚氧化酶活性的变化[J]. 昆虫学报, 56(12): 1413-1417.

慕康国, 赵秀琴, 李健强, 等. 2000. 矿质营养与植物病害关系研究进展[J]. 中国农业大学学报, 5(1): 84-90.

彭露, 严盈, 刘万学, 等. 2010. 植食性昆虫对作物的反防御机制[J]. 昆虫学报, 53(5): 572-580.

师莹莹, 李大勇, 张慧娟, 等. 2011. 作物细胞壁介导的抗病性及其分子机制[J]. 植物生理学报, 47(7): 661-668.

宋瑞芳, 丁永乐, 宫长荣, 等. 2007. 烟草抗病性与防御酶活性间的关系研究进展[J]. 中国农学通报, 23(5): 309-314.

佟佳慧, 郭慧娟, 赵紫华, 等. 2020. 蚜虫取食中的细胞壁修饰与免疫功能[J]. 应用昆虫学报, 57(3): 574-585.

童蕴慧, 徐敬友, 潘学彪, 等. 2000. 水稻植株对纹枯病菌侵染反应及其机理的初步研究[J]. 江苏农业研究, 21(4): 45-47.

王杰, 宋圆圆, 胡林, 等. 2018. 作物抗虫"防御警备": 概念、机理与应用[J]. 应用生态学报, 29(6): 2068-2078.

王丽丽, 栾炳辉, 刘学卿, 等. 2017. 葡萄叶片中营养物质和叶绿素含量与其对绿盲蝽抗性的关系[J]. 昆虫学报, 60(5): 570-575.

王美芳, 陈巨莲, 原国辉, 等. 2009. 作物表面蜡质对植食性昆虫的影响研究进展[J]. 生态环境学报, 18(3): 1155-1160.

王祎, 张月玲, 苏建伟, 等. 2013. 氮硅配施对冬小麦生育后期蚜虫密度及抗虫生化物质含量的影响[J]. 植物营养与肥料学报, 19(4): 832-839.

王祎, 张月玲, 苏建伟, 等. 2014. 施钾提高蚜害诱导的小麦茉莉酸含量和叶片相关防御酶活性[J]. 生态学报, 34(10): 2539-2547.

魏爱丽, 董惠文, 李雨春, 等. 2010. 小麦抗病性与气孔特性关系初探[J]. 作物杂志, 36(3): 23-25.

徐广春, 顾中言, 徐德进, 等. 2014. 稻叶表面特性及雾滴在倾角稻叶上的沉积行为[J]. 中国农业科学, 47(21): 4280-4290.

徐鹏, 李浩然, 曹志艳, 等. 2013. 玉米抵御鞘腐病菌侵染的生理机制[J]. 植物保护学报, 40(3): 261-265.

杨磊, 吴晗, 赵立华, 等. 2012. 玉米与大豆间作对玉米叶片气孔及光合效率的影响[J]. 云南农业大学学报, 27(1): 39-43.

杨艳芳, 梁永超. 2010. 施硅对感染白粉病小麦叶片抗病相关酶活性及硅微域分布的影响[J]. 土壤学报, 47(3): 515-522.

杨艳芳, 梁永超, 娄运生, 等. 2003. 硅对小麦过氧化物酶、超氧化物歧化酶和木质素的影响及与抗白粉病的关系[J]. 中国农业科学, 36(7): 813-817.

杨宇晖, 张青文, 刘小侠. 2013. 棉花营养物质和单宁含量与其对绿盲蝽抗性的关系[J]. 中国农业科学, 46(22): 4688-4697.

余德亿, 姚锦爱, 黄鹏, 等. 2014. 榕管蓟马危害与寄主叶片结构及营养物质的关系[J]. 南京农业大学学报, 37(2): 38-44.

袁瑛. 2003. 矿质营养与植物病害关系研究进展[J]. 邵阳学院学报(自然科学), 2(2): 136-139.

云兴福. 1993. 黄瓜组织中氨基酸、糖和叶绿素含量与其对霜霉病抗性的关系[J]. 华北农学报, 8(4): 52-58.

张风娟, 陈凤新, 徐东生, 等. 2006. 作物组织结构与抗虫性的关系[J]. 河北科技师范学院学报, 20(2): 71-76.

张福锁. 1993. 植物营养的生态生理学和遗传学[M]. 北京: 中国科学技术出版社.

张国良. 2005. 硅肥对水稻产量和品质的影响及硅对水稻纹枯病抗性的初步研究[D]. 扬州: 扬州大学硕士学位论文.

张国良, 丁原, 王清清, 等. 2010. 硅对水稻几丁质酶和 β-1,3-葡聚糖酶活性的影响及其与抗纹枯病的关系[J]. 植物营养与肥料学报, 16(3): 598-604.

张杰, 董莎萌, 王伟, 等. 2019. 植物免疫研究与抗病虫绿色防控: 进展、机遇与挑战[J]. 中国科学: 生命科学, 49(11): 1479-1507.

张明菊, 王红梅, 王书珍, 等. 2015. 作物对维管束病原菌的防卫反应机制研究进展[J]. 植物生理学报, 51(5): 601-609.

张朋, 王康才, 赵杰, 等. 2014. 不同铵硝比例对杭白菊次生代谢及抗病性的影响[J]. 植物营养与肥料学报, 20(6): 1488-1496.

张晓燕, 王森山, 李小龙, 等. 2016. 不同施钾量对苜蓿碳水化合物含量及抗蓟马的影响[J]. 草业学报, 25(10): 153-162.

章元寿. 1996. 植物病理生理学[M]. 南京: 江苏科学技术出版社.

赵中秋, 郑海雷, 张春光. 2001. 植物抗病的分子生物学基础[J]. 生命科学, 13(3): 135-138.

郑世燕, 丁伟, 杜根平, 等. 2014. 增施矿质营养对烟草青枯病的控病效果及其作用机理[J]. 中国农业科学, 47(6): 1099-1110.

郑文静, 刘志恒, 张燕之, 等. 2009. 水稻的主要养分组成和显微结构对灰飞虱取食选择性的影响[J]. 植物保护学报, 36(3): 200-206.

郑许松, 成丽萍, 王会福, 等. 2015. 施肥调节对稻纵卷叶螟发生和水稻产量的影响[J]. 浙江农业学报, 27(9): 1619-1624.

邹灵平, 方婷婷, 蒲桂林, 等. 2011. 麦类作物与蚜虫互作生化机制研究进展[J]. 应用昆虫学报, 48(6): 1816-1822.

Santiago R, Malvar R A, Baamonde M D, et al. 2005. Free phenols in maize pith and their relationship with resistance to *Sesamia nonagrioides* (Lepidoptera: Noctuidae) attack[J]. Economic Entomology, 98(4): 1349-1356.

第3章　氮素营养与病害的关系

氮素是作物生长发育过程中必需的大量元素之一，一般作物的含氮量占作物干重的0.3%～0.5%。氮肥对产量及品质形成的影响大于其他矿质元素肥料，氮素对最终产量的贡献可达40%～50%（吴巍和赵军，2010）。

作物体内的氮素主要存在于蛋白质和叶绿素中。因此，幼嫩器官和种子中含氮量较高，而茎秆含氮量较低，尤其是老熟的茎秆含氮量更低。同一作物的不同生育时期，含氮量也不相同。例如，水稻分蘖期的含氮量明显高于苗期，通常分蘖盛期含量达最高峰，其后随生育期推移而逐渐下降。在各生育期中，作物体内氮素的分布在不断变化。在营养生长阶段，氮素大部分集中在茎、叶等幼嫩器官中；当转入生殖生长期以后，茎、叶中的氮素就逐步向籽粒、果实、块根或块茎等储藏器官转移；成熟时，约有70%的氮素已转入种子、果实、块根或块茎等储藏器官中。作物体内氮素的含量与分布明显受施氮水平和施氮时期的影响。随施氮量的增加，各器官中氮的含量均有明显提高。通常是营养器官的含量变化大，生殖器官则变动较小；但生长后期施用氮肥，则表现为生殖器官中含氮量明显上升（陆景陵，2003）。

氮素是蛋白质、核酸、叶绿体、酶和某些维生素的重要组成成分，电子传递体、辅酶、三磷酸腺苷等物质的形成也直接影响硝酸还原酶的合成（杨旸，2014）。此外，一部分作物激素如生长素、细胞分裂素也是含氮化合物，它们对促进作物生长发育有重要作用（浙江农业大学，1991）。作物体内的氮素水平直接或间接影响作物的生理生化过程及生长发育，对作物生长、产量和品质形成有重要影响，同时，氮素对作物病害的发生也有着重要影响（杨旸，2014）。

3.1　作物缺氮原因

（1）土壤中氮素含量低。土壤缺氮主要是由于土壤中的固氮微生物少，不能利用和固定空气中的氮素。绿色作物的根系选择吸收风化过程中释放出的矿物质养料，与空气中的氮制造活的有机物质，活的有机物质制造越少，集中保蓄的养料就越少，故土壤中含氮量也随之减少；沙性土壤，氮素流失严重；低温、淹水、干旱或大雨易导致土壤缺氮。

（2）品种不同。不同结薯习性的品种对植株氮素的吸收量存在差异，结薯晚、前期膨大速度慢、地上部生长快、生长势强的长蔓品种，如'丰收白'等品种，在整个生长过程中，氮素代谢水平高；而结薯早、前中期膨大速度快、地上部生长较慢、生长势弱的短蔓品种，在整个生长过程中，氮素营养代谢水平低（于振文，2006）。

（3）土壤含水量大，影响了有效氮的转化。

（4）有机质含量少，施用秸秆或未腐熟的有机肥太多。

（5）基肥不足，氮肥施用不均。

3.2　氮素营养与病害发生

氮素营养是作物正常生长发育所必需的，在产量和品质形成中起着关键作用。若无化学氮肥的施用，全球无法维持 70 亿人口的粮食供应，中国 14.1 亿人口的粮食问题也无法解决。据估计，施用氮肥全球多养活了 48%的现有人口。自 20 世纪 70 年代以来，我国农业生产中的氮肥施用量迅速增加。根据联合国粮食及农业组织（FAO）的统计资料，1978～2008 年，我国氮肥（氮肥用量以纯氮计）施用量增加了 3.58 倍，平均每年增加约 7.8×10^5 t。2008 年耕地面积仅占世界 7%的中国，消耗了 3.3×10^7 t 氮肥，占全球当年氮肥消耗量（9.2×10^7 t）的 36%。有预测表明，我国的氮肥施用量还可能继续增加（于飞和施卫明，2015）。氮肥的施用使粮食产量得到了极大提升，同时也加重了许多作物病害。氮素营养与作物病害的关系比较复杂，不但直接为作物和病原菌生长发育以及病原菌成功定植于作物提供营养，而且作物的营养状况、生长发育阶段和某些氮素信号会影响作物和病原菌互作关系的建立、病原菌致病基因的表达，从而引起作物感病或抗病，甚至在互作过程中作物和病原菌还会表达氮素代谢相关基因争夺营养（段旺军等，2011）。

3.2.1　氮素营养与生理性病害

1. 氮素不足

当作物叶片出现淡绿色或黄色时，即表示作物有可能缺氮。作物缺氮时，由于蛋白质合成受阻，蛋白质和酶的数量下降；又因叶绿体结构遭破坏，叶绿素合成减少而使叶片黄化。这些变化致使植株生长缓慢。

苗期：由于细胞分裂减慢，苗期植株生长受阻而显得矮小、瘦弱，叶片薄而小。禾本科作物表现为分蘖少，茎秆细长；双子叶作物则表现为分枝少。后期若继续缺氮，禾本科作物则表现为穗短小、穗粒数少、籽粒不饱满，并易出现早衰而导致产量下降。许多作物在缺氮时，自身能把衰老叶片中的蛋白质分解，释放出氮素并运往新生叶片中供其利用。这表明氮素是可以再利用的元素。因此，作物缺氮的显著特征是植株下部叶片首先褪绿黄化，然后逐渐向上部叶片扩展（陆景陵，2003）。

菊花缺氮表现为叶片小，呈灰绿色；靠近叶柄处颜色较深，叶尖及叶缘处则呈淡绿色；下部老叶干枯，易脱落，茎木质化，节间短，生长受到抑制。金鱼草缺氮时，叶片呈淡绿色，叶缘及叶脉间黄化，老叶则呈锈黄色到锈黄绿色，枯萎后附着不落，植株的发育受到抑制。三色堇缺氮时老叶开始变黄，然后枯萎，生长发育差。香石竹缺氮时，下部叶色开始变成浅绿，然后变黄，并逐渐向上部叶发展，生长差。一品红缺氮表现为叶片小，上部叶更小；从下部叶到上部叶逐渐变黄；开始时叶脉间黄化，叶脉凸出可见，最后叶片变黄；上部叶变小，不黄化（刘克锋，2006）。

2. 氮素过量

氮素过多容易促进植株体内蛋白质和叶绿素的大量形成，使营养体徒长，叶面积增大，叶色浓绿，叶片下披互相遮阴，影响通风透光。过量的氮素使体内碳水化合物消耗过多，纤维素、木质素等合成减少，茎秆变得嫩弱，容易倒伏，并因体内可溶性含氮化合物积累较多，易遭病虫害危害。作物贪青晚熟，籽粒不充实。苹果树体内氮素过多，则枝叶徒长，不能充分进行花芽分化，果实着色不良，延迟成熟（孙羲，1997）。

从作物体内有机物组成看，供氮不足时，有机含氮物含量少，有机碳化合物含量高，含氮物中蛋白态氮比例高；反之，供氮充足时，则有机含氮物含量高，其中的可溶性非蛋白态氮的比例也高（奚振邦，2003）。

3.2.2　氮素营养与病理性病害

1. 氮肥用量与病理性病害

氮作为作物细胞原生质、蛋白质和核酸的重要成分，在作物的生长发育和产量与品质形成过程中具有不可或缺的作用，同时氮从多方面影响作物病害的发展。关于其与病害发生的关系已有广泛研究，因为其在病害发生中的作用很容易被证实。但有关这方面的报道仍存在争议，原因可能是：①所用氮肥品种不同导致病害发生的严重程度不同；②尚不能清楚说明这些矿质营养的水平是缺乏、最佳还是过量；③在感染方式上，专性和兼性寄生物之间的区别尚不清楚（Marschner，1995）。同时氮素对病害严重程度的影响并不是固定不变的，这是因为病原菌的代谢需求不同，获取营养的方式也不同，或者病原菌对抗性相关成分的敏感性不同，所以作物组织氮素营养对病害严重程度的影响取决于病原菌的种类和致病性（段旺军等，2011）。

有关氮在病害发生中的作用的文献报道颇多，这是由于不同的病原菌类型会有不同的反应。对于专性寄生菌，如禾柄锈菌（*Puccinia graminis*）和白粉病菌（*Erysiphe graminis*），当高氮水平供应时感染程度会加重。然而对于兼性寄生菌，如链格孢属（*Alternaria*）、镰刀菌属（*Fusarium*）和黄单胞菌属（*Xanthomonas*）引起的病害，高氮水平会减轻病害的感染程度。对于土传病原菌这种情况会更加复杂，因为在根表面比在土体中有更多的微生物。不同的微生物间存在竞争和抑制作用。专性寄生菌和兼性寄生菌对氮效应的差异是由于它们的营养类型不同。专性寄生菌需要从活细胞中直接同化吸收营养，而兼性寄生菌更喜欢衰老的组织或释放毒素来伤害或杀死寄主作物细胞。因此，凡是能增强寄主细胞代谢活性或延缓寄主作物衰老的因素都能提高作物对兼性寄生物的抗性（Agrios，2005；Vidhyasekaran，2004）。

1）氮促进专性寄生菌病害的发生

在过去的几十年里，增施氮肥一直是提高产量的主要措施之一（Kant et al.，2011）。然而，施用氮肥可能会对作物与病原菌的相互作用产生不同影响。虽然氮肥投入增加了作物的防御能力，但它也增加了病原菌对含氮化合物的可利用性（Tavernier et al.，2007），同时过量施用氮肥已被证明能促进病害的发展（Solomon et al.，2010）。施用氮肥通过改变叶片中的含氮化合物而影响叶部病害，如条锈病、叶锈病和白粉病等病害的发生，禾谷类叶部病害的严重度往往与高氮水平有关（陈远学等，2013）。随施氮量的增加，番茄白粉病和细菌性叶斑病等病害的发病率显著升高（尚双华，2016）。

　　水稻稻瘟病的发病程度与氮肥施用量有关，施氮肥越多，发病越重，增施氮肥显著促进了水稻叶瘟病和穗瘟病的发生（卢国理等，2008）。增施氮肥显著加重了水稻纹枯病的发生，中氮和高氮条件下水稻植株下部的纹枯病发病率较低氮处理分别增加了33.3%和186.5%（图3-1）（杨国涛等，2017）。施氮量是影响水稻纹枯病初侵染、再侵染、水平扩展、垂直扩展的关键因子，在满足生长发育营养要求的前提下，适当控制氮肥用量能有效抑制纹枯病的发生和流行（范坤成等，1993）。

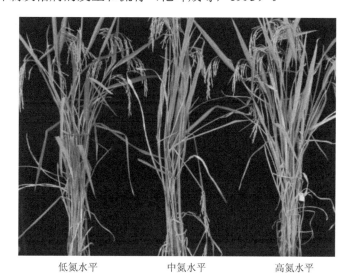

低氮水平　　　　　　　中氮水平　　　　　　　高氮水平

图 3-1　不同氮素条件下水稻纹枯病发病情况（杨国涛等，2017）

　　施用氮肥增加了白粉病菌对田间小麦的侵染水平，在 6 个不同大麦品种幼苗上进行的试验显示，施氮量与白粉病严重程度呈正相关关系（Jensen and Munk，1997）。小麦白粉病的发生和流行受多种因素的综合影响，除病源外，气候条件中以温度的影响最重要，其次是湿度；在栽培条件中，施肥即小麦营养条件对白粉病发生的影响居首位，单施氮肥或氮肥施用过多，病害发生较重，氮、磷肥配合施用可减轻发病，氮、磷、钾配合施用病害减轻，增产效果最好（陈远学，2007）。小麦茎、叶氮的吸收量与白粉病发病率和病情指数呈显著正相关，说明小麦白粉病的发生及其严重程度与小麦茎、叶中氮的吸收量有关，茎、叶氮吸收量越高，小麦白粉病病害越重（肖靖秀等，2006）。氮肥对白粉病有极显著影响，施氮量与白粉病病情指数呈极显著正相关，而产量与病情指数呈显著负相关。在盆栽和田间条件下白粉病发病率和病情指数随施氮量的增加而显著增大。当施氮量较低（氮营养不足）时，发病率和病情指数随施氮量的增加而明显增大；当施氮量为中量或足量时，发病率和病情指数随施氮量的增加不再明显增大，即引起小麦白粉病发生的氮含量有一个敏感范围。盆栽试验中施氮量对小麦白粉病发生的影响在不同生育时期表现不同。白粉病病情指数与叶片含氮量间呈极显著正相关，白粉病病情指数随叶片含氮量的变化存在一个转折点（盆栽为 10g/kg、田间为 17.5g/kg）。当叶片含氮量在转折点以下时，白粉病病情指数随含氮量的增加变化平缓；当叶片含氮量高于转折点时，白粉病病情指数随氮量的增加而迅速增大，表明白粉病对施氮量极为敏感（陈远学，2007）。

小麦单作条件下茎、叶中的氮含量与锈病发病率呈极显著正相关，氮吸收量与锈病病情指数呈极显著正相关，而间作条件下小麦茎、叶的氮营养与小麦锈病的发生没有明显的相关关系，小麦与蚕豆间作改变了小麦的氮营养状况及锈病的发生条件，以致改变了氮素营养与锈病发生的关系（肖靖秀等，2005）。小麦赤霉病病穗率和病情指数随施氮量的增加而增加，不同施氮量和氮浓度条件下赤霉病发病程度不同，可能是不同施氮量和氮浓度环境下形成的镰刀菌菌落大小及密度不同造成的（刘小宁等，2015）。

高氮（135kg/hm²）和常规施氮（90kg/hm²）处理下蚕豆赤斑病发病率和病情指数均高于低氮（45kg/hm²）和不施氮（0kg/hm²）处理，减少氮肥投入通常不会影响蚕豆产量，且从整个生育期来看有利于蚕豆对锰的吸收，还可以降低因大量施氮引起的赤斑病发生率（鲁耀等，2010）。氮营养与菜心炭疽病的发生有密切关系，适宜的氮营养有利于提高植株对炭疽病的抗性，降低病情指数；而过高、过低的氮营养或不施肥，特别是高氮水平下更有利于炭疽病的发生，提高植株病情指数，因此，为防止菜心炭疽病的发生，生产上必须避免偏施氮肥（杨暹等，2004）。高氮条件使魔芋活体含水量增加，导致球茎、叶片更易损伤，有利于病原菌侵入及繁殖，从而导致魔芋病害高发（李勇军等，2010）。通常施用氮肥可增加产量，但是施氮量的增加，导致甘蓝软腐病发生率显著增加，从而使其经济产量下降。在不施氮时，甘蓝软腐病的发生率为 39%，由此造成的损失为 10%；而每公顷施氮肥 196kg 时，甘蓝软腐病的发生率可达 88%，由此造成的损失为 65%，尽管问题如此严重，但仍无有效的杀菌剂来防治此病（慕康国等，2000）。

2）氮抑制兼性寄生菌病害的发生

兼性寄生菌对氮营养的反应不同，表现为高氮水平会增加对这类病原菌的抗性。氮的增加导致寄主抗病性的增加。例如，Mur 等（2016）在尖孢镰刀菌（*Fusarium oxysporum*）和灰霉病菌（*Botrytis cinerea*）与番茄互作研究中发现，施氮量越高，抗病性越强。番茄对兼性寄生物引起的细菌叶斑病的感病性随施氮量的增加而减少，甚至在寄主作物处于最佳生长所需要的氮水平时也是如此（Marschner，1995）。施氮（56.25kg/hm²、11.5kg/hm²、168.75kg/hm²）处理显著降低了蚕豆枯萎病的病情指数，与不施氮处理相比，施氮处理依次使蚕豆枯萎病病情指数降低了 38.5%、53.8%和 23.3%（董艳等，2013）。不同速效氮含量土壤接种枯萎病菌后，番茄均受到不同程度的侵染。随着土壤中速效氮含量的升高，番茄的发病率及病情指数降低，当土壤中速效氮含量为 203.56mg/kg、257.62mg/kg 时番茄发病率及病情指数均达到最低，发病率分别为 41.82%、44.32%，病情指数分别为 16.22、16.82。当土壤中速效氮含量为 348.94mg/kg 时番茄发病率及病情指数达到最大，发病率为 74.07%，病情指数为 34.31。相关性分析表明，当土壤中速效氮含量为 203.56～348.94mg/kg 时，土壤中速效氮含量与番茄发病率和病情指数呈极显著正相关关系，说明土壤中氮素积累量过高可显著提高番茄枯萎病的发病率及病情指数。当土壤中速效氮含量适宜时，不但土壤微生物平衡未遭到严重破坏，土壤微生态环境相对健康，而且番茄植株本身生长最好，抗病能力也较强，能通过自身抵御枯萎病菌的侵染，而土壤中速效氮含量过高时，则会提高番茄发病率（尚双华，2016）。施氮显著降低了蚕豆枯萎病的病情指数，使蚕豆生长更加健康，尤其是在施氮量为 N_2（112.5kg/hm^2）水平时蚕豆枯萎病发生最轻，表明适量施氮使蚕豆生长旺盛，从而提高了蚕豆的耐病能力（董艳等，2013）。

2. 氮肥形态与病理性病害

氮与作物、病原菌之间存在着一系列的相互作用，不同形态氮对寄主作物和病原菌的发展产生不同效果，影响作物病害的严重性和作物对病害的抗性。虽然各种作物都能利用两种形态（NH_4^+-N、NO_3^--N）的氮源，但形态不同，作物的反应并不一样。水稻是典型喜 NH_4^+-N 作物，施用铵态氮肥的效果比硝态氮肥好。因为水稻幼苗根内缺少硝酸还原酶，所以水稻不能很好地利用 NO_3^--N。只有把水稻培养在硝酸盐溶液中，经过一段时间的诱导，才能逐步使之产生硝酸还原酶。即使如此，其肥效仍不及 NH_4^+-N 肥。因为水稻是处于淹水状态下生长的，NO_3^--N 在水田中易流失，并发生反硝化作用。薯类含碳水化合物较多，能与 NH_4^+-N 合成有机含氮化合物，因此表现为对 NH_4^+-N 有较强的忍耐能力（陆景陵，2003）。当真菌或细菌侵染作物时，会遇到作物组织质外体和共质体中各种形式的氮素，包括无机态氮、硝酸盐、铵以及有机态氮、氨基酸、酰胺和蛋白质等。不同氮素形态与植物微生物病害（连作障碍的重要原因之一）有关，氮素营养可以通过影响植株所在土壤环境进而调控作物的生长发育过程，如铵态氮能够抑制草莓根腐病，硝态氮能够抑制番茄和豌豆的根腐病等（王玫等，2017）。一般情况下，与 NH_4^+-N 相比，NO_3^--N 能够减轻病害。氮素形态对西洋参黑斑病的影响，以 NO_3^--N 为氮源时西洋参黑斑病发病轻，而以 NH_4^+-N 为氮源时发病重（张国珍等，1998）。硝态氮抑制了番茄枯萎病的发生，而铵态氮则加剧了番茄枯萎病的发病程度（Woltz and Jones，1973）。铵态氮能促进由镰刀菌属（*Fusarium*）、丝核菌属（*Rhizoctonia*）和小菌核属（*Sclerotium*）引起的莲、小麦、棉花、番茄和甜菜病害（段旺军等，2011）；当增施铵态氮肥时，由尖孢镰刀菌（*Fusarium oxysporum*）、芸薹属根肿病菌（*Plasmodiophora brassica*）、齐整小核菌（*Sclerotium rolfsii*）、番茄棘壳孢菌（*Pyrenochaeta lycopersici*）侵染引起的病害严重程度增加（Agrios，1997）。随 NH_4^+-N 营养水平的增加，甜菜黑根腐病（Afanasiev and Carlson，1942）和番茄枯萎病（Borrero et al.，2012）的发病程度增加。γ-氨基丁酸是番茄叶霉病菌（*Cladosporium fulvum*）非常有效的氮源，研究发现，NH_4^+-N 营养能提高脂肪糖和氨基酸的含量，因而增加了致病菌丁香假单胞菌（*Pseudomonas syringae*）对营养物质的利用（Gupta et al.，2013），相反，在 NO_3^--N 营养条件下，番茄对丁香假单胞菌的抗性增强。

高氮肥用量会加重芝麻状斑点病的发生，尤其是过多施用铵态氮；硝态氮过剩或硝酸还原酶活性降低，亚硝态氮氮积累在叶柄中，会造成芝麻状斑点病的发生；高氮肥的施用是造成芝麻状斑点病发生的关键因素，且土壤 pH 过高（pH 8.0）以及土壤中铜离子水平高、硼离子水平低都会加重病症。在相同氮素用量的条件下，施用铵态氮肥与施用硝态氮和酰胺态氮肥相比，芝麻状斑点病的发病率更高（郭莹等，2011）。

铵态氮营养条件下黄瓜植株光合速率增加，从而促进碳水化合物的合成，增加植株体内可溶性糖含量，为病原菌提供养分，从而促进病原菌的侵染。枯萎病菌侵染黄瓜后，硝态氮植株体内病原菌的数量显著低于铵态氮植株；铵态氮植株的根系分泌物显著促进了病原菌孢子的萌发。黄瓜植株在铵态氮营养条件下根系分泌物中柠檬酸含量增加，从而促进病原菌孢子的萌发，导致黄瓜枯萎病发病率增加（王敏，2013）。

硝铵比对感病品系细胞膜结构有较大影响，营养液中铵态氮比例升高，使大白菜叶柄内铵态氮积累，造成细胞膜损伤，使细胞膜发生膜脂过氧化反应，表现出 MDA 含量升高，同时多酚含量和 PPO 活性明显降低。硝酸还原酶被认为是硝态氮吸收同化过程中主要的限速酶，在氮素同化营养中起着关键作用，直接影响硝态氮在植株体内的转化与吸收。随营养液中硝铵比降低，植株体内铵态氮含量升高，硝酸还原酶活性降低，从而影响氮素同化，造成芝麻状斑点病的发生。谷氨酸脱氢酶（GDH）普遍存在于作物体内，由于高浓度的铵能诱导 GDH 活性增强，推测 GDH 可能在缓解 NH_4^+ 对作物的毒害方面有一定作用。大白菜芝麻状斑点病抗病品系的铵态氮含量低于感病品系，可能是抗病品系较高的 GDH 活性提高了铵态氮的同化能力，防止过多铵态氮积累对植株的毒害作用（郭莹等，2011）。

随着硝态氮比例的增加杭白菊斑枯病的发病率和病情指数均有所下降。当铵硝比为 25：75 时木质素、纤维素、可溶性总糖、POD、苯丙氨酸和 O_2^- 含量达到最大值，MDA 含量和 SOD 活性相对较低；杭白菊根、茎、叶及花中总黄酮的含量在铵硝比为 25：75 和 0：100 时均较高；相关性分析显示，PAL 和 POD 活性，木质素、可溶性总糖、绿原酸、3,5-O-二咖啡酰基奎宁酸和总黄酮的含量与杭白菊斑枯病的发病率及病情指数呈负相关，而 SOD 活性和 MDA 含量与杭白菊斑枯病的发病率和病情指数呈正相关关系（张朋等，2014）。

与 NH_4^+-N 处理相比，NO_3^--N 处理显著降低了香蕉植株各器官的病原菌数量、发病率和发病严重程度。病原菌侵染后，不同氮素处理下植株光合作用均显著下降，NO_3^--N 处理的香蕉幼苗比 NH_4^+-N 处理有更高的光合速率；病原菌侵染后 NH_4^+-N 处理的植株 Ca、Mg、Fe 和 Mo 含量相对于侵染前没有显著差异，但 NO_3^--N 处理下这 4 种元素含量均显著升高。病原菌侵染后的植株叶片可溶性糖含量在不同氮素处理中都没有显著变化，但在根系中，NO_3^--N 处理的侵染植株可溶性糖含量显著降低。与此同时，病原菌侵染后，木质素含量在 NH_4^+-N 处理的植株中变化不显著，但在 NO_3^--N 处理的植株中其含量显著上升。表明 NO_3^--N 处理可增加植株抗病相关矿质元素的吸收，诱导香蕉苗木质素形成，使其木质化程度增加，从而维持较高的光合作用，保持较高的抗病水平（董鲜等，2015）。硝态氮营养能够影响黄瓜植株的生长、物质代谢、毒素响应能力以及抗病相关基因的表达，从而增加黄瓜植株的组织结构抗性、抑制病原菌的生长、增强植株的耐毒性以及诱导作物防御反应，最终增强黄瓜对枯萎病的抗性（王敏，2013）。

不同形态氮素通过改变作物形态结构、调节生化特性和代谢过程，增强或降低寄主作物的抗病能力。当病原菌侵染时，抗病基因的表达被激活，进而作用并激活 NOS 途径基因表达，合成 NO；NO 再通过调节鸟苷酸环化酶而影响 cGMP（环鸟苷酸）合成；形成的 cGMP 又作用于苯丙氨酸解氨酶而调节水杨酸（salicylic acid，SA）的积累，于是

SA 信号放大，从而诱导作物病程相关蛋白（PR-1）和其他抗病基因的表达，进而参与作物的抗病反应。在病原菌入侵时，不同形态的氮素会对作物抗病性产生不同的影响。在供应硝态氮条件下，NO、水杨酸和多胺等形成的抗病信号物质增加。与硝态氮效果相反，作物生长于铵态氮营养液中时，这些产生防御信号的物质减少，使质外体中糖、氨基酸等病原菌营养源的成分增加。因此，硝态氮可增强作物对病害的抗性（Mur et al.，2016）（图 3-2）。

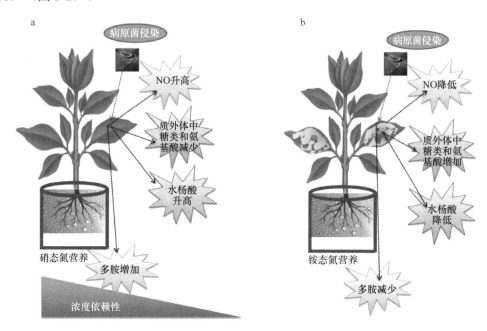

图 3-2　病原菌侵染条件下铵态氮和硝态氮对寄主抗病性的影响（Mur et al.，2016）
a. 最大抗病性；b. 抗病性降低

　　尽管大量研究表明，硝态氮有利于抑制病害的发生，但也有研究得到相反的结论，即硝态氮促进病害发生，而铵态氮等有利于病害控制。作物体内氮的主要形态为铵态氮、硝态氮和少量有机氮，铵态氮通常能快速转化成氨基酸；而硝态氮则可保留在体内，它是致病菌的主要营养源（Lampkin，1999）。硝酸盐促进梨根腐病、棉花根腐病、烟草和番茄枯萎病的发生。硝酸钠能够诱导尖孢镰刀菌（*Fusarium oxysporum*）对玻璃纸膜的侵入，而硝酸铵、硫酸铵或酒石酸铵却不能诱导侵入（段旺军等，2011）。铵态氮可减轻由多主瘤梗孢菌（*Phymatotrichum omnivorum*）侵染导致的棉花根腐病的严重程度，而硝态氮则增加了棉花植株的死亡率（Matocha and Vacek，1997）。

　　苹果作为我国栽培面积最大的果树之一，每年都面临着大规模的老果园改造。老果园更新时连作障碍现象非常普遍，通常表现为植株矮小、光合作用减弱、产量和品质下降、病虫害加重等问题，造成了巨大的经济损失（王玫等，2017）。铵态氮营养条件下的苹果植株单位面积净光合速率高于硝态氮，幼苗光合速率的增加有利于植物生长发育，促进植株叶片叶绿素合成，提高植物同化速率，表明铵态氮能够缓解连作（逆境）条件对平邑甜茶幼苗光合作用的抑制（王玫等，2017）。添加铵态氮可提高平邑甜茶幼苗的根系呼吸速率，有助于促进根系对营养物质的吸收，刺激根系生长，增加植株生长量，提高平邑甜茶幼苗抗逆性来缓解连作障碍对植株的胁迫；铵态氮的施入在促进根系生长的同时，也会影响植株根系分泌物的种类或数量，从而影响根际微生物的生长环境，尖孢镰刀菌基因拷贝数明显降低，这可能是作物在吸收 NH_4^+ 的同时会使土壤酸化，而有害真菌（尖孢镰刀菌）在土壤 pH 为 6～7 时生长最快，有害真菌的减少使土壤趋于细菌化。表明添加适量的铵态氮能够提高平邑甜茶幼苗生物量，调节根际环境，影响病原菌生长，并可改变土壤微生物群落结构，因此在连作土壤中添加适宜含量的铵态氮可作为苹果连作障碍的防治措施（王玫等，2017）。

铵态氮能抑制尖孢镰刀菌番茄专化型病原微生物毒力相关的功能，最终使病原微生物的致病力大大降低（López-Berges et al.，2010）。Elmer 和 Lamondia（1999）的研究表明，铵态氮同样能够降低草莓根腐病的发病率。氮素本身是一些真菌侵染作物根部细胞时的信号分子，作物体内的氮代谢会影响某些基因的表达或超表达，随着铵态氮比例的增加，香蕉枯萎病菌（尖孢镰刀菌）进入根系组织的数量减少，在 100%铵态氮培养条件下，几乎没有病原菌进入根系组织，说明铵态氮很可能通过类似的信号通路影响了香蕉尖孢镰刀菌穿透植株细胞壁的过程，因此全铵培养作物时，其根部质外体及细胞中铵态氮浓度高很可能是抑制病原菌侵染的主要原因。在生产实践中可以通过增加铵浓度来控制香蕉枯萎病的发生，并施用一定量的硝态氮肥以减缓作物铵中毒（张茂星等，2013）。

不同寄主、不同病原微生物以及不同生存环境，都会使不同氮素处理后的植株抗病性不同。无论是阳离子形态的氮素（NH_4^+）还是阴离子形态的氮素（NO_3^-）都能被植株代谢利用，但是它们对病害控制有着不同作用，因为它们的代谢途径是不同的（董鲜等，2015）。氮肥形态影响土壤 pH，根系通过与介质中的 H^+ 交换而吸附铵根离子（NH_4^+）到根际周围，因而降低了土壤 pH，硝酸盐则往往提高根际土壤的酸性（Agrios，1997）。当施用生理酸性的铵态氮肥时，高的土壤 pH 优势消失（Sullivan，2001）。因此，施用铵态氮肥如硫酸铵会降低土壤 pH，进而促进喜酸性病害的发生；而硝态氮肥则加剧偏中性至碱性病害的发展。施用铵态和硝态氮肥对番茄枯萎病影响的试验表明，在 pH 高的土壤中施用硝酸盐可较好地控制番茄枯萎病（Woltz and Jones，1973）。Huber 和 Watson（1974）认为，尽管病原菌与寄主存在广泛的交互作用，但通常是有效氮的形态对病害发生的严重程度或寄主抗性产生影响，而非有效氮的含量。

3.3　氮素营养影响病害发生的机制

3.3.1　氮对寄主抗病性的影响

1. 氮素影响作物组织结构抗性

在专性寄生菌的例子中，氮增加作物对专性寄生菌的感病性与寄主对矿质营养的需要及氮引起作物在解剖学和生理学上的变化有关。氮能加速作物的生长，在营养生长期，幼嫩组织与成熟组织的比例向幼嫩组织占优势方向变化，因而增加了感病的可能性（Marschner，1995）。水稻植株体内含氮量越高，纹枯病病情指数越高，尤以分蘖期更为突出，这可能与氮过多使作物生长快、分蘖多、组织柔软、更易受到病菌的侵染有关（何电源等，1986）。同时大量施氮能降低细胞壁的厚度和强度，如过量施氮可降低纤维素、木质素等细胞壁组成成分的含量，从而降低作物的抗病能力（郭衍银等，2003）。

2. 氮素影响作物生化抗性

在高氮水平下作物的新陈代谢会发生变化，与酚类代谢有关的几种关键酶活性下降，酚类物质和木质素含量均会降低，这些物质都是作物抗感染防御系统的成分。因此，高氮水平下作物更易感染专性寄生菌的主要原因是其生物化学特性的改变，以及作为专性寄生菌营养物质的低分子量有机含氮化合物的增加。由于与抗性相关化合物的合成增加，使低氮条件下生长的作物能更好地抵御病原菌的侵染（Hoffland et al.，2000）。

增加供氮量，小麦叶片的硝态氮、游离氨基酸、可溶性蛋白和全氮含量等均随之提高（王小纯等，2015）。梢腐病菌侵染可导致甘蔗叶片游离氨基酸总量上升，同时氨基酸不同组分与甘蔗抗梢腐病菌侵染机制密切相关（王泽平等，2017）。随硫酸铵施用量的增加，感染白叶枯病的水稻品种叶片中游离氨基酸含量显著提高，白叶枯病发病程度也显著提高；在不同氮肥水平下稻株体内游离氨基酸含量的变化趋势可以作为水稻品种对白叶枯病抗性的生理指标（程瑚瑞和方中达，1965）。对小麦纹枯病菌生长最有利的氨基酸是亮氨酸、脯氨酸和组氨酸，这些氨基酸在小麦植株内的含量较高，并可因施肥水平不同而发生变化（檀根甲等，1997）。高氮供应时，质外体和叶表的氨基酸及酰胺浓度显著增加，这有利于分生孢子的萌发和菌丝生长（Marschner，1995）。氮肥施用过量或偏晚，常造成稻株体内碳氮比（C/N）降低，游离态氮和酰胺态氮增加，为病菌生长发育提供了良好的氮源。

水稻稻瘟病的发病率随施氮水平的增加而增加，可能与具有显著抗稻瘟病菌特性的酚类化合物和黄酮类物质的含量下降有关。缺氮作物的酚类化合物含量通常很高，大量施用氮肥使合成酚的关键酶苯丙氨酸解氨酶和酪氨酸解氨酶活性下降，导致植株总酚及类黄酮含量下降（卢国理等，2008）。在对柠檬流胶病的研究中发现，在一定范围内，随施氮量增加，柠檬植株中多酚氧化酶活性降低（郭衍银等，2003）。

不同施氮量条件下，不接种及接种黑胫病菌后烟株体内生化物质含量（或活性）有较大差异。高施氮量条件下，烟株接种黑胫病菌后的发病率和病情指数较高，而低施氮量条件下黑胫病发生较轻，原因是低氮条件下烟株总酚、类黄酮、可溶性糖含量较高，而可溶性氮和游离氨基酸含量较低，这是不同施氮量条件下烟株接种黑胫病后发病存在差异的主要原因之一（赵芳等，2011）。随着施氮量增加，烟叶内游离氨基酸含量和氮累积量增加，类黄酮、总酚和可溶性糖含量下降；烟叶成熟过程中不同时间赤星病发病情况均随施氮量的增加而增加。相关分析表明，烤烟赤星病的发病率和病情指数均与烟叶内的类黄酮、总酚和可溶性糖含量呈显著负相关关系；而与游离氨基酸含量和氮累积量呈显著正相关关系，通过调控施氮量可以较好地控制赤星病的发生（金霞等，2008）。

C/N 值反映了碳氮代谢的协调程度，也可以反映抗病能力。施氮提高了小麦赤霉病的发病率，原因是施氮处理的小麦植株可溶性糖含量和 C/N 值比不施氮处理分别降低了 15.4%～47.7%和 24.5%～63.1%，小麦赤霉病的发病率和病情指数与小麦拔节期和开花期的可溶性糖含量及 C/N 值呈负相关关系，植株全氮含量随施氮量的增加而增加，说明小麦拔节期到开花期的碳氮代谢对赤霉病发生的影响较大（刘海坤等，2014）。

3. 氮素影响作物生理抗性

硝酸还原酶（NR）作为调节氮代谢速度和同化限制的关键酶，对环境条件变化十分敏感。氮素水平过高虽然能提高籽仁蛋白质含量，但谷氨酰胺合成酶（GS）和谷氨酸脱氢酶（GDH）的活性下降。梢腐病菌侵染导致甘蔗叶片 NR 活性受到抑制，使得 NO_3^--N 还原以及 NH_4^+-N 同化受阻，从而降低了谷氨酰胺合成酶（GS）和谷氨酸合成酶（GOGAT）的活性，一方面使 NH_4^+ 积累，而 NH_4^+ 被作物体吸收可直接用于氨基酸合成，导致游离氨基酸总量上升；另一方面使甘蔗积累一系列含氮渗透调节物质。为了避免 NH_4^+ 浓度过高对作物产生毒害，GS/GOGAT 途径在 NH_4^+-N 同化中起主要作用，其会主动调节关键酶活性，改善病原菌胁迫条件下的氮代谢状况，提高抗病能力（王泽平等，2017）。

高氮水平下，水稻植株体内保护酶系的平衡状态受到破坏，引起 POD 活性下降、SOD 活性增强，并导致水稻植株抗病性下降。水稻苗 POD、SOD 活性与苗瘟病情指数的相关性分析表明，氮肥处理下水稻植株体内 POD 活性下降和 SOD 活性增强是导致植株易发病的机制之一（杨秀娟等，2011）。

4. 氮素影响作物内源激素合成

作物激素与病原菌的致病程度、寄主的症状表现密切相关。接种炭疽病菌后，高水平氮营养处理的菜心植株叶片的生长素（IAA）含量增加，而高浓度的脱落酸（ABA）会使细胞壁软化，次生壁形成受阻，更有利于病原菌的侵入和生长。乙烯作为一种气态的作物激素，参与逆境条件下作物的胁迫反应，在作物的抗病反应中起着重要作用。病原菌侵染作物后可以引起作物生长受阻，体内 ABA 含量增加，并伴随乙烯的增加，而植株体内维持乙烯和 ABA 水平的相对稳定则是植株耐病的一种表现。适宜氮、低氮营养处理可抑制乙烯产生和 ABA 的合成，维持植株体内乙烯、ABA 的稳定。氮营养、炭疽病、内源激素之间存在密切的关系，维持植株体内的激素平衡是提高植株耐病的机制之一（杨暹和陈晓燕，2005）。

3.3.2 施氮通过改变田间小气候影响病害发生

氮肥过多，植株生长繁茂，过早封行封顶，植株间通风、透光性差，湿度高，为病菌的侵入和繁殖创造了良好的生态条件。氮肥施用偏晚，使稻株贪青晚熟，生育期推迟，无效分蘖增多，助长了病菌蔓延（郭明亮，2016）。

氮素供应的增加通过改变冠层结构，为病原菌生长提供了有利环境，从而造成更严重的病害敏感性（易感性）。水稻纹枯病菌以占有弱光照的微气候类型为主，强光照不利于纹枯病的发生，这可能有两方面的原因：一是光照充足条件下，稻株光合作用强，生命力旺盛，具有较强的抗病能力；二是光照抑制了病原菌生长，限制了病害流行（王子迎和檀根甲，2008）。高氮肥处理条件下群体垂直光照强度的下降程度远大于中、低氮肥处理，特别是在冠层位置，高氮处理条件下具有更多的分蘖和更宽大的叶片，使得冠层的遮光作用显著提高，高氮处理时在冠层以下 40cm 处光照强度只有冠层的 26.27%。温湿度对纹枯病的发生、发展、流行起着非常重要的作用，增施氮肥后水稻群体通透性（包括透光性和透气性）显著降低，温度降低但湿度增加，这一系列群体小气候的恶化导致纹枯病发病程度增加（杨国涛等，2017）。

叶面积指数是反映水稻群体结构的主要指标，叶面积越大，群体越大，群体内小环境就越封闭，群体小气候就越稳定，水稻生长过程中就容易出现高温高湿的环境，有利于水稻纹枯病的发生和传播。超级稻的株高、分蘖、叶面积指数、生长速率等在不同氮肥处理间存在显著差异，施氮量越高，其株高、分蘖、叶面积指数和生长速率越大。合理优化氮肥用量，各项生长指标均比高氮处理的低，比低氮处理的高，有利于形成适宜的群体结构，前期不至于生长过度旺盛，后期不早衰，有利于健康冠层的形成（李虎，2007）。

3.3.3　施氮影响根际微生态环境

蚕豆枯萎病的发病率和病情指数都随着氮肥施用量的增加而降低，施用氮肥降低了蚕豆枯萎病的发生率，其原因可能有 3 个方面：一是施氮增加了微生物数量。微生态系统平衡、和谐的土壤，其各类微生物的数量、种类都显著高于病害发生严重的土壤，因此施氮增加根际微生物数量可能对抑制蚕豆枯萎病起到了一定的作用。董艳等（2013）通过田间小区试验，采用 Biolog 微平板分析法研究了 4 个施氮水平 V_0（0kg/hm^2）、V_1（56.25kg/hm^2）、V_2（112.5kg/hm^2）和 V_3（168.75kg/hm^2）对蚕豆枯萎病危害和根际微生物代谢功能多样性的影响，结果表明：施氮（V_1、V_2、V_3）处理显著降低了蚕豆枯萎病的病情指数和根际镰刀菌的数量，显著增加了蚕豆根际的细菌数量、放线菌数量、细菌/真菌和放线菌/真菌，其中 V_2 处理下蚕豆枯萎病病情指数和镰刀菌数量最低，而细菌数量、放线菌数量、细菌/真菌和放线菌/真菌最高。施氮抑制了根际微生物对部分糖类和羧酸类碳源的利用，提高了对氨基酸和酚酸类碳源的利用，这可能是施氮减轻蚕豆枯萎病危害的重要原因之一。适量施氮能增加根际细菌、放线菌数量，改变微生物代谢功能，降低病原菌数量，是抑制蚕豆枯萎病发生的有效措施（董艳等，2013）。二是施氮增加了土壤的速效养分含量。徐瑞富等（2004）研究发现棉花黄萎病轻病地中碱解氮和速效钾的含量明显高于重病地，而重病地碱解氮和速效钾的含量偏低，使棉花植株营养不良，造成抗病性减弱，可能是发病较重的原因之一。三是施氮可能引起了根际分泌物含量和组分的变化。Katafina 和 Erland（2004）研究了不同氮肥施用量对根际微生物的影响，氮肥施用量的增加引起根系分泌物改变；氮素浓度增加，大豆根系分泌物中有机酸总量也增加，大豆根系分泌物中有机酸的差异可能是造成连作条件下品种间抗病性不同的原因之一。

3.3.4 氮素营养对病原菌生长及养分竞争的影响

任何考虑氮在作物需求中的作用都必须评估病原菌的需求。病原真菌生长所需的氮完全来自作物，如 NO_3^-、NH_4^+ 和氨基酸。一些研究表明，作物中的氮源是有限的，而氮饥饿控制着致病基因，可能是病害发展的影响因素（Thomma et al.，2006；López-Berges et al.，2010）。然而，相关研究表明，病原真菌生长需要大量的氮供应（Solomon et al.，2010；Pageau et al.，2006；Tavernier et al.，2007）。已有研究证明，大量氨基酸存在于番茄叶的质外体中，其中一些氨基酸，如谷氨酰胺、谷氨酸、丙氨酸和 γ-氨基丁酸（GABA），在毫摩尔浓度下就足以支持病原菌在侵染初期的生长（Solomon and Oliver，2001）。有趣的是，这些研究者观察到病原菌侵染番茄后的 7～14d 氨基酸浓度增加，这与叶片真菌生物量的增加有关。这可能意味着病原菌对寄主氮营养的长期需求。寄主氮营养的另一个来源是通过谷氨酸脱羧酶转化谷氨酸过程中所产生的 GABA。Solomon 和 Oliver（2001）的研究表明番茄叶霉菌（*Cladosporium fulvum*）能够利用 GABA 作为氮源，在以 GABA 为碳源的培养基上生长的真菌与在以天冬氨酸或谷氨酸为碳源的培养基上生长的真菌相似，表明 GABA 有可能成为有效的氮源来促进病原菌的生长。Robert 等（2002）通过对锈菌引起的小麦幼苗叶锈菌（*Puccinia triticina*）产孢的研究发现，低氮植株叶片上的孢子数减少了 70%，但孢子中的氮含量却远高于叶片的氮含量，说明病原菌从寄主中吸收氮的效率很高。

作物根部病原菌利用的氮源与叶部病原菌利用的氮源不同，同时死体营养型病原菌能够利用的氮源比活体营养型病原菌更为广泛。半活体营养型真菌——炭疽病菌（*Colletotrichum lindemuthianum*）利用的氮源范围很广，且偏爱氨和谷氨酰胺，也能利用天冬氨酸、天冬酰胺和丙氨酸。当然，某一病原菌所能获取的寄主氮源取决于其定植的寄主组织。侵入作物组织对作物与病原菌互作关系的建立固然重要，但能否成功定植却取决于病原菌获取寄主营养的能力。病原菌通常利用综合致病机制侵染寄主，冲破寄主的防御系统并定植于寄主组织。侵入寄主作物后的病原菌面对新的营养环境会采取新的获取营养的方式。低氮营养水平促使腐生菌寻找营养，菌丝呈辐射状生长；较高的氮营养水平下，腐生菌会形成更密的、有更多分枝的菌落结构（段旺军等，2011）。

3.4 氮素营养管理与病害控制

作为世界上最大的发展中国家之一，中国以世界 7% 的耕地养育了世界 22% 的人口。这一"中国奇迹"的背后有化学氮肥大规模施用的重要贡献。据统计，在过去的半个世纪里（1961～2010 年），我国的粮食总产量增加了 3 倍多，达到了 4.8 亿 t/a。与此同时，作为土壤重要的氮素补充形式之一的化学氮肥施用量却增加了近 37 倍，达到了 3000 万 t/a，约占全球总用量的 1/3（颜晓元等，2018）。合理施用氮肥是当今世界农业生产中获得较高目标产量的关键措施。不合理施用氮肥会导致两种结果：一是氮肥投入量低于经济最佳施氮量或最高产量施氮量，导致产量较低，没有发挥品种、灌溉等其他农艺措施的增产效果；二是氮肥投入量超过了经济最佳施氮量或最高产量施氮量，导致产量不再增加或有所下降（倒伏或病虫害增加），而且氮肥在土壤中的残留量或损失到环境（指大气和水体）中的量会显著增加，造成环境污染（巨晓棠和谷保静，2014）。

　　科学合理的氮肥施用措施是降低作物病虫害发生的关键。科学合理的氮肥施用措施主要是指根据作物不同生长阶段的氮素需求特性，选取合适的氮肥类型、合适的氮肥用量、合适的氮肥施用时间以及合适的施肥位置施用氮肥。合适的氮肥类型指的是根据作物的需肥喜好进行施肥。例如，水稻喜好铵态氮肥，而小麦等旱地作物则喜好硝态氮肥（颜晓元等，2018）。

　　合适的氮肥施用时间则主要是指减少农作物生长前期基肥的施用比例，增大后期（如开花、灌浆等关键生长期）的氮肥施用比例，即"前氮后移"。作物生长初期根系发育不完全，对氮素的吸收能力有限，因此前期大量的氮肥投入会加剧活性氮的损失（颜晓元等，2018）。

　　在高氮水平下，水稻稻瘟病的病斑数量和病情进展曲线下面积（the area under disease progress curve，AUDPC）都显著增加。于是，分次施肥作为一个解决该问题的办法被迅速提出。在田间条件下，90kg/hm^{2}氮肥分 2 次施用（播种 30d 后施用 2/3，播种 60d 后施用 1/3）可以降低水稻对稻瘟病的感病性（图 3-3）。然而，氮肥过多的分次施用方法（如分 3 次施用和 5 次施用）减缓了水稻在生长初期的营养生长，这可能为稻瘟病菌的再次侵染创造了有利条件（黄惠川，2014）。

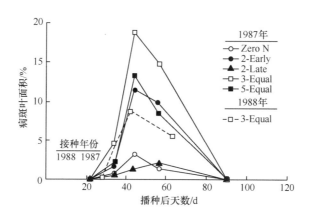

图 3-3　不同施肥模式对稻瘟病叶部症状的影响（Kuerschner et al.，1992）

Zero N. 不施氮；2-Early. 90kg/hm^{2}氮肥分 2 次施用，播种时施用 60kg/hm^2，出苗 30d 后再施 30kg/hm^2；2-Late. 90kg/hm^{2}氮肥分 2 次施用，播种 30d 后施用 60kg/hm^2，60d 后再施 30kg/hm^2；3-Equal. 90kg/hm^{2}氮肥分 3 次施用，播种后、30d 后和 60d 后分别施用 30kg/hm^2；5-Equal. 90kg/hm^{2}氮肥分 5 次施用，播种后、15d、30d、45d 和 60d 分别施用 18kg/hm^2

参 考 文 献

蔡祖聪, 颜晓元, 朱兆良. 2014. 立足于解决高投入条件下的氮污染问题[J]. 植物营养与肥料学报, 20(1): 1-6.

陈远学. 2007. 小麦/蚕豆间作系统中种间相互作用与氮素利用、病害控制及产量形成的关系研究[D]. 北京: 中国农业大学博士学位论文.

陈远学, 李隆, 汤利, 等. 2013. 小麦/蚕豆间作系统中施氮对小麦氮营养及条锈病发生的影响[J]. 核农学报, 27(7): 1020-1028.

程瑚瑞, 方中达. 1965. 水稻抗病性的研究IV. 水稻品种耐肥性与对叶枯病抗病性的关系[J]. 植物病理学报, 8(1): 41-48.

董鲜, 郑青松, 王敏, 等. 2015. 铵态氮和硝态氮对香蕉枯萎病发生的比较研究[J]. 植物病理学报, 45(1): 73-79.

董艳, 杨智仙, 董坤, 等. 2013. 施氮水平对蚕豆枯萎病和根际微生物代谢功能多样性的影响[J]. 应用生态学报, 24(4): 1101-1108.

段旺军, 杨铁钊, 戴亚, 等. 2011. 作物氮素营养与病害发生关系研究进展[J]. 西北作物学报, 31(10): 2139-2146.

范坤成, 康霄文, 彭绍裘, 等. 1993. 肥、水、菌对水稻纹枯病发生流行的综合效应[J]. 植物保护学报, 20(2): 97-103.

郭明亮. 2016. 中国水稻氮过量对农药用量的影响[D]. 北京: 中国农业大学博士学位论文.

郭衍银, 徐坤, 王秀峰, 等. 2003. 矿质营养与作物病害机理研究进展[J]. 甘肃农业大学学报, 38(4): 385-393.

郭莹, 杨晓云, 司朝光, 等. 2011. 不同形态氮素营养对大白菜芝麻状斑点病发生的影响[J]. 园艺学报, 38(8): 1489-1497.

何电源, 朱应远, 张伟达, 等. 1986. 氮钾肥用量配比与水稻病害的关系[J]. 土壤, (1): 3-7.

黄惠川. 2014. 氮诱导水稻对稻瘟病敏感性的机理初探[D]. 昆明: 云南农业大学博士学位论文.

金霞, 赵正雄, 李忠环, 等. 2008. 不同施氮量烤烟赤星病发生与发病初期氮营养、生理状况关系研究[J]. 植物营养与肥料学报, 14(5): 940-946.

巨晓棠, 谷保静. 2014. 我国农田氮肥施用现状、问题及趋势[J]. 植物营养与肥料学报, 20(4): 783-795.

李虎. 2007. 氮肥对超级稻冠层特性、纹枯病发生和产量的影响[D]. 长沙: 湖南农业大学硕士学位论文.

李勇军, 马继琼, 陈建华, 等. 2010. 施氮量对魔芋病害发生、产量及黏度影响的研究[J]. 西南农业学报, 23(1): 128-131.

刘海坤, 刘小宁, 黄玉芳, 等. 2014. 不同氮水平下小麦植株的碳氮代谢及碳代谢与赤霉病的关系[J]. 中国生态农业学报, 22(7): 782-789.

刘克锋. 2006. 土壤、植物营养与施肥[M]. 北京: 气象出版社.

刘小宁, 刘海坤, 黄玉芳, 等. 2015. 施氮量、土壤和植株氮浓度与小麦赤霉病的关系[J]. 植物营养与肥料学报, 21(2): 306-317.

卢国理, 汤利, 楚轶欧, 等. 2008. 单/间作条件下氮肥水平对水稻总酚和类黄酮的影响[J]. 植物营养与肥料学报, 14(6): 1064-1069.

鲁耀, 郑毅, 汤利, 等. 2010. 施氮水平对间作蚕豆锰营养及叶赤斑病发生的影响[J]. 植物营养与肥料学报, 16(2): 425-431.

陆景陵. 2003. 植物营养学(上册)[M]. 2版. 北京: 中国农业大学出版社.

马斯纳. 1991. 高等植物的矿质营养[M]. 曹一平, 陆景陵, 译. 北京: 北京农业大学出版社.

慕康国, 赵秀琴, 李健强, 等. 2000. 矿质营养与作物病害关系研究进展[J]. 中国农业大学学报, 5(1): 84-90.

尚双华. 2016. 设施土壤氮素积累条件下番茄枯萎病发生的微生态机制研究[D]. 沈阳: 沈阳农业大学博士学位论文.

孙羲. 1997. 植物营养原理[M]. 北京: 中国农业出版社.

檀根甲, 丁克坚, 季伯衡. 1997. 小麦纹枯病菌氮素营养的研究[J]. 应用生态学报, 8(4): 396-398.

王玫, 段亚楠, 孙申义, 等. 2017. 不同氮形态对连作平邑甜茶幼苗生长及土壤尖孢镰孢菌数量的影响[J]. 植物营养与肥料学报, 23(4): 1014-1021.

王敏. 2013. 土传黄瓜枯萎病致病生理机制及其与氮素营养关系研究[D]. 南京: 南京农业大学博士学位论文.

王小纯, 王晓航, 熊淑萍, 等. 2015. 不同供氮水平下小麦品种的氮效率差异及其氮代谢特征[J]. 中国农业科学, 48(13): 2569-2579.

王晓宇. 2013. 亚麻炭疽病发生条件研究及抗病种质资源筛选[D]. 哈尔滨: 东北农业大学硕士学位论文.

王泽平, 李毅杰, 梁强, 等. 2017. 不同甘蔗在梢腐病菌侵染下氮代谢相关指标的变化[J]. 植物生理学报, 53(11): 1963-1970.

王子迎, 檀根甲. 2008. 水稻纹枯病菌的微气候生态位[J]. 应用生态学报, 19(12): 2706-2710.

吴巍, 赵军. 2010. 作物对氮素吸收利用的研究进展[J]. 中国农学通报, 26(13): 75-78.

奚振邦. 2003. 现代化学肥料学[M]. 北京: 中国农业出版社.

肖靖秀, 郑毅, 汤利, 等. 2005. 小麦蚕豆间作系统中的氮钾营养对小麦锈病发生的影响[J]. 云南农业大学学报, 20(5): 640-645.

肖靖秀, 周桂夙, 汤利, 等. 2006. 小麦/蚕豆间作条件下小麦的氮、钾营养对小麦白粉病的影响[J]. 植物营养与肥料学报, 12(4): 517-522.

熊淑萍, 王静, 王小纯. 2014. 耕作方式及施氮量对砂姜黑土区小麦氮代谢及籽粒产量和蛋白质含量的影响[J]. 作物生态学报, 38(7): 767-775.

徐瑞富, 陆宁海, 李小丽, 等. 2004. 土壤微生物群落对棉花黄萎病的影响[J]. 棉花学报, 16(6): 357-359.

颜晓元, 夏龙龙, 遆超普. 2018. 面向作物产量和环境双赢的氮肥施用策略[J]. 中国科学院院刊, 33(2): 177-183.

杨玚. 2014. 施氮量对马铃薯根际土壤生物活性及晚疫病发生程度的影响[D]. 大庆: 黑龙江八一农垦大学硕士学位论文.

杨国涛, 范永义, 卓驰夫, 等. 2017. 氮肥处理对水稻群体小气候及其产量的影响[J]. 云南大学学报(自然科学版), 39(2): 324-332.

杨暹, 陈晓燕. 2005. 不同氮营养下炭疽病菌侵染对菜心叶片内源激素的影响[J]. 应用生态学报, 16(5): 919-923.

杨暹, 陈晓燕, 冯红贤. 2004. 氮营养对菜心炭疽病抗性生理的影响 I. 氮营养对菜心炭疽病及细胞保护酶的影响[J]. 华南农业大学学报(自然科学版), 25(2): 26-30.

杨秀娟, 甘林, 阮宏椿, 等. 2011. 氮肥对水稻苗 POD、SOD 活性及稻瘟病发生的影响[J]. 福建农林大学学报(自然科学版), 40(1): 8-12.

于飞, 施卫明. 2015. 近 10 年中国大陆主要粮食作物氮肥利用率分析[J]. 土壤学报, 52(6): 1311-1324.

于振文. 2006. 作物栽培学[M]. 北京: 中国农业出版社.

张国珍, 程惠珍, 丁万隆. 1998. 氮素形态对西洋参黑斑病的影响[J]. 中国中药杂志, 23(1): 17-19.

张茂星, 张明超, 陈鹏, 等. 2013. 硝/铵营养对香蕉生长及其枯萎病发生的影响[J]. 植物营养与肥料学报, 19(5): 1241-1247.

张朋, 王康才, 赵杰, 等. 2014. 不同铵硝比例对杭白菊次生代谢及抗病性的影响[J]. 植物营养与肥料学报, 20(6): 1488-1496.

赵芳, 赵正雄, 徐发华, 等. 2011. 施氮量对烟株接种黑胫病前、后体内生理物质及黑胫病发生的影响[J].

植物营养与肥料学报, 17(3): 737-743.

浙江农业大学. 1991. 植物营养与肥料[M]. 北京: 中国农业出版社.

Afanasiev M M, Carlson W E. 1942. The relation of phosphorus and nitrogen ratio to the amount of seedling diseases of sugar beets[J]. American Society of Sugar Beet Technologists: 407-411.

Agrios G N. 1997. Plant Pathology[M]. San Diego: Academic Press.

Agrios G N. 2005. Plant Pathology[M]. 5th ed. Amsterdam: Elsevier.

Borrero C, Trillas M I, Delgado A, et al. 2012. Effect of ammonium/nitrate ratio in nutrient solution on control of *Fusarium* wilt of tomato by *Trichoderma asperellum*, T34[J]. Plant Pathology, 61(1): 132-139.

Dordas C. 2008. Role of nutrients in controlling plant diseases in sustainable agriculture. A review[J]. Agronomy for Sustainable Development, 28(1): 33-46.

Elmer W H, Lamondia J A. 1999. Influence of ammonium sulfate and rotation crops on strawberry black root rot[J]. Plant Disease, 83(83): 119-123.

Gupta K J, Brotman Y, Segu S, et al. 2013. The form of nitrogen nutrition affects resistance against *Pseudomonas syringae* pv. *phaseolicola* in tobacco[J]. Journal of Experimental Botany, 64(2): 553-568.

Hoffland E, Jegger M J, van Beusichem M L. 2000. Effect of nitrogen supply rate on disease resistance in tomato depends on the pathogen[J]. Plant and Soil, 218(1/2): 239-247.

Huber D M, Watson R D. 1974. Nitrogen form and plant disease[J]. Annual Review of Phytopathology, 12(1): 139-165.

Jensen B, Munk L. 1997. Nitrogen-induced changes in colony density and spore production of *Erysiphe graminis* f. sp. *hordei* on seedlings of six spring barley cultivars[J]. Plant Pathology, 46: 191-202.

Kant S, Bi Y M, Rothstein S J. 2011. Understanding plant response to nitrogen limitation for the improvement of crop nitrogen use efficiency[J]. Journal of Experimental Botany, 62(4): 1499-1509.

Katafina H S, Erland B. 2004. The influence of nitrogen fertilization on bacterial activity in the rhizosphere of barley[J]. Soil Biology & Biochemistry, 36: 195-198.

Kuerschner E, Bonman J M, Garrity D P, et al. 1992. Effects of nitrogen timing and split application on blast disease in upland rice[J]. Plant Disease, 76(4): 384-389.

Lampkin N. 1999. Organic Farming[M]. Ipswich: Farming Press.

López-Berges M S, Rispail N, Prados-Rosales R C, et al. 2010. A nitrogen response pathway regulates virulence functions in *Fusarium oxysporum* via the protein kinase TOR and the bZIP protein MeaB[J]. Plant Cell, 22(7): 2459-2475.

Marschner H. 1995. Mineral Nutrition of Higher Plants[M]. London: Academic Press.

Matocha J E, Vacek S G. 1997. Efficacy of fungicidal and nutritional treatments on cotton root rot suppression[C]. // Proceedings of the 1997 Beltwide Cotton Conference. New Orleans: National Cotton Council, 135-137.

Mur L A J, Simpson C, Kumari A, et al. 2016. Moving nitrogen to the centre of plant defence against pathogens[J]. Annals of Botany, 119(5): 703-709.

Pageau K, Reisdorf-Cren M, Morot-Gaudry J F, et al. 2006. The two senescence-related markers, GS1 (cytosolic glutamine synthetase) and GDH (glutamate dehydrogenase), involved in nitrogen mobilization, are differentially regulated during pathogen attack and by stress hormones and reactive oxygen species in *Nicotiana tabacum* L. leaves[J]. Journal of Experimental Botany, 57(3): 547-557.

Robert C, Bancal M O, Lannou C. 2002. Wheat leaf rust uredospore production and carbon and nitrogen export in relation to lesion size and density[J]. Phytopathology, 92(7): 762-768.

Solomon P S, Tan K C, Oliver R P. 2010. The nutrient supply of pathogenic fungi; a fertile field for study[J]. Molecular Plant Pathology, 4(3): 203-210.

Solomon P S, Oliver R P. 2001. The nitrogen content of the tomato leaf apoplast increases during infection by *Cladosporium fulvum*[J]. Planta, 213(2): 241-249.

Sullivan P. 2001. Sustainable management of soil-borne plant diseases[EB/OL]. ATTRA, USDA's Rural Business Cooperative Service. https://www. attra. org[2018-10-26].

Tavernier V, Cadiou S, Pageau K, et al. 2007. The plant nitrogen mobilization promoted by *Colletotrichum lindemuthianum* in *Phaseolus* leaves depends on fungus pathogenicity[J]. Journal of Experimental Botany, 58(12): 3351-3360.

Thomma B P, Bolton M D, Clergeot P H, et al. 2006. Nitrogen controls in planta expression of *Cladosporium fulvum* Avr9 but no other effector genes[J]. Molecular Plant Pathology, 7(2): 125-130.

Vidhyasekaran P. 2004. Concise Encyclopaedia of Plant Pathology[M]. Binghampton: Food Products Press and The Haworth Reference Press.

Woltz S S, Jones J P. 1973. Tomato *Fusarium* wilt control by adjustments in soil fertility[R]. Proceedings of the Florida State Horticultural Society, 157-159.

第4章 磷素营养与病害的关系

　　磷是作物必需的大量元素之一，约占作物干重的 0.2%，它是核酸和生物膜的重要组成成分，在光合作用、呼吸作用和一系列酶促反应中均起重要作用。同时磷是作物体内氮素代谢过程中酶的组成成分之一，能促进氮素的代谢，并且提高农作物的抗旱、抗寒、抗病性能。总之，磷以多种形式参与作物体内的生理过程，对作物生长发育、生理代谢、产量与品质都起着十分重要的作用。

　　磷是土壤中有效性低的一种营养元素，缺磷是我国乃至世界农业发展的一个限制因子，世界 43%的土壤处于缺磷状态，我国约有 2/3 土壤缺磷（廉华等，2015）。作物种类不同，含磷量也有差异，而且生育期和器官不同也有差异。一般的规律是：油料含磷量高于豆科，豆科高于谷类；生育前期的幼苗含磷量高于老熟的秸秆；就器官来说，则表现为幼嫩器官中的含磷量高于衰老器官，繁殖器官高于营养器官，种子高于叶片，叶片高于根系，根系高于茎秆，纤维中含磷量最少。作物含磷量常受土壤磷水平的影响，当土壤有效磷含量高时，作物的含磷量也略高于缺磷的土壤（陆景陵，1994）。

　　农作物的产量常受到缺磷的影响，缺磷的主要原因是土壤有效磷含量不足，施入土壤的大量磷素在土壤中被钙、铝、铁等固定成非水溶性磷酸盐，造成土壤磷移动性差，从而导致其有效性低，成为不能被直接吸收利用的闭蓄态磷，因而不能满足作物的生理需求（陈钢等，2014）。

4.1　磷素营养与病害发生

4.1.1　磷素营养与生理性病害

1. 磷素不足

　　磷是作物体内核酸、磷脂、植素和磷酸腺苷的组成元素。这些有机磷化合物对作物的生长与代谢起重要作用。正常的磷素营养有利于核酸与核蛋白的形成，加速细胞的分裂与增殖，促进营养体的生长，尤其在作物生长早期，充足的磷素营养尤为重要，生长前期作物吸收的磷，可以再利用，参与新生组织的形成与代谢（胡霭堂，2003）。从外形上看，作物缺磷表现为生长延缓，植株矮小，分枝或分蘖减少，在缺磷初期叶片常呈暗绿色，这是由于缺磷的细胞其伸长受影响的程度超过叶绿素所受的影响，因而缺磷作物的单位叶面积中叶绿素含量反而较高，但其光合作用效率却很低，表现为结实状况很差（陆景陵，1994）。

　　西瓜开花期磷缺乏，叶片中核酸含量下降，说明此时如果磷的供应不充足，将会减少作物体内核酸的合成，从而影响和抑制作物的生长发育，导致生育期延长和植株瘦弱；过量磷会降低茎秆的纤维素含量，使抗逆性减弱（陈钢等，2014）。

通常作物缺磷症状首先出现在老叶上，因为磷的再利用程度高，作物缺磷时老叶中的磷可运往新生叶片以供利用，缺磷的植株，因为体内碳水化合物代谢受阻，有糖分积累，易形成花青素。许多一年生作物（如玉米）的茎常出现典型的紫红色症状。豆科缺磷时，由于光合产物的运输受阻，根部得不到足够的光合产物，导致根瘤菌的固氮能力下降，植株生长也受到一定影响（陆景陵，1994）。

臧成凤等（2016）研究了磷素营养对铁核桃苗生长的影响，结果表明，土壤有效磷含量低于或高于 45mg/kg 处理的植株总生物量和地上部及根系生物量明显减少。45mg/kg 磷水平处理的铁核桃实生苗整株鲜重和干重达到最大，分别为 183.07g/株和 109.84g/株，根系发育最好；125mg/kg 磷水平处理的整株鲜重和干重最小，分别只有 66.93g/株和 40.16g/株，根系发育最差。磷水平高于 45mg/kg 后，随磷水平的增加对植株生长的抑制作用明显增强，这种抑制作用比低磷水平处理更加明显。植株的根冠比以 5mg/kg 磷水平处理的最大，达 1.34；以 45mg/kg 处理的最小，仅为 1.07。在有效磷含量为 5mg/kg、25mg/kg 和 45mg/kg 时，随磷水平的提高，植株的高度、地上部总叶面积、根系总长度、根系总表面积、根系总体积、根的平均直径、总根尖数、根系分型维数、主根长度、侧根长度、侧根数量明显增大，磷水平高于 45mg/kg 的处理上述指数都明显降低，以 125mg/kg 磷水平处理时最小（图 4-1，图 4-2）。

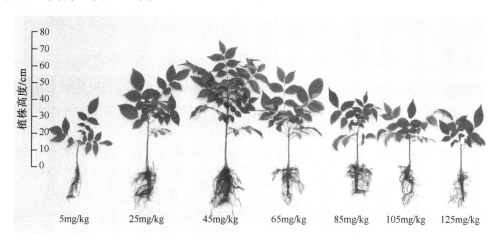

图 4-1　不同磷水平下铁核桃实生苗的生长发育状况（臧成凤等，2016）

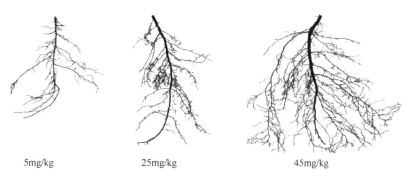

5mg/kg　　　　25mg/kg　　　　45mg/kg

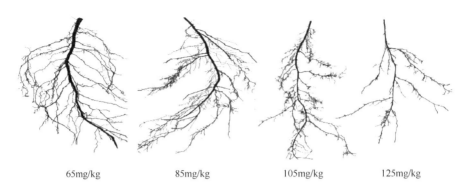

65mg/kg　　　　　85mg/kg　　　　　105mg/kg　　　　125mg/kg

图 4-2　不同磷水平下铁核桃实生苗的侧根生长状况（臧成凤等，2016）

2. 磷素过量

施用磷肥过量时，由于作物呼吸作用过强，会消耗大量糖分和能量，因此也会产生不良影响。例如，谷类作物的无效分蘖和瘪籽增加；叶片肥厚而密集，叶色浓绿；植株矮小，节间过短；出现生长明显受抑制的症状。繁殖器官常因磷肥过量而加速成熟进程，并由此导致营养体小，茎叶生长受抑制，产量低。施磷肥过多还表现为植株地上部分与根系生长比例失调，在地上部生长受抑制的同时，根系非常发达，根量极多而粗短。施用磷肥过多还会诱发锌、锰等元素代谢紊乱，常常导致作物缺锌症等（陆景陵，1994）。

4.1.2　磷素营养与病理性病害

田间条件下，水稻喷施 50mmol/L K_2HPO_4 水稻穗颈瘟病发病率可降低 42%，从而增加水稻产量 32%（Manandhar et al.，1998），而大麦叶片喷洒 25mmol/L K_3PO_4 大麦白粉病发病率可降低 70%，增加大麦产量 12%（Mitchell and Walters，2004）。Perrenoud（1990）通过收集 2440 项有关施肥对 400 多种害虫和病害影响的研究发现，施磷对病虫害发生的影响通常是不一致的，但总体来说，磷能改善作物健康，在 2440 项研究中有 65%的研究报道施磷可减少作物病害，28%的研究报道施磷增加了虫害数量或发病率。

Brennan（1995）在澳大利亚发现，由全蚀病菌（*Gaeumannomyces graminis*）侵染引起的小麦全蚀病随磷施用量的增加而降低。Sweeney 等（2000）的研究表明，磷对小麦叶锈病有一定的抑制作用。施磷能促进根系生长，增加根系活力而有助于控制幼苗真菌病害（Huber and Graham，1999）。施用磷肥能显著降低由腐霉菌引起的小麦根腐病造成的产量损失（Huber，1980）。同样，施用磷肥可降低玉米根腐病的发病率，尤其是在土壤缺磷的条件下效果更好，施磷也能降低玉米黑粉病的发病率（Huber and Graham，1999）。大量研究表明，施磷能降低水稻细菌性白叶枯病、烟草霜霉病、曲叶病毒病、大豆荚茎枯病、大麦黄矮病毒病、甘蔗褐色条纹病和水稻稻瘟病的发病率（Huber and Graham，1999；Kirkegaard et al.，1999；Reuveni and Reuveni，1998；Reuveni et al.，2000）。无论接种丛枝菌根（AM）真菌或不接种 AM 真菌，玉米磷高效基因型'181'品种和磷低效基因型'197'品种的小斑病病情指数随着施磷量的增加表现出下降趋势，施磷量极显著影响植株的病情指数。当施磷量大于 100mg/kg 后，玉米小斑病发病指数均降低至很低的水平（图 4-3）（李宝深等，2011）。

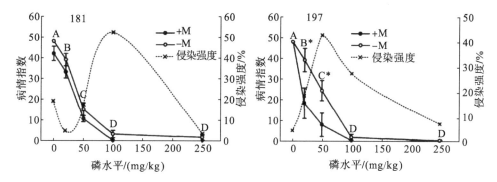

图 4-3　不同供磷条件下接种及不接种 AM 真菌的小斑病病情指数和 AM 侵染率（李宝深等，2011）
+M. 接种 AM 真菌；–M. 不接种 AM 真菌。181. 磷高效基因型玉米；197. 磷低效基因型玉米。柱形图上不同字母表示不同磷水平下的病情指数在 0.05 水平差异显著（$P<0.05$），*表示相同磷水平下接种与不接种 AM 真菌处理在 0.05 水平差异显著（$P<0.05$）

然而，一些研究表明，施磷增加了病害的严重度，如施磷增加了由核盘菌引起的园林作物的病害，莴苣霜霉病、小麦黑穗病的感染也随施磷量的增加而增加（Huber 1980）。施磷增加了洋葱霜霉病的严重程度，但相对于施氮显著增加洋葱霜霉病的严重程度而言，施磷对霜霉病发生的影响相对较小（Develash and Sugha，1997）。田间试验中（表 4-1），大豆单作（MS）条件下，与不施磷处理（LP）相比，施磷处理（HP）显著增加了大豆红冠腐病的发病率（2009 年），大豆单作（MS）及玉米、大豆间隔 20cm 间作种植（ISC1）模式下施磷均显著增加了大豆红冠腐病的发病率（2010 年）。对于病情指数而言，ISC1 种植模式下，施磷处理显著增加了大豆红冠腐病的病情指数（2009 年），2010 年则是在 3 种种植（MS、ISC1、ISC2）模式下施磷均显著提高了大豆红冠腐病的病情指数（Gao et al.，2014）。

表 4-1　玉米与大豆根系分隔及施磷水平对大豆红冠腐病发生的影响（田间试验）（Gao et al.，2014）

年份	种植模式	发病率/%		病情指数	
		LP	HP	LP	HP
2009	MS	43±3.4Ab	62±5Aa	33±3Aa	40±3Aa
	ISC1	32±2Ba	39±4Ba	26±1Ab	32±2Ba
	ISC2	20±2Ca	26±2Ca	17±1Ba	22±3Ca
2010	MS	45±3Ab	58±4Aa	36±3Ab	48±2Aa
	ISC1	33±1Bb	41±2Ba	26±2Bb	36±2Ba
	ISC2	26±2Ca	31±1Ca	16±1Cb	24±2Ca

注：HP. 添加 80kg/hm² 的过磷酸钙（P_2O_5）；LP. 不施磷处理；MS. 大豆单作；ISC1. 玉米、大豆间作，玉米、大豆间距 20cm；ISC2. 玉米、大豆间作，玉米、大豆间距 5cm。同列不同大写字母表示相同磷水平时不同种植模式下大豆红冠腐病的发病率和病情指数差异显著（$P<0.05$），同行不同小写字母表示相同种植模式下不同磷水平处理下大豆红冠腐病发病率和病情指数差异显著（$P<0.05$）

Gao 等（2014）通过砂培试验研究了玉米与大豆在 3 种根系分隔方式（完全分隔、尼龙网分隔和无分隔）下两个磷水平对大豆红冠腐病发生的影响。从图 4-4 可看出，在 3 种根系分隔方式下，磷水平对大豆红冠腐病的发病率均无显著影响（图 4-4A），但在尼龙网分隔（玉米、大豆根系弱相互作用）和根系无分隔（玉米、大豆根系完全相互作用）方式下，与低磷（LP）处理相比，高磷水平（HP）显著提高了大豆红冠腐病的病情指数（图 4-4B）；同时，玉米与大豆根系无分隔方式下，高磷水平显著增加了大豆根际红冠腐病菌的数量（图 4-4C）。

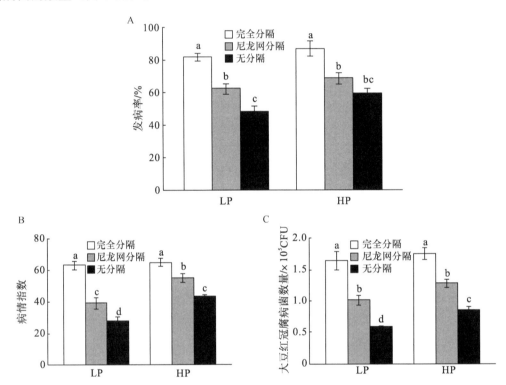

图 4-4　砂培试验中磷水平对大豆红冠腐病发生的影响（Gao et al.，2014）

A. 不同磷水平处理对大豆红冠腐病发病率的影响；B. 不同磷水平处理对大豆红冠腐病病情指数的影响；C. 不同磷水平处理对大豆红冠腐病菌数量的影响。LP. 15mmol/L 磷；HP. 500mmol/L 磷；所有处理下大豆根系均接种红冠腐病菌。柱形图上的不同字母表示不同处理在 0.05 水平差异显著（$P<0.05$）

磷肥对病害的影响可能因试验土壤有效磷的含量、磷肥用量、作物种类以及病原菌等的不同而有所差异。

4.2　磷素营养影响病害发生的机制

磷通过以下一个或多个机制影响病害发生（Perrenoud，1990）：①直接影响病原菌的增殖、发育和生存；②直接影响作物的新陈代谢，进而影响对病原菌的营养供应；③对作物防御和气孔功能的影响，进而影响病原菌的定植和扩散。

4.2.1　磷对寄主抗病性的影响

1. 磷影响作物对养分的吸收利用与平衡

不接种 AM 真菌条件下，玉米磷高效基因型‘181’和磷低效基因型‘197’的地上部磷浓度随施磷水平的增加表现出不同的增长趋势。磷高效基因型‘181’地上部磷浓度在 100mg/kg 施磷水平之前始终稳定在 1.5mg/kg，施磷量 250mg/kg 时磷浓度提高到 2mg/g 并与其他施磷水平具有显著差异；磷低效基因型‘197’地上部磷浓度随施磷量的增加而增加（图 4-5）。方差分析表明，植株地上部磷浓度随施磷量的增加极显著增加（李宝深等，2011）。‘181’对磷的吸收能力强于‘197’，因此在施磷量较少的条件下（20mg/kg 和 50mg/kg），‘181’表现出相对较低的发病率（图 4-3，图 4-5）。

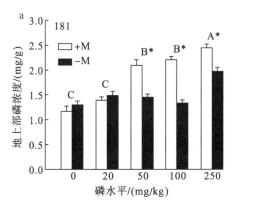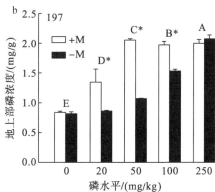

图 4-5　不同供磷条件下接种及不接种 AM 真菌玉米地上部磷浓度的变化（李宝深等，2011）

a. 玉米磷高效基因型‘181’地上部磷浓度变化；b. 玉米磷低效基因型‘197’地上部磷浓度变化。+M. 接种 AM 真菌；−M. 不接种 AM 真菌。柱形图上不同大写字母表示接种 AM 真菌条件下不同施磷处理间差异显著（$P<0.05$）。*表示相同施磷水平下接种 AM 真菌与不接种 AM 真菌处理间差异显著（$P<0.05$）

随着施磷水平的提高，磷高效基因型或磷低效基因型玉米小斑病的病情指数均下降，玉米植株的病情指数与地上部磷浓度呈显著负相关（图 4-6），说明磷营养的改善是降低小斑病发病率的原因之一（李宝深等，2011）。

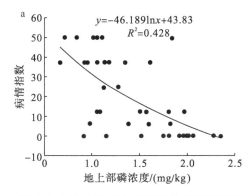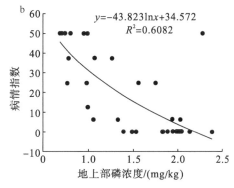

图 4-6　不同供磷条件下玉米地上部磷浓度与病情指数的相关性分析（李宝深等，2011）

a. 磷高效基因型‘181’的相关分析；b. 磷低效基因型‘197’的相关分析

大量施用磷肥导致作物缺锌。磷和锌之间的不平衡导致作物体内锌活性降低、代谢紊乱；活性锌含量减小是磷诱发缺锌的根本原因。因此除了考查锌含量以外，还采用 P/Zn 来衡量磷、锌营养的平衡性。P/Zn 大，锌的活性低，锌间接成为生长的限制因子；P/Zn 太小，磷则成为生长的限制因子（郭再华等，2005）。土壤供磷水平的增加能够明显提高植株叶片中磷、钙、镁、锰和铜元素含量；随供磷水平的提高，叶片中氮、钾、铁、锌和硼元素的含量呈先升高后降低的趋势；供磷水平低于 45mg/kg 会造成叶片中磷、镁、锰和铜元素的缺乏，供磷水平高于 45mg/kg 会导致这些元素过量累积。在供磷水平高于或低于 45mg/kg 条件下，植株叶片中氮、钾、铁、锌和硼元素的含量明显降低，说明磷水平过低或过高都会抑制铁核桃实生苗对上述营养元素的吸收，低磷或高磷条件下铁核桃实生苗叶片中营养元素含量不平衡（臧成凤等，2016）。

2. 磷影响 AM 真菌对根系的侵染

AM 真菌与作物根系建立互惠共生体后，通过 AM 真菌根外菌丝来吸收土壤中的磷元素及其他营养元素并转运到宿主作物体内，改善作物营养状况，促进作物生长，控制病害并提高产量，但 AM 真菌效应的发挥与土壤养分密切相关。土壤低磷含量对 AM 真菌侵染宿主作物根系有促进作用，但会随着磷含量的升高，促进效果逐渐降低，直至最后呈抑制侵染作用。大量研究证实，磷素营养与菌根形成的关系最为密切，即土壤磷水平显著影响菌根侵染率，从而影响菌丝和孢子的繁殖。极端缺磷时，提高磷的供应会促进菌根真菌的生长发育，但超过了一定磷水平，则开始抑制其侵染和繁殖。当土壤中的磷浓度大于 200mg/kg 时，可以满足玉米体内磷的需求，使玉米不再需要依赖 AM 真菌的作用，这时 AM 真菌的存在会和玉米竞争养分，从而抑制 AM 真菌对玉米根系的侵染（张淑彬等，2017）。接种菌根真菌后，极端缺磷条件下，由于 AM 真菌无法帮助植株提高对磷的吸收，两个玉米基因型（磷高效基因型‘181’和磷低效基因型‘197’）的小斑病病情指数均未显著降低；当土壤中施加少量的磷（20mg/kg 和 50mg/kg）时，菌根真菌显著提高了‘197’的地上部磷浓度，降低了玉米小斑病的病情指数，而‘181’由于自身吸磷能力较强，菌根依赖性较弱，病情指数未得到显著改善（李宝深等，2011）。

3. 磷影响作物生理生化抗性

作物的抗病性能与其体内生理代谢状况密切相关，研究表明烤烟赤星病的发病率和病情指数与烟叶内的类黄酮、总酚和可溶性糖含量呈显著负相关关系，而与游离氨基酸含量和氮累积量呈显著正相关关系。随着施磷量增加，赤星病发病程度呈加重趋势，低磷处理下烟叶内的酚类、类黄酮和可溶性糖含量高于或显著高于中磷和高磷处理，而游离氨基酸含量低于中磷处理（金霞等，2010）。

4. 磷诱导作物抗性产生

事实上，磷，或者更准确地说是磷酸盐，可能对作物抗病性产生直接影响。磷显著的抗真菌活性是通过诱导产生系统获得性抗性（systemic acquired resistance，SAR）而实现的。系统获得性抗性的主要特征是：①对作物提供长效保护（Durrant and Dong，2004）；②能有效抑制包括真菌在内的多种病原菌侵染（Hammerschmidt，1999）；③促使信号分子水杨酸启动表达（Walters et al.，2005）。20 世纪 80 年代后期，Gottstein 和 Kuc（1989）发现二盐基磷酸盐和三盐基磷酸盐能够启动黄瓜系统保护作用而有效抑制由炭疽病菌（*Colletotrichum lagenarium*）引起的黄瓜炭疽病的发生。

　　叶面喷施磷酸盐已被证实能诱导黄瓜（Gottstein and Kuc，1989；Descalzo et al.，1990；Mucharromah and Kuc，1991）、蚕豆（Walters and Murray，1992）、葡萄（Reuveni and Reuveni，1995）、玉米（Reuveni et al.，1994）、辣椒（Reuveni and Reuveni，1998）、水稻（Manandhar et al.，1998）和大麦（Mitchell and Walters，2004）的抗病性。叶面喷施磷肥也能诱导玫瑰、酿酒葡萄、芒果和油桃对白粉病的局部和系统抗性（Reuveni and Reuveni，1998）。

　　施磷可螯合质外体钙，改变膜的完整性和影响质外体酶（如多聚半乳糖醛酸酶）的活性，从而诱导寄主细胞壁释放出具有防御功能的长链寡聚半乳糖醛酸（oligogalac-turonides，OGs），最终达到抑制病原真菌侵染的目的（Gottstein and Kuc，1989；Walters and Murray，1992）。Orober 等（2002）发现磷酸盐介导黄瓜的抗性诱导与局部细胞死亡，在此之前迅速产生过氧化物。他们还发现施磷能局部或系统地增加黄瓜的水杨酸含量。磷酸盐还能通过增加苯丙氨酸解氨酶、过氧化物酶和脂氧合酶活性而提高大麦的系统抗病性（Mitchell and Walters，2004）。

5. 磷影响抗性基因的表达

　　玉米与大豆不同根系分隔并接种红冠腐病菌条件下，施磷水平改变了大豆根系一系列病程相关防御基因（*PR* 基因）的表达（图 4-7）。病原菌接种后 1d，部分 *PR* 基因，如 *PR1*、*PR2*、*PR4* 的表达量提高；但是病原菌接种 5d 后，总体来看，高磷处理降低了不同种植模式下大豆根系相关防御基因的表达量。说明高磷水平能抑制寄主作物病程相关防御基因的表达，削弱大豆植株的抗病防御系统（Gao et al.，2014）。

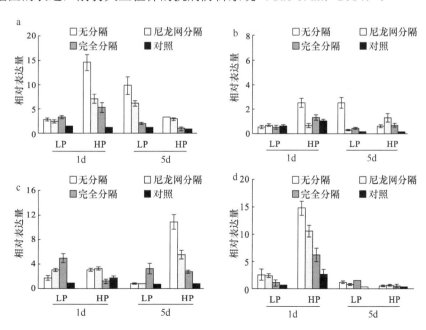

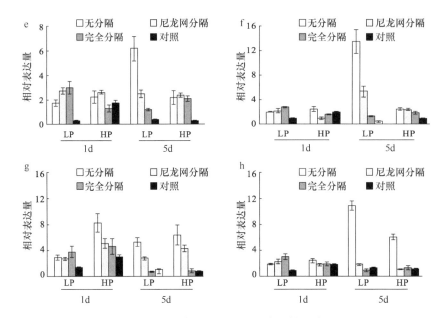

图 4-7　磷水平对大豆根系中 8 个防御相关基因表达的影响（Gao et al., 2014）

a. *PR1*；b. *PR2*；c. *PR3*；d. *PR4*；e. *PR10*；f. *PR12*；g. *PP0*；h. *PAL*。LP. 15mmol/L 磷；HP. 500mmol/L 磷；

不同处理下大豆根系均接种寄生帚梗柱孢菌（*Cylindrocladium parasiticum*）

4.2.2　磷对病原菌的抑制作用

大量有关磷酸盐对病原菌抑制效应的研究，主要集中于 K_3PO_4、K_2HPO_4、KH_2PO_4 和 $NH_4H_2PO_4$ 这几种磷酸盐的抑菌效果。有研究表明，含 Na 和 Ca 的磷酸盐也有较好的抑菌效果。已发表的文献主要集中报道了磷酸盐在黄瓜、苹果、葡萄、芒果、油桃、胡椒和玫瑰上的抑菌作用。磷酸盐同样能降低一些重要真菌病害的严重程度，如炭疽病和锈病（Deliopoulos et al., 2010）。

4.3　磷素营养管理与病害控制

1. 叶面喷施

供应充足的磷对作物生长极其重要，同时适量的磷素营养有助于减少作物病害。然而与氮相似，病害综合管理中的磷肥施用量及方法取决于与病原菌的互作。正如磷能诱导抗病性一样，病害综合管理中，通常推荐将磷喷施于叶面（Reuveni and Reuveni，1998）。

2. 根据土壤酸碱性施用磷肥

在酸性土壤上，可适当选用钙镁磷肥等碱性肥料，而在碱性土壤上，则应当施用过磷酸钙等肥料，进而中和土壤酸碱度，防止土壤持续酸化、碱化，以利于植株健康生长（沈浦等，2015）。

3. 根据种植制度合理分配磷肥

在一年两熟地区的旱地，磷肥以重点施于冬季作物为宜，在水旱轮作地区，磷肥重点施在旱作作物上。在一年一熟地区，如轮作中有豆科作物或豆科绿肥，磷肥应重点施在豆科作物上；一年一熟无豆科轮作体系中，磷肥应施在越冬作物、春种作物或对磷肥敏感（增产率高）的作物上（冀宏杰等，2015）。

4. 改良酸性土壤

酸性土壤中，磷容易形成不溶性物质，所以即使土壤中含有磷也不易被作物吸收。因此，形成适合于各种作物的土壤酸度，是提高磷肥效果的根本性措施。如果土壤中含有适量的钙或镁，就可以阻碍磷与铁、铝结合，从而可以提高磷的吸收率。此外，适宜的土壤 pH 能够提高根系活力，从而促进磷吸收（高桥英一等，2002）。

5. 施用有机物料和堆厩肥

添加不同碳氮比或碳磷比有机物料通过影响活磷微生物生命活动，将土壤难利用态有机磷转化成可吸收利用态的无机磷，使得磷的有效性大幅提高（沈浦等，2015）。施堆厩肥或腐殖质等土壤改良剂，可以避免磷直接接触土壤，因而能减弱土壤固磷作用。堆厩肥还具有促进根系正常发育的作用，故也能促进磷吸收（高桥英一等，2002）。

参 考 文 献

陈钢, 洪娟, 葛米红, 等. 2014. 外源磷对西瓜生长发育过程中的几个生理生化指标的影响[J]. 植物营养与肥料学报, 20(3): 768-772.

高桥英一, 吉野实, 前田正男. 2002. 新版植物营养元素缺乏与过剩诊断原色图谱[M]. 张美善, 译. 长春: 吉林科学技术出版社.

郭再华, 贺立源, 徐才国. 2005. 磷水平对不同磷效率水稻生长及磷、锌养分吸收的影响[J]. 中国水稻科学, 19(4): 355-360.

胡霭堂. 2003. 植物营养学(下册)[M]. 2 版. 北京: 中国农业大学出版社.

冀宏杰, 张怀志, 张维理, 等. 2015. 我国农田磷养分平衡研究进展[J]. 中国生态农业学报, 23(1): 1-8.

金霞, 赵正雄, 吕芬, 等. 2010. 施磷量对烤烟几种生理生化物质含量、赤星病发生及烟叶产质量的影响[J]. 中国烟草学报, 16(3): 53-56.

李宝深, 冯固, 吕家珑. 2011. 接种丛枝菌根真菌对玉米小斑病发生的影响[J]. 植物营养与肥料学报, 17(6): 1500-1506.

廉华, 谢秀芳, 李欣, 等. 2015. 磷素对甜瓜幼苗根系生理活性物质的影响[J]. 核农学报, 29(8): 1632-1639.

陆景陵. 1994. 植物营养学(上册)[M]. 北京: 北京农业大学出版社.

沈浦, 孙秀山, 王才斌, 等. 2015. 花生磷利用特性及磷高效管理措施研究进展与展望[J]. 核农学报, 29(11): 2246-2251.

臧成凤, 樊卫国, 潘学军. 2016. 供磷水平对铁核桃实生苗生长、形态特征及叶片营养元素含量的影响[J]. 中国农业科学, 49(2): 319-330.

张淑彬, 王幼珊, 殷晓芳, 等. 2017. 不同施磷水平下 AM 真菌发育及其对玉米氮磷吸收的影响[J]. 植物营养与肥料学报, 23(3): 649-657.

Brennan R F. 1995. Effect of levels of take-all and phosphorus fertiliser on the dry matter and grain yield of wheat[J]. Journal of Plant Nutrition, 18(6): 1159-1176.

Deliopoulos T, Kettlewell P S, Hare M C. 2010. Fungal disease suppression by inorganic salts: a review[J]. Crop Protection, 29(10): 1059-1075.

Descalzo R C, Rahe J E, Mauza B. 1990. Comparative efficacy of induced resistance for selected diseases of greenhouse cucumber[J]. Canadian Journal of Plant Pathology, 12(1): 16-24.

Develash R K, Sugha S K. 1997. Factors affecting development of downy mildew (*Peronospora destructor*) of onion (*Allium cepa*)[J]. Indian Journal of Agricultural Sciences, 67: 71-74.

Durrant W E, Dong X. 2004. Systemic acquired resistance[J]. Annual Review of Phytopathology, 42(1): 185-209.

Gao X, Wu M, Xu R, et al. 2014. Root interactions in a maize/soybean intercropping system control soybean soil-borne disease, red crown rot[J]. PLoS One, 9(5): 95031.

Gottstein H D, Kuc J A. 1989. Induction of systemic resistance to anthracnose in cucumber by phosphates[J]. Phytopathology, 79(2): 176-179.

Hammerschmidt R. 1999. Induced disease resistance: how do induced plants stop pathogens[J]? Physiol Mol Plant Pathol, 55(2): 77-84.

Huber D M, Graham R D. 1999. The role of nutrition in crop resistance and tolerance to disease[J] // Rengel Z. Mineral Nutrition of Crops Fundamental Mechanisms and Implications[M]. New York: Food Products Press.

Huber D M. 1980. The role of mineral nutrition in defense[J] // Horsfall J G, Cowling E B. Plant Disease, An Advanced Treatise, Volume 5, How Plants Defend Themselves[M]. New York: Academic Press.

Kirkegaard J A, Munns R, James R A, et al. 1999. Does water and phosphorus uptake limit leaf growth of rhizoctonia-infected wheat seedlings[J]. Plant and Soil, 209(2): 157-166.

Manandhar H K, Jorgensen H J, Mathur S B, et al. 1998. Resistance to rice blast induced by ferric chloride, di-potassium hydrogen phosphate and salicylic acid[J]. Crop Protection, 17(4): 323-329.

Mitchell A F, Walters D R. 2004. Potassium phosphate induces systemic protection in barley to powdery mildew infection[J]. Pest Management Science, 60(2): 126-134.

Mucharromah E, Kuc J. 1991. Oxalate and phosphates induce systemic resistance against diseases caused by fungi, bacteria and viruses in cucumber[J]. Crop Protection, 10(4): 265-270.

Orober M, Siegrist J, Buchenauer H. 2002. Mechanisms of phosphate-induced disease resistance in cucumber[J]. European Journal of Plant Pathology, 108(4): 345-353.

Perrenoud S. 1990. Potassium and Plant Health[M]. 2nd ed. Bern: International Potash Institute.

Reuveni M, Reuveni R. 1995. Efficacy of foliar application of phosphates in controlling powdery mildew fungus on field-grown winegrapes: effects on cluster yield and peroxidase activity[J]. Journal of Phyto-pathology, 143(1): 21-25.

Reuveni R, Agapov V, Reuveni M. 1994. Foliar spray of phosphates induces growth increase and systemic resistance to *Puccinia sorghi* in maize[J]. Plant Pathology, 43(2): 245-250.

Reuveni R, Dor G, Raviv M, et al. 2000. Systemic resistance against *Sphaerotheca fuliginea* in cucumber plants exposed to phosphate in hydroponics system and its control by foliar spray of mono-potassium phosphate[J]. Crop Protection, 19(5): 355-361.

Reuveni R, Reuveni M. 1998. Foliar fertilizer therapy-a concept in integrated pest management[J]. Crop Protection, 17(2): 111-118.

Sweeney D W, Granade G V, Eversmeyer M G, et al. 2000. Phosphorus, potassium, chloride, and fungicide effects on wheat yield and leaf rust severity[J]. Journal of Plant Nutrition, 23(9): 1267-1281.

Walters D R, Murray D C. 1992. Induction of systemic resistance to rust in *Vicia faba* by phosphate and EDTA: effects of calcium[J]. Plant Pathology, 41(4): 444-448.

Walters D, Walsh D, Newton A, et al. 2005. Induced resistance for plant disease control: maximizing the efficacy of resistance elicitors[J]. Phytopathology, 95(12): 1368-1373.

第5章　钾素营养与病害的关系

钾是作物生长需要的大量元素之一，也是土壤中常因供应不足而影响作物产量和品质的一个重要元素（赵欢等，2016）。钾可以增强植物的抗逆性，同时钾与作物的品质密切相关（闫慧峰等，2013）。

耕地土壤中缺钾是长期困扰我国农业生产的严重问题之一。我国农作物栽培中缺钾的问题主要表现在两个方面：一方面，我国约 1/3 的耕地土壤缺钾或严重缺钾，南方地区土壤缺钾最为严重；另一方面，我国的钾肥资源极端匮乏，90% 以上的钾肥依赖进口。因此，农作物生产中的缺钾问题已经成为限制我国农业生产发展的重要影响因素之一（王毅和武维华，2009）。

一般作物体内的含钾量（K₂O）占干物重的 0.3%～55.0%，有些作物体内的含钾量比氮高。作物体内的含钾量常因种类和器官的不同而有很大差异。通常，含淀粉、糖等碳水化合物较多的作物含钾量较高。就不同器官来看，谷类种子中钾的含量较低，而茎秆中钾的含量则较高。此外，薯类的块根、块茎含钾量也比较高。钾在作物体内的移动性很强，易转移至地上部，并且有随作物生长中心转移而转移的特点。因此，作物能多次反复利用。当作物体内钾不足时，钾优先分配到较幼嫩的组织中，通常，随着作物的生长，钾不断地向代谢最旺盛的部位转移。因此，在幼芽、幼叶和根尖中，钾的含量极为丰富（陆景陵，2003）。

钾是必需的营养元素之一，无论环境中的钾含量是多少，作物叶片细胞液中的钾含量通常比钠以及氯离子的含量都要高（郝艳淑，2015）。钾在维持细胞渗透压平衡、改善气孔运动、保障酶活性、优化光合性能、促进同化产物运输等方面具有重要作用（陆志峰等，2016）。此外，钾素营养还能增强作物在病虫害、干旱、低温、盐害等逆境胁迫条件下的抗逆能力（刘晓燕，2009）。

自然界中的含钾量较为丰富，约占地壳重量的 2.5%。土壤中最丰富的钾资源是硅酸铝钾，如云母和长石，是高温溶液在地表固化时形成的。这些物质能缓慢向土壤溶液中释放钾。因此，作物和微生物能够利用的主要钾源为所有土壤钾的 0.1%～0.2%，这些钾以离子形态存在，松散地结合在土壤颗粒表面或存在于土壤溶液中。一旦被吸收，钾一般在生物体中以离子形态存在。当有机体死亡后，钾会快速地回到土壤溶液中，能够为其他生物体所利用，或通过淋洗离开生态系统（李春俭，2008）。

5.1　作物缺钾原因

（1）土壤质地。根据土壤中钾素的化学形态，可将土壤中的钾素分为水溶性钾、交换性钾、非交换性钾和矿物钾。水溶性钾是土壤钾库中最活跃的组分，常以离子形态存在于土壤溶液中，可被作物和微生物直接吸收利用，然而其受到潜在的淋溶损失的风险（薛欣欣，2016）。水溶性钾通常采用去离子水进行提取，其在土壤全钾中所占比例最少，为 0.1%～0.2%，其每千克含量仅为几毫克（鲍士旦，2000）。交换性钾是指土壤胶体表面所吸附的钾离子和位于云母类矿物风化边缘上楔形区域内可以被氢、铵等离子交换，但不能被钙、镁等水化半径大的离子所交换的特殊吸附的钾，通常用 1mol/L 的中性乙酸铵提取获得（金继运和何萍，1999）。土壤交换性钾与水溶性钾的总和占土壤全钾的 1%～2%（鲍士旦，2000）。非交换性钾和结构性钾是作物吸收缓慢的或者无效的钾类型，但非交换性钾在作物钾素的长期供应方面起着重要作用（薛欣欣，2016）。矿物钾又称结构性钾，是指土壤中原生矿物和次生矿物晶格中或束缚态的钾，占土壤全钾的 90%～98%；尽管矿物钾在土壤中的贮量很大，但其相对有效性却非常低（鲍士旦，2000）。而土壤中各钾素形态的比例与土壤质地密切相关。例如，与砂壤土相比，黏土中水溶性钾占土壤钾的比例较高。

（2）钾肥不足。重氮、增磷、忽视钾肥施用造成氮、磷、钾三要素比例严重失调。钾肥施用不足是导致缺钾的原因之一，氮肥和磷肥是主要的施肥种类，而钾肥施用较少。随着复种指数提高，土壤中被带走的钾素没有得到及时补充，很多地区的土壤已经从富钾转变为贫钾（李丽杰，2017）。

（3）不良的土壤环境。土壤通气性不良，使土壤处于高度还原状态，会影响作物对钾的吸收，在这种情况下，土壤速效钾即使未达到极缺的指标，作物也会发生缺钾症状。长期浸灌和长时间雨水天气均会导致钾素淋溶、稀释、地下渗漏等，造成钾素损失；长期干旱、高温、缺水也会影响作物吸收钾营养。

5.2　钾素营养与病害发生

在所有元素中，钾是对作物健康影响最大的元素。其原因可能是钾参与了作物生长中几乎所有的生物物理和生物化学过程。营养充足的作物，通常有较强的抗病和抵抗环境胁迫的能力。缺钾或与其他有关营养元素（特别是氮）相比，似乎更易促使作物感染病害。最佳品质和健康所需的钾量，有时超过获得最大产量所需的钾量。干旱、土壤水分过多（透气性差）、高温、低温或者病虫害，往往会减少作物对氮的需求，但会增加对钾的需求和钾的产量效应（谢建昌，2000）。

5.2.1　钾素营养与生理性病害

当植物在生长发育过程中钾营养供给不足时，就会出现明显的缺钾症状，表现为茎秆柔弱，易倒伏；叶片易失水、耐旱、耐寒性降低（王毅和武维华，2009）。钾素缺乏可导致植株瘦小，叶面积下降，下部叶片失绿，叶缘黄化凋萎，最终抑制植株生长和产量形成（陆志峰等，2016）。由于钾在作物体内的流动性很强，能从成熟叶和茎中流向幼嫩组织进行再分配，因此作物生长早期，不易观察到缺钾症状，即处于潜在性缺钾阶段。此时往往使作物生活力和细胞膨压明显降低，表现出植株生长缓慢、矮化。缺钾症状通常在作物生长发育的中后期才表现出来。严重缺钾时，植株首先在下部老叶上出现失绿并逐渐坏死，叶片暗绿无光泽。作物缺钾时，根系生长明显停滞，细根和根毛生长很差，易出现根腐病（陆景陵，2003）。

在大田栽培中，当烤烟处于旺长期时，如果骤遇气候变冷后又突然升温，在田间常常可以看到烤烟中部和上部叶片出现缺钾症状，叶尖和叶缘变成褐色或焦枯，严重时甚至整个叶缘和顶端近 1/3 的叶片呈焦枯状，而下部叶片并不表现出缺钾症状，这与雨水造成叶片中钾的淋失、低温和缺少光照造成烤烟吸收钾量减少有关；而气温回升后，烤烟旺长期生长速度又特别快，由于必须首先保证生长点，因此，中上部叶中的钾首先向生长点转移，而再利用的钾尚来不及从老叶运转至中上部叶，更不用说从根部向顶端转运，从而导致中上部叶先出现缺钾症状（胡国松等，2000）。

禾谷类作物在严重缺钾时不仅老叶有焦斑，新叶也有焦斑。叶片柔软下披，节间短，虽然能正常分蘖，但成穗率低，结实率差，籽粒不饱满；抽穗不整齐，田间呈现杂色散乱的生长景观；作物根系发育不良，易倒伏。十字花科、豆科及棉花等缺钾时叶片首先出现脉间失绿，进而转黄，呈花斑叶；缺钾严重时叶缘焦枯向下卷曲，褐斑沿脉间由叶尖向下发展，叶表皱缩，凹凸不平，逐渐焦枯脱落，植株易早衰，易感病。果树缺钾时叶缘变黄，逐渐发展而出现坏死组织，果实小，着色不良（孙羲，1997）。

菊芋缺钾早期不易观察到症状，仅表现为生长缓慢，中后期才表现出缺钾症状，发病初期表现为叶小并有轻度卷曲，叶色暗绿，底部老叶尖部边缘变黄，并零星分布褐色斑点；发病末期植株硬脆，叶有较大坏死斑块，并伴有老叶脱落（黄高峰等，2011）。

脐橙树体内钾水平较低时，甜橙果皮薄，施钾后可以增加果皮厚度，进而降低油斑病发病程度。这可能是因为钾作为酶激活剂可以促进代谢过程，使得同化产物产生，运输能力增强，蛋白质、脂类、纤维素的合成增加，有利于果皮发育（郑永强等，2010）。

钾还能抗 Fe^{2+}、Mn^{2+}以及 H_2S 等还原物质的危害。缺钾时，作物体内低分子化合物不能转化为高分子化合物，大量低分子化合物就有可能通过根系排出体外。低分子化合物在根际的出现，为微生物提供了大量营养物质，使微生物大量繁殖，造成缺氧环境，从而使根际各种还原性物质数量增加，危害根系，尤其是水稻，常出现禾苗发红、根系发黑、土壤呈灰蓝色等中毒现象。如果供钾充足，则可在根系周围形成氧化圈，从而消除上述还原物质的危害（陆景陵，2003）。

钾过剩的情况很少发生，原因是土壤易固定钾，即使施用较多的钾肥也不会使水溶态钾增加太多。此外，作物细胞的液泡中可贮存大量的钾，故在供钾水平高时可出现奢侈吸收现象。在极端条件如水培高钾处理时，可能会因钾与其他离子间的比例失调，出现其他养分的缺乏现象，如缺镁、缺钙等。

5.2.2 钾素营养与病理性病害

18 世纪末就有研究者发现钾在作物抗病虫害方面的作用。《美国作物病害年鉴》中指出："施用钾肥比使用任何其他物质抑制的作物病害都更多。"高钾营养水平可减轻20 多种细菌性病害、100 多种真菌病害以及 10 多种病毒和线虫所引起的病害。例如，充足的钾能有效降低水稻胡麻叶斑病、条纹叶枯病、稻瘟病、纹枯病，麦类赤霉病、白粉病、锈病，玉米黑粉病、小斑病和大斑病，甘薯疮痂病，棉花枯萎病、黄萎病，黄麻枯腐病，柑橘黄龙病，苹果腐烂病，茶炭疽病等真菌和细菌病害的危害（黄建国，2004；张舒等，2008）。钾肥对玉米青枯病有较好的防病效果，且防病效果与用量有关，在一定范围内，防病效果随用量的增加而提高（王振跃等，2013）。

缺钾的三茬草莓植株发病最重，接菌后 10d 病情指数高达 75；施用全量钾的三茬草莓植株发病次之；施用 1/2 钾三茬草莓植株发病相对较轻。因此，缺钾环境会加重草莓的连作障碍，适宜的钾量对草莓连作障碍的防治有重要意义（范腾飞等，2013）。施钾可提高作物体内的含钾量，玉米茎腐病、棉花叶斑病、油菜黑斑病、番茄早疫病等均不同程度减轻（刘晓燕等，2006）。

施钾能使茶树减轻或降低的病虫害主要有红锈藻病、炭疽病、云纹叶枯病、轮斑病、木腐病、根腐线虫病、茶枝小蠹虫等。红锈病是由头孢藻（*Cephaleuros parasiticus*）侵染茶树茎和叶引起的，它可引起受害茶树分枝顶梢枯死，从而妨碍茶树骨架的形成，这种病对幼龄缺钾茶树的危害尤其明显。增施钾肥可显著提高茶树抵抗头孢藻感染的能力。一块约 10 年不施钾肥的茶园，感染红锈病的茶丛高达 64.8%，而另一块每年施 37kg/hm² 钾的茶园发病率只有 1.3%。中国农业科学院茶叶研究所曾从茶树营养化学诊断角度分析了茶树叶片含钾量与茶云纹叶枯病和炭疽病发病率的关系。结果表明，病株茶树的含钾量远低于健康茶树，患有云纹叶枯病的茶树叶片含钾量为 17.33g/kg，而健康茶树叶片含钾量为 23.85g/kg；患炭疽病茶树叶片的含钾量平均只有 13.46g/kg，而健康茶树叶片的含钾量平均达 20.44g/kg。对于云纹叶枯病和炭疽病等患病较严重的茶园，施钾肥后，这些病害的感染率明显下降；在茶树修剪和采摘后，伤口愈合的速度也明显加快（阮建云等，2003；韩文炎，2006）。

有关钾对病虫害效应的研究报道很多，对 2449 篇论文（包括了近 400 种病虫害）的统计表明，钾有助于提高作物健康（正效应）的论文比例为 65%，而有损作物健康（负效应）的论文比例仅占 28%。钾对抗细菌、真菌病害的作用最大，对病毒和线虫的作用较不明显（谢建昌，2000）。在有关真菌病害的 1549 篇文献中，有 38% 的报道是针对棉花、玉米、水稻、小麦、大麦、燕麦、黑麦和大豆的 7 种病害，它们分别是枯萎病、干腐病、胡麻叶斑病、稻瘟病、锈病、白粉病和荚秆枯腐病。对这些病害的研究也较其他病害的研究更为深入而系统，除了水稻的稻瘟病外，钾均表现为正效应比例高于负效应比例（谢建昌，2000）。在有关水稻真菌性病害与钾肥关系的 214 篇文献报道中，涉及了 8 种病害，它们分别是胡麻叶斑病、窄条斑病、稻瘟病、纹枯病、鞘腐病、茎腐病、黑穗病和小球菌核病。其中以稻瘟病的（93 篇）最多，其次为胡麻叶斑病和茎腐病，三者之和超过了 90%。通常钾有助于降低水稻真菌性病害的发生，其中正效应比例为 61%，零效应为 14%，负效应为 25%（谢建昌，2000）。

Huber 和 Arny（1985）在钾素营养与作物病害关系的专题综述中指出：①没有任何一种营养元素可以控制所有的病害，也没有一种营养元素对任何的病害防治都有好处；②施肥也许不会增加植株的实际抗病能力，但能促进植株生长，从而使病害的损失减少到最低程度；③当地环境条件如水分、pH、温度、湿度、前茬以及根际微生物活性均可能提高或抵消钾对减少某些病害的有效性；④施钾减轻病害的最大效果，常常是钾肥施用在具有一定抗病能力的品种上才能获得。一般来说，施用含钾肥料（如氯化钾、硫酸钾、青海盐湖钾肥、窑灰钾肥等）对于由真菌、细菌及病毒所引起的病害，在大部分作物上都出现不同程度的减轻趋势（农业部科学技术司，1991）。

　　施钾能使烤烟根部病害、野火病、花叶病等都得到一定程度的减轻。但是耕作施肥与土壤环境只能通过改善植株体内营养状况和细胞结构状况减轻发病程度，即在量的方面产生效果，而不能从质的方面解决病害防治问题。因此，矿质营养只能对那些抗病性较强（或具有中等抗病能力）的品种才会产生良好的影响，而对于那些易感病品种，即使施用大量的钾，作用也不大（胡国松等，2000）。

5.3　钾素营养影响病害发生的机制

5.3.1　钾影响作物的形态结构

　　寄主角质层和表皮的厚度及强度，细胞壁的成分，纤维素、木质素的含量都是影响病原菌侵入作物细胞的重要因素。钾能改善作物组织结构，使厚壁细胞木质化及增加纤维素含量，提高叶片的硅化度，从而有效阻碍病菌入侵，特别是小麦、玉米、水稻等禾本科作物效果更好（李文娟，2009）。充足的钾素供应不但有利于根系生长，而且能增加玉米茎秆强度，降低茎腐病的发病率（李文娟等，2010）。钾能通过稳定细胞结构，加厚细胞壁，防止细胞间隙的扩大来降低病原菌入侵的概率；通过形成位于胞间及胞内的闭塞物来限制病原菌在寄主细胞的进一步发展。施钾处理的玉米茎髓细胞结构规则，呈长方形，整齐排列。缺钾处理的玉米茎髓薄壁细胞结构不规则，长边较长，维管束间的薄壁细胞破裂，致使茎髓中维管束间失去连接细胞，支撑能力变差。另外，缺钾玉米根尖表皮细胞排列松散，病原菌侵入后，核膜消失，细胞器解体。而施钾有利于寄主表皮细胞排列紧密而整齐，细胞壁增厚，有效阻碍病原菌的入侵，且细胞中拥有丰富的高尔基体，可以产生大量分泌物将菌丝降解。钾素还有利于菌丝入侵部位乳突的形成及高电子致密物的积累，以阻止菌丝的扩展（李文娟等，2010）。总之，钾素营养有利于细胞形成物理屏障，阻碍病原菌的入侵，降低病害的发病率；相反，当缺钾或氮、钾比例失调（氮多钾少）时，作物组织结构变差，抗性降低（黄建国，2004）。

5.3.2　钾参与作物的酚类代谢

　　酚类化合物具有毒性，可抑制昆虫取食和病原菌侵染。施钾促进糖的合成与运输，而糖是合成酚的原料，进而可提高作物体内多酚的含量。低钾条件下无机态氮会积累，从而使酚类物质迅速降解，易使作物患病（刘晓燕，2009）。

　　在病原菌侵入后，钾可以通过调节酚代谢，将植株体内酚含量保持在相对稳定的水平，而缺钾条件下，酚含量降低，施用氯化钾能提高病原菌入侵后茎髓中酚的含量，从而提高玉米抗茎腐病的能力（李文娟等，2008）。木质素作为酚类物质的代谢产物之一，可以保护细胞壁的糖类物质免受真菌水解酶分解，阻止真菌中的酶和毒素向寄主扩散（王千等，2012）。施钾还有利于增加茎髓中固有木质素的含量，增加诱导产生的木质素的积累量，说明钾可以通过调节酚类物质的代谢，增强次生代谢能力，提高玉米对茎腐病的抗性（李文娟等，2008）。

抑病性氨基酸、植物保卫素、酚类化合物在寄主作物侵染点周围的累积依赖于钾水平和其他无机物的存在。由晚疫病菌侵染而诱发的马铃薯晚疫病的严重度因仅供给氮和磷而增高，随供钾水平的提高而降低（Huber 和何天秀，1987）。施钾增加了茶树体内多酚类物质的含量，而茶树的抗病能力与体内多酚类化合物的生物合成呈正相关。一般来说，茶树体内酚类化合物与有效氮的比值越大，茶树抵抗病害的能力越强。因此，钾通过特殊的新陈代谢作用改变寄主与寄生病虫生长环境之间的互作关系，通过产生不利于病虫生长和繁殖的条件，达到抵抗病虫害的能力。另外，施钾的茶树生长健壮、旺盛，对病虫害的抵抗能力较强，这也是平衡施肥茶树高产优质的重要原因。所以，在一些偏施氮肥、病虫害较严重的茶区，增施钾肥后往往能使病害大为减轻（韩文炎，2006）。

另外，钾可以影响酚类代谢中相关酶的活性及其同工酶变化。苯丙氨酸解氨酶（PAL）、多酚氧化酶（PPO）和过氧化物酶（POD）都是酚类物质代谢过程中的关键酶，对酚类物质的形成及木质素的合成具有重要作用（王千等，2012）。钾含量增加，多酚氧化酶（PPO）活性提高，有利于细胞木质化或木栓化，加速作物组织的愈合，有利于抵抗病原菌的侵染。施钾有利于番茄叶片和根系 PAL、POD、PPO 活性的提高以及总酚、类黄酮和木质素的合成；钾倍增浓度（8.0mmol/L）处理下番茄生长发育最佳，酚类物质代谢最活跃，供钾不足或过量均会降低代谢酶的活性以及影响酚类物质和木质素的合成（王千等，2012）。氯化钾可以通过调节接种禾谷镰刀菌后玉米茎髓组织中PAL、PPO、POD 3 种防御酶的诱导活性，以提高植株体内木质素及酚类物质的含量，从而提高玉米抗茎腐病的能力（李文娟等，2008）。在烟草花叶病毒和黄瓜花叶病毒侵染前期，烟叶中过氧化物酶活性明显增强，酶活性变化因烟叶含钾量不同而差异较大，随着染病时间的延长和程度加剧，过氧化物酶活性降低，但施钾烟叶中的过氧化物酶活性仍高于未施钾和未染病烟叶中的过氧化物酶活性（周冀衡等，2000）。提高钾营养浓度能够减轻番茄青枯病的发病程度，钾素能够促进番茄的生长以及对钾的吸收利用，在接种青枯菌后，钾素还能促进番茄叶片 H_2O_2 的合成，并提高叶片的 POD 和 PPO 活性（何昕等，2017）。

5.3.3　钾影响作物碳氮代谢

病原菌入侵作物体后，在影响作物次生代谢过程的同时，也影响着作物的初生代谢过程。因为植株的抗病反应对能量的损耗与植株生长存在着强烈的竞争关系。病原菌的入侵会导致植株各器官间的源库关系发生改变，保持植株体内稳定的糖含量，有利于植株的抗病过程（李文娟等，2011）。钾素是糖酵解过程中的重要活化剂，影响碳水化合物的合成和运输，参与植株单糖磷酸化的过程，所以钾素供应充足会使作物体内各器官中蔗糖、淀粉等的含量增加（卢丽兰等，2011）。植株体内糖含量及组成与作物抗病性密切相关，黄瓜叶片诱导接种后，可溶性糖合成量的增加可提高黄瓜抗霜霉病能力。玉米植株茎上第二茎节髓部组织在灌浆期的还原糖含量或蜡熟前期的总糖或蔗糖含量与玉米对镰刀菌茎腐病的抗性明显相关（龙书生等，2003）。随着玉米茎腐病病原菌入侵时间的延长，不施钾处理葡萄糖与蔗糖比值显著升高，接菌 8d 后，缺钾幼根葡萄糖与蔗糖的比值是充足供钾幼根的近 10 倍（李文娟等，2011）。

钾有利于提高小麦茎秆中果聚糖、蔗糖、果糖和葡萄糖在灌浆期间的积累，促进灌浆后期果聚糖的降解及蔗糖、果糖和葡萄糖的输出（王旭东等，2003）。研究显示，缺钾导致叶片中糖的积累，而施钾能增加玉米生育后期糖由叶片向其他器官的运输，增加茎秆和根系中糖含量及糖在其中的分配比例，有利于提高玉米对茎腐病的抗性，降低发病率（李文娟，2009）。缺钾增加了棉花叶片中葡萄糖的含量，最终影响碳水化合物向籽实器官的转运（薛欣欣，2016）。土壤缺钾时植株中糖下行运转速度下降，尤其在玉米乳熟期后，碳水化合物向籽粒大量转移，致使根系营养不足，造成根系衰老，病菌容易侵入扩展（李文娟，2009）。烟株体内可溶性糖的含量随施钾量的增加而明显增加，黑胫病和根黑腐病发病率降低（左丽娟等，2010）。当施 K_2O 225kg/hm^2 时有利于玉米穗位叶蔗糖的积累，提高了淀粉的含量和积累速率，促进了淀粉的快速积累（崔丽娜等，2011）。

病原菌入侵后，钾素可以通过调节受侵染组织糖代谢相关酶的活性，协调受侵染部位糖代谢过程，增强作物抗病能力（李文娟等，2011）。蔗糖磷酸合酶参与作物的生长发育，而作物生长发育所需的光合产物大部分以蔗糖的形式供应和运输，其中蔗糖磷酸合酶是蔗糖进入各种代谢途径所必需的关键酶之一，其活性高低代表了旗叶光合产物转化为蔗糖的能力（李文娟，2009）。在缺钾条件下，病原菌的入侵造成幼根中的蔗糖磷酸合酶活性下降，蔗糖的合成受阻，而充足供钾条件下，接种禾谷镰刀菌后蔗糖磷酸合酶的活性增加，蔗糖合成过程受到激发，从而有利于植株拥有较活跃的糖代谢能力，不仅能为抗病反应提供足够的能量，还可为抗病物质的生成提供碳架（李文娟，2009）。适宜的钾用量可提高玉米生长后期叶片的光合能力，促进碳代谢，改善碳代谢失调现象，提高玉米叶片核酮糖-1,5-双磷酸羧化酶及丙酮酸羧化酶活性（金继运和白由路，2001）。缺钾则导致核酮糖-1,5-双磷酸加氧酶及丙酮酸羧化酶含量降低（金继运和白由路，2001）。增施钾肥，可提高油菜果壳和叶片的蔗糖磷酸合酶及籽粒的蔗糖合成酶和磷脂酸磷酸酶活性，促进糖代谢（唐湘如和官春云，2001）。

钾以离子的形态广泛存在于作物的各个器官中，参与各种酶促反应，调节碳氮代谢，促进作物体内低分子化合物（如氨基酸、单糖等）迅速转化为蛋白质、淀粉和纤维素等高分子化合物，从而使病原菌赖以滋生的营养物质相对减少，在一定程度上制约病菌的蔓延（农业部科学技术司，1991）。缺钾初期，菊芋植株体内可溶性蛋白含量短暂升高，并且显著高于对照，表明钾元素对植株可溶性蛋白含量有重要影响。缺钾导致蛋白质合成受阻，蛋白质分解加速，致使可溶性蛋白含量下降（黄高峰等，2011）。烟株体内总氮和游离氨基酸含量随施钾量的增加而呈降低趋势，施钾有效控制了烤烟黑胫病和根黑腐病的危害，这与烟株处于较高的钾素供应状况进而影响了氮代谢有关（左丽娟等，2010）。

5.3.4　钾提高作物光合作用并延缓植株衰老

缺钾通过降低叶片光合作用进而造成植株生长发育受阻（郑炳松等，2001）。缺钾条件下，植株体内核酮糖-1,5-双磷酸羧化酶的活化受到抑制，进而显著降低叶片的光合速率。施用钾肥可显著增加光合面积、延长光合作用功能期、延缓早衰；通过施用适量钾肥可保持夏日稳定的净光合速率，而缺钾则出现"午休"现象（饶立华等，1990）。例如，合理的磷钾配施能提高水稻抽穗期剑叶光合速率、超氧化物歧化酶活性及根系活力，降低剑叶丙二醛含量增幅（孙永健等，2013）。适量施钾可促进水稻剑叶在生育后期保持较高的光合色素含量，有利于延缓水稻植株衰老，进而提高产量（马坤等，2013）。

5.3.5　钾影响作物活性氧代谢

活性氧代谢与作物抗病性的关系比较复杂。作为活性氧清除剂，超氧化物歧化酶、过氧化氢酶及过氧化物酶能清除逆境胁迫过程中作物体内过量的活性氧，维持活性氧代谢平衡，保护膜结构，使作物在一定程度上能抵抗或忍耐逆境胁迫（刘晓燕等，2006）。钾可以影响与活性氧代谢过程中有关酶的活性，钾素缺乏或过量均可导致油菜叶片过氧化氢酶和超氧化物歧化酶含量下降（鲁剑魏等，2016）。烟叶因染病引起的丙二醛积累和细胞膜透性增大的现象也随施钾后烟叶含钾量的增加得到有效控制，使得烤烟的感病程度减轻（周冀衡等，2000）。

5.3.6　钾影响作物根系分泌物含量及组成

根系分泌物在寄主与病原菌互作过程中起着重要作用，长期施钾可引起根系分泌物的含量或组分发生变化。氯化钾减少了玉米根系还原糖和蔗糖的分泌，尤其是还原糖的分泌。离体试验证明，一定浓度的蔗糖和葡萄糖（还原糖）均能明显促进禾谷镰刀菌的生长，且葡萄糖的促进效果较蔗糖更明显。说明氯化钾减少玉米根系总糖尤其是还原糖的分泌，可能减少了对根际病原微生物营养物质的供给，从而不利于病原菌的生长繁殖（刘晓燕等，2008）。根系分泌物中酚酸类组分是重要的化感物质。刘晓燕等（2008）的研究表明，阿魏酸和绿原酸是玉米根系分泌酚酸的主要成分，阿魏酸和绿原酸均能抑制禾谷镰刀菌的生长，但阿魏酸的抑制效果远远高于绿原酸，氯化钾可明显增加阿魏酸的分泌，从而在一定程度上抑制禾谷镰刀菌在根际的快速生长。

5.3.7　钾调节根际微生态环境

水分、pH、温度、前茬和根际微生物的活性等局部环境条件，均可促进或抵消钾在减轻某种病害方面的作用。如果这些局部环境条件适宜，就能促使作物健康生长，从而增强自身的抗病性，反之，则不利于作物的健康生长，抵消钾的抗病性作用。很多研究都已证明，钾具有调节土壤水分、温度、pH、根际土壤微生物活性和多样性的能力（张笃军，2016）。

　　土壤对镰刀菌病害的抑病作用主要来源于土壤微生物种群间的竞争作用，其作用机理是土壤微生物总量与镰刀菌间的竞争，以及病原菌镰刀菌与非病原菌镰刀菌的属间竞争。施肥不同导致微环境的变化，进而影响土壤微生物数量及种类的变化，尤其是真菌种群的分布。长期施氯化钾显著影响玉米生育前期根际土壤中真菌和放线菌的数目，对根际土壤中的细菌数目影响不明显，而且真菌数目与茎腐病的发生率呈显著负相关关系。施氯化钾处理与不施氯化钾处理的根际土壤真菌和放线菌数量差异显著时期正处于病原菌的主要侵染时期，因此，施氯化钾引起的玉米根际土壤微生物区系（尤其是真菌数量）的变化是抑制玉米茎腐病发生的机制之一（刘晓燕等，2007）。

5.4　钾素营养管理与病害控制

5.4.1　钾肥提高作物抗病效果的影响因素

1. 土壤有效钾含量

　　钾的效果受到土壤钾的有效性、钾与其他营养元素的相互作用、环境条件、作物的敏感性以及特殊病原菌的影响。控制钾量供应以使病害最轻和生产效率最大，都必须考虑寄主、病原菌和环境间的相互作用，如果对有关阳离子、营养平衡及营养状态没有足够的认识，有时会弄不清病害与钾含量的关系，或者与已报道的结果相矛盾。增加钾的供应几乎总能减少大豆间座壳菌（*Diaporthe sojae*）（使豆荚和茎枯萎）引起大豆发霉的粒数，且叶片的钾浓度与施钾量及土壤钾状态紧密相关，高钾含量不影响真菌的侵染，但可能限制真菌在种子内的发展（胡笃敬等，1993）。在缺钾的土壤中，钾能减轻水稻茎腐病的发生，而在不缺钾的土壤中，施用氯化钾并没有显著减少水稻茎腐病的发生，只有在缺钾的基础上施用钾肥才能抑制水稻茎腐病（刘晓燕等，2006）。在土壤有效钾含量中等偏上的草坪，继续施钾对草坪病害影响不大（董爱香等，2002）。

2. 钾与其他元素的平衡及比例

　　任何必要营养元素的不平衡，其后果会在作物的整个生理过程中呈现出来。作物体内钾水平取决于 Mg^{2+} 和 Ca^{2+} 的有效性，当然它们也受到 pH 的影响，钾不足会阻碍磷的利用，正如缺氮一样。这些相互作用会严重影响钾对病害的效应，氮和磷不足时，施钾会加重小麦的全蚀病，如果适量供应了氮和磷，则施钾能使小麦发病减轻。厩肥能减少棉株枯萎病的发生，就是由于改善了钾的供应和提供了平衡的营养。只施氮和磷会使马铃薯晚疫病加重，但会随着钾施用量的增加而减轻。相对于其他营养元素而言的低钾水平，会加重甘蓝枯萎病、番茄枯萎病、玉米茎腐病和烟草霜霉病（胡笃敬等，1993）。

　　钾与其他营养元素的比率是决定病害严重程度的因素。例如，钾与镁之比较之它们的绝对量更有效地决定了棉株枯萎病的轻重；高钾低钙时柑橘树的疫霉病会加重，若钙与钾之比近乎 1∶1，则该病不会加重；钙钾比对十字花科作物的根肿病也很重要，若土壤中钙增加，根肿病也会加重（胡笃敬等，1993）。高钾降低柑橘褐腐流胶病的严重性与 K/Ca 的改变影响细胞膜渗透性有关（Huber 和何天秀，1987）。番木瓜发生缺钾叶枯病症的植株，其根、茎、叶、叶柄等含镁量高而使镁钾比值增高，镁钾比值过高是导致叶枯病发生的一个间接原因，施用钾肥能平衡镁钾比值（李明福和杨绍聪，2006）。马铃薯缺乏钾时，供给氮和磷增加了马铃薯块茎对晚疫病侵害的敏感性，这与氮钾比变化有关（Huber 和何天秀，1987）。

钾对病害蔓延速度的影响大于对病害危害程度的影响，作物生育期和抗病性也影响作物对施钾的响应。例如，钾的水平对禾谷类生长后期的白粉病有影响，若在生长前期则效应很小（胡笃敬等，1993）。

3. 钾肥种类

Sanogo 和 Yang（2001）的研究表明，施用氯化钾降低了 36%由腐皮镰刀菌引起的大豆猝死症，而施用硫酸钾和硝酸钾发病率分别提高了 43%和 45%。这些均说明钾肥能够使作物产生抗病性。除钾素起作用外，其陪伴阴离子 Cl^-、SO_4^{2-}、NO_3^-等也对抗病性有很大作用。例如，施用 KCl 能使小麦叶锈病、玉米茎腐病等减轻，这种效果与 KCl 抑制氨的硝化作用等有关（胡笃敬等，1993）。在钾肥施用量相同（K_2O 454kg/hm^2）的情况下，与硫酸钾相比，施用氯化钾能降低玉米一半以上的茎腐病发病率。氯元素具有参与光合作用、调节气孔运动和养分吸收等多种生理功能，通过增强植株的生长势而间接提高其抗病性。在大田生产条件下，施用氯化钾对冬小麦白粉病、叶锈病均有一定的抑制作用，其中起作用的是氯离子（王千等，2012）。

氯离子的抗病机制可能主要包括：①抑制硝化作用。在酸性土壤中，氯能抑制硝化作用，使氮较长时间地保持铵态氮的形式，从而影响根际微生物数量和微量元素的有效性。②维持作物组织膨压。氯能降低作物水势，当作物被病原菌侵染后，能保持较高的作物组织膨压。③改变根际病原微生物的生存环境。当向作物供应氯时，根系分泌物中有机酸的分泌量减少，这可能改变了根际病原微生物的生存环境。④增加锰的有效性。当向酸性土壤中施用氯时，锰氧化物被还原，锰的有效性提高，并且发病率减轻。田间试验研究发现，对芦笋施用氯化钠能增加土壤锰还原细菌的数量，可能是氯通过其渗透调节作用改变了根系分泌物，从而提高锰还原细菌数量。施用所有的氯盐均能提高作物体内锰的浓度，锰可激活莽草酸途径中的许多酶，进而促进酚类化合物及木质素的合成（刘晓燕等，2006）。

5.4.2　作物缺钾的防治

（1）钾肥作基肥和早期追肥效益最好。以水稻为例，在施用等量钾肥情况下，将其全部作基肥，比未施钾肥稻谷增产 14%；全部作追肥的，仅增产 5.4%；一半作基肥，一半作分蘖肥，增产 16.5%。旱作也是这个趋势，宜钾肥基施和苗期早施，一般应以钾肥用量的 2/3 作基肥，1/3 作早期追肥，或各占一半比较合适。漏水田、砂质土壤宜分次追施（周伯喻，1989）。

（2）根外追肥是作物生长全过程都可以采用的一种缺钾的补救措施。根外追肥使用越早，效果越好。

（3）使用生物钾肥。生物钾肥是利用解磷、解钾能力很强的硅酸盐细菌制成的硅酸盐菌剂，具有分解活化土壤硅酸盐中难溶性磷、钾及铁、镁、硅等元素的功能。生物钾肥能够促进土壤中潜在钾素的释放，加速难溶性钾向速效性钾转换，增加作物根周围的 K^+ 浓度，使部分钾转化为作物可利用的钾，从而弥补化学钾肥的不足（高华军和林北森，2009）。

（4）秸秆还田。秸秆还田是提高土壤肥力的基本措施，也是一种很好的补钾措施。秸秆还田后土壤中的速效钾显著增加。我国是一个钾肥资源短缺的国家，与氮、磷等含量集中在籽粒不同，作物秸秆根茬中含钾量占整株的 70%~80%，通过各种方式的秸秆还田对补充我国钾资源具有十分重要的意义（冀宏杰等，2017）。

（5）改善土壤环境。适时翻耕晒垄、高畦深沟、清沟排水以及适度间套作等，可改善土壤环境，促进土壤缓效钾的释放，并能增强根系活动，强化根系吸钾能力，从而缓解缺钾矛盾。另外，施用钾肥的同时，进行晒田，改善土壤的通气性（周伯喻，1989）。

5.5　氮钾互作与病害发生

氮、钾元素是作物体内所需要的大量元素，有着不可替代的作用，对作物体内营养物质的代谢合成有着重要影响。片面增加一种元素的供应水平，有时不仅不能增加产量、提高品质，反而会产生负面影响，只有合理配合施用，增产和抗病效应才会提高。氮钾交互作用是养分最重要的交互作用之一。由于氮既可以以阳离子形态被吸收，又可以以阴离子形态被吸收，因此氮形态是与钾相互作用的主要因子。在一般水平下，氮能促进钾的吸收，因为钾的吸收与根中核糖核酸的消长有一定关系。而钾又能促进核糖核酸的合成，因此它们之间有协同作用。研究证明，钾离子可作为伴随离子促进硝酸离子的吸收和运输，且钾具有促进根系吸收硝酸离子的作用（刘晓燕，2009）。钾能促进根系吸收硝酸盐，调节硝酸盐在蔬菜体内的运输，但不适宜的供钾浓度会加重植株铵毒害（王军君，2013）。

但是在土壤处于高氮的情况下，氮、钾之间又存在拮抗作用。特别是水稻土，有效态氮主要的存在形式是 NH_4^+，NH_4^+ 的半径非常接近 K^+ 的半径。因此 NH_4^+ 与 K^+ 存在相同竞争位点。研究发现钾的施入引起红壤中更多的 NH_4^+ 固定，NH_4^+ 也可能增加 K^+ 的固定，从这个角度出发，钾肥的施用可能起到减少氮素吸收的作用（郑丕尧，1992）。

5.5.1　氮钾互作与生理性病害

钾营养能促进氮素、钾素的吸收，增加氮、钾在作物体内的积累（蔡国军等，2013）。大量的研究表明，适宜的氮钾比例可以提高产量和品质（王军君，2013）。在供氮的基础上增加钾营养，不仅能提高莴笋的产量，而且能抑制过量氮营养对品质造成的不利影响，表现出良好的交互作用（杜新民等，2007）。对桔梗的试验结果表明，一定浓度的氮、钾营养能提高桔梗品质。任何一种元素的缺乏或过量都会引发某种生理病症或病害，因此，氮、钾平衡具有重要的意义（张艳玲等，2011）。

在生产实践中常可看到一种现象，即在烟株生长最旺盛的时期，氮肥和钾肥供应均较充足，但由于此时烟株旺盛生长，吸收氮素较多，对钾的吸收相对受到抑制，这时即使供应钾，烟草也依然表现缺钾症状，这种症状在现蕾之前表现特别明显，中上部叶片的叶尖呈现黄色，继而变成褐色。这种缺钾症状一般只向上部叶发展，而不向下部叶片蔓延。这是因为这一时期烟草的叶片越靠上部其含氮量越高，所以越是上部叶片，它的含氮比例就越要比含钾比例高。研究表明，呈现缺钾症的叶片，它的含钾量并不一定低，但含氮量较高；当干物质内的含氮量超过 3.8%，氮与钾的含量比超过 1.5 时，就说明烟草有缺钾症（朱列书，2004）。

5.5.2　氮钾互作与病理性病害

苹果腐烂病发生程度越严重的果树，其树冠范围内土壤及树体内含钾量越低，研究同时指出，我国苹果树腐烂病流行的原因可能是生产中偏施氮肥、少施钾肥（季兰等，1994）。钾可抑制过多氮肥造成的果实中硝酸盐含量过高的趋势、降低脐腐病发生率（孙婵娟等，2008）。钾能部分地减轻谷类在高氮条件下严重发生的锈病。高钾比例能减轻烟草野火病以及消除高氮比例引起的后果（胡笃敬等，1993）。鹰嘴蜜桃果实中钾含量比叶和树干高，果实收获导致钾带走多，而带走氮相对少，从而引起树体缺钾和氮过剩以及钾、氮比例失调，这可能与流胶病有关；再加上树体累积的 N/B 值相对高于带走部分，树体累积的低 K/N 与高 N/B 共同诱发鹰嘴蜜桃流胶病（李国良等，2014）。

氮和钾对作物的抗病性影响最大，氮过多往往导致植株变得脆弱，会增加作物对病害的敏感性，当钾的供应缺乏时，其危害程度更大（张福锁和刘全清，1993）。而钾的作用则相反，增施钾肥能提高作物的抗病性。因此，作物对病原菌侵染的抗性，特别是对真菌和细菌病害的抗性常依赖于氮钾比。一般来说，钾对抗病性的影响是主要的（张福锁和刘全清，1993）。分蘖洋葱伴生对番茄植株内全氮无显著影响，而伴生提高了番茄植株内的全钾含量，因此，伴生后番茄植株内氮钾比显著降低，且植株内氮钾比与番茄灰霉病病情指数呈极显著正相关，说明分蘖洋葱伴生使番茄氮和钾养分平衡状况发生变化，可能是植株抗病性提高的主要原因之一（吴瑕等，2015）。董艳等（2007）研究了施肥对烤烟两种病害（烤烟炭疽病和赤星病）的影响，结果表明，当氮钾比为 2.73（最高）时，对应的烤烟炭疽病和赤星病的病情指数分别为 38 和 50（最高）；当氮钾比为 0.75（最低）时，对应的烤烟炭疽病和赤星病的病情指数分别是 3.8 和 11.3（最低）。总之，如果氮含量较高，钾含量较低，氮钾比值不协调时，容易引发和加重病害。钾氮比与橡胶流胶病关系密切，当氮钾比提高到 0.455 时，流胶病的感染率急剧下降（魏胜林和秦煊南，1996；秦煊南等，1996）。

也许有人认为，当氮肥施用量增加时，产量也应增加到一个最大值，然后保持恒定（作物不能利用更多的氮）。但是，试验常常表明，产量在超过最大值后将呈下降趋势，这往往是由病害的影响造成的，一般叶面喷钾能克服这一不良影响（图 5-1，图 5-2）。

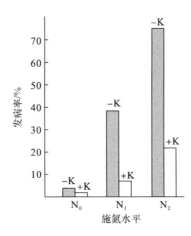

图 5-1　钾减轻了施氮引起的水稻茎腐病的危害（张福锁和刘全清，1993）

N$_0$ 表示不施 N；N$_1$ 表示施用低氮；N$_2$ 表示施用高氮；–K 表示不施钾；+K 表示施钾

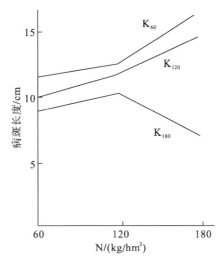

图 5-2　钾降低了由细菌引起的水稻叶枯病的危害（张福锁和刘全清，1993）

K$_{60}$ 表示施 K 量为 60kg/hm^2；K$_{120}$ 表示施 K 量为 120kg/hm^2；K$_{180}$ 表示施钾量为 180kg/hm^2

参 考 文 献

鲍士旦. 2000. 土壤农化分析[M]. 3 版. 北京: 中国农业出版社.

蔡国军, 张广忠, 张宝琳, 等. 2013. 氮、磷、钾对枸杞果实糖类、胡萝卜素含量的影响[J]. 西南农业学报, 26(1): 209-212.

崔丽娜, 许珍, 董树亭. 2011. 施钾对夏玉米子粒发育过程中糖代谢相关酶活性的影响[J]. 植物营养与肥料学报, 17(4): 869-880.

董爱香, 胡林, 赵美琦, 等. 2002. 夏季施氮、钾肥对高羊茅褐斑病的影响[J]. 草地学报, 10(3): 203-206.

董艳, 董坤, 范茂攀, 等. 2007. 氮钾营养与氮钾平衡对几种烤烟病害的影响[J]. 中国农学通报, 23(1): 302-304.

杜新民, 张永清, 吴忠红, 等. 2007. 氮钾配施对莴笋产量和品质的影响[J]. 土壤通报, 38(5): 924-927.

范腾飞, 曹增强, 毕艳孟, 等. 2013. 缺钾胁迫对连作草莓生长和土传病害的影响[J]. 园艺学报, 40(4): 633-640.

高华军, 林北森. 2009. 生物钾肥对烤烟产质量影响的研究进展[J]. 中国烟草科学, 30(3): 73-76.

韩文炎. 2006. 茶叶品质与钾素营养[M]. 杭州: 浙江大学出版社.

郝艳淑. 2015. 棉花钾素高效的生理机制及其施肥效应[D]. 武汉: 华中农业大学博士学位论文.

何萍, 金继运. 1999. 氮钾营养对春玉米叶片衰老过程中激素变化与活性氧代谢的影响[J]. 植物营养与肥料学报, 5(4): 289-296.

何昕, 蒋佳峰, 董元华. 2017. 钾素对番茄青枯病抗性的影响及机理研究[J]. 安徽农业科学, 45(36): 154-156.

胡笃敬, 董任瑞, 葛旦之. 1993. 作物钾营养的理论与实践[M]. 长沙: 湖南科学技术出版社.

胡国松, 郑伟, 王震东, 等. 2000. 烤烟营养原理[M]. 北京: 科学出版社.

胡玮. 2010. 钾对番茄部分抗性生理指标的影响及其对根结线虫的防治效果[D]. 北京: 中国农业科学院硕士学位论文.

黄高峰, 钟启文, 王丽慧, 等. 2011. 菊芋苗期缺钾症状及生理特性研究[J]. 北方园艺, (6): 37-39.

黄建国. 2004. 植物营养学[M]. 北京: 中国林业出版社.

季兰, 贾萍, 苗保兰. 1994. 苹果树腐烂病害程度与树体及土壤内含钾量的相关性[J]. 山西农业大学学报, 4(2): 141-144.

冀宏杰, 张怀志, 张维理, 等. 2017. 我国农田土壤钾平衡研究进展与展望[J]. 中国生态农业学报, 25(6): 920-930.

金继运, 白由路. 2001. 精准农业与土壤养分管理[M]. 北京: 中国大地出版社.

金继运, 何萍. 1999. 氮钾营养对春玉米后期碳、氮代谢与粒重形成的影响[J]. 中国农业科学, 32(4): 55-62.

李春俭. 2008. 高级植物营养学[M]. 北京: 中国农业大学出版社.

李国良, 姚丽贤, 何兆桓, 等. 2014. 鹰嘴蜜桃养分累积分布特性与流胶病的关系[J]. 植物营养与肥料学报, 20(2): 421-428.

李丽杰. 2017. 小麦缺钾的原因、症状及补救措施[J]. 乡村科技, (10): 52-53.

李明福, 杨绍聪. 2006. 钾素营养对防治番木瓜叶枯病的影响[J]. 热带亚热带作物学报, 14(2): 141-145.

李莫然, 梅丽艳, 韩庆新, 等. 1994. 黑龙江省玉米青枯病发生危害调查及钾肥防病研究[J]. 黑龙江农业科学, (2): 12-16.

李文娟. 2009. 钾素提高玉米(Zea mays L.)茎腐病抗性的营养与分子生理机制[D]. 北京: 中国农业科学院博士学位论文.

李文娟, 何萍, 金继运. 2008. 氯化钾对玉米茎腐病抗性反应中酚类物质代谢的影响[J]. 植物营养与肥料学报, 14(3): 508-514.

李文娟, 何萍, 金继运. 2010. 钾素对玉米茎髓和幼根超微结构的影响及其与茎腐病抗性的关系[J]. 中国农业科学, 43(4): 729-736.

李文娟, 何萍, 金继运. 2011. 钾素对玉米茎腐病抗性反应中糖类物质代谢的影响[J]. 植物营养与肥料学报, 17(1): 55-61.

刘玲玲, 彭显龙, 刘元英, 等. 2008. 不同氮肥管理条件下钾对寒地水稻抗病性及产量的影响[J]. 中国农业科学, 41(8): 2258-2262.

刘晓燕. 2009. 钾素提高玉米(Zea mays L.)茎腐病抗性的营养与分子生理机制[D]. 北京: 中国农业科学院博

士学位论文.

刘晓燕, 何萍, 金继运. 2006. 钾在植物抗病性中的作用及机理的研究进展[J]. 植物营养与肥料学报, 12(3): 445-450.

刘晓燕, 何萍, 金继运. 2008. 氯化钾对玉米根系糖和酚酸分泌的影响及其与茎腐病菌生长的关系[J]. 植物营养与肥料学报, 14(5): 929-934.

刘晓燕, 金继运, 何萍, 等. 2007. 氯化钾抑制玉米茎腐病发生与土壤微生物关系初探[J]. 植物营养与肥料学报, 13(2): 279-285.

龙书生, 李亚玲, 张宇宏, 等. 2003. 玉米茎秆糖分含量与玉米对镰刀菌茎腐病抗性的关系[J]. 植物保护学报, 30(1): 111-112.

卢丽兰, 甘炳春, 魏建和, 等. 2011. 不同生长条件下槟榔叶片氮、磷、钾含量及其比例的研究[J]. 植物营养与肥料学报, 17(1): 202-208.

鲁剑巍, 陈防, 刘冬碧, 等. 2016. 钾素水平对油菜酶活性的影响[J]. 中国油料作物学报, 24(1): 61-66.

陆景陵. 2003. 植物营养学(上册)[M]. 2 版. 北京: 中国农业大学出版社.

陆志峰, 鲁剑巍, 潘勇辉, 等. 2016. 钾素调控植物光合作用的生理机制[J]. 植物生理学报, 52(12): 1773-1784.

马坤, 胡运高, 杨国涛, 等. 2013. 不同氮、钾配比对杂交稻组合 B 优 827 衰老生理的影响[J]. 广东农业科学, (12): 14-17.

农业部科学技术司. 1991. 中国南方农业中的钾[M]. 北京: 中国农业出版社.

秦煊南, 尹克林, 刘万. 1996. 矿质营养对柠檬流胶病的影响[J]. 西南农业大学学报, 18(1): 1-5.

饶立华, 薛建明, 蒋德安, 等. 1990. 钾营养对杂交稻光合作用动态及产量形成的效应[J]. 中国水稻科学, 4(3): 106-112.

阮建云, 石元值, 马立锋, 等. 2003. 钾营养对茶树几种病害抗性的影响[J]. 土壤, 35(2): 165-167.

孙婵娟, 白志川, 张永清. 2008. 氮钾配施对几种蔬菜产量和品质的影响[J]. 安徽农业科学, 36(15): 6396-6398.

孙羲. 1997. 植物营养原理[M]. 北京: 中国农业出版社.

孙永健, 孙园园, 徐徽, 等. 2013. 水氮管理模式与磷钾肥配施对杂交水稻冈优 725 养分吸收的影响[J]. 中国农业科学, 46(7): 1335-1346.

唐湘如, 官春云. 2001. 施钾对油菜酶活性的影响及其与产量品质的关系[J]. 中国农学通报, 17(3): 4-7.

王军君. 2013. 氮钾营养对雾培系统中不同番茄品种产量和营养品质的影响[D]. 杭州: 浙江大学硕士学位论文.

王千, 依艳丽, 张淑香. 2012. 不同钾肥对番茄幼苗酚类物质代谢作用的影响[J]. 植物营养与肥料学报, 18(3): 706-716.

王旭东, 于振文, 王东. 2003. 钾对小麦茎和叶鞘碳水化合物含量及子粒淀粉积累的影响[J]. 植物营养与肥料学报, 9(1): 57-62.

王毅, 武维华. 2009. 植物钾营养高效分子遗传机制[J]. 植物学报, 44(1): 27-36.

王振跃, 施艳, 李洪连. 2013. 不同营养元素与玉米青枯病发病的相关性研究[J]. 植物病理学报, 43(2): 192-195.

魏胜林, 秦煊南. 1996. 氮钾水平对柠檬叶片全多酚含量和树体流胶病抗性的影响[J]. 园艺学报, 23(3):

289-290.

吴瑕, 吴凤芝, 周新刚. 2015. 分蘖洋葱伴生对番茄矿质养分吸收及灰霉病发生的影响[J]. 植物营养与肥料学报, 21(3): 734-742.

谢建昌. 2000. 钾与中国农业[M]. 南京: 河海大学出版社.

薛欣欣. 2016. 水稻钾素营养特性及钾肥高效施用技术研究[D]. 武汉: 华中农业大学博士学位论文.

闫慧峰, 石屹, 李乃会, 等. 2013. 烟草钾素营养研究进展[J]. 中国农业科技导报, 15(1): 123-129.

张笃军. 2016. 施钾对褐土上两种作物病害的影响[D]. 太原: 山西大学硕士学位论文.

张福锁, 刘全清. 1993. 主要作物的推荐施钾技术[M]. 北京: 北京农业大学出版社.

张舒, 罗汉钢, 张求东, 等. 2008. 氮钾肥用量对水稻主要病虫害发生及产量的影响[J]. 华中农业大学学报, 27(6): 732-735.

张艳玲, 杨本凤, 孙万慧, 等. 2011. 氮钾配施对桔梗品质的影响[J]. 安徽农业科学, 39(6): 3253-3254, 3257.

张益龙, 周奇迹. 1997. 浙北嘉湖平原桑园缺钾症状及其对策[J]. 蚕桑茶叶通讯, 88(2): 20-21, 27.

赵欢, 芶久兰, 赵伦学, 等. 2016. 贵州旱作耕地土壤钾素状况与钾肥效应[J]. 植物营养与肥料学报, 22(1): 277-285.

郑炳松, 蒋德安, 翁晓燕, 等. 2001. 钾营养对水稻剑叶光合作用关键酶活性的影响[J]. 浙江大学学报(农业与生命科学版), 27(5): 489-494.

郑丕尧. 1992. 作物生理学导论 作物专业适用[M]. 北京: 北京农业大学出版社.

郑永强, 邓烈, 何绍兰, 等. 2010. 植物学性状参与脐橙果实油斑病调控的矿质营养代谢机制研究[J]. 果树学报, 27(3): 461-465.

周伯喻. 1989. 作物缺钾症状及钾肥的施用[J]. 中国农学通报, (3): 38-39.

周冀衡, 李卫芳, 王丹丹, 等. 2000. 钾对病毒侵染后烟草叶片内源保护酶活性的影响[J]. 中国农业科学, 33(6): 98-100.

朱列书. 2004. 烟草营养学[M]. 长春: 吉林科学技术出版社.

左丽娟, 赵正雄, 杨焕文, 等. 2010. 增加施钾量对红花大金元烤烟部分生理生化参数及"两黑病"发生的影响[J]. 作物学报, 36(5): 856-862.

Huber D M, 何天秀. 1987. 钾减轻植物病害的机理[J]. 国外农学·植物保护, (2): 16-17.

Huber D M, Arny D C. 1985. Interactions of potassium with plant disease[J]. Potassium in Agriculture: 467-488.

Sanogo S, Yang X B. 2001. Relation of sand content, pH, and potassium and phosphorus nutrition to the development of sudden death syndrome in soybean[J]. Canadian Journal of Plant Pathology, 23(2): 174-180.

第6章 中量营养元素与病害的关系

6.1 钙

钙是作物必需营养元素之一，作物体内的灰分元素中，钙含量仅次于钾。钙离子在作物生长中起到非常重要的作用，钙离子参与作物生长发育的全过程，并对作物生理活动进行广泛调节。作物种类不同，其含钙量也不同，如豆科作物、甜菜、甘蓝、烟草等含钙较多，而禾谷类作物、马铃薯等含钙较少。作物不同组织器官的钙含量也不同，多数作物中，大部分钙分布在叶内，尤以老叶中含量较高，茎中也较多，而块茎、块根、籽粒等器官中较少。

从作物体内钙素形态来看，大致可分为两类：水溶性钙，包括游离钙离子，易溶于水的钙盐类；非水溶性钙，包括草酸钙、果胶酸钙等。正常条件下作物体内的钙浓度为 $0.1\%\sim0.5\%$，故需维持足够的钙浓度水平才能保证作物正常生长发育。一般作物细胞中钙分布极不平衡，存在于细胞区域的钙称为胞外钙，存在于细胞内的钙称为胞内钙（李灿雯，2012）。细胞质中钙浓度低，细胞质溶液中的自由钙离子水平仅为 $10^{-7}\sim10^{-6}$ mol/L，而胞外钙离子浓度在 10^{-3} mol/L 以上（龚明等，1990）。

6.1.1 作物缺钙原因

（1）土壤本身钙较缺乏，存在南北差异。例如，我国南方有些砂质土和红壤等有机质含量低、有效钙活性低，而北方石灰性土壤和棕钙土等钙含量一般比较高，但在较干旱的条件下，土壤溶液浓度过高，会抑制根系对钙的吸收（祝海燕和高俊平，2014）。

（2）在集约化农业生产中，为追求作物高产、高效盲目加大施肥量，导致土壤中盐分，如 K^+、Na^+ 和 Mg^{2+} 等含量过高，养分失衡，抑制了土壤中钙的有效利用，诱发作物缺钙。例如，设施蔬菜栽培中氮肥及钾肥大量施用，增加了土壤中 NH_4^+ 和 K^+ 含量，而 NH_4^+ 和 K^+ 对 Ca^{2+} 有很强的拮抗作用，从而降低蔬菜作物对钙的吸收而导致缺钙（祝海燕和高俊平，2014）。

（3）钙在作物体内运输的动力主要是蒸腾作用，对于设施作物，由于设施内是一个高湿的环境，蔬菜蒸腾作用相对较弱，降低了根系对钙的吸收。对于露天作物，气温高，蒸腾作用强，被吸收的钙随水分向蒸腾激烈的叶片移动，使钙不能向顶部输送，出现顶部缺钙现象。另外，土壤中水分不足，而蒸腾量过大，影响作物对钙的吸收。如果雨水过多，水土流失，养分淋溶，作物同样会出现缺钙现象。

6.1.2　钙素营养与病害发生

1. 钙素营养与生理性病害

钙是植物生长的必需营养元素之一，同时钙在植物生理代谢过程中起着越来越重要的作用，它不仅是一种必需元素，而且是许多重要的生理生化过程的调控者（井大炜等，2012）。由于钙是难以移动的元素之一，其缺乏症状首先出现在幼嫩组织，如幼叶或生长点等分生组织，造成幼叶卷曲畸形，叶缘焦枯、失绿、变形，出现弯钩状，严重时会出现生长点坏死、叶尖和生长点呈果胶状、根尖变黑、易腐烂死亡等生理性病害症状（李灿雯，2012）。

因作物种类不同，出现缺钙的部位和症状也不同，如甘蓝、白菜缺钙时，幼叶的叶缘呈灼烧状，出现尖端烧伤症；在封闭组织和可食部分组织中，也易出现缺钙症状（李灿雯，2012）。以块茎类作物马铃薯为例，马铃薯主根吸收的钙，主要以蒸腾流方式输送到作物的各个器官，马铃薯块茎生长在地下，蒸腾效率很低，所以主根吸收的钙很难直接输送到马铃薯的块茎中，缺钙会导致马铃薯生长发育中某些生理活动紊乱，引起马铃薯褐斑病、内部空洞和细菌性软腐病等生理性病害（张昕，2015）。蔬菜幼嫩部位及果实的蒸腾作用较小，对钙的竞争力弱于叶片，而且钙属于难移动性元素，难以在蔬菜体内进行再分配，因此缺钙首先在生长点及果实上出现症状，如白菜干烧心、芹菜心腐病、茄果类蔬菜脐腐病（祝海燕和高俊平，2014）。缺钙使甘蓝、白菜和莴苣等出现叶焦病；番茄和辣椒等出现脐腐病。

许多果实的生理失调症状与缺钙有密切关系，苹果苦痘病、痘斑病和水心病，鸭梨黑心病，鳄梨褐变，甜樱桃及荔枝裂果，芒果果实软鼻病等均与果实缺钙有关（谢玉明等，2003）。在我国北方富含钙的石灰性土壤上，作物由于生理性缺钙也会造成上述病症。由于钙在木质部的运输能力常常依赖于蒸腾强度的大小，因此，老叶中常有钙的富集，而植株顶芽、侧芽、根尖等分生组织的蒸腾作用很弱，依靠蒸腾作用供应的钙就很少。同时，钙在韧皮部的运输能力很小，所以，老叶中富集的钙也难以运输到幼叶、根尖或新生长点处，致使这些部位首先缺钙。肉质果实的蒸腾量一般都比较小，因此，极易发生缺钙现象，但蒸腾作用不是决定 Ca^{2+} 长距离运输的唯一因子（陆景陵，1994）。

作物缺钙会造成作物生理病害，但 Ca^{2+} 是一种细胞毒害剂，如果细胞质内钙浓度过高，将会同磷酸反应生成沉淀而干扰以磷酸为基础的能量代谢，对细胞造成危害（龚明等，1990）。

2. 钙素营养与病理性病害

中量元素中，钙是作物抵抗病原菌侵染、减少病害发生的一个重要营养元素，对它的研究也相对较多。研究表明，钙可激发诱导作物对病原菌侵染产生先天性免疫、病原体相关分子模式触发免疫和过敏性反应等，从而显著减少作物病害的发生（张艳玲和王宏权，2014）。缺钙会促使辣椒灰霉病、菜豆（或油菜）菌核病、烟草青枯病和炭疽病、大豆茎腐病和根肿病等病理性病害的发生。大豆"双茎病"（twin stem）是多数酸性热带土壤的流行病，植株严重感染小核菌（*Sclerotium* spp.），顶端分生组织坏死。增施钙能减少真菌感染和"双茎病"的发生。顶端组织坏死可能是缺钙造成的，而真菌侵染则可能是缺钙的间接结果。高剂量施钙能降低立枯丝核菌（*Rhizoctonia solani*）对豇豆幼苗的侵染，而施用镁则增加病原菌的侵染，提高发病率。施钙还可以防治苜蓿的叶斑病，随钙浓度的增加，发病率降低；若果实果肉中的 N、Mg 浓度高，则果实绿斑病增加。钙能抑制灰霉病菌（*Botrytis cinerea*）和扩展青霉（*Penicillium expansum*）的孢子萌发及芽管生长。通过肥料试验也证明施用硝酸钙作肥料，尖孢镰刀菌（*Fusarium oxysporum*）侵染导致的枯萎病发病率低于采用尿素或硫铵作肥料的处理，说明钙在防治作物病害方面有积极作用（慕康国等，2000）。

6.1.3　钙素营养影响病害发生的机制

1. 钙提高作物的抗病性

作物病害发生是病原菌致病能力与寄主作物抗病性综合作用的结果。研究表明，钙不仅是作物生长的必需营养元素，而且在作物与病原菌互作过程中，钙参与作物的防御反应，从而提高寄主作物对病原菌的抵抗能力。

1）钙参与作物组织结构的形成，增强细胞稳定性和抗病能力

（1）参与作物细胞壁形成。果胶是作物细胞壁的重要组成成分，主要由多聚半乳糖醛酸和鼠李糖半乳糖醛酸组成，其游离羧基在钙的交联作用下相互连接，从而形成二聚体、三聚体及四聚体。聚合度越高，果胶结构越牢固，细胞壁的机械强度越大，阻止胶层解体的能力越强（王芳等，2017）。大量研究表明，外源补钙能明显提高作物体内自由钙和结合钙的含量及细胞壁的强度（王萌等，2009；邓兰生等，2012；宋国菌等，1998；张振兴等，2011；王芳等，2017）。

钙提高作物抗病性的重要原因是其与细胞壁的组成关系密切，其对维持细胞壁的稳定具有重要意义。在胞间层，钙可以形成多聚半乳糖醛酸钙，对提高细胞壁的稳定性十分重要，可减少病原菌的侵染。作物组织中钙含量高可促进钙与果胶形成果胶酸钙，进而形成复合体结构，从而有利于维持细胞壁结构的完整及稳定，这种复合体结构是作物抵御病菌入侵的关键（王芳等，2017）。钙离子在相邻的果胶酸之间或其他多糖之间形成化学键，这种交联可减少细胞壁受果胶酶的影响。真菌侵染是缺钙的间接后果，各种寄生真菌优先侵害木质部并溶解导管的细胞壁，导致导管堵塞，继而发生萎缩症，这些真菌的生长与木质部中钙的浓度密切相关（Marschner，1995）。

当苹果、马铃薯用钙浸润后，细胞壁上钙化学键的强度提高，胡萝卜软腐欧文氏菌（*Erwinia carotovora* pv. *atroseptica*）产生的果胶酶对高钙细胞壁的影响小于对低钙细胞壁的影响。低浓度下钙还能抑制多聚半乳糖醛酸酶的活性。在灰霉病菌侵染的情况下，低钙的苹果组织中，非纤维素的多糖（包括半乳糖醛酸、鼠李糖、阿拉伯糖、木糖和半乳糖等）减少，而纤维素、酚类、蛋白质和矿质元素增加，同低钙的果实相比，受侵染的高钙果实中这些组分的变化相对较小（慕康国等，2000）。

钙在果实细胞中还以水溶性 Ca^{2+}、草酸钙和磷酸钙等多种形式存在，果实细胞内钙

库与细胞外钙库处于动态平衡状态。磷酸钙和草酸钙的形成是一种解毒作用，磷酸钙的形成与 ATP 的能量代谢相联系，草酸钙的形成可阻止由于草酸过多而破坏中胶层进而诱发苦痘病（周卫等，2000）。研究发现梨果实采后浸钙，形成较多的磷酸钙和草酸钙，从而消除贮藏过程中有害代谢产物的毒害（刘剑锋等，2004）。钙处理促进果实贮藏后期草酸钙的增加，草酸钙在细胞膨压减小及果胶水解时可能会减缓细胞壁物质的溶解，从而缓解果实硬度下降（朱竹等，2010）。

作物组织中钙含量还调节作物细胞壁相关水解酶活性，果皮中钙含量不足导致细胞壁水解酶和多酚氧化酶活性提高，其机制可能在于多酚氧化酶参与了细胞壁成分的酚基交联，减小了果皮细胞壁的延展性，而作为构建细胞壁重要组分的果胶和纤维素被细胞壁水解酶水解后从细胞壁中溶解出来，使可溶性果胶含量增加，降低了果皮的硬度（温明霞和石孝均，2012）。许多寄生真菌和细菌通过产生能溶解胞间层的多聚半乳糖醛酸酶等细胞外果胶酶来侵染作物组织，而钙能有效抑制这种酶的活性，因此，充足的钙营养可以增加植株的抗病性（马斯纳，1991）。增加培养液中钙素浓度可以显著抑制番茄枯萎病的发生，其原因是作物导管液中高钙浓度可以显著抑制病原菌产生的细胞壁分解酶（多聚半乳糖醛酸酶）的活性，从而减轻病原菌的侵染，增加抗病力（王国华等，2008）；同时，钙还可以通过影响细胞内的酸碱度来调节酶活性（王彬等，2008；生利霞等，2008）。

（2）提高细胞膜的稳定性。钙能稳定细胞膜、细胞壁，还参与第二信使传递，调节渗透作用，具有酶促作用等；钙对生物膜的完整性具有重要作用（井大炜等，2012）。质膜上钙可调节作物对离子的选择性吸收，并防止溶质从细胞质中渗出，从而增强膜结构的稳定性和保持细胞活力。适量钙能使表皮细胞膜的稳定性提高，从而抑制病原菌侵染和繁殖，而缺钙时细胞膜透性增加，低分子化合物，如葡萄糖、氨基酸等从原生质体渗出到叶和茎组织的质外体中，从而有利于病原菌侵染和繁殖。研究发现，采后果实的含钙量影响呼吸强度是由于钙调节膜透性，限制底物从液泡内向细胞质内呼吸酶系统扩散，进而减少内源底物的分解代谢（赵晓玲等，2005）。喷施一定浓度的钙提高了黄冠梨果皮过氧化物酶活性，可清除部分活性氧，稳定细胞膜结构，进而减轻果皮褐斑病发生（龚新明等，2009）。

2）诱导作物产生防卫反应

作物受到环境中生物及非生物因子的胁迫后，会产生抗性反应，以保护自身免受损害，这种现象称为作物的诱导抗病性。诱导抗病性可分为两种类型：一是诱导作物局部、快速的过敏性坏死反应；二是诱导作物系统获得性抗性。

（1）诱导作物产生局部过敏反应。过敏反应是寄主局部防卫反应，是病原菌在侵染部位产生的抗病反应。侵染部位细胞死亡，使病原菌不易获取养分，同时诱导周围细胞累积抑制病原菌生长的物质，从而限制病原菌的增殖和活动范围。侵染部位细胞死亡，其特征是使寄主组织局部变褐，形成枯斑（王芳等，2017）。研究表明，Ca^{2+} 参与作物的过敏反应，抑制病原菌侵染和病斑扩展。向小麦注射胞内钙螯合剂，小麦对叶锈菌侵染的过敏性反应受到抑制，该抑制作用表现出浓度依赖效应（张蓓等，2010）。

（2）诱导作物产生系统抗病反应。局部防卫反应的发生会导致质膜两侧的离子流发生变化、钙离子从钙库释放、产生大量活性氧和 H_2O_2 及蛋白质磷酸化，并在受害植株的非侵染位点也产生诱导抗性，即系统获得性抗性。而水杨酸是介导由过敏反应到作物产生系统获得性抗性的信号分子（王芳等，2017）。目前研究已证明 Ca^{2+} 是水杨酸信号转导的一部分，Ca^{2+} 促进水杨酸诱导气孔关闭，抑制病原菌从作物自然孔口侵入，而使用钙螯合剂后水杨酸则不能诱导气孔关闭（刘新等，2003）。Ca^{2+} 在水杨酸诱导番茄抗灰霉病中具有正调控作用，而且这种作用与苯丙氨酸解氨酶、几丁质酶、β-1,3-葡聚糖酶活性密切相关（李天来等，2012）。

（3）调节作物的抗氧化系统。抗氧化系统是作物受逆境胁迫时抵抗不良影响的重要机制，通过各类抗氧化剂如超氧阴离子和过氧化氢等可清除胁迫产生的一系列活性氧簇。研究已经证明有 30 多种不同作物病害与钙关系密切，贮藏果实病害的发生与其组织中低钙含量呈现较强的相关性。钙营养能提高作物体内多种酶（如超氧化物歧化酶、过氧化物酶等）的活性，从而对作物的抗病性产生间接影响，因此，作物对病原菌的感染性与作物组织中的钙含量呈负相关（慕康国等，2000）。锦橙在不同时期喷施钙均能提高果实中超氧化物歧化酶和非专性抗氧化物质的活性，减轻脂质过氧化程度，丙二醛含量明显降低，维持果皮的硬度，延缓果实衰老（温明霞和石孝均，2013）。番茄接种枯萎病菌后，叶片组织膜脂过氧化和细胞膜透性均显著提高，而富钙土壤不仅显著增加番茄有效钙含量和干物质量，而且病情指数较低，超氧化物歧化酶、过氧化氢酶和触酶等防御酶活性显著增加，丙二醛含量和细胞膜透性降低，表明适量钙肥可提高番茄系统抗性，增强番茄抗枯萎病的能力（于威等，2016）。苹果外源补钙能够通过调节超氧化物歧化酶基因表达量来激活超氧化物歧化酶的活性，有效减少体内活性氧积累，确保果实生理代谢平衡（梁国庆等，2011）。外源钙存在时，作物细胞能迅速产生 O_2^- 和 H_2O_2 等活性氧分子，进而启动机体内其他信号，引起一系列保护性生理反应，包括活性氧防御酶系统，抑制过氧化作用，减少自由基对膜系统的损害，保护膜的完整性。因此，钙能降低马铃薯内部褐斑病、表皮黄褐色粗斑和空心等生理病害的发病率（杜强等，2013）。

2. 抑制病原菌生长

钙直接抑制病原菌生长、真菌孢子和孢子囊的萌发、芽管伸长等（王芳等，2017）。钙调素抑制剂（3-氟-甲基吩噻嗪）和钙调磷酸酶抑制剂（环孢素）处理玉米大斑病分生孢子，随处理浓度的增加，对孢子萌发和附着胞形成过程的抑制作用明显增强（李志勇，2008）。

钙离子的存在会抑制根肿菌休眠孢子的萌发，钙离子浓度降低有利于促进根肿菌休眠孢子的萌发。低钙能使细胞膜透性增加，促进低分子化合物，如葡萄糖、氨基酸等从原生质体进入质外体，为病菌菌丝的繁殖和侵染提供有效营养（关军锋，1991）。

6.1.4　钙素营养管理与病害控制

1. 施钙减轻病害发生

增加钙素营养，能有效防止一些生理性病害的发生。许多生理病害与果实组织的钙含量有关，果实采前或采后施钙处理对防止或减轻生理性病害发生有良好作用。例如，增加荔枝叶片和果皮中钙的含量，有利于减少荔枝裂果（李建国等，1999）；对苹果幼果进行喷钙处理，能明显提高果实的硬度，降低苦痘病的发病率（周卫等，2000）；用氯化钙溶液处理苹果果实时发现有苦痘病的果实中 Ca^{2+} 含量明显低于正常果实（汪良驹等，2001）；外源钙处理还能减轻香梨苦痘病、甜樱桃果实裂果和柑橘浮皮等。缺钙时，细胞功能减弱，细胞膜的流动性和透性改变，中胶层中钙与果胶的粘连作用被破坏，从而影响细胞之间的粘连性，使组织衰老或坏死（张秀梅等，2005）。

许多果实采后，随着贮藏时间的推移，成熟度提高，或者在逆境条件下，一些酶活性提高后，细胞壁的果胶降解，水溶性钙含量提高，使细胞壁上结合的钙减少，以致细胞壁区域与细胞质内的 Ca^{2+} 浓度差受到破坏，这对维持细胞功能和延缓衰老不利，使缺钙产生的病害程度加剧（张秀梅等，2005）。由于缺钙造成的生理性病害与环境条件密切相关，诸如强光、低湿度和组织含氮量过高等都会加剧生理性病害，而适当的钙硼比，适当的 Zn^{2+} 以及使用萘乙酸和喷 Ca 或浸 Ca 都会减轻病害。采后钙处理可以矫正潜在的缺钙和减轻生理性病害。番茄脐腐病、芦笋烧顶病、马铃薯空心病及褐心病、樱桃果实开裂、草莓腐烂、桃和番茄软化、鳄梨褐变和冷害等，都可以通过钙处理得到不同程度的减轻，甚至不发生病害（陈晓明和黄维南，1990）。

增加钙素营养，能有效防止作物病理性病害的发生。番茄对青枯病的抗性显著地被寄主的钙营养状况影响，钙浓度越高，青枯病发病越轻；在一定范围内，高浓度钙处理番茄植株体内的 H_2O_2 含量、过氧化物酶和多酚氧化酶活性高，对番茄青枯病的控病效果好（郑世燕等，2014）。碳酸钙作为一种土壤改良剂，通过提高土壤中钙离子浓度来抑制青枯病菌生长或根肿菌休眠孢子的浓度，从而控制烟草青枯病的发生或有效降低根肿病病情指数；收获前喷施氯化钙可以极大地降低炭疽病菌孢子的萌发，显著控制病害发生的数量与程度（王芳等，2017）。施用生石灰可以有效降低根肿病病情指数，并且降低土壤中根肿菌休眠孢子的浓度。除了生石灰，石灰氮也有相同的防治效果。

2. 钙与生防菌协同作用

利用拮抗微生物防治作物病害是目前较有潜力的一种防治方法，其最大的优点是不污染环境，其作用机制包括与病原菌竞争空间和营养、产生细胞壁溶解酶和诱导寄主作物抗性等。目前，为了提高生防菌抗菌的产量和改善菌种特性，将生防菌与某些有机或无机物质混合以提高生防菌的效果也有不少报道（王芳等，2017），如通过钙盐协同枯草芽孢杆菌来推迟苹果炭疽病的发病时间，抑制病斑扩展和分生孢子盘的发育，控病效果显著高于钙盐和枯草芽孢杆菌单独作用。Ca^{2+} 作为第二信使能与丛枝菌根真菌发生相互作用，并且在调节细胞内微生物时起重要作用（吴芳芳等，2009）。丛枝菌根真菌与外源钙联合作用有利于玉米的生长，缓解干旱胁迫对苗期玉米生长的影响，接种丛枝菌根真菌对矿区退化土壤具有显著改良效应（李少朋等，2013）。另外，木霉菌结合硫酸钙处理土壤能显著降低甜瓜枯萎病的病情指数（庄敬华等，2004）。

6.2　镁

镁是作物生长的必需元素。土壤中镁含量为 0.1%～4.0%，但大多数土壤的含镁量为

0.3%～2.5%，主要以无机形态存在，土壤平均含镁量只有 0.6%，其中矿物态镁是土壤中镁的主要形态，可占全镁量的 70%～90%，代换态镁约占镁总量的 5%，它的含量是衡量土壤中镁丰缺程度的重要指标。镁在土壤中的有效性主要取决于有效镁的供应量，土壤镁的供应量主要取决于土壤的全镁量、土壤质地和代换量、土壤酸度和盐基饱和度、土壤胶体的种类。

农作物对镁的吸收量平均为 10～25kg/hm²。块根作物的吸收量通常是禾谷类作物的 2 倍，甜菜、马铃薯、水果和设施栽培的作物特别容易缺镁。作物体中镁的临界浓度因作物种类、品种、器官和发育时期不同而有很大差异。单子叶作物的镁临界值比双子叶作物低。一般来说，当叶片含镁量大于 0.4% 时，镁是充足的。

镁是叶绿素形成的中心金属离子，占叶绿素分子量的 2.7% 左右，是维持叶绿素结构的重要元素之一（尹永强等，2009）。镁作为叶绿素组分与多种酶的活化剂，参与作物的光合作用，体内糖类、蛋白质与脂肪等的代谢（孟令新，2008）。镁除了是叶绿素的重要组分外，它对光合膜的垛叠、光合电子传递速率、叶绿素荧光、光系统活性和原初光能转化效率，以及光合碳代谢等一系列重要生理过程都有明显的影响（尚卓婷，2008）。镁还参与蛋白质和核酸的合成，它是蛋白质合成过程中核糖亚单位联合作用时的一个桥接元素，还对 RNA 聚合酶起到专性激活作用（胡国松等，2000）。镁除了在作物的生理代谢中起主要作用外，还具有促进作物生长、提高作物产量、改善产品品质及影响作物对病害的抵抗能力等作用。

6.2.1　作物缺镁原因

1. 土壤因素

我国土壤自北向南，自西向东，镁含量呈降低趋势。缺镁在我国南方较为常见，温暖湿润地区质地粗的河流冲积物发育的酸性土壤，如河谷地带泥砂土高温风化淋溶强烈的土壤，以及第四纪黏土发育的红黄壤、红砂石发育的红砂土和酸性土壤中镁元素较易流失（尚卓婷，2008）。在酸性土壤中，作物吸收镁往往较少，这不仅与酸性条件下镁的淋溶强、土壤中有效镁浓度低有关，也直接与土壤 pH 低有关。在土壤 pH 低时，主要不是由于 H^+ 浓度过多，而是由于铝离子如 $Al(OH)^{2+}$、$Al(OH)_2^+$ 等含量增加，特别是 $Al(OH)_2^+$ 毒害较大，使根系生长受阻，镁的吸收量减少，导致缺镁。在钙含量高的石灰性土壤中不但溶解度低，而且钙对镁的吸收有拮抗作用，镁的有效性极低，一般在 pH 为 6.5～7.5 的中性土壤中镁的有效性较高，如在酸性土壤生长的柑橘叶片镁含量最低，其次为弱酸性土壤，碱性土壤最高（黄翼等，2013）。

土壤干旱，土壤溶液浓度提高，影响镁在土壤中的移动速度，减少根系吸水，从而抑制镁的吸收；土壤耕作层浅，导致保水、保肥能力下降，引起镁营养元素流失（王银均和冯咏芳，2007）。砂质土壤、酸性土壤、K^+ 和 NH_4^+ 含量较高的土壤容易出现缺镁现象。砂土不仅镁含量不高，而且淋失比较严重，而酸性土壤除了淋失以外，H^+、Al^{3+} 等离子的拮抗作用也是造成缺镁的原因之一（陆景陵，1994）。

2. 偏施化肥

随着氮、磷、钾肥料用量的增加和有机肥用量的减少，以及高产耐肥品种的大面积种植，复种指数不断提高，镁被作物不断带出农田，同时土壤又长期缺少镁肥补充，因而土壤镁逐渐耗竭，作物缺镁现象在各地陆续出现，并已成为限制作物产量和品质提高的一个重要因素。过量施用钾肥以及偏施铵态氮肥，诱发缺镁。钾肥施用过多或大量施用硝酸钠及石灰的土壤，钾和钙对镁的吸收有拮抗作用，因此也易发生缺镁症。尤其在夏季大雨后，缺镁现象特别明显（尚卓婷，2008）。目前蔬菜生产中普遍存在有机肥施用锐减，盲目大量使用化肥的问题，这使得土壤养分平衡状况恶化，氮、磷、钾比例失调，影响了蔬菜作物对镁的吸收，再加上钾、钙、铵态氮对镁的拮抗作用，蔬菜作物缺镁症状趋于普遍和严重（王银均和冯咏芳，2007）。

3. 作物根系受伤

土壤水分过多，作物根系发育不良，以及施用未充分腐熟肥料或施肥浓度过高引起烧根时，根系吸收能力下降，导致缺镁症产生（王银均和冯咏芳，2007）。

4. 遗传因素

遗传因素即品种特性，不同的作物对镁元素的敏感程度不同，一般果蔬作物对镁元素的敏感程度比大田作物高，常见的主要有菜豆、丝瓜、大豆、辣椒、向日葵、花椰菜、油菜、马铃薯；其次为玉米、棉花、小麦、水稻等；葡萄、柑橘、桃、苹果也较易缺镁（尚卓婷，2008）。以柑橘为例，不同种类和品种对缺镁的敏感性有差异，其敏感性强弱顺序是柚>甜橙>宽皮柑橘，而宽皮柑橘中的蕉柑比椪柑敏感，脐橙中的'纽荷尔脐橙'、'奈维林娜脐橙'比'华盛顿脐橙'敏感，温州蜜柑中的'早熟温州蜜柑'比'普通温州蜜柑'敏感（庄伊美，1994）。

6.2.2　镁素营养与病害发生

1. 镁与生理性病害

作物缺镁是一个普遍的问题，镁是可移动元素，普通作物的缺镁临界值为 0.1%～0.3%（彭昊阳，2013）。当作物缺镁时，其突出表现是叶绿素含量下降，并出现失绿症。由于镁在韧皮部的移动性较强，缺镁症状常常首先表现在老叶上，如果得不到补充，则逐渐发展到新叶。缺镁时，植株矮小，生长缓慢。双子叶作物叶片脉间失绿，并逐渐由淡绿色转变为黄色或白色，还会出现大小不一的褐色或紫红色斑点或条纹，严重缺镁时，整个叶片出现坏死现象。禾本科作物缺镁时，叶基部叶绿素积累，出现暗绿色斑点，其余部分呈淡黄色；严重缺镁时，叶片褪色而有条纹，特别典型的是在叶尖出现坏死斑点（陆景陵，1994）。番茄缺镁时几个新生叶片稍绿，下部叶片全部干枯，挂果极少且小，到生长后期，叶片出现黄色凸起念珠状斑点，光合作用降低，易出现空洞果（张西森，2007）。烟株缺镁时，首先是叶尖及叶缘处发黄，然后扩展至整个叶脉间，严重时叶片少而小，呈白色，茎缩短，植株矮小，生长发育缓慢，根系发育不良（邵岩等，1995）；严重缺镁时，下部叶几乎变成黄色和白色，叶间、叶缘枯萎，向下翻卷（刘国顺，2003）。

2. 镁与病理性病害

近年的研究表明，矿质元素对真菌、细菌、病毒等病原菌引起的侵染性病害有显著影响（田永强等，2016）。研究表明，烟草青枯病发病率与交换性镁含量呈显著负相关（万川等，2015）。在集约化农业生产中，作物镁含量呈下降趋势，葡萄白腐病时有发生（陆景陵，1994）。对花生不同发病地块的土壤理化性质进行比较研究发现，正常区与重病区的有效镁含量存在相反的趋势，正常区土样中有效镁含量增加，而重病区土样中有效镁含量明显降低（张萍华等，2005）。施镁能降低番茄病毒病、晚疫病、灰霉病和根腐病的发病率（刘计刚，2009）。施用钙、镁、磷肥可提高桉树对焦枯病的抗性，其可能是由于钙、镁、磷肥有利于促进桉树对营养元素的吸收积累，提高营养元素的利用效率、协调桉树人工林生态系统中营养元素的吸收平衡，促进林木的生长，从而提高了抗病能力（陈英，2004）。

但是，也有研究表明，施镁会增加某些作物的发病率，如与对照相比，低量镁处理的甜椒疫病发病率降低（蔡建华等，2007）。在辣椒上的研究表明，与不施镁的对照或土壤施用 $CaCO_3$ 相比，叶面喷镁或土壤施镁增加了辣椒细菌性斑点病的发病率，并且土壤施用白云石灰增加病害发生的效果高于叶面喷镁（图 6-1），同时辣椒叶片组织中镁的含量与辣椒细菌性斑点病发病率呈正相关关系（图 6-2）（Huber and Jones，2013）。土壤施用白云石灰的辣椒叶片组织中镁的含量显著高于只施用 $CaCO_3$ 的处理，在土壤施镁的同时叶片喷镁的辣椒叶片中镁含量最高（Huber and Jones，2013）。钾和氮肥的施用抑制番茄对镁的吸收，降低番茄叶片中镁的浓度，从而有助于抑制番茄细菌性斑点病的发生（Jones et al.，1988）。

Huber 和 Jones（2013）总结了土壤和作物植株中镁含量对病害发生的影响（表 6-1），大多数研究表明，镁减少了病害发生；但也有一部分研究表明，镁增加了病害发生；还有研究表明，施镁对病害发生没有影响。

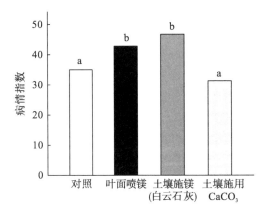

图 6-1　叶面喷镁和土壤施镁对辣椒细菌性斑点病发生的影响（Huber and Jones，2013）
图中不同字母表示处理间差异显著（$P<0.05$）

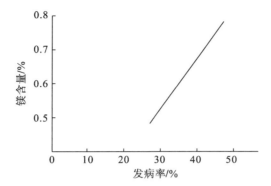

图 6-2 辣椒细菌性斑点病的发生与叶片组织中镁含量的相关性（Huber and Jones，2013）

表 6-1 土壤和植株中镁与作物病害的关系（Huber and Jones，2013）

植物	病害	病原菌或非生物因素	镁的效果	参考文献
苜蓿	花叶病	苜蓿花叶病毒	增加	Tu，1978
苹果	苦痘病	环境因素	增加	Burmeister and Dilley，1993
苹果	重茬病	土传病原菌	无影响	Li and Utkhede，1991
豆类	根腐病	立枯丝核菌	降低	Bateman，1965
西蓝花	根瘤病	芸薹属根肿病菌	降低	Myers and Campbell，1985
白菜	根瘤病	芸薹属根肿病菌	降低	Haenseler，1939
金盏花	枯萎病	腐霉菌	增加	Gill，1972
蓖麻	叶斑病	灰霉病菌	降低	Thomas and Orellana，1964
谷类	条锈病	小麦条锈菌	增加	McNew，1953
柑橘	黄龙病	韧皮部杆菌属	降低	Rouse et al.，2010
玉米	矮缩病	玉米矮缩螺原体	降低	Nome et al.，2009；Ammar and Hogenhouts，2005；Oliveira et al.，2002，2005
棉花	细菌性疫病	野油菜黄单胞菌锦葵致病变种	降低	Batson，1971
棉花	根腐病	多主瘤梗孢菌	增加	Bell，1989；Tsai，1974
棉花	枯萎病	尖孢镰刀菌	降低	National Research Council and Committee on Plant and Animal Pests，1968
棉花	枯萎病	黑白轮枝菌	降低	Batson，1971
十字花科	根瘤病	芸薹属根肿病菌	降低	Young et al.，1991
葡萄	顶枯病	葡萄顶枯病菌	降低	Colrat et al.，1999
美国黑松	根腐病	奥氏蜜环菌	无影响	Mallett and Maynard，1998
玉米	小斑病	玉米小斑病菌	增加	Taylor，1954
豌豆	根腐病	根腐丝囊霉	无影响	Persson and Olsson，2000
花生	叶斑病	褐斑病菌	降低	Bledsoe et al.，1945
花生	果腐病	镰刀菌	增加	Hallock and Garren，1968
花生	果腐病	群结腐霉	增加	Csinos and Bell，1989；Hallock and Garren，1968
花生	果腐病	立枯丝核菌	增加	Csinos and Bell，1989；Hallock and Garren，1968

续表

植物	病害	病原菌或非生物因素	镁的效果	参考文献
梨	火疫病	解淀粉欧文氏菌	无影响	Koseoglu et al.，1996
胡椒	细菌性斑点病	野油菜黄单胞菌	增加	Woltz and Jones，1979；Jones et al.，1983
罂粟	霜霉病	树状霜霉	降低	Szepessy and Hegedu'Sné，1982
罂粟	霜霉病	链格孢属、角孢菌属、枝孢霉属	降低	Szepessy and Hegedu'Sné，1982
马铃薯	疮痂病	疮痂链霉菌	无影响	Kristufek et al.，2000
马铃薯	软腐病	胡萝卜软腐欧文氏菌	降低	Kelman et al.，1989；McGuire and Kelman，1986；Pagel and Heitfus，1990
马铃薯	块茎干腐病	各种真菌	降低	Percival et al.，1999
水稻	叶斑病	蠕孢菌	降低	Baba，1958
水稻	穗颈瘟	稻瘟病菌	增加	Filippi and Prabhu，1998
黑麦	秆黑穗病	黑粉菌	增加	Tapke，1948
大豆	根腐病	立枯丝核菌	降低	Castano and Kernkamp，1956；Kernkamp et al.，1952
糖枫	衰退病	土传病原菌	降低	Horsley et al.，2000
大豆	双茎病	核盘菌属	增加	Muchovej and Muchovej，1982
烟草	霜霉病	烟草霜霉菌	降低	Edreva et al.，1984
番茄	细菌性斑点病	丁香假单胞菌	增加	Vallad et al.，2003
番茄	细菌性斑点病	野油菜黄单胞菌	增加	Woltz and Jones，1979
番茄	脐腐病	营养失衡	增加	Anonymous，1999
番茄	苗枯病	群结腐霉	增加	Gill，1972
番茄	枯萎病	尖孢镰刀菌	增加	Jones et al.，1989
蚕豆	赤斑病	蚕豆葡萄孢	降低	Rabie，1998
小麦	全蚀病	全蚀病菌	增加	Huber，1981，1989
小麦	全蚀病	全蚀病菌	较大变异	Huber and McCay-Buis，1993
小麦	黑粉病	未知真菌	降低	Schutte，1957

6.2.3　镁素营养影响病害发生的机制

1. 稳定基因表达

镁在基因组的稳定性中发挥着重要作用。龙眼缺镁时，龙眼叶片 RNA 和 DNA 的含量降低，移栽后 5 个月，缺镁和低镁胁迫处理的 RNA 及 DNA 含量分别较对照处理下降了 36.9%、21.4% 和 17.1%、7.9%，因此缺镁对 RNA 的影响比 DNA 大（李延和刘星辉，2002）。

作物缺镁导致核酸含量下降，有些正常情况下不表达的基因开始表达，很多正常情况下表达的基因由于缺镁而不表达（熊英杰等，2010）。在缺镁胁迫下出现差异表达的基因，下调基因包括参与光合作用的编码 ATP 合成酶 CFo B 亚基和核酮糖-1,5-双磷酸羧化酶大亚基的 2 个基因，参与代谢的烟酰胺腺嘌呤二核苷酸 CFo B 亚基基因以及 1 个编码叶绿体基因组 DNA 的基因。上调基因包括与防御逆境相关的编码苯丙氨酸解氨酶的基因和陪伴蛋白基因，参与糖代谢的 β-淀粉酶和半乳糖苷酶基因，参与氮代谢的精氨酸代琥珀酸合成酶和转氨酶基因，参与信号转导的磷脂酰肌醇转移酶基因，以及脱氢多萜醇焦磷酸合成酶基因（毛伟华等，2006）。

2. 稳定作物体内离子平衡

缺镁的逆境条件下，作物体内的离子平衡会被打破，导致离子代谢紊乱。例如，镁和钾营养元素间存在拮抗与协同作用。当土壤含钾水平高时，对镁的吸收有拮抗作用（施洁斌等，1997）。钾浓度为 25mg/L 时，钾与镁的关系为协同关系。低钾水平时，低量的镁能促进作物对钾的吸收（熊英杰，2011）。作物缺镁时，Ca^{2+} 往往在植株体内大量积累（许能琨和肖召民，1985）。研究发现，茶树对 Mg^{2+} 的吸收常常受到 Ca^{2+} 的影响（吴洵，1994）。镁与 NH_4^+ 之间的拮抗作用可能是由于作物吸收 NH_4^+ 后，根际 pH 降低，H^+ 拮抗了镁的吸收（梁颁捷等，2001）。

有关缺镁对离子吸收的拮抗和协同作用，与其解释为离子对载体的专性竞争效应，不如说是作物体内"离子平衡效应"的结果（熊英杰，2011）。酸性土壤的小麦缺镁症与土壤中的铝有密切关系，Al^{3+} 过量导致 Mg^{2+} 缺乏，增加镁供应，可以抑制铝胁迫下作物根尖的损伤（施洁斌等，1997）。Mn^{2+} 在根系的相对积累对植株吸收 Mg^{2+} 也具有负反馈调节作用，并且抑制了玉米根系对 Mg^{2+} 的吸收和转运（汪洪和褚天铎，1999）。

3. 调节作物体内激素含量

激素在调节作物的生命活动中具有重要作用，作物衰老被公认为是众多激素相互协调平衡的结果。缺镁导致龙眼叶片细胞分裂素类物质含量下降，脱落酸含量提高，这可能是缺镁胁迫促进龙眼叶片衰老的一个重要原因（李延和刘星辉，2002）。缺镁还可导致作物机体内腐胺含量和多胺合成代谢酶活力增加（彭昊阳，2013）。多胺是一种低分子的脂肪族含氮碱，一般较常见的有精胺、腐胺、亚精胺等，在作物体内能够影响 DNA、RNA 以及蛋白质的合成，促进作物的生长发育，延缓其衰老，并提高抗逆性，甚至影响到作物的生存，脱落酸对作物体内蛋白质的合成有抑制作用，从而加速细胞中核酸和蛋白质的降解，促进细胞衰老（彭昊阳，2013）。

4. 保持酶活性

镁是多种酶的辅助因子，许多参与光合作用、糖酵解、三羧酸循环、呼吸作用、硫酸盐还原等过程的酶都需要 Mg^{2+} 来激活（尹永强等，2009）。若供镁不足会影响 CO_2 同化，继而影响光合作用。镁在叶绿体中可以活化核酮糖-1,5-双磷酸羧化酶/加氧酶，缺镁导致加氧酶和 CO_2 的结合减少，于是降低了光和效率。在光照下，叶绿体类囊体膜内的镁进入基质，而 H^+ 从基质进入类囊体，为加氧酶的作用提供了最适条件，即较高的 Mg^{2+} 浓度和大于 6 的 pH，促进了 CO_2 的固定和同化（熊英杰，2011）。缺镁胁迫可抑制 ATP 酶的活性，Mg^{2+} 作用的机制在于改变 ATP 酶的构象，使埋藏在酶内部的结合态核苷酸更容易暴露出来，以便接近底物，从而增加处于活化状态的酶数量（杜子云等，

1988）。在氮素代谢中，硝酸还原酶是氮素代谢的限速酶，可直接调节 NO_3^- 还原，从而调节氮代谢，Mg^{2+} 可提高硝酸还原酶的活性水平（熊英杰等，2010）。因此，缺镁时，由于硝酸还原酶的活性被抑制，蛋白质合成受阻，蛋白氮占总氮的比例下降（熊英杰等，2010）。缺镁条件下，蔗糖和淀粉会累积在叶片组织中，为病原菌和害虫提供丰富的营养，从而有利于各种病原菌和害虫的侵染与危害。

5. 影响作物活性氧代谢

缺镁胁迫降低了光合碳循环的效率，减少了还原型辅酶 II 的利用率，并且导致光合作用电子传递系统的过度饱和，过剩的激发能产生较多电子，传递至 O_2 后产生 O_2^- 和其他的活性氧。活性氧有很强的氧化能力，对许多生物功能有破坏作用，包括引起膜脂的过氧化作用，从而破坏膜的结构和功能（熊英杰等，2010）。

6. 影响作物光合作用

作物在缺镁胁迫时，受胁迫越严重，其光合作用效率就越低，而光合效率与叶绿体息息相关，缺镁作物不能合成叶绿素，而叶绿素是绿色作物体内最重要的光合色素，缺镁作物表现失绿症，叶绿素含量较正常水平低（熊英杰等，2010）。由于叶绿体正常发育需要大量镁，缺镁时合成色素的镁不足是导致叶片缺镁失绿的主要原因（熊英杰等，2010）。镁不仅参与叶绿素的合成，还参与叶绿体类囊体膜的组装和基粒垛叠，对维持叶绿体结构稳定有重要作用（郝道斌等，1981）。叶绿体类囊体膜系统中维持一定的阳离子浓度是诱导类囊体膜垛叠形成基粒的重要条件，缺镁引起光合膜垛叠受阻（熊英杰等，2010）。通常介质中 5mmol/L 的 Mg^{2+} 便可使光合膜垛叠，而 K^+ 浓度却要提高 10～20 倍才可使光合膜达到相似的垛叠程度（左宝玉等，1979）。基粒的成功垛叠意味着捕获光能的能力大大增强，有利于光合膜色素间的能量传递，高效利用所吸取的光量子并迅速把它们转化为化学能。进一步研究还发现，缺镁胁迫在作物抵御有害因子对膜的损害、保持光合膜的正常功能等方面同样有不利影响（张其德等，1982）。缺镁胁迫抑制了黄瓜叶片叶绿素 a、叶绿素 b、类胡萝卜素的含量；黄瓜叶片净光合速率、气孔导度和蒸腾速率的日变化在缺镁胁迫下呈单峰曲线变化，而在多镁胁迫下净光合速率和蒸腾速率近似呈双峰曲线，气孔导度近似呈倒抛物线（谢小玉和邓小勇，2009）。另外，研究表明，多镁和适量镁处理叶片的 CO_2 饱和点、光饱和点、表观量子效率和羧化效率均大于缺镁处理（谢小玉和邓小勇，2009）。

6.2.4 镁素营养管理与病害控制

作物生理性病害以预防为主，因为生理性病害发生后，即使立即对症下药，也只能减轻危害，缓解症状，仍然会造成不可挽回的损失。因此，应根据当地的土壤类型、气候条件、施肥情况、种植年限、作物种类等来判定当季作物是否需要施用镁肥。

1. 增施优质有机肥

有机肥不仅含有丰富的钙、镁营养元素，而且在其腐解过程中产生的腐殖质含有很多—COOH 和—OH 基团，这些基团具有很高的阳离子交换量，对钙、镁有很强的吸附性能和保护能力，可以大大改变钙、镁的缺乏。另外，有机质分解后所产生的有机酸又具有很强的缓冲能力，使土壤不易酸化。所以，大量施有机肥是调控土壤镁贫缺和失调的重要途径之一（吴洵，1994）。

2. 实行平衡施肥

根据测土配方进行平衡施肥。根据不同作物的生育特性、土壤供肥能力和肥料的增产效应，在合理增施有机肥的基础上，合理搭配氮、磷、钾及镁等微肥，尤其是生育中期控制补钾，一次施用量不能过高，要注意土壤含磷水平，实现镁与磷的平衡，促进对镁的吸收（张西森，2007）。高浓度的 K^+ 和 NH_4^+ 对 Mg^{2+} 的吸收有很强的拮抗作用。因此，增施镁肥、改良土壤、平衡施肥是矫正缺镁现象所必需的。

3. 增加镁肥的用量

一是基施时使用含镁的肥料，对缺镁土壤配施硫酸镁 $10\sim15kg/hm^2$，做到基肥补镁。提高施镁的均匀性，第一年施入后不需每年再施或减量使用，以免造成土壤含镁过量而引发作物镁中毒症（王银均和冯咏芳，2007）。二是追肥时施用含镁的肥料。三是花期后叶面喷施镁肥，常用 0.5%硫酸镁或硝酸镁叶面喷施，喷施肥液 $750kg/hm^2$ 左右（张西森，2007）。

4. 轮作换茬

与其他作物轮作换茬，最好每年轮作，尽量避免连作。合理轮作换茬，调节镁的消耗强度，特别是大棚蔬菜种植时，要避免黄瓜、番茄等需镁量大的蔬菜连作，条件许可时最好调整蔬菜在棚室内的种植位置，降低喜镁蔬菜对土壤有效镁的过度消耗（张西森，2007）。

6.3　硫

硫是作物必需的营养元素之一，在作物体内的含量为 0.1%～0.5%。就需要量而言，仅次于氮、磷、钾，被列为第四大营养元素。油菜等十字花科和百合科作物需硫量较多。硫在作物生长发育及代谢过程中具有重要的生理功能。硫不仅是蛋白质和氨基酸，如胱氨酸、半胱氨酸、甲硫氨酸的组成成分，而且是许多酶、辅酶和硫胺类等生理活性物质的组成成分。例如，磷酸甘油醛脱氢酶、苹果酸脱氢酶、酮戊二酸脱氢酶、脂肪酶、番木瓜蛋白酶和脲酶、辅酶 A、乙酰辅酶 A、铁氧还蛋白、硫胺素、焦磷酸硫胺素等物质中都含有硫素，它们参与有氧呼吸作用、氮素代谢、脂肪代谢、淀粉合成和生物固氮作用等重要生理生化过程，因此，硫素能调节作物代谢，提高作物产量和改善农产品品质（李金凤，2003）。由于对工业含硫废气排放的控制以及纯氮肥的施用，作物缺硫的问题开始浮出水面并逐渐受到重视。作物生长环境中硫元素的缺乏，特别是土壤中硫含量过低，会导致作物的正常生理活动受限、代谢紊乱，从而降低作物对逆境胁迫的耐受性以及对病虫害的抵抗力（吴宇等，2007）。

6.3.1 作物缺硫原因

土壤有效硫含量小于 10mg/kg 时，作物可能会缺硫。通常黏性母质（如石灰岩、第四纪红色黏土和板岩等）发育的土壤的硫含量高于砂性母质（如花岗岩、砂岩和冲积物等）发育的土壤。我国土壤的供硫现状比较严峻，特别是在我国南方红壤地区，由于长期施用不含硫或者含硫少的化肥，已经出现不同程度的缺硫现象（王利等，2008）。刘崇群（1995）对我国南方十省土壤硫状况的研究表明，有效硫小于 12mg/kg 的土样数约占总数的26.5%，缺硫土壤面积约为 660 万 hm^2，占耕地总面积的 1/4。金继运（1993）对全国13 个省的土壤调查后认为，我国有 1/5 的土壤存在缺硫或潜在性缺硫。近年来由于高产粮食、蔬菜和经济作物的推广种植以及复种指数的提高，高浓度低硫量的化肥的施用，硫肥施用不被重视，环保措施的改善等因素，收获物从土壤中携带出的硫素大幅度增加，而投入不足，导致植物吸收养分的不平衡，使作物出现缺硫或亚缺硫症状（郑诗樟和刘志良，2015）。

世界各地土壤普遍缺硫的原因是：①不含硫肥料的广泛施用。据报道，在世界约 72个土壤缺硫的国家中，以亚洲国家土壤缺硫最为严重。其原因主要是大量施用不含硫的尿素。亚洲大陆施用的尿素数量比世界其他地区都高，平均 N：S 为 10：1，其中孟加拉国 N：S 高达 50：1，据估计目前孟加拉国有 95%的农耕地缺硫。中国、印度、印度尼西亚、泰国和菲律宾也有相当大的缺硫土壤面积。以印度为例，印度缺硫土壤面积占其总耕地面积的 15%～20%，印度尼西亚的南苏拉威西地区因大量施用尿素导致水稻缺硫，当改施硫酸铵后，这一地区缺硫状态得以迅速矫正，并因施用硫酸铵而使水稻增产12%～45%（廖兴其，1992）。②木材和煤等高硫燃料被石油和天然气等低硫燃料所取代。③为防止大气污染，各国分别制定了严格限制二氧化硫排入大气的法规。④随着作物单产的迅速提高，相应地增加了作物从土壤中携带走的硫量。⑤含硫杀虫剂和除草剂的使用量明显减少。上述原因都降低了投入土壤中和作物叶片上的有效硫量（廖兴其，1992）。

6.3.2 硫素营养与病害发生

1.硫与生理性病害

作物缺硫时蛋白质合成受阻导致失绿症，其外观症状与缺氮很相似，但发生部位有所不同。缺硫症状往往先出现于幼叶，而缺氮症状则先出现于老叶。缺硫时幼芽先变黄色，心叶失绿黄化，茎细弱，根细长而不分枝，开花结实推迟，果实减少。此外，氮素供应也影响缺硫作物体内硫的分配。在供氮充分时，缺硫症状发生在新叶；而在供氮不足时，缺硫症状发生在老叶。这表明硫从老叶向新叶再转移的数量取决于叶片衰老的速率，缺氮加速了老叶的衰老，使硫得以再转移，造成老叶先出现缺硫症（陆景陵，1994）。

十字花科作物对缺硫也十分敏感，如四季萝卜常作为鉴定土壤硫营养状况的指示作物。油菜缺硫时，叶片出现紫红色斑块，叶片向上卷曲，叶背面、叶脉和茎等变红或出现紫色，植株矮小，花而不实（吴宇，2010）。

禾本科作物缺硫时，前期是新叶颜色变淡，后期叶片出现褐色斑点，焦枯，植株生长迟缓，根系少而短，分蘖数减少，颖而不实，结实率低，秕壳率高，严重影响产量，水稻缺硫时根系生长明显受到抑制（苏艳敏和刘文利，2002）。

2. 硫与病理性病害

作物的营养水平与其防卫机制有着密切联系，许多矿质元素对病原菌侵染所引起的防御反应都有积极影响。因此，通过调节矿质营养这个重要的环境因子，可以影响寄主作物的抗病性。硫素营养不但能减轻作物生理性病害的发生，提高作物品质和产量，而且可以防止和预防一些病理性病害的发生。160 年来英国所发生的 2 种由真菌引起的小麦病害与大气中 SO_2 含量的变化密切相关（Bearchell et al.，2005）。在土壤中施用硫肥，尤其是在喷洒杀真菌剂的同时施用硫肥，会明显增加作物的产量，这也从另一个角度说明了硫肥对于植物增强抗病性的作用（吴宇等，2007）。

硫素营养与白菜霜霉病、小麦纹枯病、油菜菌核病、油菜叶斑病、油菜霜霉病、油菜茎溃疡病、马铃薯疮痂病、玉米小斑病、大蒜锈病等病理性病害防治密切相关。研究表明，适量施用硫肥可改善作物抗病效果，如白菜霜霉病防治中，减少氮肥用量，适量施用硫肥可以改善白菜霜霉病的抗病效果，且在低氮水平时施用硫肥对软腐病和病毒病有一定的防治作用，但在高氮水平时施用硫肥的抗病效果不显著（刘光栋等，1999）。同样，在一定范围内，随施硫量增加，油菜菌核病、小麦纹枯病、玉米小斑病、棉花黄萎病和大蒜锈病的发病率降低。

6.3.3　硫素营养影响病害发生的机制

硫素营养对作物抗病虫害的作用一直被忽视，特别是抗病的作用。近年来的研究表明，硫营养与作物的抗病虫害能力紧密相关。在缺硫的土壤中作物抗病性降低，病害增加，而在施硫肥后则可增加作物的抗病性。

1. 影响防御物质含量

硫增强作物抗病性的机制在于形成各种与防御相关的含硫物质（付学鹏，2016）。从现有的报道看，硫营养对作物抗病虫的影响主要是通过硫代葡萄糖苷的降解产物与谷胱甘肽等代谢产物来实现的（吴宇等，2007）。硫代葡萄糖苷及其水解产物是作物防御体系的重要组成成分。它们在作物防御昆虫侵犯和食植昆虫的寄主作物定位等方面都发挥了极其重要的作用。在寻找天然抗微生物物质的过程中，硫代葡萄糖苷及其水解产物对细菌、酵母和真菌等方面的作用在许多文献中都有报道。异硫氰酸酯比相应的未水解硫代葡萄糖苷或硫氰化物表现出了更强的抗真菌和抗细菌能力（李鲜等，2006）。

在油菜的生长过程中，硫缺乏会大大降低其对包括真菌和霉菌等在内的一系列病菌的抵抗力，同时这些缺乏硫营养的植株中的 β-硫代葡萄糖苷含量会大幅下降。这证明了缺乏硫会造成油菜的抗病性减弱，也说明作物的抗病性和 β-硫代葡萄糖苷有关（Mithen，1992），并且真菌及病虫害等对作物的侵害会激活作物体内一系列耐逆物质包括 β-硫代葡萄糖苷的生成。但是，对于作物的抗病性，到底是作物对病原菌的抵抗力增强，还是 β-硫代葡萄糖苷对病菌的毒理作用更为重要，还需要进一步的研究证实（John and Morrissey，1999）。另外，在土壤里施用硫肥，尤其是在喷洒杀真菌剂的同时施用硫肥，会明显增加作物的产量，这也从另一个角度说明了硫肥对于作物增强抗病性的作用（Sutherland et al.，2004）。在番茄对真菌类病原体的耐受研究中，也有关于硫以及硫醇起作用的报道（Linkohr et al.，2002；吴宇等，2007）。

硫营养对作物抗虫的影响主要是通过芥子酶水解 β-硫代葡萄糖苷的降解产物所产生的气味达到驱避害虫的目的，芥子酶受修饰因子的影响而产生不同比例的水解产物。芥子酶受茉莉酸的强烈诱导表达，昆虫啃食作物时，激活茉莉酸的合成，因而也诱导了芥子酶的表达。由此可见，在作物与昆虫的共进化中，作物已经形成了一套对付昆虫的防卫系统（Cipollini et al.，2003）。

2. 参与光合作用

硫是铁氧还蛋白的重要组分，在光合作用及氧化物如亚硝酸根的还原中起电子转移作用（王庆仁和林葆，1996）。叶片中有机硫主要集中在叶肉细胞的叶绿体蛋白上，硫的供应对叶绿体的形成和功能发挥有重要影响，缺硫会增加叶绿体结构中基粒的垛叠，使叶绿体结构发育不良，光合作用受到明显影响（王庆仁和林葆，1999）。

3. 影响蛋白质合成

硫是作物体内含硫氨基酸及蛋白质的组成成分。缺硫会导致含硫氨基酸含量降低（马友华等，1999）；与此同时，作物体内游离氨基酸的总量和非蛋白氮的含量提高，而蛋白氮的含量下降。在蔬菜栽培中，为了获得鲜嫩高产的蔬菜，人们往往过量施用氮肥，忽略了硫的平衡供应，由此造成了非蛋白氮的大量积累，而非蛋白氮主要以硝态氮的形式存在。因此，为降低蔬菜中硝态氮的含量，就必须注意保持氮和硫的平衡，只有保证氮、硫的平衡，才能使作物吸收的氮有效地合成蛋白质（吴宇，2010）。对于油菜的研究发现，缺硫使叶片气孔开度减小，羧化效率降低，酶活性下降，硝酸盐积累，影响了光合性能，最终使产量降低，籽粒的含硫蛋白量下降（刘丽君，2005）。某些蛋白还是病原菌产生的水解酶的抑制剂，能够抑制病原菌的扩展（王梅等，2015）。缺硫使作物体内蛋白质含量降低，其中含甲硫氨酸和半胱氨酸等的含硫蛋白质的数量明显下降（陆景陵，1994）。当作物缺硫时，还原糖的含量减少，植株体内柠檬酸代谢途径受阻，蛋白质含量减少，不含硫氨基酸、酰胺及硝酸根积累增多，作物抗病性降低（王梅等，2015）。

4. 参与酶活化

辅酶 A 在能量转化与物质代谢过程中的作用也早已被证实，其组分中的巯基是脂酰基的载体，对脂肪酸和脂类代谢具有十分重要的作用（陈克文，1982）。硫也是豆科作物及其他固氮生物固氮酶的重要组成部分（王庆仁和林葆，1996）。

5. 影响生物活性物质合成

硫是许多生理活性物质的成分，如硫胺素、生物素、胡萝卜素等多种维生素和辅酶 A、乙酰辅酶 A 等都含有硫。硫胺素能促进根系生长，硫参与脂肪合成，所以给油料作物施用硫肥能提高其籽实的含油率。硫在十字花科、烟草、油料作物中的含量通常高于磷（李金凤，2003）。

6. 影响挥发性含硫物质合成

某些作物的芳香、刺激性气味及毒素等与含硫的挥发性化合物有关，十字花科作物如油菜、芥菜中的芥子油含量与硫供给量关系密切。这些物质在某种程度上起到保护作物自身、免遭病虫和食草动物侵害的作用（李金凤，2003）。

7. 影响抗病相关基因表达

接种大丽轮枝菌（*Verticillium dahliae*）没有诱导番茄体内高亲和硫酸盐转运蛋白（*ST3*）基因的上调表达，分蘖洋葱与番茄伴生的同时接种黄萎病菌则诱导了该基因的上调表达。伴生的同时接种黄萎病菌并没有引起番茄根际土壤有效硫含量的降低，而番茄根系内的含硫化合物（谷胱甘肽）、乙烯以及番茄植株总硫含量都显著提高，说明 *ST3* 基因在伴生的番茄根系的上调表达不是因为土壤中有效硫的浓度变化，而是因为番茄根系内含硫化合物代谢活动增强引起的硫代谢的正反馈调节。这些结果说明伴生分蘖洋葱通过调节番茄体内含硫化合物的合成增强了 *ST3* 基因的表达，也说明硫在分蘖洋葱-番茄-黄萎病菌的种间互作中发挥着重要作用（付学鹏，2016）。

6.3.4　硫素营养管理与病害控制

1. 硫肥施用量和种类

硫肥施用量应根据作物、土壤和气候等条件而定，十字花科作物的含硫量为 0.35%～0.94%，豆科作物为 0.23%～0.27%，禾本科为 0.11%～0.20%（刘崇群，1981）。施用含硫肥料石膏、明矾、硫黄以及硫酸铵、过磷酸钙、硫酸钾镁都可见效，一般作物施用纯硫 15kg/hm² 即可满足需要。

石膏是一种很好的硫肥，对既喜钙又喜硫的豆科作物更是如此，且后效长，可使作物连年增产。又如，花生、大豆等豆科作物需硫量较多，又是喜钙作物，特别是结实期需要大量的钙素养分，使用石膏有利于果壳的形成，增加饱果数。硫磺是以元素硫为基础原料制成的硫肥，要转化为硫酸盐形态才能被作物吸收，用前宜与土壤混拌，其他各种含硫肥料都为水溶速效肥。如遇缺硫、缺氮不易确诊时，则可直接施用硫酸铵（刘立国等，2011）。

2. 施硫方式

硫肥通常用作基肥，播种前，结合其他基肥深施。以水稻为例，硫肥也常用作沾秧根肥，这样可以防止水稻坐蔸。如果在作物生长期发现土壤缺硫，应及时施于作物行间（廖星，1991）。

3. 施硫时间

可溶性硫肥春季施用比秋季施用优越，因为硫酸盐的淋溶实际上发生在冬季；而难溶性硫肥宜在秋季施用，这样可保证硫肥有充足的时间氧化成有效硫。温带地区一般春季施硫；热带多雨地区，特别是土壤风化严重的地区，多在夏季施硫，因为夏季作物生长旺盛，且降雨量大，所以需要施用大量的硫肥（廖星，1991）。

参 考 文 献

蔡建华, 黄奔立, 陈洁, 等. 2007. 矿质元素对甜椒生长及其抗疫病性的影响[J]. 江苏农业学报, 23(1): 46-49.

陈克文. 1982. 作物的硫素营养与土壤肥力[J]. 土壤通报, (5): 43-46.

陈晓明, 黄维南. 1990. 钙在防止与缓和采后果蔬生理病害和衰老中的作用[J]. 植物生理学通讯, (2): 60-61.

陈星峰. 2005. 福建烟区土壤镁素营养与镁肥施用效应的研究[D]. 福州: 福建农林大学硕士学位论文.

陈英. 2004. 桉树焦枯病的研究[D]. 福州: 福建农林大学硕士学位论文.

邓兰生, 涂攀峰, 龚林, 等. 2012. 滴施外源钙对香蕉生长及矿质营养吸收的影响[J]. 江西农业大学学报, 34(1): 34-39.

杜强, 李朝周, 秦舒浩, 等. 2013. 钙水平对马铃薯试管薯产量、质量和生理病害的影响[J]. 植物营养与肥料学报, 19(6): 1502-1509.

杜子云, 马正平, 李有则. 1988. Mg^{2+}在叶绿体膜上H^+-ATP酶光活化中的作用[J]. 生物化学与生物物理学报, 20(5): 512-519.

付学鹏. 2016. 伴生分蘖洋葱调控番茄黄萎病抗性的机理研究[D]. 哈尔滨: 东北农业大学博士学位论文.

龚明, 李英, 曹宗巽, 等. 1990. 植物体内的钙信使系统[J]. 植物学通报, 7(3): 19-29.

龚新明, 关军锋, 张继澍, 等. 2009. 钙、硼营养对黄冠梨品质和果面褐斑病发生的影响[J]. 植物营养与肥料学报, 15(4): 942-947.

关军锋. 1991. 钙与果实生理生化的研究进展[J]. 河北农业大学学报, 14(4): 105-109.

郝道斌, 李桐柱, 张其德, 等. 1981. 叶绿体膜的结构与功能Ⅷ. 镁离子对叶绿体类囊体膜的叶绿素-蛋白复合体聚合的影响[J]. 生物化学与生物物理学报, 13(4): 365-372.

胡国松, 郑伟, 王震东, 等. 2000. 烤烟营养原理[M]. 北京: 科学出版社.

黄翼, 彭良志, 凌丽俐, 等. 2013. 重庆三峡库区柑橘镁营养水平及其影响因子研究[J]. 果树学报, 30(6): 962-967.

金继运. 1993. 硫、镁和微量元素在作物营养平衡中的作用[M]. 成都: 成都科学技术大学出版社.

井大炜, 邢尚军, 马丙尧, 等. 2012. 土壤与植物中钙营养研究进展[J]. 生物灾害科学, 35(4): 447-451.

李灿雯. 2012. 钙和不同形态氮对半夏生长及主要化学成分的影响[D]. 南京: 南京农业大学硕士学位论文.

李建国, 高飞飞, 黄辉白, 等. 1999. 钙与荔枝裂果关系初探[J]. 华南农业大学学报, 20(3): 45-49.

李金凤. 2003. 大豆硫素营养及硫肥肥效研究[D]. 沈阳: 沈阳农业大学博士学位论文.

李少朋, 毕银丽, 陈咄圳, 等. 2013. 外源钙与丛枝菌根真菌协同对玉米生长的影响与土壤改良效应[J]. 农业工程学报, 29(1): 109-116.

李天来, 李琳琳, 余朝阁, 等. 2012. 钙素对SA诱导番茄幼苗抗灰霉病的调控作用[J]. 园艺学报, 39(2): 273-280.

李鲜, 陈昆松, 张明方, 等. 2006. 十字花科作物中硫代葡萄糖苷的研究进展[J]. 园艺学报, 33(3): 675-679.

李延, 刘星辉. 2002. 缺镁胁迫对龙眼叶片衰老的影响[J]. 应用生态学报, 13(3): 311-314.

李志勇. 2008. 调控玉米大斑病菌生长发育和致病性的 *CaM* 基因的克隆与功能分析[D]. 保定: 河北农业大学博士学位论文.

梁颁捷, 林毅, 朱其清, 等. 2001. 福建植烟土壤 pH 与土壤有效养分的相关性[J]. 中国烟草科学, (1): 25-27.

梁国庆, 孙文静, 周卫, 等. 2011. 钙对苹果果实超氧化物歧化酶、过氧化氢酶活性及其基因表达的影响[J]. 植物营养与肥料学报, 17(2): 438-444.

廖星. 1991. 作物硫素营养的诊断和施肥[J]. 土壤通报, 22(6): 274-276.

廖兴其. 1992. 扩展中的世界缺硫地区[J]. 世界农业, (2): 25-26.

刘崇群. 1995. 中国南方土壤硫的状况和对硫肥的需求[J]. 磷肥与复肥, (3): 14-18.

刘崇群, 陈国安, 曹淑卿, 等. 1981. 我国南方土壤硫素状况与硫肥施用[J]. 土壤学报, 18(2): 185-193.

刘光栋, 杨力, 宋国菡, 等. 1999. 氮硫养分平衡对大白菜营养品质和抗病性影响的研究[J]. 山东农业大学学报, 30(4): 417-420, 425.

刘国顺. 2003. 烟草栽培学[M]. 北京: 中国农业出版社.

刘计刚. 2009. 不同施肥方式对保护地番茄病害发生的影响[J]. 安徽农学通报, 15(16): 140, 184.

刘剑锋, 唐鹏, 彭抒昂. 2004. 采后浸钙对梨果实不同形态钙含量及生理生化变化的影响[J]. 华中农业大学学报, 23(5): 560-562.

刘立国, 李洪霞, 史国军. 2011. 作物缺硫诊断及防治[J]. 农村实用科技信息, (7): 44.

刘丽君. 2005. 硫素营养对大豆产质量影响的研究[D]. 哈尔滨: 东北农业大学博士学位论文.

刘泉群. 1995. 中国南方土壤硫的状况和对硫肥的需求[J]. 磷肥与复肥, 10(3): 14-18.

刘新, 孟繁霞, 张蜀秋, 等. 2003. Ca^{2+}参与水杨酸诱导蚕豆气孔运动时的信号转导[J]. 作物生理与分子生物学学报, 29(1): 59-64.

陆景陵. 1994. 植物营养学(上册)[M]. 北京: 北京农业大学出版社.

马友华, 丁瑞兴, 张继榛, 等. 1999. 硒和硫相互作用对烟草氮吸收和积累的影响[J]. 安徽农业大学学报, 26(1): 95-100.

毛伟华, 龚亚明, 宋兴舜, 等. 2006. 黄瓜 cDNA 芯片的构建及其在黄瓜缺镁胁迫下基因差异表达研究中的应用[J]. 园艺学报, 33(4): 767-772.

孟令新. 2008. 钾、钙、镁肥对保护地番茄生理性病害与产量的影响[J]. 安徽农学通报, 14(10): 60-61.

马斯纳. 1991. 高等植物的矿质营养[M]. 曹一平, 陆景陵, 译. 北京: 北京农业大学出版社.

慕康国, 赵秀琴, 李健强, 等. 2000. 矿质营养与作物病害关系研究进展[J]. 中国农业大学学报, 5(1): 84-90.

彭昊阳. 2013. 缺镁胁迫下雪柑根叶蛋白质组学研究[D]. 福州: 福建农林大学硕士学位论文.

尚卓婷. 2008. 越橘病害的诊断、鉴定与生物防治[D]. 大连: 大连理工大学硕士学位论文.

邵岩, 雷永和, 晋艳. 1995. 烤烟水培镁临界值研究[J]. 中国烟草学报, (4): 52-56.

生利霞, 冯立国, 束怀瑞. 2008. 低氧胁迫下钙对樱桃砧木根系抗氧化系统及线粒体功能的影响[J]. 中国农业科学, 41(11): 3913-3919.

施洁斌, 秦遂初, 单英杰. 1997. 酸性土壤小麦缺镁与铝及钙、钾元素的关系研究[J]. 浙江农业科学, (6): 282-283.

宋国菡, 杨力, 刘光栋, 等. 1998. 钙对结球甘蓝钙镁硫吸收分配影响的研究[J]. 山东农业大学学报, 29(4):

495-502.

苏艳敏, 刘文利. 2002. 作物的缺硫诊断与矫正施肥现状[J]. 延边大学农学学报, 24(1): 72-73.

田永强, 黄丽萍, 张正. 2016. 矿质元素缺失或不平衡与作物病害发生关系研究进展[J]. 中国农学通报, 32(21): 174-176.

万川, 蒋珍茂, 赵秀兰, 等. 2015. 深翻和施用土壤改良剂对烟草青枯病发生的影响[J]. 烟草科技, 48(2): 11-15, 26.

汪洪, 褚天铎. 1999. 植物镁素营养的研究进展[J]. 植物学通报, 16(3): 245-250.

汪良驹, 姜卫兵, 何岐峰, 等. 2001. 苹果苦痘病的发生与钙、镁离子及抗氧化活性的关系[J]. 园艺学报, 28(3): 200-205.

王彬, 蔡永强, 郑伟, 等. 2008. 钙延缓果实衰老的生理效应及其应用[J]. 江西农业学报, 20(8): 25-28.

王芳, 李振轮, 陈艳丽, 等. 2017. 钙抑制作物病害作用及机制的研究进展[J]. 生物技术通报, 33(2): 1-7.

王国华, 尹庆珍, 鄻淼, 等. 2008. 钙素营养对蔬菜抗病性的影响[J]. 河北农业科学, 12(7): 33-34.

王利, 高祥照, 马文奇, 等. 2008. 中国农业中硫的消费现状、问题与发展趋势[J]. 植物营养与肥料学报, 14(6): 1219-1226.

王梅. 2016. 硫对猕猴桃溃疡病的防控作用及其安全性[D]. 贵阳: 贵州大学硕士学位论文.

王梅, 尹显慧, 龙友华, 等. 2015. 硫素营养与作物病害关系研究进展[J]. 山地农业生物学报, 34(5): 70-73.

王萌, 许孝瑞, 刘成连, 等. 2009. 钙营养对温室毛桃果实品质及生理生化特性的影响[J]. 中国农学通报, 25(8): 219-222.

王庆仁, 林葆. 1996. 作物硫营养研究的现状与展望[J]. 土壤肥料, (3): 16-19, 29.

王庆仁, 林葆. 1999. 硫胁迫对油菜超微结构及超细胞水平硫分布的影响[J]. 植物营养与肥料学报, (5): 46-49.

王银均, 冯咏芳. 2007. 蔬菜缺镁症的发生与防治[J]. 中国蔬菜, (5): 108, 136.

温明霞, 石孝均. 2012. 锦橙裂果的钙素营养生理及施钙效果研究[J]. 中国农业科学, 45(6): 1127-1134.

温明霞, 石孝均. 2013. 生长期喷钙提高锦橙果实品质及延长贮藏期[J]. 农业工程学报, 29(5): 274-281.

吴芳芳, 郑友飞, 吴荣军. 2009. 钙盐协同枯草芽孢杆菌对苹果采后炭疽病的控制[J]. 植物保护学报, 36(3): 225-228.

吴洵. 1994. 茶树的钙镁营养及土壤调控[J]. 茶叶科学, 14(2): 115-121.

吴宇. 2010. 拟南芥耐低硫突变体高通量筛选的建立和鉴定[D]. 北京: 中国科学技术大学博士学位论文.

吴宇, 高蕾, 曹民杰, 等. 2007. 作物硫营养代谢、调控与生物学功能[J]. 植物学通报, 24(6): 735-761.

谢小玉, 邓小勇. 2009. 镁对黄瓜生长和光合特性的影响[J]. 西北农业学报, 18(2): 193-196.

谢玉明, 易干军, 张秋明. 2003. 钙在果树生理代谢中的作用[J]. 果树学报, 20(5): 369-373.

熊英杰. 2011. 外源NO对缺镁胁迫玉米幼苗生理生化特性的影响[D]. 南昌: 南昌大学硕士学位论文.

熊英杰, 陈少风, 李恩香, 等. 2010. 作物缺镁研究进展及展望[J]. 安徽农业科学, 38(15): 7754-7757.

许能琨, 肖召民. 1985. 从粤西植胶区三种土壤看矿质肥料对胶苗组分缺乏症状和生长的影响[J]. 热带作物学报, 7(2): 47-55.

尹永强, 何明雄, 韦峥宇, 等. 2009. 烟草镁素营养研究进展[J]. 广西农业科学, 40(1): 60-66.

于威, 依艳丽, 杨蕾. 2016. 土壤中钙、氮含量对番茄枯萎病抗性的影响[J]. 中国土壤与肥料, (1): 134-140.

张蓓, 阎爱华, 刘刚, 等. 2010. 胞内钙库对小麦叶锈菌侵染之过敏反应的影响[J]. 作物学报, 36(5): 833-839.

张萍华, 陈秉初, 方克鸣, 等. 2005. 小京生花生不同发病地块的土壤理化性质比较[J]. 浙江农业科学, 1(4):

57-59.

张其德, 娄世庆, 李桐柱. 1979. 叶绿体膜的结构和功能Ⅱ. 钾离子和镁离子对两种类型叶绿体膜吸收光谱及光系统Ⅱ功能的影响[J]. 作物学报, 21(3): 250-258.

张其德, 唐崇钦, 李世仪. 1982. 叶绿体膜的结构与功能Ⅸ. 亚麻酸对小麦叶绿体膜结构、吸收光谱和荧光光谱的影响以及镁离子的调节作用[J]. 作物学报, 24(4): 326-333.

张秋芳, 彭嘉桂, 林琼, 等. 2008. 硫素营养胁迫对水稻根系和叶片超微结构的影响[J]. 土壤, 40(19): 106-109.

张西森. 2007. 温棚番茄缺镁危害与防治[J]. 现代农业科技, (12): 75.

张昕. 2015. 外源钙对马铃薯克新 18 号形态、生理、产量与品质性状的影响[D]. 哈尔滨: 东北农业大学硕士学位论文.

张秀梅, 杜丽清, 王有年, 等. 2005. 钙处理对果实采后生理病害及衰老的影响[J]. 河北果树, (1): 3-6.

张艳玲, 王宏权. 2014. Ca^{2+}-CaM 信号系统与作物抗病性[J]. 热带农业科技, 87(1): 40-43.

张振兴, 孙锦, 郭世荣, 等. 2011. 钙对盐胁迫下西瓜光合特性和果实品质的影响[J]. 园艺学报, 38(10): 1929-1938.

赵晓玲, 佘文琴, 赖钟雄. 2005. 果树钙硼营养研究进展[C]. 福建省农学会: 福建省科协第五届学术年会提高海峡西岸经济区农业综合生产能力分会场论文集.

郑诗樟, 刘志良. 2015. 硫肥对土壤质量和生物有效性的研究进展[J]. 山东农业大学学报(自然科学版), 46(5): 688-693.

郑世燕, 丁伟, 杜根平, 等. 2014. 增施矿质营养对烟草青枯病的控病效果及其作用机理[J]. 中国农业科学, 47(6): 1099-1110.

郑永强, 邓烈, 何绍兰, 等. 2010. 几种砧木对哈姆林甜橙植株生长、产量及果实品质的影响[J]. 园艺学报, 37(4): 532-538.

周佩珍. 1987. 植物生理[M]. 合肥: 安徽科学技术出版社.

周卫, 张新生, 何萍, 等. 2000. 钙延缓苹果果实后熟衰老作用的机理[J]. 中国农业科学, 33(6): 73-79.

朱竹, 孟祥红, 田世平. 2010. 采前喷施草酸对芒果果实细胞钙含量和分布的影响[J]. 作物学报, 45(1): 23-28.

祝海燕, 高俊平. 2014. 钙在蔬菜病害防治中的作用[J]. 中国蔬菜, (11): 81-82.

庄敬华, 高增贵, 刘限, 等. 2004. 营养元素对木霉菌防治甜瓜枯萎病效果的影响[J]. 植物保护学报, 31(4): 359-364.

庄伊美. 1994. 柑桔营养与施肥[M]. 北京: 中国农业出版社.

庄伊美, 王仁凯, 谢志南, 等. 1993. 砧木对椪柑生长结果及叶片矿质成分的影响[J]. 园艺学报, 20(3): 209-215.

左宝玉, 李世仪, 王仁儒. 1979. 叶绿体膜的结构和功能 Ⅲ. 镁离子及钾离子对两种类型叶绿体膜超微结构的影响[J]. 作物学报, 21(4): 328-333.

Ammar E, Hogenhouts S. 2005. Use of immunofluorescence confocal laser scanning microscopy to study distribution of the bacterium corn stunt *Spiroplasma* in vector leafhoppers (Hemiptera: Cicadellidae) and in host plants[J]. Annals of the Entomological Society of America, 98(6): 820-826.

Anonymous. 1999. Blossom end rot of tomato[R]. University Illinois Reports on Plant Diseases, RPD No. 906, Urbana, IL.

Baba I. 1958. Nutritional studies on the occurrence of *Helminthosporium* leaf spot and "Akiochi" of the rice plant[J]. Bulletin of the National Institute of Agricultural Sciences, Nishigahara, Series D, Plant Physiology, 7: 1.

Bateman D F. 1965. Discussion of the soil environment[J]//Baker K F, Snyder W C. Ecology of Soil-Borne Plant Pathogens: Prelude to Biological Control[M]. Berkeley: University of California Press.

Batson W E Jr. 1971. Interrelationships among resistances to five major diseases and seed, seedling and plant characters in cotton[D]. San Antonio: Texas A&M University.

Bearchell S J, Fraaije B A, Shaw M W, et al. 2005. Wheat archive links long-term fungal pathogen population dynamics to air pollution[J]. Proceedings of the National Academy of Sciences of the United States of America, 102(15): 5438-5442.

Bell A A. 1989. Role of nutrition in diseases of cotton[J]//Engelhard A W. Soilborne Plant Pathogens: Management of Diseases with Macro-and Microelements[M]. Saint Paul: APS Press.

Bledsoe R W, Harris H C, Tisdale W B. 1945. Leafspot of peanut associated with magnesium deficiency[J]. Plant Physiology, 21(2): 237-240.

Burmeister D M, Dilley D R. 1993. Characterization of magnesium-induced bitter pit-like symptoms on apples: a model system to study bitter pit initiation and development[J]. Journal of Agricultural and Food Chemistry, 41(8): 1203-1207.

Castano J J, Kernkamp M F. 1956. The influence of certain plant nutrients on infection of soybeans by *Rhizoctonia solani*[J]. Phytopathology, 46: 326-328.

Cipollini D F, Busch J W, Stowe K A, et al. 2003. Genetic variation and relationships of constitutive and herbivore-induced glucosinolates, trypsin inhibitors, and herbivore resistance in *Brassica rapa*[J]. Journal of Chemical Ecology, 29(2): 285-302.

Colrat S, Deswarte C, Latché A, et al. 1999. Enzymatic detoxification of eutypine, a toxin from *Eutypa lata*, by *Vitis vinifera* cells: partial purification of an NADPH-dependent aldehyde reductase[J]. Planta, 207(4): 544-550.

Csinos A S, Bell D K. 1989. Pathology and nutrition in the peanut pod rot complex[J]//Engelhard A W. Soilborne Plant Pathogens: Management of Diseases with Macro- and Microelements[M]. Saint Paul: APS Press.

De Oliveira E, Magalhães P C, Gomide R L. 2002. Growth and nutrition of Mollicute-infected maize[J]. Plant Disease, 86(9): 945-949.

Edreva A, Molle E, Schultz P, et al. 1984. Biochemical study of tobacco subjected to "cotyledon test" conditions: effect of magnesium, reactions of resistant and susceptible plants to *Peronospora tabacina*: II. Peroxidase activity in uninfected tobaccos[J]. Annales du Tabac Section, 218: 165.

Filippi M, Prabhu A. 1998. Relationship between panicle blast severity and mineral nutrient content of plant tissue in upland rice[J]. Journal of Plant Nutrition, 21(8): 1577-1587.

Gill D L. 1972. Effect of gypsum and dolomite on *Pythium* diseases of seedlings[J]. Journal of the American Society for Horticultural Science, 97: 467-471.

Haenseler C M. 1939. The effect of various soil amendments on the development of club root (*Plasmodiophora brassicae*) of crucifers[J]. Phytopathology, 29: 9.

Hallock D L, Garren K H. 1968. Pod breakdown, yield, and grade of Virginia type peanuts as affected by Ca, Mg, and K sulfates[J]. Agronomy Journal, 60(3): 253-257.

Horsley S B, Long R P, Bailey S W, et al. 2000. Factors associated with the decline disease of sugar maple on the Allegheny Plateau[J]. Revue Canadienne De Recherche Forestière, 30(9): 1365-1378.

Huber D M. 1981. The role of nutrients and chemicals[J]//Asher M J C, Shipton P J. Biology and Control of Take-all[M]. London: Academic Press.

Huber D M. 1989. Introduction[M] // Engelhard A W. Soilborne Plant Pathogens: Management of Diseases with Macro- and Microelements. Saint Paul: APS Press.

Huber D M, Jones J B. 2013. The role of magnesium in plant disease[J]. Plant and Soil, 368(1-2): 73-85.

Huber D M, McCay-Buis T S. 1993. A multiple component analysis of the take-all disease of cereals[J]. Plant Disease, 77(5): 437-447.

John P, Morrissey A E O. 1999. Fungal resistance to plant antibiotics as a mechanism of pathogenesis[J]. Microbiol Mol Biol Rev, 63(3): 708-724.

Jones J B, Stanley C D, Csizinszky A A, et al. 1988. K and N fertilization rates influence susceptibility of trickle-irrigated tomato plants to bacterial spot[J]. HortScience, 23(1): 1013-1015.

Jones J B, Woltz S S, Jones J P. 1983. Effect of foliar and soil magnesium application on bacterial leaf spot of peppers[J]. Plant Disease, 67(1): 623-624.

Jones J P, Engelhard A W, Woltz S S. 1989. Management of Fusarium wilt of vegetables and ornamentals by macro- and microelements[J]//Engelhard A W. Soilborne Plant Pathogens: Management of Diseases with Macro- and Microelements[M]. Saint Paul: APS Press.

Kelman A, McGuire R G, Tzeng K C. 1989. Reducing the severity of bacterial soft rot by increasing the concentration of calcium in potato tubers[J]//Engelhard A W. Soilborne Plant Pathogens: Management of Diseases with Macro-and Microelements[M]. Saint Paul: APS Press.

Kernkamp M F, De Zeeuw D J, Chen S M, et al. 1952. Investigations on physiologic specialization and parasitism of *Rhizoctonia solani*[J]. Minnesota Agricultural Experiment Station, 200: 36.

Koseoglu A T, Tokmak S, Momol M T. 1996. Relationships between the incidence of fire blight and nutritional status of pear trees[J]. Journal of Plant Nutrition, 19(1): 51-61.

Kristufek V, Divis J, Dostalkova I, et al. 2000. Accumulation of mineral elements in tuber periderm of potato cultivars differing in susceptibility to common scab[J]. Potato Research, 43(2): 107-114.

Li T S C, Utkhede R S. 1991. Effects of soil pH and nutrients on growth of apple seedlings grown in apple replant disease soils of British Columbia[J]. Canadian Plant Disease Survey, 71(1): 29-32.

Linkohr B I, Williamson L C, Fitter A H, et al. 2002. Nitrate and phosphate availability and distribution have different effects on root system architecture of *Arabidopsis*[J]. Science in China, 29(6): 751-760.

Mallett K I, Maynard D G. 1998. Armilaria root disease, stand characteristics, and soil properties in young *lodgepole* pine[J]. Forest Ecology and Management, 105(1): 37-44.

McGuire R G, Kelman A. 1986. Calcium in potato tuber cell walls in relation to tissue maceration by *Erwinia carotovora* pv. *atroseptica*[J]. Phytopathology, 76(4): 401-406.

McNew G L. 1953. The Effect of Soil Fertility[M]//Plant Diseases. Yearbook of Agriculture. Washington, D. C.: U. S. Department of Agriculture: 100-114.

Mithen R. 1992. Leaf glucosinolate profiles and their relationship to pest and disease resistance in oilseed rape[J]. Euphytica, 63(1-2): 71-83.

Muchovej R M, Muchovej J J. 1982. Calcium suppression of *Sclerotium*-induced twin stem-abnormality of soybean[J]. Soil Science, 134(3): 181-184.

Myers D F, Campbell R N. 1985. Lime and the control of clubroot of crucifers: effects of pH, calcium, magnesium, and their interactions[J]. Phytopathology, 75(6): 670-673.

National Research Council, Committee on Plant and Animal Pests. 1968. Principles of Plant and Animal Pest Control. Vol 1, Plant-Disease Development and Control[M]. Washington: D. C. National Academy of Sciences.

Nome C, Magalhaes P C, Oliveira E, et al. 2009. Differences in intracellular localization of corn stunt spiroplasmas in magnesium treated maize[J]. Biocell, 33(2): 133-136.

Oliveira E D, Oliveira C M D, Magalhes P C, et al. 2005. Spiroplasma and phytoplasma reduce kernel production and nutrient and water contents of several but not all maize cultivars[J]. Maydica, 50(2): 171-178.

Pagel W, Heitfus R. 1990. Enzyme activities in soft rot pathogenesis of potato tubers: effects of calcium, pH, and degree of pectin esterification on the activities of polygalacturonase and pectate lyase[J]. Physiological and Molecular Plant Pathology, 37(1): 9-25.

Percival G C. Karim M S, Dixon G R. 1999. Pathogen resistance in aerial tubers of potato cultivars[J]. Plant Pathology, 48(6): 768-776.

Perombelon M C M, Kelman A. 1980. Ecology of the soft rot erwinias[J]. Annual Review of Phytopathology, 18(1): 361-387.

Persson L, Olsson S. 2000. Abiotic characteristics of soils suppressive to *Aphanomyces* root rot[J]. Soil Biology & Biochemistry, 32(8): 1141-1150.

Rabie G H. 1998. Induction of fungal disease resistance in *Vicia faba* by dual inoculation with *Rhizobium leguminosarum* and vesicular-arbuscular mycorrhizal fungi[J]. Mycopathologia, 141(3): 159-166.

Rouse B, Roberts P, Irey M. 2010. Monitoring trees infected with Huanglongbing in a commercial grove receiving nutritional/SAR foliar sprays in Southwest Florida[J]. Proceedings of the Florida State Horticultural Society, 123: 118-120.

Schutte K H. 1957. The significance of micronutrients[J]. Economic Botany, 11(2): 146-159.

Sutherland K G, Booth E J, Walker K C. 2004. Effects of added sulphur on fungicide control of light leaf spot[R]. HGCA Project Report No. 326. London: Home-Grown Cereals Authority.

Szepessy I, Hegedu'Sné R M. 1982. The effect of foliar Mg application on the disease resistance and yield of poppy[J]. Agrokem Talajtan, 31: 333-338.

Tapke V F. 1948. Environment and the cereal smuts[J]. Botanical Review, 14(6): 359-412.

Taylor G A. 1954. The effects of three levels of magnesium on the nutrient–element composition of two inbred lines of corn and on their susceptibility to *Helminthosporium maydis*[J]. Plant Physiology, 29(1): 87-91.

Thomas C A, Orellana R G. 1964. Phenols and pectin in relation to browning and maceration of castor bean capsules by *Botrytis*[J]. Journal of Phytopathology, 50(4): 359-366.

Tsai H Y. 1974. Biology of spermoplane and seedling rhizoplane in relation to disease resistance in cotton[D].

San Antonio: Texas A&M University.

Tu J C. 1978. Effect of calcium, magnesium and cytochalasin B on the formation of local lesions by alfalfa mosaic virus in *Phaseolus vulgaris*[J]. Physiological Plant Pathology, 12(2): 167-172.

Vallad G E, Cooperband L, Goodman R M. 2003. Plant foliar disease suppression mediated by composted forms of paper mill residuals exhibits molecular features of induced resistance[J]. Physiological and Molecular Plant Pathology, 63(2): 65-77.

Woltz S S, Jones J P. 1979. Effects of magnesium on bacterial spot of pepper and tomato and on the *in vitro* inhibition of *Xanthomonas vesicatoria* by streptomycin[J]. Plant Disease Report, 63(1): 182-184.

Young C C, Cheng K T, Waller G R. 1991. Phenolic compounds in conducive and suppressive soils on clubroot disease of crucifers[J]. Soil Biology & Biochemistry, 23(12): 1183-1189.

第7章 微量元素和有益元素与病害的关系

7.1 锰

锰是作物所必需的营养元素之一，以胚、种子及果实外皮和绿叶中含量较多。锰是作物体内许多氧化还原酶的主要成分。锰本身的原子价可以改变，因此，它对作物体内的氧化还原过程起着重要作用。作物最佳生长发育要求体内锰含量至少应为 30mg/kg DW。锰参与作物光合电子传递链的氧化还原过程及 PSII 系统中水的光解，且对维持叶绿体的正常结构具有重要作用。此外，锰也是作物体内一个重要的氧化还原剂，通过氧化还原调节细胞中的 Fe^{2+} 浓度以及细胞中抗坏血酸和谷胱甘肽的氧化还原状态。锰还是超氧化物歧化酶（superoxide dismutase，SOD）和硝酸还原酶等酶的辅助因子，对其具有活化作用（张玉秀等，2010）。

锰能促进硝态氮还原为氨，有利于蛋白质的合成，减少苹果植株内非蛋白氮的含量；锰能促进种子发芽、幼苗早期生长及生殖器官生长；增加花量，促进开花，使幼龄果树提早结果，加速生育过程，促进叶绿素及维生素 C 的形成，并能抑制铁过多的毒害。但是，作物吸收过量的锰会导致生理障碍而得粗皮病（温承日，1998）。

7.1.1 作物缺锰原因

锰虽然在土壤中含量比较多，但有效态含量很大程度上取决于土壤溶液的反应。土壤中的锰只有呈有效态或可溶态时，即水溶性锰、交换态锰和易还原态锰，才能被作物吸收利用。土壤中锰的有效态含量不但与锰元素的全量有关，还与土壤的酸碱度、氧化还原环境、有机质等密切相关（曾昭华，2000）。在含锰较低的母质上发育的土壤和高度淋溶的热带土壤上生长的作物常常缺锰。在含游离碳酸的高 pH 土壤，特别是有机质含量又较丰富时，缺锰也较普遍。另外，土壤中活性钙含量高时作物发病轻，钙的吸收会抑制锰的吸收和运转，而在有机质含量高或还原能力强的酸性土壤中，活性二价锰含量多，作物不会缺锰（温承日，1998）。

从地域上看，我国缺锰的土壤主要是北方地区的石灰性土壤，如黄潮土、褐土、栗钙土、黄绵土、漠境土等，主要是由不良的土壤条件引起的，因锰含量过低而引起的缺锰很少见。容易发生缺锰的土壤有：①石灰性土壤，尤其是质地较轻的石灰性土壤。pH>6.5 时容易发生缺锰。②富含钙的成土母质发育的土壤，尤其是冲积土和沼泽土。③排水不良并且有机质含量高的土壤。④砂质土壤，包括锰含量低的酸性砂质土壤。⑤酸性土壤过量施用石灰诱发的缺锰（pH> 6.5）（刘铮，1996）。

一定的农业措施也会导致缺锰：①灌溉使土壤的碱性反应增强，会导致缺锰。②氧化还原电位反复发生波动，渍水时锰的溶解度增大，可溶的 Mn^{2+} 因渗漏而损失；当土壤变干后，锰又迅速氧化。这种渍水、变干的反复进行，有可能导致缺锰。③干燥的暮春和初夏季节，雨量稀少，有时果树会发生缺锰。④酸性土壤上过量施用石灰而使pH> 6.5 时会诱发缺锰，尤其是缓冲能力弱的砂质土壤（刘铮，1996）。

综上所述，缺锰土壤可以分为两种类型：第一种类型主要是石灰性土壤，分布十分广泛；第二种类型是施用石灰的酸性土壤。我国的缺锰土壤主要是石灰性土壤，尤其是质地较轻的石灰性冲积土。

7.1.2 锰素营养与病害发生

1. 锰素营养与生理性病害

1）缺锰

苹果树出现黄叶病与缺锰有关，通过对苹果园黄叶病病树与正常树叶片内微量元素含量的分析发现，相对于正常树而言，病树的锰元素含量较低（胡增丽等，2017）。不同的作物对缺锰的敏感性不同，各种农作物对缺锰的敏感性如下：高度敏感的作物包括小麦、燕麦、甜菜、烟草、大豆、花生、马铃薯、莴苣、黄瓜、萝卜、菠菜、苹果、桃、葡萄等；中度敏感的作物包括紫花苜蓿、三叶草、大麦、亚麻、花椰菜、芹菜、番茄、胡萝卜等；敏感性低的作物包括黑麦、玉米、水稻、牧草、芦笋等。缺锰引起的生理性病害主要表现在叶片上，通常表现为新生叶片脉间失绿黄化，对光观察时更为明显，黄绿色界线不清晰，严重时褪绿部分呈黄褐色或赤褐色斑点，逐渐增多扩大并散布于整个叶片。有时叶片发皱、卷曲甚至凋萎。

各种作物缺锰表现的症状各有不同，燕麦缺锰的特异症状为"灰斑病"，其特征是首先在新叶叶脉间出现条纹状黄化，并出现淡灰绿色或灰黄色斑点，严重时，叶片全部黄化，病斑呈灰白色而坏死，或者叶片出现螺旋状扭曲、破裂或折断下垂。大麦、小麦缺锰早期出现灰白色浸润状斑点，新叶叶片脉间褪绿黄化，叶脉仍保持绿色，随后黄化部分逐渐变褐坏死，形成与叶脉平行的长短不一的线状褐色斑点。

双子叶作物（如棉花、油菜）缺锰时，幼叶首先失绿，叶脉间呈灰黄或灰红色，显示出明显的网状脉纹，有时叶片还出现淡紫色或浅棕色斑点（刘武定，1995）。亚麻缺锰时植株较矮，茎细弱，叶片小，后期常脱落，根系较弱，侧根数量较少（李桂琴等，1997）。大豆对缺锰比较敏感，症状通常从上部叶开始，脉间组织褪绿，呈淡绿色至黄白色，并伴有褐色坏死斑点或灰色等杂色斑，叶脉仍保持绿色，对光观察时呈现较清晰的网纹，由于网纹色度不均匀，界限不及缺铁清晰，叶片变薄易下披；生育后期缺锰，籽粒不饱满，甚至出现坏死。

马铃薯缺锰时新叶褪绿呈浅绿色，新展开叶片的中脉及大侧脉附近出现圆形的褐色或黑色坏死斑点，并逐渐向小叶中部和基部发展，坏死斑主要出现在后半叶。苹果缺锰时脉间失绿呈浅绿色，兼有斑点，从叶缘向中脉发展。严重时，脉间变褐并坏死，叶片全部为黄色，失绿遍及全树。豌豆缺锰会出现豌豆"杂斑病"，并在成熟时种子出现坏死，子叶的表面出现凹陷。缺锰有时会影响作物体的化学组成，如缺锰的植株中往往有硝酸盐的积累，向日葵缺锰时体内有氨基酸的积累，这些变化均可作为缺锰诊断时的参考。

2）锰过剩

作物含锰量超过 600mg/kg 时，就可能发生毒害作用，但各种作物又有区别，甚至在同一种作物的不同品种间也可相差好几倍。环境因素也可影响锰中毒的临界水平，如硅可以缓冲锰的毒害，增强作物组织对锰毒的忍耐力。因此高锰水平时，施硅对作物的正常生长有极显著的作用，但低锰水平时施硅往往无效（刘武定，1995）。

锰过剩引起的生理性病害一般表现为老叶边缘和叶尖出现许多焦枯褐色小斑，并逐渐扩大（臧小平，1999），但更明显的症状往往是由于高锰诱发其他元素如铁、镁和钙的缺乏症。这些症状的出现既可能是各种离子在根内结合点上的竞争，也可能是各种代谢反应的失调，离子向地上部的运输受阻所引起的（刘武定，1995）。

许多作物锰中毒的典型症状是成熟叶上出现棕色斑点，尽管这些棕色斑点含有氧化锰，但棕色并非来自锰，而是来自氧化态多酚，棕色斑点出现之前，在同一区域胼胝质快速增加，这说明 Mn^{2+} 对原生质膜有毒害作用。对锰过量敏感的指示作物有：苜蓿、菜豆、结球甘蓝、花椰菜、禾谷类、三叶草、玉米、豌豆、菠萝、马铃薯、萝卜、糖用甜菜、烟草、番茄。例如，水稻锰中毒症状为"黄化"叶片零散分布，有棕褐色斑点，"黄化"严重的叶尖，叶缘枯黄内卷，部分叶片的主脉呈紫色、暗绿色，远看似火烧状，俗称水稻"黄化病"（黎晓峰和陆申年，1995）。

苹果出现粗皮病与锰含量密切相关，发生粗皮病的果园的土壤中有效锰含量较高，且粗皮病严重发生的果园有效锰含量高于粗皮病较轻的果园，发生粗皮病的苹果树花器官中锰含量也较高（叶优良等，2002）。锰中毒会诱发双子叶的棉花和菜豆缺钙（皱叶病），组织中高锰含量诱导的缺钙症（皱叶症）很可能是钙向正展开叶的运输受到影响而间接造成的。钙的向上运输受 IAA 向基部的逆向运输调节，IAA 氧化酶活性或多酚氧化酶活性升高是高锰含量组织的典型特点。因此，锰中毒诱导的缺钙是由于促进了 IAA 的降解，高光照能加快这一过程。顶端优势的丧失以及侧枝形成的"扫帚病"或"丛枝病"是锰中毒的另一个症状，这进一步证实了 IAA 向基部的运输受到抑制与锰中毒相关的假说（李春俭，2008）。

过量的锰能够引起氧化胁迫，并导致 C、N 同化相关的酶和蛋白质含量降低。Mn^{2+} 在叶绿体中可被光激活的叶绿素氧化为 Mn^{3+}，氧化还原电位提高，致使 O_2^-、H_2O_2 和·OH 等活性氧（reactive oxygen species，ROS）自由基大量累积，叶绿素进一步受到破坏，叶绿体功能不能正常发挥。同时，ROS 可启动膜脂过氧化作用，导致膜脂过氧化产物丙二醛（malondialdehyde，MDA）大量累积，MDA 具有很强的交联性能，可以使蛋白质和核酸等生物大分子发生交联，进而使蛋白质分子和酶功能丧失，膜结构被破坏（张玉秀等，2010）。

2. 锰素营养与病理性病害

锰可通过本身的毒性或改变毒性来直接影响病原菌生长，也可通过根系分泌物新陈代谢的改变间接影响病害，同时锰可活化莽草酸途径的合成酶，促进酚类化合物、类黄酮、木质素、香豆素的形成，从而增强抗病虫能力（张福锁，1993）。小麦全蚀病的发生主要是由于小麦缺乏有效的微量元素 Mn^{2+}（刘国栋，2002）。

施锰可以大大降低大麦黑穗病、黑麦黑粉病的感染率，提高马铃薯对晚疫病、甜菜对立枯病和黑斑病的抗性。锰肥作为亚麻的种肥，可以减轻亚麻对立枯病、炭疽病和细菌病的感染（陈铭和尹崇仁，1994）。施锰能有效控制霜霉病、白粉病和褐斑病等病害的发生（王敏，2013）。作物组织中锰的浓度与植株对各种病菌的易感性有关，缺锰时作物代谢产物如含酚化合物、类黄酮、木质素、香豆素等的含量均降低，这些物质含量的降低反映出缺锰植株抗病虫的能力减弱（牛哲辉，2009）。小麦与蚕豆间作提高了蚕豆叶片中锰的浓度，有效降低了蚕豆赤斑病的病情指数（鲁耀等，2008）。番茄灰霉病的病情指数与植株内全锰含量呈显著负相关关系，分蘖洋葱和番茄伴生后番茄植株体内全锰的含量显著增加，有效控制了番茄灰霉病的发生（吴瑕等，2015）。豌豆对蓼白粉菌、天莲子对马铃薯纺锤块茎类病毒和豌豆对绿斑病毒的抗性与低浓度锰有关（牛哲辉，2009）。

7.1.3　锰素营养影响病害发生的机制

1. 锰促进光合作用

锰在作物体内最重要的生理功能是光合作用。锰是叶绿体的结构成分，是维持叶绿体结构所必需的元素，并且直接参与光合作用中的光合放氧过程。锰主要在光合系统Ⅱ的有氧氧化系统中参与水分解（余叔文和汤章城，1997）。锰原子在光合放氧系统转变过程中要经历动态的变化，包括锰氧化态的变化，但锰的氧化是阶段性的。据研究，即使含锰蛋白的氧化还原电位低于纯锰离子，但也足以使水氧化，这正是锰能胜任光合作用中该角色的原因（邹邦基和何雪晖，1986）。因此，锰能维持作物正常生理生化反应，保障作物正常生长，提高作物抗性。不同供锰水平提高了棉苗新叶的叶绿素含量，同时供锰浓度为 1mg/L 和 2mg/L 时老叶的叶绿素含量显著提高，但 8mg/L 时叶绿素含量略降低（高柳青等，2000）。

2. 锰参与氧化还原反应

锰是作物体内重要的氧化还原剂，可参与作物体内许多氧化还原反应，提高植株的抗病性。在叶绿体中，锰可被光激活的叶绿素氧化，成为光氧化的 Mn^{3+}，可使作物细胞内的氧化还原电位提高，使部分细胞成分被氧化（邹邦基和何雪晖，1986）。例如，抗坏血酸和谷胱甘肽通常在作物体内呈还原型，但在供锰不足时，则可向氧化型转变。如果作物体内锰过多，光氧化产生较多的 Mn^{3+}，将会使细胞成分过度氧化而出现缺绿症状。不少作物中存在含锰的超氧化物歧化酶，可催化超氧化物的自由基转变为过氧化氢和氧气，从而保护膜脂免于过氧化，对于保护作物细胞膜的完整性具有重要作用（饶立华，1993）。

3. 锰参与酶组成及调节酶活性

锰参与作物体许多酶系统活动，但与其他微量元素，如锌、钼、铁、铜等元素在酶系统中的作用不同，锰主要是作为酶的活化剂而不是酶的成分（施益华和刘鹏，2003）。锰活化的是一系列酶促反应，主要是磷酸化作用、脱羧基作用等，如糖酵解过程中的己糖激酶、烯醇化酶、羧化酶，三羧酸循环中的异柠檬酸脱氢酶、α-酮戊二酸脱氢酶和柠檬酸合成酶等都可以由 Mn^{2+} 活化（潘瑞炽和董愚得，1995；曾广文和蒋德安，1998）。因此，锰离子与作物呼吸作用、氨基酸和木质素的合成有密切关系。同时，锰也影响吲哚乙酸的代谢，锰是吲哚乙酸合成作用的辅因子，作物体内锰的变化将直接影响吲哚乙酸氧化酶的活性，缺锰将导致吲哚乙酸氧化酶活性提高，加快吲哚乙酸分解（史瑞和，1989）。锰作为苯丙烷代谢途径相关酶的辅助因子，可激活莽草酸和苯丙类代谢途径中的相关酶，从而对木质素、酚类和木栓的合成有重要作用，这些物质都是作物抗性反应的重要组成部分。

在豆科作物固氮过程中，锰主要是通过影响吲哚乙酸来影响根瘤的形成（施益华和刘鹏，2003）。当供锰水平为 1mg/L 和 2mg/L 时，棉苗叶片的硝酸还原酶活性显著提高；当供锰水平为 0mg/L、4mg/L 时硝酸还原酶活性降低，说明适量的锰可提高棉叶硝酸还原酶的含量，促进棉株体内硝酸还原酶活性增强，并在叶片中能有效将硝态氮还原成 NH_3，进而促进棉花体内的氮素代谢，从而提高植株对氮、磷的吸收。另外，锰水平较低或较高，限制了棉叶对硝酸还原酶的吸收，此时硝酸还原酶活性显著降低，氮素代谢受阻（高柳青等，2000）。

4. 锰影响养分吸收利用

在锰浓度适量范围内，小麦体内钾、钙、镁的浓度最大；而在锰中毒条件下，钙和镁的浓度急剧降低，叶片锰浓度大于 $400\mu g/g$ 时，会诱导小麦发生缺镁症（陈铭和尹崇仁，1994）。在小麦上施用锰肥，促进了小麦对氮、磷、钙等元素的吸收，抑制了小麦对铁、锌、铜等元素的吸收（祁明等，1987）。棉花种植中，较高或较低浓度的土壤锰浓度影响棉花对氮、磷养分的吸收，而适宜的土壤锰浓度能促进棉花根系和地上部对氮、磷的吸收与积累（高柳青等，2000）。

5. 锰抑制病原菌生长

锰是作物必需的微量营养元素，也是微生物生长的必需元素。锰通过产生抑制化合物或感染部位附近毒性锰的积累来直接影响作物病害。锰对作物病害的影响因浓度不同而异，适量的锰促进孢子萌发，加重病害的发生；当其含量达到一定浓度时，就会破坏病原菌的生理功能，从而减轻白杨溃疡病、菜豆病毒病、卷心菜根肿病和棉花枯萎病等多种病害的发病程度（张福锁，1993）。锰对病原菌的抑制效果受浓度的影响，锰浓度为 0.02g/mL 时抑菌率为 21.33%，浓度为 0.04g/mL 时抑菌率为 42.97%，浓度为 1.2×10^{-4}g/mL 时抑菌率为 63.09%（沈瑞清等，2002）。锰的抗病作用不是增加马铃薯块茎组织对真菌的抗性，而是在病菌侵染前，直接抑制疮痂病菌的生长（牛哲辉，2009）。

7.1.4　锰素营养管理与病害控制

1. 缺锰症防治措施

灌水洗盐：增施有机肥，种植绿肥，逐步改变土壤碱性。施硫酸锰基肥或施含锰矿渣的锰肥均能起到一定的防治效果（温承日，1998）。

研究表明，碱性土壤上或生长在酸性溶液中的燕麦都有灰斑病的发生，都可以在施锰肥后得到纠正（陈铭和尹崇仁，1994）。有学者研究了小麦不同种植区硫肥的施用效果，结果显示，在江汉平原石灰性冲积土壤上施硫酸锰 30kg/hm^2，小麦增产 11.3%，喷锰增产 13.4%；拌种加喷施增产 20.7%；只有拌种的效果不明显；同样，在甘肃酒泉石灰性土壤上春小麦基施和喷施锰肥均有良好的增产效果（农牧渔业部农业局，1986）。不同土壤含锰水平有差异的情况下，施用锰肥的合理用量如下：土壤有效锰为 4～8µg/g时，以土施 45～60kg/hm^2 硫酸锰为宜；有效锰为 8～12µg/g 时，以土施 30～45kg/hm^2 硫酸锰为宜；有效锰大于 12µg/g 时，以土施 30kg/hm^2 硫酸锰为宜。

最好的施锰方法是拌种加喷施，其次是基施锰肥（中国土壤学会青年工作委员会，1992）。推荐施锰肥的方法是喷施，作物喷施避免了锰肥在土壤中迅速氧化成高价锰（刘铮，1991）。麦类作物喷施锰肥的较好原则是"少量多次"：低于 1kg/hm^2 的硫酸锰配成 0.2%～0.5%溶液，喷施 2 或 3 次为宜。用富含锰的酸性肥料拌种，也是防治作物缺锰症的有效办法；在砂质石灰性土壤上锰肥拌种的适宜用量为 6kg/hm^2（陈铭和尹崇仁，1994）。

2. 锰过量导致的生理性疾病的防治

（1）改良酸性土：施用石灰或硫酸钙或钙镁磷肥，或者施用碳酸钙。

（2）雨季注意排水，黏质土注意扩穴深翻，利用压砂改善土壤的通气性。

（3）砧木在强酸性土壤未能改变的情况下尽量选种抗病品种。

（4）增施钙肥、硼肥可减轻锰害。

（5）加强肥、水、土管理，增强覆草，可减少发病率（温承日，1998）。

（6）锰和钙配合施用：施锰 400mg/kg 的同时施钙 1000mg/kg、施锰 600mg/kg 的同时施钙 2000mg/kg、施锰 800mg/kg 的同时施钙 2500mg/kg 可有效控制枝干粗皮病的发生。施锰的同时施钙，由于土壤 pH 降低明显，抑制土壤交换态锰和易还原态锰的形成，苹果树体的锰吸收量少，施锰的毒害作用也就大大降低。叶片发病后施钙，树体内锰积累量较多，但还未达到对韧皮部形成毒害的量，即施锰 400mg/kg 诱发叶片发病后施钙 2000mg/kg 可有效控制粗皮病的发生。这一结果对防治苹果树粗皮病具有较大的生产意义，因为枝干粗皮病发生前，叶片先产生失绿现象，所以待发现叶片发病时，施钙 2000mg/kg 即可有效控制枝干粗皮病的发生。施锰使苹果树枝干发病后再施钙，对粗皮病的蔓延有一定的控制作用，但效果不明显，主要原因是苹果树体内已局部累积过量的锰，韧皮部皮层内形成黑色的氧化锰沉积，出现坏死斑，已形成粗皮病，此时再用钙矫正为时已晚（高艳敏等，2006b）。

（7）锰和硅配合施用：硅与锰交互作用可使锰敏感黄瓜幼苗叶片明显变绿，萎黄症状基本消失，并且叶绿素荧光参数 F_v/F_m 和 $\Phi PS\,II$ 值维持在较高水平，净光合速率明显提高；同时，叶绿体中抗坏血酸-谷胱甘肽循环中的抗坏血酸过氧化物酶（APX）、脱氢抗坏血酸还原酶（DHAR）和谷胱甘肽还原酶（GR）活性均大大增强，ROS 含量降低，表明硅与锰交互作用能够提高抗氧化酶的活性，有效清除体内过量的 ROS，减轻锰毒伤害。推测硅能够增强幼苗对铁的吸收，减少对锰的过量吸收，或将锰分布到其他部位以降低锰毒（张玉秀等，2010）。施锰 400mg/kg 的同时施硅 400mg/kg，可安全有效地抑制粗皮病的发生；施锰 400mg/kg 诱发叶片发病后，施硅 400mg/kg 可较好地控制粗皮病的发生。施锰 400mg/kg 条件下枝干发病后再施硅，对粗皮病的蔓延有一定的控制作用，但效果不明显（高艳敏等，2006a）。

7.2　铜

早在 20 世纪初人们就发现在果树或蔬菜上喷施含铜的波尔多液能增加作物产量，并认为铜对作物生长有刺激作用。由于作物需铜量少，而大多数土壤中都含有足够的铜可供作物利用，因此铜素营养很少引起人们的关注，其研究深度也远不及其他微量元素。然而，随着生产的发展，农业上出现了缺铜症状，甚至在某些地方土壤缺铜已成为严重的生产问题；随着工业的发展，土壤铜污染又成为严重的环境问题，因此铜的研究受到越来越多的重视（刘武定，1995）。

7.2.1　作物缺铜原因

（1）土壤条件。有机物质结合铜的能力大于黏粒，因此，在有机质丰富的土壤中，作物常常缺铜。有机质中的胡敏酸、富里酸等能结合铜，使之成为无效铜。在沼泽土和泥炭土中，存在大量有机质，致使土壤有效铜的含量降低，作物容易缺铜。在淹水土壤中，铜不发生价态变化，铜对作物的有效性可能降低。原因可能是在渍水土壤中存在大量的锰和铁还原物，对铜产生表面吸附（黄建国，2004）。

（2）施肥不当。使用氮肥过多，常导致生育后期植株叶色浓绿，群体过于繁茂而有倒伏倾向，易发生缺铜症状。长期喷施波尔多液的多年生作物（如葡萄）容易发生铜中毒。大量施用含铜量高的工业污泥和厩肥等，可能引起作物中毒，铜抑制铁的吸收，使叶片失绿，植株与根系生长受阻（黄建国，2004）。

7.2.2　铜素营养与病害发生

1. 铜与生理性病害

作物缺铜一般表现为幼叶褪绿、坏死、畸形及叶尖枯死；植株纤细，木质部纤维和表皮细胞壁木质化及加厚程度减弱。严重缺铜时，韧皮部及木质部的分化受阻，特别是茎部厚壁组织变薄。

禾本科作物和果树对缺铜最敏感，最容易出现缺铜症状。禾本科作物缺铜的表现是植株丛生，顶端逐渐变白，症状通常从叶尖开始，严重时不抽穗或穗萎缩变形，结实率降低，籽粒不饱满，甚至不结实，如小麦的"白叶尖病"或"尖端黄化病"均为缺铜引起的生理性病害（黄建国，2004）。双子叶作物缺铜时，叶片卷缩，植株膨压消失而出现凋萎，叶片易折断，叶尖呈黄绿色。草本作物缺铜往往叶尖枯萎，嫩叶失绿和老叶枯死。木本作物缺铜则表现为枯梢、果实和小枝出现腐烂斑。果树缺铜时发生顶枯、树皮开裂，有胶状物流出，呈水泡状皮疹，称为"郁汁病"或"枝枯病"，而且果实小，果肉僵硬，严重时果树死亡，果树在开花结果的生殖生长阶段对缺铜比较敏感（刘武定，1995）。

作物缺铜的临界浓度为 1~3.5mg/kg，但与作物种类、部位、生育阶段及环境条件等有关。作物缺铜的临界值与含铁量关系密切，铜与铁的比值在正常和缺铜植株中有明显的规律性。因此有人认为采用 Cu/Fe 能更好地判断植株的铜营养状况。多数作物要求根际土壤溶液中铜的浓度为 0.02~0.04mg/kg（刘武定，1995）。

对于一般作物来讲，含铜量大于 20mg/kg 时，作物就可能中毒。在农作物中，水稻和陆稻对铜最为敏感。铜中毒的症状是新叶失绿，老叶坏死，叶柄和叶的背面出现紫红色。从外部特征看，铜中毒很像缺铁，这可能是由于铜过多时，会引起铜从生理重要中心置换出其他金属离子（如铁等）。作物对铜的忍耐能力有限，铜过量很容易引起毒害。例如，玉米虽然是对铜敏感的作物，但铜过多时，也易发生中毒现象。此外，菜豆、苜蓿、柑橘等对大量铜的忍耐力都较弱。铜对作物的毒害首先表现在根部，因为作物体内过多的铜主要集中在根部，具体表现为主根的伸长受阻，侧根变短。许多研究者认为，过量铜对质膜结构有损害，从而导致根内大量物质外溢（陆景陵，1994）。

2. 铜与病理性病害

铜虽然被广泛用于无机杀菌剂，但是关于铜营养与作物病害的关系研究较少。有报道证实施铜或结合施铁增加了洋葱白腐病的发病率；铜能显著缓解香蕉枯萎病病害（姬华伟等，2012）；另有报道喷施铜肥可减轻葫芦的叶枯病。小麦铜营养状况与白粉病感染速率无明显关系，但严重缺铜时，成熟作物抵抗白粉病的能力受到抑制。延缓木质化、削弱酚代谢、可溶性碳水化合物积累，以及延迟叶片老化可能是缺铜导致作物成熟期感病性高的原因（慕康国等，2000）。喷施铜能延迟烟株显症和叶脉出现褐色坏死的时间，降低花叶病发病程度，使病毒增殖受到抑制，烟株体内与抗性相关的物质含量升高，电解质的外渗减少（刘炳清等，2014）。

7.2.3 铜素营养影响病害发生的机制

铜是生物有机体必备的微量元素，在电子传递链中可以作为电子供体和受体。同时在微生物体内，铜是许多酶和蛋白质的重要组分，在许多重要的氧化和还原过程中发挥作用。然而，铜的过量积累会促进羟自由基的产生，从而造成严重的细胞损伤。因此铜制剂作为抗菌剂在防治病害中起着重要作用（王晓宁等，2019）。

1. 铜参与作物体内氧化还原反应

在有水和 pH 条件下铜颗粒还可以缓慢释放出铜离子，并与病菌体内蛋白质中的—SH、—NH$_2$、—COOH、—OH 等基团结合，导致蛋白质的错误折叠，改变细胞内的氧化还原状态，以及与其他物质竞争酶活性中心的结构，从而干扰酶的正常功能。产生的活性氧（ROS）还刺激脂质过氧化作用，损伤蛋白质和核酸，最终导致溃疡病菌死亡（姚廷山等，2016）。

2. 铜参与木质素合成

铜在细胞壁形成中有重要作用，尤其在木质化过程中的作用最大。因此，细胞壁木质化受阻是作物缺铜诱发的最典型的解剖学变化之一。缺铜时，叶片的细胞壁物质占总干重的比例显著下降，木质素含量仅为正常铜处理的一半。铜对木质化作用的影响在茎组织中表现得更为突出。严重缺铜时，作物木质部导管的木质化受阻，甚至轻度缺铜也使木质化作用降低。因此，木质化程度可作为判断作物铜营养状况的指标。作物缺铜影响木质化作用与含铜多酚氧化酶的活性受阻有关。多酚氧化酶参与木质素的生物合成，缺铜使多种氧化酶活性下降，因而木质素合成减少（刘武定，1995）。

3. 铜与碳水化合物及氮代谢

在作物营养生长后期，缺铜使可溶性碳水化合物的含量显著降低。缺铜对碳水化合物合成的影响可能是间接的，因为缺铜并不影响碳水化合物在作物体内的分布。铜对作物氮代谢有多方面的影响，当植物缺铜时，体内有游离氨基酸积累，特别是天冬氨酸、谷氨酸、丙氨酸、精氨酸、脯氨酸含量显著增加（刘炳清等，2014）。

4. 铜参与形成物理保护屏障并刺激抗病信号产生

将铜制剂喷洒于柑橘树，其能较好地固定在体表，对柑橘植株不产生毒性，铜制剂一旦开始溶解，产生的铜颗粒即可以黏附在叶片表面，将柑橘溃疡病菌与其侵入的途径气孔、水孔等隔开，形成物理性保护屏障，阻止柑橘溃疡病的进一步发展（姚廷山等，2016）。乙烯在植物的抗病反应中是植物防御反应的报警信号物质并参与防御反应，植物在受病原菌侵染后，其乙烯释放量明显增加。烤烟喷施铜后，烟株体内的乙烯释放量在短期内迅速增加，表明喷施铜对烟株产生的诱导作用能刺激乙烯的产生（李鑫等，2009）。

7.2.4 铜素营养管理与病害控制

对于大多数缺铜作物来讲，无论是无机还是有机铜肥，也不管是土施、种子处理还是喷施，均有明显效果。采用带状集中施肥法是土施铜肥最经济的方法，用量为每公顷 20～30kg，每隔 3～5 年施用一次；对于有机腐殖土等有效铜低的土壤，土施后铜肥会很快被土壤固定，最好采用叶面喷施，喷施的效果迅速，但维持的时间较短，有时需连续喷施才能满足作物对铜的需要（刘武定，1995）。

喷施浓度为 0.1%～0.4%硫酸铜溶液，为避免药害，最好加入 0.15%～0.25%熟石灰，熟石灰兼有杀菌的作用；种子处理时，禾谷类作物浸种为 0.01%～0.05%硫酸铜溶液，玉米拌种为每公斤种子用 0.5～1.0g 硫酸铜；含铜矿渣及难溶性的氧化铜和氧化亚铜只能作为基肥，一般含铜矿渣的用量为 450～750kg/hm^2，氧化铜和氧化亚铜为 10～15kg/hm^2，于播种前或移植前施入土壤（刘武定，1995）。

7.3　锌

锌是人、动物和作物生长发育所必需的微量元素之一（董社琴，2005）。土壤中锌供给不足时，农作物及畜产品的产量和品质都会受到影响（赵荣芳等，2007）。锌是碳酸酐酶、果糖-1,6-二磷酸酶、醛缩酶的激活剂，在作物光合作用中参与碳水化合物的转化和代谢，并能增强作物的抗病、抗寒、抗旱性，促进作物生长，提高籽粒产量（孙建华，2013）。近年来由于产量的进一步提高和新品种的推广，锌缺乏的现象越来越普遍和严重。据统计，全世界 50%的作物种植区土壤都存在缺锌或潜在缺锌。目前我国土壤缺锌现状日趋严重，缺锌土壤面积达 4866 万 hm^2。全世界作物因缺锌而造成减产的面积一般分布广泛，施用锌肥是改善作物缺锌的重要措施（王孝忠等，2014）。

7.3.1　作物缺锌原因

1. 气候因素

气温较常年偏低、降雨频繁的地区容易造成作物缺锌。低温不但影响土壤中锌的释放速度，降低有效锌的含量，而且影响作物根系对锌元素的吸收速度，所以，海拔高、温度低的地块更易缺锌。多雨常造成锌元素的淋失（李频道，2010）。

2. 土壤因素

（1）土壤有效锌含量不足。土壤中的锌常以自由态、结合态等多种形式存在，其中只有自由态的锌离子才能被植物有效吸收，而自由态锌含量又受土壤 pH、有机质含量、土壤结构等多种因素影响。例如，在我国柑橘园，由于土壤酸化以及硅铝酸盐矿物（土壤锌的主要来源）易分解、易发生风化淋溶作用，土壤有效锌大量淋失（付行政等，2014）。

（2）春季低温、地下水水位高、冬季烂泥田、海拔高、温度低的地区易缺锌，应重视锌肥的施用。碱性土壤有效锌含量低，需要增施锌肥（陈新春和汪芳，2007）。

（3）土壤 pH。有些种植区为酸性红、黄壤土，不仅有效锌含量低，锌的流失也十分严重，特别是酸性砂质土壤流失更严重；有些地块为石灰石土壤或石灰施用过量的土壤，锌的有效性低，作物容易缺锌（李频道，2010）。

3. 营养元素失衡

（1）大量施用复合肥料、石灰会诱发作物缺锌，需要增施锌肥。过量施用过磷酸钙后，会在土壤中形成大量难溶性的磷酸锌盐，使作物出现明显的缺锌症状；过量施用钙镁磷肥等碱性磷肥后，会使土壤碱化，降低锌的有效性，影响作物对锌的吸收。同时，施磷过多，还会导致作物发育不良。另外，农家肥的施用质量和数量下降，以及秸秆还田技术未能实施到位，使土壤中锌含量呈逐年负增长态势。以杂交水稻为例，随着杂交水稻品种、高产栽培技术的应用，需锌量更大，需要增施锌肥（陈新春和汪芳，2007）。

（2）连作导致锌元素的空耗过大。种植时间过长的甘薯地，土壤中所含的锌被吸收殆尽，又得不到及时补充，是导致土壤缺锌的重要原因之一，而且这一情况也具有普遍性（李频道，2010）。

4. 作物遗传基因

高产品种的产量高，势必需要较多的锌。同时这些品种又要求早生快发，土壤锌供应不足，供需矛盾加大（陈新平，2015）。

7.3.2　锌素营养与病害发生

1. 锌与生理性病害

锌是叶绿体的组成成分，影响叶绿素形成，从而影响作物光合作用。缺锌时，作物生长受抑制，尤其是节间生长严重受阻，并表现出叶片的脉间失绿或白化症状。作物生长出现障碍与缺锌时作物体内生长素的浓度降低有关。作物缺锌，叶绿体内的膜系统易遭破坏，叶绿素形成受阻，因而常出现叶脉间失绿现象（陆景陵，2003）。

作物对缺锌的敏感程度常因其种类不同而有很大差异。禾本科作物中玉米和水稻对锌最为敏感，通常可作为判断土壤有效锌丰缺的指示作物。小麦、大麦、燕麦和黑麦等谷类作物及禾本科牧草对锌则不敏感。双子叶作物中的马铃薯、番茄、甜菜等对锌仅为中度敏感。多年生果树对锌也比较敏感，如柑橘、葡萄、桃和苹果等。缺锌对果实品质的影响较大（陆景陵，2003）。

双子叶作物缺锌的最典型症状是节间缩短、生长矮化（簇生病）和叶片变小（小叶病）。在严重缺锌时，茎尖死亡非常普遍。通常这些症状与叶片失绿同时出现，失绿症状与周围反差很大，或呈扩散状（叶斑病）。禾谷类作物如高粱缺锌时，常在叶片上出现沿中脉的失绿带和红色斑状褐色现象（由花色素所致）。缺锌作物老叶黄化和坏死症状常常是由磷毒或硼毒造成的次生效应，或是由于光氧化作用抑制了光合产物输出所造成的次生效应。苹果树缺锌主要引起小叶病，表现为叶小簇生、节间缩短、萌芽率高、成枝率低，一般树冠上部枝条发病严重，病枝结果少且质量差，造成严重减产（王衍安，2007）。烤烟轻微缺锌时，烟株生长减缓，叶面出现皱褶和叶斑，叶片扩展受到影响；当严重缺锌时，下部叶的叶脉间易出现不规则的枯斑；烤烟生长后期，这些枯斑会逐渐转变为灰棕色至黑棕色，而且可能会伴有黑色小颗粒的出现，叶色严重失绿，叶片厚度不均，顶叶皱缩，上部叶变翠绿且肥厚，甚至整株叶片坏死（廖伟等，2015）。

缺锌对地上部生长的抑制超过对根生长的抑制，根的生长甚至会因地上部生长受抑制而受到促进作用。缺锌时，根分泌的低分子溶质增加，在双子叶作物中主要是氨基酸、糖、酚类和钾，而禾本科作物主要是铁载体，这也是作物缺铁的典型反应（李春俭，2008）。

当大量施锌时，对锌忍耐性不高的作物就会发生锌中毒。对根系伸长的抑制程度是反映锌毒害的一个很敏感的指标。锌中毒常常会引起幼叶失绿，这可能是由于水合 Zn^+ 和 Fe^{2+} 及 Mn^{2+} 的离子半径相似而诱发的缺铁失绿或缺镁失绿。供应高锌诱导的缺锰也很重要，它使作物体内含锰量急剧降低。

田间作物锌中毒的临界水平可从叶片中含锌量低至 100μg/g 干重到高于 300μg/g 干重，后一数值更为典型。施用石灰提高土壤 pH 是降低植株含锌量、减轻锌毒的有效办法（李春俭，2008）。

2. 锌与病理性病害

锌是作物糖合成和利用所必需的元素，增加锌含量可以提高栝楼体内的糖代谢水平，抑制栝楼根腐病的发生（薛玲等，1994）。锌影响水稻稻瘟病、玉米茎腐病及冬小麦叶锈病的发生。锌可以降低作物感病性，高浓度的锌能抑制作物的某些病害。例如，向土壤施用 $ZnSO_4$，棉花因镰刀菌引起的萎蔫病死株数由 43%下降到 30%；用 1%波尔多液加 0.5% $ZnSO_4$ 喷施柑橘，其褐斑病发病率由 99%下降到 6%，这些抑制作用部分是由于锌的效果；马铃薯在播种前用 0.05% $ZnSO_4$ 加 1%乙酸浸种 15min，其疮痂病发病率由 97%下降到 12%，其原因很可能是锌对病原菌有直接毒害作用，既不是影响代谢，也不是直接毒害土壤微生物（刘武定，1995）。

柑橘枯萎病会引起锌在根系、树干和一些大枝的木质部中过量积累，这种锌的积累通常发生在树体表现枯萎症状之前，因此可将木质部锌的积累作为判断枯萎病的标志（付行政等，2014）。锌的供应能够有效抑制小麦冠腐病及香蕉枯萎病的发生（姬华伟等，2012）。在小麦种植前施用含 Zn 量高的厩肥能显著减少小麦纹枯病的发生（图 7-1）（Huber，2007）。

图 7-1　种植小麦前施 Zn 对小麦纹枯病的影响（Huber，2007）
a. 秋季施用含 Zn 量高的厩肥（左）和不施用厩肥（右）；b. 种植前施用 Zn 肥（左）和不施用 Zn 肥（右）

7.3.3　锌素营养影响病害发生的机制

1. 锌保障光合作用顺利进行

锌是叶绿素的重要组成成分，研究发现，当溶液中锌离子浓度小于 0.01mg/L 时，随培养周期的延长，叶绿素 a 含量增大，且高于无锌离子组，说明低浓度锌对藻类的光合作用有促进作用；锌浓度大于 0.05mg/L 时，叶绿素 a 含量随培养周期的延长呈下降趋势，表明较高浓度锌对藻类的光合作用有抑制作用（刘晓海等，2006）。10mg/L 锌浓度下生长的西蓝花幼苗与缺锌处理相比，叶绿素 a、b 含量分别提高 32.78%、39.02%，株高增加 10.01%，新生叶叶面积增大 10.85%，光合速率提高 45.81%；与常规锌浓度（0.05mg/L）相比，叶绿素 a、b 含量分别提高 20.15%、27.72%，新生叶叶面积增大 13.10%，光合速率提高 13.55%（冯致等，2005）。

2. 锌影响作物的激素代谢

锌对作物激素如生长素和赤霉素合成的影响在大豆、玉米、苹果和柑橘中均有报道。作物在缺锌条件下叶片狭小、节间缩短、生长缓慢，当作物体内生长素不足时也会产生类似症状，因而人们将锌与生长素联系起来，认为缺锌会降低作物的生长素含量。色氨酸的合成需要锌的参与，而色氨酸是生长素合成的重要前体物质，因此认为缺锌导致生长素含量降低是因为抑制了其前体物质色氨酸的合成（付行政等，2014）。

3. 锌调节作物体酶活性

锌是 300 多种酶的主要组成成分，其中与锌效率密切相关的酶有碳酸酐酶和铜锌超氧化物歧化酶（Cu/Zn-SOD）。碳酸酐酶的含量、活性与锌供应量密切相关，可作为锌亏缺的指标（蒿宝珍等，2007）。碳酸酐酶普遍存在于作物体中，催化光合作用中可逆的二氧化碳水合反应，在碳酸酐酶合成过程中，锌是不可缺少的元素（沈志锦等，2007）。研究发现，碳酸酐酶在海藻光合作用中的作用非常关键，可逆的二氧化碳水合反应在没有酶催化的条件下进行得很慢，当有碳酸酐酶催化时，无机碳在溶液中的转化速率提高，极大地促进了溶解在溶液中的二氧化碳的水合反应，有助于将二氧化碳快速运输到光合作用活跃的细胞，促进光合作用，提高光合速率（沈志锦等，2007）。

铜锌超氧化物歧化酶是一种含锌酶，存在于叶绿体基质中，它可以减弱超氧自由基对作物的危害，并可能与膜组分中的磷脂和巯基结合或与多肽链中的组氨酸形成四面体复合物，从而保护膜上脂类和蛋白质免遭氧化破坏（蒿宝珍等，2007）。小麦缺锌可引起体内铜锌超氧化物歧化酶的活性降低，适量锌供应可提高小麦体内铜锌超氧化物歧化酶的活性，锌吸收利用效率与铜锌超氧化物歧化酶活性呈正相关（蒿宝珍等，2007）。锌是铜锌超氧化物歧化酶结构组成所必需的，能够有效清除发病过程中产生的氧自由基，从而减少其对细胞膜的伤害，增加作物的抗病性（Cakmak，2000）。

4. 锌能够维持作物细胞膜稳定性

锌对作物生物膜的结构和功能有重要的生理作用，可通过保证细胞膜上磷脂和膜蛋白巯基等大分子的结构及维持离子运输系统来稳定生物膜（王盛锋，2013），通过保护细胞膜的完整性提高作物的抗病性。当作物缺锌时，根系生物膜结构的完整性将受到不同程度的损伤，因而使根际碳水化合物与游离氨基酸的外渗量增加，这十分有利于病原微生物的繁殖与生长。膜结构完整性受损可能与缺锌时蛋白质生物合成受阻密切相关。

此外，缺锌时作物体内天冬酰胺和谷氨酸的含量显著增加，外渗量也随之增加，为病原微生物的生长提供含氮化合物（霍玉芹等，1996；王盛锋，2013）。小麦缺锌时，根部 K^+、氨基酸、糖和酚类物质大量外泌，重新供锌后，氨基酸、糖等物质的渗漏大大降低（张福锁，1992）。

5. 锌提高作物抗病性

与作物抗性相关的蛋白质很多，其中很重要的一种是锌指蛋白。锌指蛋白是一类具有指状结构域的转录因子（沈志锦等，2007），它能识别特定靶 DNA，参与作物各个时期的生长发育，并在环境胁迫下促进特殊基因的表达。黄龙病会引起柑橘叶片出现类似缺锌的黄化症状，黄龙病感染植株可能是由于韧皮部阻塞，影响矿质离子运输，降低叶片 Ca、Mg、Mn 和 Zn 等营养元素的含量，而通过叶面施肥能有效抑制黄龙病导致的柑橘减产（付行政等，2014）。

7.3.4　锌素营养管理与病害控制

（1）锌肥基施。土壤施锌，锌肥用量大，植株可以通过根系从周围的土壤里不断地吸收锌供其所需，故土施增产效果较好（王孝忠等，2014）。一般在作物幼苗移栽前均匀撒施并深翻，可将锌肥与生理酸性肥料混合施用，但不宜与磷肥混施，以免生成作物难以吸收利用的磷酸锌而降低肥效，也不可与碱性肥料一起使用，因为锌在碱性条件下易被固定（叶廷红等，2019）。

（2）种子处理。采用种子处理的方式，包括浸种、拌种及蘸秧根，浸种和拌种主要是解决秧苗缺锌，蘸秧根主要是为了缓解秧苗移栽后在短期内缺锌，但它们均不能满足水稻后期对锌的需求，且采用种子处理时硫酸锌浓度要控制好，以免对种子造成毒害或伤苗，一般采用 0.1% 硫酸锌溶液（叶廷红等，2019）。

（3）平衡施肥。维持土壤中锌与其他元素间的平衡。避免过多施用氮肥和磷肥，增施有机肥料。对柑橘喷施 N、K、Zn、Ca 等多种营养元素后，出现黄龙病症状的树体数量减少了 40%，对 8 年生蜜橘施用 10mg/kg 锌肥后，明显延迟黄龙病的发生，提高了果实产量和可溶性固形物含量（付行政等，2014）。

7.4　硼

硼是作物生长和发育必需的微量元素，以硼酸的形式被作物吸收，能与游离状态的糖结合，使得糖带有极性，从而使糖容易通过质膜，促进其运输。硼与核酸及蛋白质的合成、激素反应、膜的功能、细胞分裂、根系发育等生理过程有一定关系。硼能抑制作物体内咖啡酸、绿原酸的形成（董鲜，2014）。硼对植株生殖过程有重要作用，能刺激萌发花粉对氧气和蔗糖或葡萄糖的吸收，促进花粉萌发及花粉管伸长，利于受精和种子形成。在缺硼条件下，花药和花丝萎缩，花粉管形成困难，妨碍受精作用，导致坐果率低。硼在病害中的应用是因为其与酚类物质代谢密切相关。硼在作物体中移动性不强，其中糖醇类物质包括甘露醇和山梨醇能与硼形成螯合物，有助于硼酸在作物体内的转运，同时甘露醇能够中和毒素，减少其对植株的伤害。硼对细胞结构以及稳定性有直接作用，并且对减轻作物病害有积极作用（董鲜，2014）。硼对果树的生长发育具有重要作用，适量的硼素营养能提高果实品质，增加产量。

7.4.1 作物缺硼原因

硼是目前研究较少的作物生长和发育所必需的微量元素，并且硼的缺乏也是世界上比较普遍的问题。

（1）有机质。土壤有机质含量与硼有效性呈正相关。有机质含量高，土壤硼有效性高；有机质含量低，土壤硼有效性低（林光，2004）。

（2）土壤。①土壤中硼的有效含量低，满足不了作物对硼的需求。②土壤耕层浅、过砂或过黏，导致保水、保肥能力差，引起硼等养分流失。③含钙量高或石灰性土壤中，因钙对硼的拮抗作用，降低了土壤中硼的吸收和转运，影响作物对硼的吸收。④土壤过干或过湿引起缺硼。蔬菜作物的缺硼症常在高温干旱年份大面积发生，这是因为土壤过干影响了土壤有机质的分解而减少了硼的供应，同时使土壤中的硼被固定，降低了水溶性硼的有效性，从而降低土壤中硼的吸收和转运；反之，土壤水分过多，引起土壤缺氧和硼素的淋失，也降低了硼的有效含量，影响作物对硼的吸收（石兴涛等，2014）。⑤土壤 pH 是影响土壤硼有效性的重要因子之一，土壤 pH 为 4.6～6.7 时硼的有效性最高。低于或高于这个值，土壤硼的有效性降低，但农作物缺硼大多数发生在土壤 pH 大于 7 时（林光，2004）。

（3）遗传因素和生育期。不同作物品种的需硼量存在差异，以油菜为例，甘蓝型杂交油菜比其他品种的需硼量大；油菜对硼的吸收量随生育进程而增加，同时由于高产品种的种植，需硼量也增加。油菜生育期越长对硼的需求量越大，对硼越敏感，就越易缺硼（严桂珠等，2005）。

（4）偏施化肥造成营养失调。近年来，由于复种指数逐年提高及高产品种的种植，作物产量明显增加，但同时土壤中的养分也被加速消耗，加上长期以来有机肥使用锐减和化肥氮、磷、钾使用比例失调，恶化了土壤中的养分平衡状况，影响了作物对硼的吸收，导致作物缺硼（石兴涛等，2014）。偏施铵态氮肥、钾肥，抑制了作物对硼的吸收。过量施用石灰，提高作物体内钙硼比率，诱发农作物生理性缺硼。土壤中铁、铜和钼元素过量均会引起农作物缺硼（林光，2004）。

7.4.2 硼素营养与病害发生

1. 硼与生理性病害

作物地上部的缺硼症状明显表现为顶芽和最幼叶片褐色并死亡，节间缩短，植株呈丛状或莲座状，老叶出现脉间失绿而且叶片畸形，叶柄和茎直径增加的现象很普遍，而且会导致如芹菜的裂茎症和花椰菜的不规则空茎症。落芽、落花和落果也是缺硼的典型症状（李春俭，2008）。对硼比较敏感的作物常会出现许多典型症状，如甜菜"腐心病"、油菜的"花而不实"、棉花的"蕾而不花"、花椰菜的"褐心病"、小麦的"穗而不实"等（陆景陵，2003）。

水稻"多腋芽低结实率"，大豆"芽枯病"，番茄"硬皮果"、"绿背病"，马铃薯顶芽枯萎、矮小，块茎产量极低，柑橘"枯枝丛芽"、"石头果"，向日葵种子空壳严重，萝卜"褐腐病"等都是缺硼造成的（孙嘉鼒，1977）。

缺硼时蔬菜作物（如莴苣）的叶球上出现水渍区、烧尖和褐色或黑心症；芹菜或甜菜贮藏根的生长区坏死，导致烂心。严重缺硼时，幼叶变为褐色并死亡，随后受害组织腐烂和微生物侵染也很普遍。肉质果实缺硼时，不仅生长慢，而且由于畸形（如苹果"内部木栓化"）或果肉与果皮比值降低，还会严重影响品质（李春俭，2008）。亚麻缺硼时，植株矮小，茎变粗而硬，植株略弯曲，生长点处叶色变淡，生长点死亡，根系发育不良，侧根较少（李桂琴等，1997）。

作物对低硼胁迫反应响应最迅速的部位是根系，缺硼会引起根尖生长组织细胞分裂和延伸受阻、主根或侧根的生长受抑制或停滞、根系呈短粗丛枝状；严重缺硼还会使根系开裂或空心霉烂，甚至坏死脱落。缺硼时菠萝根系的根长、根数、根粗、根系表面积和根体积都显著下降（董肖昌等，2014）。

硼是作物生长所必需的微量元素，作物容易发生缺硼现象。缺硼降低钙和果胶的结合量，果胶的结构发生改变，影响细胞壁的稳定性；缺硼降低酶活性，如缺硼导致豆科作物的固氮酶活性降低，固氮能力下降（邓全恩，2014）。

作物正常生长发育所需的硼都来自土壤，其形态有多种，而被作物所吸收和利用的是有效硼。对于一般作物而言，土壤中有效硼缺乏的临界值为 0.5mg/kg，但不同作物的毒害临界值因其对硼需求量的不同而存在较大差异，一般为 20~200mg/kg。通常豆科作物和十字花科作物需硼较多，禾本科作物需硼最少。所以，在利用矿质营养元素对病原菌的抑制作用控制病害的同时，应考虑其浓度是否在作物所需的范围（李娜等，2014）。

在干旱半干旱地区海相成土母质发育的土壤中，作物常出现硼中毒，灌溉水中含硼量高时也常导致作物硼中毒。施用大量城市堆肥时也可能发生硼中毒。不同作物、同一作物不同品种对硼的耐性不同。例如，叶片中硼毒害的临界值玉米为 100mg/kg 干重，黄瓜为 400mg/kg 干重，南瓜为 1000mg/kg 干重，不同小麦基因型为 100~270mg/kg 干重，食荚菜豆为 100mg/kg 干重，豇豆超过 330mg/kg 干重。成熟叶片的典型硼中毒症状为边缘或叶尖失绿而坏死，这反映了在地上部硼是沿蒸腾流而分布的（李春俭，2008）。

2. 硼与病理性病害

研究表明，施硼能有效减轻水稻、大麦、油菜、大豆、马铃薯、花生等作物因细菌、真菌和病毒侵染引起的病害发生（孙超超，2014）。硼能降低由十字花科蔬菜根肿病菌、茄病镰刀菌和黄萎病菌引起的番茄和棉花病害。硼还可降低由烟草花叶病毒引起的大豆病害以及由番茄卷曲病毒、小麦全蚀病菌和白粉病菌侵染引起的病害的发病率（王敏，2013）。

Ruaro 等（2009）对大白菜根肿病菌的研究表明，根肿病菌的感染程度与叶片中的硼含量呈负相关，叶片中含 10～30mg/kg 硼时可有效降低此病的发生率。Thomidis 和 Exadaktylou（2010）关于硼对桃子褐腐病影响的研究表明，桃子感染褐腐病菌的概率与桃树叶中的硼含量呈负相关。罗雪（2016）的研究也发现硼元素对桃子褐腐病有抑制作用。缺硼能抑制肉桂枯梢病的发生，其发病率与肉桂体内硼素含量有明显的相关性，全硼含量为 7.68mg/kg 时，肉桂枯梢病的感染指数为 67；而全硼含量为 11.92mg/kg 时，肉桂枯梢病的感染指数仅为 9（岑炳沾等，1994）。

7.4.3 硼素营养影响病害发生的机制

病原菌是否能成功侵染寄主作物并使植株发病既取决于病原菌本身的致病能力，同时也受寄主作物的抗病性制约。研究表明，矿质营养元素硼不仅是作物正常生长的保证，而且适宜浓度的硼可以改变作物的细胞特性，诱导产生系统获得性抗性及适量酚类物质的合成等，从而提高寄主作物对病原菌的抵抗能力（李娜等，2014）。

1. 硼参与作物细胞壁的形成，增强细胞膜稳定性

细胞壁是植物生活细胞的重要组成部分，它的功能几乎与植物的一切生命活动都有关联。硼是细胞壁的结构物质，新细胞的形成需要硼来参与构建细胞壁（吴秀文等，2016）。在植物生长过程中，充足的硼能形成大小适宜的细胞壁孔隙，从而调节细胞壁物质前体和其他大分子（如蛋白质）的转运；硼缺乏使植物细胞壁孔隙增大，破坏细胞壁的构建（石磊和徐芳森，2007）。

对向日葵细胞不同组分中硼浓度的分析结果表明，供硼不足时，大部分硼都结合在细胞壁中以结合形态存在，难以被利用；增加硼供应时，细胞汁液中的硼浓度明显增加，而细胞壁中结合的硼量基本没有变化，说明细胞壁中的硼维持基本恒定。当减少硼的供应后，不会影响细胞壁中的硼，但细胞汁液中的硼浓度明显下降（李春俭，2008）。充足的硼能够形成大小适宜的细胞壁孔隙，维持细胞壁通道的大小，增强机械强度和伸展能力，从而调节大分子物质，如蛋白质的转运，维持细胞正常的生理功能；而缺乏硼会使细胞壁空隙增大，弹性减弱，不能较好地形成细胞壁，增加了病原菌侵染寄主的机会，导致病情加重（李娜，2014）。

植物细胞膜对维持细胞的微环境和正常的代谢起着重要的作用，正常情况下，细胞膜对物质具有选择透性，但当植物遭受逆境胁迫时最先受损伤的是细胞膜系统，主要表现为膜透性增加，相对电导率上升（吴秀文等，2016）。硼在细胞膜中的作用主要是调节膜结构和组分，控制膜的通透性。硼对细胞膜的影响可能是一种结构元素直接参与膜结构形成，也可能是直接或间接调节膜结合酶的活性（邓全恩，2014）。缺硼引起细胞膜透性增强，导致胞内物质外溢，使叶和茎组织的质外体中氨基酸、糖的浓度提高，有利于病原菌的侵染和孢子萌发（李金柱等，2004）。

2. 硼诱导作物产生系统获得性抗性，增强作物抗病能力

作物系统获得性抗性是指作物经过弱毒性或另一种病原菌的接种或一些化学物质诱

导，经过数天后被诱导产生新的、广谱的系统抗性，从而对病原菌再次侵染以及其他病菌的侵染均具有很强的抗性，该抗性水平可扩展到整个植株。诱导抗性作为对作物病害的诱导应答，减少了作物在抗病方面所付出的种种代价，因此是较为经济有效的抗病策略，在作物可持续病害防治中具有十分广阔的应用前景。喷施硼元素后再接种黄瓜绿斑驳花叶病毒可调节与蔗糖代谢密切相关的酸性转化酶、中性转化酶、蔗糖合成酶和蔗糖磷酸化酶活性，促进蔗糖的合成，从而抑制西瓜倒瓤（李立梅等，2010）。

3. 硼调节酚的代谢和木质化作用

酚类物质可作为病原菌的拮抗剂，抑制孢子萌发和菌丝生长，有时还可抑制病原菌产生的毒素和钝化酶活性（吴礼树和魏文学，1994）。适量施硼可以调节作物体内吲哚乙酸氧化酶活性及木质素和生长素的含量，从而降低水稻纹枯病、油菜菌核病等的危害（张悟民等，1995；尹立红等，2003）。适量的硼可以诱导次生代谢产物，如酚类和过氧化物的形成，从而改变细胞内的环境，这种环境对大多数病原菌是有毒害作用的。但过高或过低的硼含量都会通过苯丙氨酸解氨酶催化反应，提高酚类物质在作物体内的过多积累，提高多酚氧化酶的活性，使大量酚氧化成醌，从而产生黑色的醌类聚合物，使作物出现病症，如萝卜褐腐病和甜菜腐心病都是醌类聚合物累积引起的。因此，维持作物体内适量的硼含量有利于减轻病害的斑点及坏死等症状（李娜，2014）。

4. 硼影响病原菌生长

目前的研究结果认为，硼抑制作物病害发生主要从两个方面起作用：一方面硼以多种方式直接或间接地提高作物的抗性；另一方面硼能直接对病原菌产生抑制作用（李娜，2014）。

硼抑制病原菌的生长主要表现在抑制病原菌菌丝的生长、孢子和孢子囊的萌发、芽管伸长等方面（章健等，1998；冀华等，2011）。硼处理抑制了灰霉病菌细胞内 SOD、CAT、POD、GSH 和抗坏血酸（AsA）等抗氧化剂的活性，引起 MDA 和 H_2O_2 含量迅速增加，O_2^- 产生速率加快，从而破坏灰霉病菌孢子细胞内氧自由基动态平衡。这些变化最终损害细胞的正常生长发育，导致灰霉病菌孢子萌发率降低，菌丝生长速度减慢（黄芳等，2008）。

硼抑制病原菌生长的原因可能是硼破坏了病原菌活性氧代谢系统，加强了膜脂过氧化作用，促使过氧化物等有毒物质的积累，从而对细胞产生了毒害作用，最终破坏了细胞的正常生长发育，导致病原菌菌丝生长和芽管伸长受阻，孢子萌发率降低。研究表明，经硼处理的扩展青霉菌孢子细胞内过氧化氢酶和谷胱甘肽蛋白的表达受到抑制，活性氧清除系统被破坏，影响了细胞的正常生长发育，从而抑制青霉菌孢子萌发和芽管伸长（李娜，2014）。硼可以显著降低灰霉病菌孢子细胞内超氧化物歧化酶、过氧化物酶和过氧化氢酶的活性，谷胱甘肽和抗坏血酸含量也显著降低；荧光染色结果也进一步证明硼可促使灰霉病菌孢子细胞内活性氧的积累，从而抑制灰霉病菌孢子的萌发与生长（黄芳等，2008）。用硼处理镰刀菌孢子也得到了相似的结果，即细胞的超氧化物歧化酶、过氧化物酶活性逐渐下降，谷胱甘肽和抗坏血酸含量明显降低，O_2^- 产生速率显著上升（冀华等，2011）。硼处理后的病原菌细胞内丙二酸产生速率上升（黄芳等，2008）。

7.4.4 硼素营养管理与病害控制

1. 硼降低病害发生的效果

适量施用硼肥能够减轻作物纹枯病、菌核病、霜霉病等病害的发生（张悟民等，1995）。试验发现，向发病的珍珠粟土壤中施以硼肥，霜霉病发病率降低了 76.4%（罗雪，2016）。通过连续 3 年的田间研究发现，在酸性的花岗岩土壤上施用硼酸钠明显降低了根肿病的病情指数（孙超超，2014）。连作早、晚稻和单季稻的分蘖及幼穗分化期，叶片各喷 1%的硼砂一次，可降低纹枯病被害株率和病情指数；叶面喷硼能显著降低葫芦叶枯病发病率。但有些作物增施硼肥后出现病害加重的现象，如增施硼肥后增加了花椰菜软腐病发病率（牛哲辉，2009）。

硼酸施用后被烟株吸收，在体内与顺式二元醇结合形成复合体，这种复合体能促进作物体内纤维素的合成，使烟草细胞壁加厚，为烟草抵抗烟草野火病侵染建立了屏障（王振国等，2012）。硼被烟株吸收后可以促进尿嘧啶合成，从而促进糖类物质在烟株体内的合成，同时，硼还可以影响糖类物质在烟株韧皮部的装载，保证了糖类物质在植株体内的运输与分配；当供硼不充足时，则会有大量糖类化合物在植株中上部叶片积累，不能在植株体内均匀分布，特别是下部叶糖含量不足往往易被有害病原侵染（骆桂芬等，1997）；增施硼元素，可以增加烟株本身对钾素的吸收量，增加烟株本身的抗病性（胡荣海，2007）。另外，硼不足时糖运输受阻，会造成分生组织中糖量不足，致使新生组织难以形成，往往表现为植株顶部生长停滞，甚至生长点死亡；充足的硼含量促进了吲哚乙酸在作物体内的扩散和运输，有利于促进细胞的伸长和分裂，于是出现硼处理的烟株最大叶面积明显增加的现象（牛义和张盛林，2003）。

2. 硼与生防菌协同作用

研究显示，将生防菌与某些有机或无机物质混合可以显著提高生防菌的防治效果。研究发现，硼对隐球酵母的拮抗作用有一定影响，隐球酵母的生物防治作用与硼的浓度呈正相关，仅 0.5%的硼就能够显著增加隐球酵母对扩展青霉的生防作用；0.5%的硼对隐球酵母的生长没有影响，但 0.25%的硼却能显著抑制扩展青霉菌丝的生长（李娜，2014）。庄敬华等（2004）的研究结果表明，$10 \sim 1000 \mu g/mL$ 的硼酸可以显著增强木霉菌对镰孢菌的生长抑制作用，且该浓度范围对木霉菌的抑制作用远小于镰孢菌。因此，利用生物防治结合矿质营养元素防治作物病害的方法具有较好的应用前景。

3. 硼肥施用方法

（1）增施有机肥。有机质丰富的土壤，有效态硼含量也多。因此，作物缺硼时，可以通过改善土壤条件，提高土壤有机质含量及硼有效性（白秀梅，2014）。

（2）叶面喷施。叶面喷施是简便、成本低的有效措施。叶用类农作物苗期喷施，其他类农作物现蕾开花或抽穗扬花期喷施硼砂 $30 \sim 33 g/hm^2$，浓度为 0.2%（林光，2004）。

7.5　铁

矿质元素是生物体生长所必需的重要营养元素，直接参与机体的新陈代谢、生长发育等基础的生物学过程。在植物生长和发育所必需的微量元素中，铁的需求量最大，其在光合作用、呼吸作用和叶绿素合成等植物重要生命活动中发挥了不可或缺的作用（李俊成等，2016）。作物又是动物和人类最根本的食物来源，但作物本身不能够产生铁营养元素，所以只能从生长环境介质中获得铁，以满足正常的生长发育以及产量和品质的形成（申红芸等，2011）。

作物需要的铁浓度为 $10^{-9} \sim 10^{-4}$mol/L，然而土壤中的铁常以较稳定的氧化态形式存在，作物很难吸收利用（刘慧芹，2014）。一般土壤中铁含量不会低于作物的需要量，铁元素存在两种化合价，即三价铁和二价铁（王延枝，1992）。铁是电子传递链中的细胞色素及铁氧还蛋白的组成成分，因而对于多数作物，铁参与呼吸作用、光合作用及硝酸还原作用。铁还参与叶绿素的前身 δ-氨基乙酰丙酸的合成。铁在作物体内形成各种具有生理活性的铁蛋白，在电子传递与氧化还原作用中起着极其重要的作用；铁是细胞色素的组成成分，在呼吸作用中起着重要作用；接触酶和过氧化物酶是铁叶琳与蛋白质的结合物，它可能和氨代谢有关，还可能参与木质素的生物合成（周厚基和吴可红，1985）。在作物体内高铁占优势，并且很容易被还原为亚铁，但作物从土壤中只能吸收亚铁而不能吸收高铁，土壤 pH 高时高铁多，作物不能吸收，因而产生缺铁失绿症，产量和品质降低（王延枝，1992）。

7.5.1　作物缺铁原因

虽然铁在地壳中含量丰富，但因其在大多数类型土壤中利用率低，植物缺铁现象比较普遍（李俊成等，2016）。叶片中缺铁的临界值为 30～50mg/kg 干重，如果低于 50mg/kg 干重，作物可能缺铁。一般出现缺铁症状的土壤多为碱性和石灰性土壤，但造成铁缺乏的因素很多，如土壤中全铁和有效铁的含量、土壤 pH、重碳酸盐的含量、氮素形态、元素之间的相互影响、土壤含水量与通气状况、作物基因型等（李春俭，2008）。

（1）土壤有效铁和重碳酸盐的含量。在土壤中铁的含量较高，但由于形成难溶的三价铁氧化物降低了生物有效性。石灰性土壤上有效铁含量低，作物易出现缺铁黄化的现象。石灰性土壤中高浓度重碳酸盐具有很强的缓冲能力，能将根系分泌的质子酸迅速中和，使质膜表面和根际微环境处于高 pH 条件下，从而抑制质膜上氧化还原系统的运转，造成植物根吸收铁量下降而发生缺铁症（丁红等，2011）。

（2）土壤 pH。土壤氢离子浓度不仅会影响土壤中有效铁的含量和根系对铁的吸收，还会影响根内铁的移动性和叶内铁的有效性，这可从叶面喷稀酸使失绿叶片复绿的事实获得证实。土壤中或灌溉水中高浓度的 HCO_3^- 不仅能降低土壤中有效铁的含量、抑制根系对铁的吸收，还会造成细胞内 pH 上升，使铁的生理活性降低。所以，尽管植株失绿部位总铁含量不一定低，有时甚至高于正常叶，但由于发生铁沉淀而失去生理活性，同样会发生失绿（徐其领，2005）。

（3）土壤营养失衡。土壤高磷导致果树失绿与其体内铁活性降低有关。在石灰质土壤以及碱性大的土壤中，发生铁与钙之间的拮抗而使铁元素不能被作物吸收，盐碱性大的土壤，铁元素被碱化成沉淀性的氢氧化铁或三价铁盐而不能被吸收。Cu^{2+}、Zn^{2+}、Mg^{2+}、Mn^{2+}、Mo^{3+}和Na^+等金属离子对缺铁失绿也有影响。一般认为NO_3^-会使根际和根质外体 pH 升高而诱发或加重果树失绿（徐其领，2005）。

（4）土壤中水分含量。在土壤含水量过高或通气不良的条件下，土壤还原性增强，氧化还原电位下降会将 Fe^{3+} 还原为 Fe^{2+}，能够增加土壤中植物可利用的可溶性铁，改善植物铁营养。在石灰性土壤上高含水量造成花生根际 pH 和重碳酸盐含量的增加是诱导作物缺铁黄化的主要原因（丁红等，2011）。

7.5.2　铁素营养与病害发生

1. 铁与生理性病害

缺铁会导致叶绿素的合成受阻，典型的可见症状是幼叶叶脉绿色、叶脉间失绿，严重缺乏时叶片变黄、变白，如不及时纠正会导致叶片黄化死亡。只有在极端情况下，缺铁才能抑制叶片发育，使其变卷、变小、簇生，甚至整株死亡（李春俭，2008）。

铁的毒害（"青铜病"）是淹水土壤中作物生产的一个严重问题。作物叶片铁毒害的临界值为 500mg/kg 干重以上。水稻亚铁毒害发生的直接原因在于土壤（溶液）中亚铁离子浓度过高。在水稻生长期，稻田土壤通常处于淹水状态，氧气的迁移速率则更低，土壤还原性显著增强。游离的二价态铁离子（Fe^{2+}）增多，土壤中的 Fe^{2+} 含量大幅增加，进而导致水稻根系铁吸收过量，并在植株地上部大量积累，导致植株产生亚铁毒害。水稻亚铁毒害发生时，一方面植株中的铁含量会显著增加；另一方面植株中其他营养元素含量会明显减少，如 K、P、Zn、Mn 等。因此，水稻亚铁毒害的发生也被认为是一种营养紊乱症。据此，通常认为铁含量过高是水稻亚铁毒害的直接因素或直接毒害作用，而植株的营养缺乏则被认为是间接因素或间接毒害作用（白红红等，2013）。

2. 铁与病理性病害

微量元素通过调节作物生理过程或对病原菌的直接毒杀作用而增强作物的抗病性。保证作物铁营养有利于增强作物对真菌病害的抗性。铁元素的水平能够以多种方式影响寄主与病原微生物的相互作用，包括寄主作物的防卫效应。作物和病原菌对铁的利用率都很低，铁缺乏导致作物对病原微生物的侵染更加敏感，但补充铁元素之后，大大缓解了作物的发病症状（王敏，2013）。高浓度铁可降低小麦叶锈病、黑粉病，香蕉炭疽病的危害程度；叶面喷施铁肥，可提高苹果对黑腐病侵染的抗性（王敏，2013）。铁能影响植株的生理代谢并间接影响植株的抗病能力，如缺铁时，某些病菌产生的果胶酶、外源葡聚糖酶合成受阻（牛哲辉，2009）。铁缺乏能够降低细菌活性，增强毒性基因的表达，削弱水杨酸等防御途径，因此，作物铁含量通过影响病原菌毒性和寄主防卫效应，从多方面影响作物与病原菌的相互作用（董鲜，2014）。

7.5.3　铁素营养影响病害发生的机制

铁通过影响作物的生长模式、作物形态和解剖结构，特别是化学组成，从而提高或降低作物对病原菌的耐性或抗性（李春俭等，2001）。

1. 铁改变作物解剖结构

缺铁条件下，对亚麻叶片的解剖表明，叶表皮细胞收缩严重，叶肉组织破坏严重；解剖局部坏死的叶片发现，整个叶片仅能辨出上、下表皮零散的细胞轮廓，叶肉部分模糊（李桂琴等，1997）。

2. 铁影响酶活性

铁是生理代谢中一些氧化酶以及光合作用系统铁氧还蛋白的组成成分，因此铁能影响植株的生理代谢并间接影响植株的抗病能力。铁能激活涉及寄主作物防卫反应的各种防御酶的活性，提高作物体内抗菌物质含量，增强作物抗病性（张福锁，1993）。铁可刺激作物产生木质素、生长素和类生长素，同时影响吲哚乙酸氧化酶和酚类酶的活性，从而影响作物的抗病能力（何新华，1992）。缺铁时，尖孢镰刀菌产生的果胶甲酯酶、花生叶斑病菌产生的外源葡聚糖酶的合成受阻（张福锁，1993）。因此，可以通过改变铁含量，改变此类酶的活性，达到减轻香蕉炭疽病、马铃薯枯萎病和苹果黑腐病等多种病害发生的目的（刘国栋，2002）。铁缺乏导致番茄植株过氧化氢酶活性降低，而多酚氧化酶、酸性磷酸化酶、核糖核酸酶、丙氨酸转氨酶和天冬氨酸转氨酶活性提高，作物抗病性降低（鲁耀等，2008）。

3. 铁影响病原菌生长

低含量的铁能促进镰刀菌孢子萌发和菌丝生长，但当营养液中铁浓度高于 20mg/kg 时，孢子萌发和菌丝生长会受到显著抑制（董鲜，2014）。荧光假单胞菌向环境中分泌铁载体，铁载体主要是通过对铁离子的竞争影响病原菌的生长，荧光假单胞菌产生的铁载体络合根周围的铁离子，使病菌得不到足够的铁素营养，生长发育受到抑制，对作物体的危害减轻，因而作物生长发育得到改善，在小麦全蚀病、亚麻枯萎病的生物防治中，都是通过这一机制起作用。荧光假单胞菌菌株 P13 能大量分泌铁载体，对油菜菌核病菌有较强的抑制作用。随着铁离子浓度的提高，铁载体分泌减少，对油菜菌核病菌的抑制作用减弱（王平等，2010）。

4. 影响作物抗病信号产生

Ca^{2+} 作为一种激发子，经受体识别后，把胞外信息传递给受体 CaM，通过构型变化激活细胞内有关酶的活性，使蛋白质磷酸化，信号不断扩大，最终通过对特殊基因的调控激发作物产生防卫反应。铁浓度为 1.68mg/L 时，烟草抗病能力增强，发病时间延迟，症状较轻，烟草叶片中钙离子含量低；CaM 含量以及 Ca^{2+}-ATPase 和 NADKase 活性均明显高于无铁处理。表明铁营养对烟草与烟草花叶病毒（TMV）互作中的钙信号系统起到了一定的调控作用，因此与作物抗病性存在着密切关系（李晔等，2007）。

7.5.4　铁素营养管理与病害控制

传统上防治缺铁黄化的措施主要是施用铁肥，包括土壤施用和叶面喷施，这两种方法都能在一定程度上达到防治缺铁的目的。叶片喷施铁能增强苹果和梨对球壳孢属病菌侵染的抵抗力，也能增强甘蓝对油壶菌属病菌的抵抗力（董鲜，2014）。施用 EDTA-Fe 或 Fe-DHBA 会使蚕豆叶斑病的发生大大减少，适宜的铁营养可减轻大麦叶斑病、番茄叶枯病、大豆根腐病、谷类作物根腐病、花生枯萎病、烟草花叶病毒病、黄瓜萎蔫病等病害的发生与危害（张福锁，1993）。但是，铁对一些作物病害起到促进作用或者没有防治作用，如在营养液中添加铁，对抑制小麦全蚀病和大豆炭疽病菌无效，在铁缺乏土壤中添加铁能够增加大麦全蚀病的发病率（董鲜，2014）。

可通过以下方式实现铁素营养管理。

（1）选用铁肥。适当减少磷肥和硝态氮肥的施用，增施钾肥，可促进铁的吸收。尽量避免长期使用铜制剂农药。土壤施用铁肥时，进入土壤中的铁肥会很快发生转化，变成难以利用的形态，大大降低了铁肥的利用效率，影响了施用效果。铁肥土施只在酸性土壤中效果较好，在多数其他土壤中效果并不显著。这与所施用的铁肥形态有关，常用的普通铁肥主要是亚铁盐，包括硫酸亚铁、磷酸亚铁铵（$FeNH_4 \cdot PO_4 \cdot H_2O$）、硫酸亚铁铵 $[(NH_4)_2SO_4 \cdot FeSO_4 \cdot 6H_2O]$ 及尿素铁等。由于亚铁离子很容易氧化，这是铁肥施用效果较差的原因之一。因此，施用络合态铁如 EDDHA-Fe、CDTA-Fe、EDPA-Fe 和柠檬酸铁等的效果较好，但这些络合物的稳定性与 pH 的关系非常密切（李春俭，2008）。施用 EDDHA-Fe 使土壤中有效铁与叶片活性铁的含量均显著增加，同时提升土壤中蛋白酶、脲酶和转化酶活性，提高土壤细菌的多样性和丰度从而促进土壤有机质的分解，使作物获得更多的营养元素；这些指标的升高可能有助于桃树对土壤中铁和其他营养元素的吸收，促使桃树黄化病得以快速缓解或矫正，这也说明螯合铁肥或者含多元素的螯合微肥对缺铁桃树的矫正效果更加突出；而施用 $FeCl_3$ 却降低了土壤细菌群落的多样性和丰度，这或许是 $FeCl_3$ 治疗桃树黄化病效果较差的原因之一（陈城等，2018）。

（2）增施有机肥。有机质分解产物对铁有络合作用，可增加铁的溶解度。缺铁严重的土壤，可将铁肥与有机肥混合使用，以减少土壤对铁的固定（郁俊谊和吴涛，2009）。

（3）叶面施肥。与土施相比，叶面喷施铁肥可大幅度减少施用量，提高铁肥施用的效果。叶片出现失绿症状时，应立刻喷 0.3%～0.5%硫酸亚铁，在早春或秋季休眠期用5%硫酸亚铁溶液喷洒枝蔓。喷施硫酸亚铁时可加入少量食醋和 0.3%尿素液，以促进吸收。若在硫酸亚铁溶液中加入 0.15%柠檬酸，可防止二价铁转化成三价铁，也可以喷施一些含螯合铁的微肥（郁俊谊和吴涛，2009）。

（4）树干施铁。树干施铁方式包括"树干涂抹"，"强力注射"，"常压输液"，"置入胶囊"等（叶振风等，2011）。

7.6　氯

氯是作物必需养分中唯一的第七主族元素。土壤中大多数氯通常以氯化钠、氯化钙、氯化镁等可溶性盐类形式存在。一般认为，土壤中大部分氯来自包裹在土壤母质中的盐类、海洋气溶胶或火山喷发物。人为影响土壤中氯含量的途径有施肥、作物保护药剂、灌溉水、用食盐水去除路面结冰、用氯化物软化用水、提取石油和天然气时盐水的外溢、处理牧场废弃物和工业盐水等（肖丽，2007）。

氯对于作物的生长是必不可少的，其在作物体内能够发挥多种生理功能。氯在作物体内以干物质计的正常浓度为 0.2%～2.0%，有些作物含氯量高达 10%以上，如烟草等，此浓度处于典型的大量元素水平。氯以离子形态存在于作物体内，主要分布在作物的茎秆和叶片等营养器官中，其含量占植株总含量的 80%以上，作物体中的氯以氯离子形态存在，流动性很强，可向其他部位转运。氯易于通过质膜进入作物组织，但当介质中氯离子浓度很高时，液泡膜将变成渗透的屏障，阻止氯离子进入液泡，保护植株免受伤害。因此，氯离子在细胞质中积累较多，胞间连丝上也发现较多氯离子。氯离子移动与蒸腾作用有关，蒸腾量大的器官含氯量高，因此下部叶和老叶中的含氯量明显高于上部叶和嫩叶，叶片中的含氯量大于籽粒（肖丽，2007）。

大量研究结果表明，作物在生长发育过程中对氯的需要量很少，体内含氯一般在0.1%左右即可满足需要（邹邦基，1984）。氯元素普遍存在于自然界，如土壤、雨水、空气和肥料中。土壤含氯量一般为 37～370mg/kg（马国瑞，1994），基本能满足绝大多数作物生长发育所需，所以在生产中较少出现缺氯症状。作物体内氯积累过多会产生毒害作用，但缺氯会造成作物生长不良，发生病害，影响作物的产量和质量。

7.6.1　氯素营养与病害发生

1. 氯与生理性病害

作物缺氯轻微时表现为生长不良，严重时表现为叶片失绿、凋萎（陆景陵，2003）。在强光照下，即使是溶液培养条件下，作物叶片尤其是叶缘也会发生萎蔫，这是缺氯的典型症状。严重缺乏时，幼叶卷曲，随后皱缩、枯死。除了萎蔫和早衰外，叶片破裂和茎裂也是缺氯的典型症状。在缺氯植株的叶和根中，除细胞分裂受影响外，细胞伸长受阻更明显。在根中，常表现在顶部附近膨大，侧根增加，使根呈现出粗短密集的形状（李春俭，2008）。

甜菜缺氯时，出现叶片萎蔫、失绿、叶脉隆起。三叶草缺氯时，幼叶皱缩卷曲。甘蓝缺氯时，叶缘出现坏死（李金凤等，1989）。番茄缺氯时，首先是叶片尖端出现凋萎，之后叶片失绿，进而呈青铜色，逐渐由局部遍及全叶而坏死；根系生长不正常，表现为根细而短，侧根少；还表现为不结果。甜菜缺氯时，叶细胞的增殖速率降低，叶片生长明显缓慢，叶面积变小，并且叶脉间失绿（陆景陵，2003）。

在大田中很少发现作物缺氯症状，因为即使土壤供氯不足，作物还可以从雨水、灌溉水、大气中得到补充。实际上，氯过多是生产中的一个问题。与缺氯相比，氯的毒害在世界范围内发生更多，特别在干旱和半干旱地区氯是限制作物生长的一个重要胁迫因子。土壤中含氯化物过多时，对某些作物是有害的，常常出现氯中毒症。各种作物对氯的敏感程度不同，糖用甜菜、大麦、玉米、菠菜和番茄的耐氯能力强，而烟草、菜豆、马铃薯、柑橘、莴苣和一些豆科作物的耐氯能力弱，易遭受毒害。在通常情况下，氯的危害虽然不会达到出现可见症状的程度，但会抑制作物生长，并影响产量。对某些作物来讲，施用含氯肥料有时会影响产品品质，如氯会降低烟草的燃烧性、减少薯类作物的淀粉含量等（陆景陵，2003）。

氯中毒的症状表现为：叶缘似烧伤，早熟性发黄及叶片脱落。柑橘典型的氯毒害症状为叶片呈青铜色，易发生异常落叶，叶片无外表症状，叶柄不脱落；葡萄的氯毒害症状为叶片严重烧边；油菜和小白菜受到氯毒害时于三叶期后出现症状，叶片变小、变形，脉间失绿，叶尖和叶缘先后焦枯，并向内弯曲；甘蔗受到氯毒害时根较短，无侧根；马铃薯受到氯毒害时主茎萎缩、变粗，叶片褪淡黄化，叶缘卷曲有焦枯，影响马铃薯的产量及淀粉含量；甘薯受到氯毒害时叶片黄化，叶面上有褐斑；茶树受到氯毒害时叶片黄化，脱落；烟草氯毒害主要不在产量而在品质方面，氯过量使烟叶糖代谢受阻，淀粉积累，影响烟丝的燃烧性（曹恭和梁鸣早，2004；肖丽，2007）。

　　2. 氯与病理性病害

施氯能减轻多种真菌性病害，如小麦的白粉病、全蚀病和条锈病，玉米茎腐病，水稻稻瘟病和病毒病，芦笋茎枯病等（李廷轩等，2002）。施用含氯肥料对抑制病害的发生有明显作用。据报道，目前至少有 10 种作物的 15 个品种，其叶、根病害可通过增施含氯肥料而明显减轻。例如，冬小麦的全蚀病、条锈病，春小麦的叶锈病、枯斑病，大麦的根腐病，玉米的茎枯病，马铃薯的空心病、褐心病等。试验研究表明，对冬小麦施用氯化钾，不仅对冬小麦的产量和粒重产生了影响，还提高了冬小麦对白粉病和叶锈病的抵抗能力，其中氯离子对这些病害有抑制作用，并且发现这种抑制效果取决于肥料中氯所占的比例（罗雪，2016）。

氯对作物抗病性有良好影响，部分学者认为，氯是硝化作用的抑制剂，能抑制土壤中铵态氮的硝化作用，当施入铵态氮肥时，氯使大多数铵态氮素不能被转化，而迫使作物吸收更多的铵态氮，在作物吸收铵态氮肥的同时，根系释放出 H^+，使根际酸度增加。许多土壤微生物由于适宜在酸度较大的环境中大量繁衍，从而抑制了病菌的滋生，如小麦因施用含氯肥料而减轻了全蚀病病害。氯可抑制作物体内的硝酸还原酶活性，该酶是作物吸收和利用硝态氮的限速酶，因而氯可抑制作物对硝态氮的吸收，使作物体内硝酸盐的浓度处于较低水平，一般 NO_3^- 含量低的作物很少发生严重的根腐病，因而施用含氯肥料可控制作物根腐病的蔓延（李廷轩等，2002；陆景陵，2003）。

7.6.2　氯素营养影响病害发生的机制

　　1. 氯促进作物光合作用

作物光合作用中水的光解反应需要氯离子参与，氯可促进光合磷酸化作用和 ATP 的合成，直接参与光系统 II 氧化位上的水裂解（毛知耘，1997）。光解反应所产生的氢离子和电子是绿色作物进行光合作用时所必需的，因而氯能促进和保证光合作用正常进行。在缺氯条件下，作物细胞的增殖速度降低，叶面积减少，生长速率明显下降，作物光合作用受到抑制，叶片失绿坏死（陆景陵，1994）。然而，氯离子过量也会影响光合产物及其运转，并能降低作物体内叶绿素的含量和叶绿体的光合强度（李金凤等，1989）。叶绿素是光合作用的物质基础，其含量高低直接影响光合作用的强弱和物质合成速率的高低。氯在叶绿体中含量较高，在光合电子传递过程中，氯离子具有平衡电荷的作用。同时，氯离子迅速进入细胞内部提高了细胞内的渗透势和水势，可加强光合作用（胡小婉，2013）。

2. 氯调节作物气孔开闭

氯元素具有参与光合作用、调节气孔运动和影响养分吸收等多种生理功能，通过增强植株的生长势而间接提高其抗病力（贾伯华，1995）。缺氯时洋葱气孔的开启受阻，而气孔关闭与相应的 K^+ 及伴随阴离子从保卫细胞中流出相关，在保卫细胞缺乏淀粉的作物中，缺氯会削弱气孔对水分散失的控制作用，而这种调节作用在水分供应受限又要求气孔的微调节发生短期变化时，显得特别重要（程国华等，1991；肖丽，2007）。

3. 氯影响养分吸收利用

作物在生长发育过程中不断从土壤中吸收大量的阳离子，为了维持作物体内的电荷平衡，需要有一定数量的阴离子来中和，才能保持其电中性，氯离子是常见的中和电性的伴随阴离子。随着作物对介质中阳离子吸收量的增加，氯离子在作物体内也不断积累，从而增加茎、叶与外界的水势梯度，这有利于植株从外界环境中吸收水分，提高植株的抗旱能力（马国瑞，1994；刘春生和李西双，1996；肖丽，2007）。

研究发现，水稻、大豆、甘蓝、草莓、花生、春小麦等作物施氯后，Cl^- 与部分离子之间存在拮抗或促进作用，如植株体内 NO_3^-、$H_2PO_4^-$ 和 K^+ 等的含量会受到 Cl^- 浓度变化的影响，尤其 Cl^- 浓度增加对硝态氮的吸收有明显的抑制作用。白菜和萝卜等作物施用氯化铵后，与施用等氮量的尿素处理相比，作物体内的钙、镁、硅、锰、锌和铜等元素含量有较明显的增加（肖丽，2007）。

4. 氯保持酶活性

作物体内 α-淀粉酶只有在氯的参与下才能使淀粉转化为蔗糖，从而促进种子萌发（邹邦基，1984）。β-淀粉酶的活性也要在氯的存在下才能提高，在原生质小泡及液泡的膜上存在一种质子泵 ATP 酶（H^+-ATP），同样通过氯来激活，激活后的酶在液泡膜上起质子泵的作用，将 H^+ 从原生质转运到液泡中，以维持细胞的正常代谢活动，促进天冬酰胺的形成（胡一凡等，1991）。因此，在可溶性氮的长距离运输中，氯在氮代谢和运输中发挥着重要作用（古斯，1988）。作物体内氯积累达到一定浓度时，也会对植株体内的硝酸还原酶活性产生限制作用，使体内氮代谢受到干扰，从而影响作物对硝态氮的吸收（古斯，1988）。蔗糖酶活性是碳代谢的一种标志，当氯离子浓度高到一定程度时，蔗糖酶活性有下降的趋势。

研究表明，与对照相比，土壤高氯（1000mg/kg）的莴苣和红菜薹不仅干重降低了58%～81%，而且超氧化物歧化酶的活性也只有对照的78%～79%（胡一凡等，1991）。在烟草中，氯离子胁迫烟草植株生长，对植株体内超氧化物歧化酶、过氧化物酶、多酚氧化酶和硝酸还原酶等的活性产生不同的影响（刘洪斌和毛知耘，1997）。土壤施氯量为 0～160mg/kg 时，超氧化物歧化酶、多酚氧化酶和硝酸还原酶的活性增强，大于240mg/kg 时则活性降低；此外，高氯积累还会影响细胞分裂，从而使作物生长受到抑制（曹恭和梁鸣早，2004）。低氯对硝酸还原酶、谷氨酰胺合成酶、谷氨酸合成酶等氮素同化相关酶的活性具有诱导效应，从而加速氮素同化，提高植株的氮素利用效率，而高氯则抑制这些酶的活性（胡小婉，2013）。

5. 氯影响土壤微生物区系

长期施用含氯化肥会使耕层土壤含氯量出现明显差异，造成土壤微生物数量及固氮细菌群落发生变化（李廷轩等，2002）。施氯 11.39kg/hm² 处理的棕壤耕层土壤的微生物总数、细菌数和放线菌数较施氯 1.89kg/hm² 处理的土壤分别减少了 8.0%～29.1%、3.0%～54.1%和 3.7%～50.5%，说明施用高量含氯化肥，对特定微生物群落的生长和增殖有较明显的抑制作用（薛景珍等，1995）。施高氯处理使真菌占微生物总数的百分比增加，这主要与 Cl⁻降低了土壤 pH，从而改善了真菌的生态环境有关（马国瑞，1994）。施高氯处理对固氮菌生长和氨化细菌生长有明显的抑制作用，固氮菌减少了 3.2%～47.3%、氨化细菌减少了 47.3%～68.9%（薛景珍等，1995；李廷轩等，2002）。

7.6.3　氯素营养管理与病害控制

1. 依据作物施用氯肥

根据作物对氯的忍耐能力把作物分为 3 类：一是强耐氯作物，如水稻、麦类、玉米、高粱、谷子、棉花、红麻、萝卜、番茄、甜菜、茄子和果树中的猕猴桃树、香蕉树、桃树等；二是中等耐氯作物，如亚麻、大豆、菜花、菠菜、蚕豆、豌豆、草莓、花生、苹果、山楂、甘蔗、油菜等；三是弱耐氯作物，如红薯、马铃薯、西瓜、烟草、茶树及莴苣等。例如，水稻施用含氯化肥，可以减少硫化氢对稻根的毒害。氯过多会降低烟草的燃烧性，气味不好；薯类作物的淀粉含量下降，品质变差；降低果品的糖分，而酸度较高（陈茂春，2015）。

此外，同一类作物的不同品种及不同生育时期的耐氯性也有差异，如水稻品种中，以杂交稻的耐氯性最强，常规早稻的耐氯性较弱。作物的氯敏感期多在苗期，如水稻在3～5 叶期，小麦在 2～5 叶期，大白菜、小白菜和油菜在 4～6 叶期。因此，即使是耐氯作物，也要根据作物种类和生育时期对氯的忍耐性决定是否施用含氯肥料，尽可能地规避"氯害"（陈茂春，2015）。

2. 与有机肥配合施用

施用含氯化肥时，配合施用腐熟的有机肥，可以提高含氯化肥的肥效，减轻氯离子的不良影响；有效磷含量低的土壤中，氯离子对作物吸收磷有抑制作用，往往造成作物生长所需的磷素营养缺乏，因此，施用含氯化肥时应注意配施适量的磷肥（陈茂春，2015）。

3. 平衡施肥

用氯化钾、氯化铵与尿素、磷酸铵、重钙或过磷酸钙、钙镁磷肥、硫酸钾、硝酸钾等配制而成的复（混）合肥、配方肥，不仅可以减轻氯离子的危害，而且由于氮、磷、钾得到配合使用，可起到平衡施肥的效果，更有利于作物健康生长，提高作物抗病性（陈茂春，2015）。

7.7　硅

硅是地壳中含量仅次于氧的元素，为第二丰富的元素，占地壳总质量的 26.4%，仅次于第一位的氧（49.4%）（蔡德龙，2001）。在作物生长的土壤环境中，硅是含量最丰富的矿质元素，绝大多数作物组织中都含有硅。虽然对大多数作物来说，硅不是必需元素，但近几年来大量研究发现，硅对作物生长发育、抗病抗逆、产量及品质形成等方面都有重要的促进作用。硅含量越高，对促进作物生长发育和提高作物抗逆性方面的作用越明显（范培培等，2014）。

土壤中 SiO_2 的含量虽然占土壤重量的 20%～80%，但绝大部分呈结晶态，不能被作物直接吸收利用。土壤中的硅包括无机和有机两种存在形态，其中以无机态为主，无机态硅又分为晶态和非晶态两类（刘鸣达等，2001）。土壤有效硅是指能被作物当季吸收利用的硅，包括土壤溶液中的单硅酸和易转化为单硅酸的盐类，通常被认为是评价土壤供硅能力的主要指标，土壤中有效硅含量一般为 50～260mg/kg。土壤有效硅含量受土壤成土母质类型、黏粒矿物含量、土壤 pH、有机质、氧化还原电位和伴随离子种类等因素的影响（宁东峰和梁永超，2014）。

地球上所有作物组织中都含有硅，但物种不同，硅含量差异很大。硅在作物干物质中的含量为 0.1%～20%，一般禾本科作物干物质中硅的浓度是豆科和其他双子叶作物的10～20 倍（刘红芳，2015）。根据植株中 SiO_2 的含量将栽培作物分为 3 类：第一类是水生禾本科作物，如水稻，其茎叶 SiO_2 含量占干物质的 10%以上；第二类是旱地禾本科作物，如小麦、大麦，SiO_2 含量为 2%～4%；第三类是以豆科作物为代表的双子叶作物，SiO_2 含量低于 0.1%。当作物干物质中 SiO_2 含量超过 1%时被认为是硅积累作物（宁东峰和梁永超，2014）。作物体内硅的含量和分布极不均匀，即使同一种作物生长于不同土壤，其硅含量也有较大差异（梁永超等，1993）。

硅的形态在作物的不同部位有所差异，离子态硅在根中比重较高（陆景陵，1994）。以水稻为例，在谷壳中硅主要分布于角质层与表皮细胞间的空隙及维管束中；叶鞘中的分布则以表皮细胞和薄壁组织的细胞壁为主；茎中主要分布在表皮细胞、厚壁组织、维管束及薄壁组织的细胞壁中；硅在根中分布均匀，存在于所有组织中（梁永超等，1993）。同一生育时期的不同器官，对硅的需求也各不相同，以水稻为例，通常地上部>地下部，稻壳>叶>茎>根，叶片顶部>叶片中部>叶片基部>叶鞘，这种"末端分布现象"主要受蒸腾作用的影响（龚金龙等，2012）。当作物吸收的硅固化沉淀下来，就不能供给作物其他部位，由于硅酸沉积后就不可再移动，因此往往在老化的组织器官中具有较高的硅含量（贾国涛等，2016）。

在器官与组织间硅分布不均匀的因素主要有两个：一是与器官的年龄有关，年龄越大硅的累积越多；二是与器官的蒸腾总量有关，蒸腾总量多，硅累积就多。蒸腾流中的硅随水分的散发而浓缩，植株的硅含量由基部至顶部呈顺序增加。传统观点认为硅在细胞壁的沉积是一个纯物理的过程，其作用只是保持组织的稳固性（刚性），同时也作为病原体的机械障碍（陆景陵，2003）。

7.7.1 作物缺硅原因

1. 土壤有效硅含量低

一般情况下，土壤中各种硅酸盐的含量很高，但可溶性硅酸盐含量较少，这在一定程度上限制了作物对硅的吸收，因为作物只能吸收可溶性的有效正硅酸盐。有效硅与成土母质密切相关，母质中易风化的矿物含量高，有效硅含量就高，发育于花岗岩、石英砂岩风化物上的土壤有效硅含量较低；发育在坡积、冲积物成土母质上的土壤有效硅含量较高；质地较轻、土层较薄、淋溶强烈、酸性较强以及有机肥用量少的土壤比较缺硅。黏粒中硅含量显著高于砂粒，土壤质地越细，硅含量越高（李晴等，2014）。一般而言，水网地带和平原地区的土壤有效硅含量高于河谷丘陵地区，一些河流上游狭谷地带、溪江沿岸的浅层砂砾质水田通常有效硅含量较低，大部分是严重缺硅的土壤（张振云，2010）。在美国，高度风化的氧化土和老成土的有效硅含量较低。我国南方的红砂岩、花岗岩、花岗片麻岩和浅海沉积物母质上发育的水稻土，供硅能力较低（宁东峰和梁永超，2014）。

2. 施肥方式不当

植株中硅含量与氮含量通常成反比。施用氮肥过多导致作物贪青倒伏，植株含氮量较高，而含硅量较低。正常情况下，后期应适当减少氮肥施用量，提高水稻对硅的吸收，防止贪青倒伏（李晴等，2014）。

3. 硅高积累作物连续种植

尽管世界上大部分矿质土壤中硅含量丰富，但是随着硅高积累作物的长年种植，可能会引起土壤中硅素的亏缺。以水稻为例，每公顷水稻每季可以从土壤中吸收 230～470kg 硅，土壤有效硅的消耗速度远大于其在自然条件下的再释放速度，长此以往，造成土壤中硅素的亏缺（宁东峰和梁永超，2014）。

4. 土壤水分不足

土壤中的硅酸盐矿物只有在有机物分解和作物呼吸等产生的碳酸作用下，才能缓慢分解为供水稻吸收的正硅酸盐，水分缺乏阻断了化学物质反应的介质，导致难以转化成正硅酸盐（李晴等，2014）。旱育秧易发生叶瘟，与育秧过程中耗水少使得吸硅量减少有关（张振云，2010）。

5. 土壤还原性强

低湿田、冷水田常年渍水时间较长，还原性强，与铁锰化合物共沉淀的可溶性硅，在长期淹水条件下铁锰还原游离，能适当提高硅酸的数量。有的土壤有效硅含量并不低，但是由于低湿田、冷水田排水不良，土壤氧化还原电位低，还原性过强，稻根呼吸受阻，根系生长不良，不利于对硅素的吸收。尤其在多阴雨气候、湿度较高、水稻蒸腾作用减弱的条件下，因茎叶中 SiO_2 含量相应较少，容易出现缺硅症状，如发生稻瘟病和倒伏等（马同生，1997）。

7.7.2　硅素营养与病害发生

1. 硅与生理性病害

目前研究最多的需硅作物是水稻。水稻缺硅时出现稻叶老化，枯黄，呈下垂状，而不是正常的上挺状，下位叶容易凋萎，抽穗后披叶增加，露水未干时观察更明显，后期稻秆柔软，谷穗空瘪或者畸形，谷穗数量减少，导致产量直接下降（刘爱华，2014）。水稻是典型的硅累积作物，缺硅后其营养生长与籽粒产量都明显下降，如果体内硅不足，而铁、锰稍高时，叶片出现褐色斑点，与缺钾、缺锌的"赤枯病"病斑类似（陆景陵，2003）。甘蔗也是一种硅累积作物，对硅的需求迫切。在田间条件下，达到最佳产量时，叶片中的 SiO_2 至少应占干物重的 1%～2.1%，当叶片中硅下降到 0.25%时，产量下降近一半，并同时表现出典型的缺素症状——叶斑病。

虽然大多数双子叶作物中的含硅量很低，但它对作物产生的作用不容忽视。番茄被认为是非喜硅作物，但若缺乏硅营养则不能正常生长，且其缺硅症状要到花期才出现，主要表现为叶片轻微变黄，下部叶出现坏死斑，并逐步向上部叶发展，新叶畸形，生长点停止发育，开花后不能正常授粉，果实畸形或不结果（邢雪荣和张蕾，1998）。大豆在缺硅的条件下也表现出相似的症状。黄瓜等双子叶作物缺硅时，生长点停滞、新叶畸形，严重时，叶片凋萎、枯黄、脱落、开花少、授粉差，出现"花而不实"现象（张平艳等，2014）。

硅能缓解铁、锰离子过多引起的毒害作用。同位素示踪试验证明，当大麦和豆科作物缺硅时，叶片中锰的分布不均匀，以斑状聚集，并在棕色斑周围出现失绿与坏死症。供硅充足时，叶片中锰的分布均匀，不出现上述症状，从而有利于作物生长（陆景陵，2003）。

2. 硅与病理性病害

矿质营养可以影响作物对病害的防御能力，被认为是调控作物病害的重要影响因素之一，通过矿质营养元素调节可以降低许多作物病害的发生程度。虽然迄今为止，并未证实硅是作物生长发育所必需的矿质营养元素，但是硅对作物生长发育的有益作用，国内外已有大量的研究报道。研究表明，硅可以促进作物生长并提高产量，增强作物抵抗病害及虫害的能力，同时也可以减轻盐分胁迫、干旱胁迫、养分失衡、冻害等非生物胁迫对作物的危害（宁东峰和梁永超，2014）。

施用硅肥作为一种环境友好型的病害防治措施，在增强作物抗病性中有重要作用。硅与作物抵御真菌性病害之间的关系首先在单子叶作物中得到了证实，最早报道的是施硅小麦比对照抗白粉病，从此，有关硅在单子叶作物抵御病害中的作用的研究便不断出现，如水稻稻瘟病、高粱炭疽病、大麦和小麦的白粉病与纹枯病等（冯东昕和李宝栋，1998）。目前硅酸钾已作为商品在欧洲供应，据统计，60%以上的黄瓜生产者和 30%以上的玫瑰生产者都在使用该产品。总之，可溶性硅在作物抵御病害方面的研究，从园艺作物的范围看，目前研究和应用最多的是黄瓜，其次是玫瑰，其他作物有甜瓜、西葫芦、葡萄、草莓、番茄等；从防治的病原菌看，研究和应用最多的是白粉病，其次是猝倒病，此外还有枯萎病、蔓枯病、灰霉病和锈病等（冯东昕和李宝栋，1998）。

叶片表层中硅的沉积，特别有利于作物组织抗真菌侵染（如白粉病、稻瘟病等）。草莓叶片硅含量与培养液中硅浓度成比例地增加，白粉病的发病率降低。当大麦和小麦缺硅时，对白粉病的敏感性增加。施硅能显著降低小麦感病品种植株的白粉病病情指数，提高其对白粉病的抗病能力。有研究报道，叶面施用硅肥也可以有效抑制黄瓜、甜瓜、葡萄白粉病的发生（宁东峰和梁永超，2014）。

在盆栽试验中用硅酸钠处理土壤，同 $CaCO_3$ 处理相比显著地减少了小麦白粉病的发生率。随 SiO_2 含量的增加，小麦叶片和麦颖上的病害发生率下降，SiO_2 阻碍了病原菌的穿透侵入，抑制菌丝的生长，延缓了分生孢子的形成。用不同浓度的硅酸钠营养液处理黄瓜植株，并在叶片上接种黄瓜白粉病，随着营养液中 Si 浓度的增加，叶片上白粉斑的数目、面积及分生孢子的萌发数都大大减少，且证明用硅酸钾代替硅酸钠对病害的抑制作用相同，而改变营养液的电导率，用硫酸钾代替硅酸钾或硅酸钠都不能减轻病害。这说明对白粉病菌起作用的是 Si 而不是 Na^+ 或 K^+，也不是因加入盐导致的电导率改变。进一步的研究发现，在富含 Si 的黄瓜叶片上，白粉病菌落所产生的吸器数目明显减少，且病原菌分生孢子梗的发展受到抑制，病原菌的繁殖率下降，推迟了病原菌的扩散（Menzies et al.，1991）。后来的研究证明，Si 主要分布在黄瓜表皮毛基部的表皮细胞及白粉病菌侵染点周围的寄主细胞中。此外，Si 在白粉病菌的芽管内有聚集，这表明 Si 由黄瓜叶片组织中向病原菌转移。进一步的研究还发现 Si 处理的黄瓜叶片内被侵染细胞的细胞壁、细胞壁与质膜间的乳突及病原菌吸器周围的寄主细胞质内都有 Si 的积累（慕康国等，2000）。

施硅显著降低了两个不同抗性水稻品种的稻瘟病发病率和病情指数，接种稻瘟病的情况下，感病材料 'C039 和抗病材料 C101LAC（Pi-1）'不加硅处理的发病率分别高达80.46%和 55.67%，病情指数分别达 58.90 和 32.80，施硅处理的发病率和病情指数均显著低于不施硅处理，发病率降低幅度分别达 33.53%和41.62%，病情指数则分别降低了48.36%和 41.41%（葛少彬等，2014a）。施硅能提高水稻抵御纹枯病的能力（刘红芳，2015）。

施硅处理的水稻植株在接种白叶枯病菌后，接种部位叶片组织迅速坏死，病斑扩展停止。而不施硅处理的水稻叶片出现明显的失水、青枯、卷曲、萎蔫现象（图 7-2）。说明培养液中添加硅，能明显提高水稻对白叶枯病的抵抗能力（薛高峰等，2010b）。

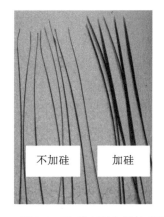

图 7-2　硅对水稻白叶枯病的抗病效应（薛高峰等，2010b）

"不加硅"与"加硅"处理分别为不加硅接种黄单胞菌（–Si+P）和加硅接种黄单胞菌（+Si+P）处理，接种后第 20 天拍照。硅肥选用 $Na_2SiO_3 \cdot 9H_2O$（分析纯）

硅对莴苣、小麦、大麦、甜瓜、高粱、葡萄、草莓、烟草等多种作物的猝倒病、枯萎病、蔓枯病、灰霉病、锈病、茎腐病、菌核病和炭疽病等的发生均具有抵御作用（冯东昕和李宝栋，1998；叶春等，1996；杜彩琼和林克惠，2002）。Dannon 和 Wydra（2004）研究发现，增加硅营养可明显降低番茄青枯病的发病率和病情指数，诱导番茄对青枯病产生抗性，感病和抗病品种的发病率分别降低 26.8% 和 56.1%。

7.7.3　硅素营养影响病害发生的机制

1. 硅沉积形成物理屏障

硅是细胞壁的重要成分，与作物体内的果胶酸、多醛糖酸、糖脂等结合，形成稳定性强、溶解度低的单硅酸及多硅酸复合物沉积在木质化细胞壁中，因而增强了细胞壁的机械强度和稳固性，使稻、麦等禾本科作物的抗倒伏、抗旱和抵御病原菌侵染等的能力得到增强（龚金龙等，2012）。硅能在作物叶片、茎秆、根系的表皮组织内沉积，形成硅化细胞和角质-硅双层结构，使组织硅质化，形成机械障碍，延缓和抵御病菌的侵入，从而增强作物对病害的抗性（高丹等，2010）。

Si 处理的菜心抗病、感病品种叶片表皮均有 Si 沉积，且随着 Si 水平的增加，植株的 Si 沉积越来越多。同时，不同水平 Si 处理均能提高抗病、感病品种的抗病能力，降低病情指数，感病品种以 2.5mmol/L 的硅处理效果最好，而抗病品种以 0.5mmol/L 的硅处理效果最佳，表明 Si 在叶片中的积累可提高植株抗病能力（杨暹等，2008）。Si 沉积在感病位点上的浓度和抗白粉病程度呈正相关，增强外表皮细胞硅化程度可阻止白粉病菌的侵染，这是由于最初的侵染菌丝穿透作物细胞时被硅化层阻挡，只有少部分孢子在外表皮萌发。杨暹等（2008）借助电子显微镜 X 射线能谱分析发现，Si 在真菌侵染点周围的寄主细胞内大量沉积，从而限制了病菌的进一步发展。

硅沉积在乳突体、表皮层或受真菌侵染部位和伤口处，具有天然"机械或物理屏障"的作用，增加了作物细胞壁的机械强度。通过电镜扫描显示，硅肥对黄瓜霜霉病具有较好的抑制作用。主要是因为硅聚集在细胞间隙和气孔部位，且硅浓度越高，聚集度越高，抗病性越好（范培培等，2014）。

硅的沉积使水稻茎秆细胞壁加厚，维管束加粗，提高茎秆中 SiO_2、纤维素、木质素和灰分含量，增强其抗病性（龚金龙等，2012）。硅在水稻叶鞘内侧、叶表和厚壁细胞的积累，主要起到物理屏障的作用。侵染纹枯病菌后，硅在叶片表面的硅化细胞、乳突和其他部位的含量增加，并不能阻挡纹枯病菌入侵，而是延缓了纹枯病菌的扩展（张国良，2009）。对稻瘟病的研究表明，接种病菌的情况下，加硅处理后硅在叶片表面高度沉积，叶片的硅化细胞数量、长度、宽度和面积有不同程度的增加，气孔硅化乳突数增多，硅化细胞排列更加清晰、致密和整齐（高丹等，2010；刘红芳，2015）。加硅后稻瘟病抗、感品种的发病严重程度均显著降低，硅诱导的水稻叶片细胞壁中防御区的形成可能与水稻抗稻瘟病的能力提高有关，其机制可能是稻株角质层下分布有电子密集的硅层，提高硅水平后增加的硅主要分布在细胞壁外层、中胶层及细胞间隙中，而且加硅后植株中的硅在叶表面占优势，在气孔保卫细胞中的沉积则相对较少（Kim et al.，2002）。

2. 硅提高作物的生理生化抗性

硅在抗病中的作用类似于作物诱导抗性的调节器，是主动过程而不仅限于"机械屏障"作用。许多证据表明，硅处理能增加作物叶片保护酶（过氧化物酶、多酚氧化酶、苯丙氨酸解氨酶等）活性和诱导寄主产生次生代谢抗性物质（如植保素、多酚类化合物、木质素），从而激活作物的防御系统，增强对病原菌的抵抗能力（高丹等，2010）。

1）提高寄主作物防御酶活性

过氧化物酶（POD）、过氧化氢酶（CAT）、苯丙氨酸解氨酶（PAL）是与作物抗病相关的抗氧化酶。PAL 是苯丙烷类代谢途径中的关键酶和限速酶，由于该途径的中间产物（酚类物质）以及终产物（木质素、黄酮、异类黄酮等物质）被认为与作物防御病原菌侵染有关，因此 PAL 被认为是一种抗氧化酶。POD 是木质素合成的关键酶之一，PAL 和 POD 的提高会增加木质素、植保素的含量，从而提高作物的抗病性。SOD 是作物与病原菌识别过程中产生初始抗性信息的一个关键酶，它的主要功能是通过歧化反应清除超氧阴离子自由基，因此超氧化物歧化酶常作为抗性酶起作用（杨艳芳等，2003）。在寄主与病原菌的相互作用中，硅可能起代谢调节作用，能诱发作物寄主对病原菌产生一系列的抗性反应。

硅增强水稻抗病性的途径主要有两种：一种是增强细胞结构抗性，抵御病菌的入侵，即物理机械途径；另一种是病菌侵入后，通过调节寄主作物生理生化代谢促进病菌免疫物质的分泌与释放，降低并消除病菌的危害，即生理生化途径（龚金龙等，2012）。对多种作物病害的研究表明，硅处理能增强感病植株叶片的过氧化物酶（POD）、多酚氧化酶（PPO）、苯丙氨酸解氨酶（PAL）、过氧化氢酶（CAT）和几丁质酶（CHT）等的活性，从而降低作物的发病率（葛少彬等，2014a）。Cherif 等（1994）的研究表明，加入可溶性硅可显著且快速提高感染过腐霉菌（*Pythium* spp.）的黄瓜根系中几丁质酶、过氧化物酶和多酚氧化酶的活性，并且减轻黄瓜受真菌侵染的危害。黄瓜接种霜霉病菌后，在营养液中加入不同浓度的硅，过氧化物酶、多酚氧化酶、苯丙氨酸解氨酶、β-1,3-

葡聚糖酶（β-1,3-glucanase）、超氧化物歧化酶 5 种抗霜霉病相关酶活性变化明显且差异达显著水平，黄瓜霜霉病病情指数降低，防治效果明显，且营养液中硅浓度与黄瓜叶片内硅元素的含量呈正相关（范培培等，2014）。这些证据显示硅可能是通过参与代谢作用，诱导植株获得系统性抗性。

硅对水稻抗纹枯病的机制除了硅在叶表积累构建一道物理屏障外，还能通过参与调节水稻体内与抗病有关的生理生化过程来增强对纹枯病的抗性。接种纹枯病菌后，施硅降低了活性氧积累程度，缓解了纹枯病菌引起的叶片细胞膜脂过氧化作用和 CAT 活性的下降，增强了 SOD、POD、PPO、PAL 和 CHT 的活性，提高了总酚、类黄酮、阿魏酸、绿原酸、木质素等的含量（龚金龙等，2012）。在水稻白叶枯病研究中发现，施硅处理，水稻白叶枯病的病情指数显著降低，与对照相比降低了 11.8%～52.1%，对白叶枯病的相对防效达 16.55%～75.82%。叶片感染白叶枯病菌后，β-1,3-葡聚糖酶和几丁质外切酶、内切酶的活性均快速上升。β-1,3-葡聚糖酶活性在感染白叶枯病菌的 8d 内，施硅处理显著高于不施硅处理。整个试验过程中，施硅处理的水稻植株，叶片中几丁质外切酶、内切酶的活性明显增加（薛高峰等，2010b）。

黄瓜接种白粉病菌后，营养液中加硅酸盐显著降低了黄瓜白粉病的病情指数，显著提高了黄瓜叶片中抗坏血酸过氧化物酶、多酚氧化酶的活性（魏国强等，2004）。硅能显著增强番茄对青枯病的抗性，硅处理使青枯病的病情指数在土培试验和水培试验下分别降低了 29.1%～93.0%和 6.3%～100.0%，土培试验中，加硅使番茄叶片中 POD 和 CAT 的活性分别增加了 43.2%和 23.2%；水培试验加硅使 POD、CAT、PAL 的活性分别增加了 122.0%、337.0%和 31.0%（王蕾等，2014）。

硅可通过参与植株体内代谢，调节抗氧化系统酶活性，激发机体过敏反应，增强植株对白叶枯病的抗性（薛高峰等，2010b）。田间条件下，接种白叶枯病菌后 3d 内，水稻叶片中丙二醛含量急剧升高；施硅水稻的叶片中丙二醛含量均低于不施硅处理，且正常供氮水平第 7 天，以及高量供氮水平第 3 天和第 7 天均达到显著水平，施硅可以降低丙二醛含量，说明膜脂质过氧化作用降低，减轻了白叶枯病的危害，进而增强了水稻抗白叶枯病的能力（刘红芳，2015）。

在干旱、寒冷、臭氧、发病等逆境条件下，植株叶片中依赖抗坏血酸 H_2O_2 清除途径的酶活性增加，这条清除途径主要由抗坏血酸过氧化物酶和相应的抗坏血酸-谷胱甘肽循环系统所组成，谷胱甘肽循环由单脱氢抗坏血酸还原酶、脱氢抗坏血酸还原酶和谷胱甘肽还原酶构成（杨广东和朱祝军，2001）。

小麦白粉病的研究中发现，小麦感病品种受病原菌侵染后施硅可降低植株的超氧化物歧化酶活性，增强小麦叶片的局部过氧化伤害，产生细胞坏死和过敏反应，从而达到抗白粉病的作用；而小麦抗病品种感病后施硅可提高超氧化物歧化酶活性，增强植株清除体内积累的超氧阴离子自由基的能力，减少活性氧及自由基对植株的毒害作用。在不同作物与病原菌互作过程中，硅对植株体内超氧化物歧化酶活性产生不同影响，这可能是品种间抗病基因类型不同而导致硅的作用不同，但都能增强小麦抗白粉病的能力（杨艳芳等，2003）。

病原菌侵染果实时可能会对 NADPH 氧化酶的活性产生抑制，减少 O_2^- 和 H_2O_2 的积累从而导致侵染的发生。活性氧爆发是作物对病原菌侵染所做出的最快速的防卫反应之一，H_2O_2 可作为信号分子刺激作物和果实做出相应的抗病反应。在作物细胞中，活性氧可使糖蛋白氧化交联加厚寄主细胞壁，也可引起脂质过氧化和细胞膜的损伤。活性氧也是调节防卫基因的重要信号分子。厚皮甜瓜采后使用 100mmol/L 硅酸钠处理可显著降低厚皮甜瓜接种粉红单端孢（*Trichothecium roseum*）的病斑直径和果实的自然发病率，增强果实对粉霉病的抗性。硅酸钠处理诱导了 H_2O_2 的积累，接种后处理组的 H_2O_2 含量和产生速率快速升高。表明硅酸钠处理提高厚皮甜瓜对粉霉病的抗性与其调节果实活性氧的代谢密切相关。硅酸钠处理的厚皮甜瓜参与了膜脂过氧化过程，活性氧可促进作物细胞壁的增厚，如木质化作用、细胞结构蛋白的交联化等。硅酸钠处理诱导产生的活性氧参与了类似的过程，从而增强了厚皮甜瓜果实的抗病性（王云飞等，2012）。

2）改变酚类物质合成

酚类物质是木质素、植保素合成的前体。酚类物质不仅能杀死作物体本身的细胞，也能杀死侵染的病原菌，使寄主作物呈现过敏反应（魏国强等，2004）。酚类物质积累在细胞壁，降解病菌的吸器，从而抵御病菌入侵（葛少彬等，2014a）。用硅处理受白粉病菌侵染的黄瓜叶片，提取物中得到了黄酮类植保素物质，推断硅可能参与了受侵寄主的抗菌活动，使作物产生了一些小分子代谢物质（酶类、黄酮醇类）（薛高峰等，2010b）。接种白粉病菌后增加了黄瓜叶片中酚类物质的含量，施硅处理高于不施硅处理，并显著降低了病情指数（魏国强等，2004）。接种稻瘟病菌能诱导水稻叶片总可溶性酚的含量快速上升，施硅能显著提高总可溶性酚含量（孙万春等，2009）。

作物的木质素是由许多苯丙烷单体聚合在一起的交联分子，在细胞壁上经常和纤维素及其他糖类联结在一起，沉积在壁上形成木栓化，通过保护作物细胞壁物质不被真菌降解，并使侵入的菌丝细胞木质化从而增强对病原菌的抗性。接种小麦白粉病菌后，不施硅处理中，抗病品种的木质素含量显著高于感病品种；但施硅处理中，感病品种的木质素含量明显提高，而抗病品种的则变化不大。表明施硅能明显提高感病品种的木质素含量，增强其抗白粉病的能力；抗病品种因自身有较高含量的木质素，有很强的抗病性，所以施硅对其抗白粉病的能力没有多大影响（杨艳芳等，2003）。

梁巧兰等（2002）以裸仁美洲南瓜抗病、感病品种为材料，测定了硅酸钠溶液喷雾处理南瓜幼苗后诱导接种白粉病菌对不同抗病品种叶片中酚类物质、绿原酸、类黄酮 3 种物质在不同处理时期含量变化的影响，结果表明，硅酸钠诱导处理后不同抗病品种叶片中的酚类物质、绿原酸、类黄酮等物质含量均明显升高。表明硅酸钠能够诱导酚类物质、绿原酸和类黄酮等植保素前体物质在裸仁美洲南瓜中的产生和积累，而且这 3 种物质对裸仁美洲南瓜抗白粉病具有一定作用。

施硅与不施硅处理作物细胞内化学成分的最大差异是，施硅处理的作物表皮细胞沉积了大量酚醛类物质，类似作物抗毒素，施硅处理的叶片中至少有 3 种抗毒素物质含量要高于不施硅处理，因此可通过硅诱导小麦产生抗毒素物质来应对白粉病的侵染；施硅处理的感病水稻叶片浸出的作物抗毒素含量要高于不施硅处理，表明硅在提高水稻抗稻瘟病中起着积极的防御作用（宁东峰和梁永超，2014）。

3）提高硅的吸收利用

水稻缺硅时整个生长期易感染稻瘟病或胡麻叶斑病，稻瘟病等病害难以控制。研究表明，施硅能有效促进水稻对硅的吸收，提高作物茎、叶中硅的含量，水稻茎秆中硅含量与稻瘟病病情指数呈负相关，硅含量的高低直接影响水稻对稻瘟病的抵抗能力，增施硅肥能显著提高作物对病害的抗性，减少病害的发生（唐旭等，2006）。施硅可以显著增加叶片中的硅含量，而硅含量与病菌潜伏期呈正相关关系，与病斑数量、病斑大小等呈负相关关系，并且水稻根系对硅的主动吸收对于预防胡麻叶斑病有重要作用（宁东峰和梁永超，2014）。加硅处理下，接种病菌比不接种处理显著提高了水稻地上部的硅含量，表明水稻植株在接受病菌侵入的信号后刺激了作物对硅的需求，加强了参与硅吸收与运输的基因的表达，促进了硅的积累，从而提高了植株抗白叶枯病的能力，表明作物中硅的含量与抗病性有密切关系（薛高峰等，2010a）。

4）改变根际微生态环境

接种番茄青枯病菌的条件下，硅处理能降低土壤青枯病菌的数量，增加土壤中细菌和放线菌的数量，降低真菌/细菌值，增加土壤酸性磷酸酶和脲酶的活性，从而使感病土壤恢复到与健康土壤类似的微生物数量和组成状态。施用硅肥是一种环境友好型的新型病害综合防治技术，对于降低农产品中农药残留、保障人类食品安全具有重要的现实意义（陈玉婷等，2015）。

5）影响植株有机酸含量

有机酸广泛存在于作物体内，大部分既是三羧酸循环的中间产物，又是合成糖类、氨基酸和脂类的中间产物，对作物的代谢起着重要作用。常见作物中的有机酸有酒石酸、草酸、苹果酸、枸橼酸（柠檬酸）、顺丁烯二酸（又称马来酸）、反丁烯二酸（又称延胡索酸或富马酸）和抗坏血酸等。硅提高稻瘟病的抗性与改变植株体内的生化代谢与有机酸的含量变化密切相关，接种稻瘟病菌的条件下加硅处理显著降低了水稻叶片中反丁烯二酸和柠檬酸的含量，增加了叶片中草酸、顺丁烯二酸的含量，草酸和顺丁烯二酸可能与硅提高水稻稻瘟病抗性有关（葛少彬等，2014b）。

6）分子水平上的硅防御机制

硅提高作物对病害的防御过程非常复杂。硅除了直接参与调节生理生化过程外，还参与水稻和病原菌相互作用体系的代谢过程，经过一系列生理生化反应和信号转导，激活水稻防卫基因，诱导植株系统抗病性表达而起到了抑制病害的作用。

许多科学家借助现代分子技术，从分子水平上阐明防御机制。对小麦白粉病的研究中发现硅并不是一种诱导因子，不能诱导过氧化物酶活性的提高，只在小麦感病后才能增强植株过氧化物酶的活性，而且硅对感病品种的效果更为显著，对抗病品种影响不大。这种差异可能是由于抗病品种自身具有较强的抗病能力，导致硅的抗病作用不明显，而感病品种本身的抗病能力较差，硅则可以增强其抗病基因的快速激活和表达，从而提高小麦感病品种抗白粉病的能力（杨艳芳等，2003）。

水杨酸的大量积累在作物诱发系统获得性抗性中是必不可少的（高必达和陈捷，2006）。研究表明，水杨酸叶面喷雾可减轻水稻幼苗稻瘟病，并且认为是由于水杨酸处理使稻苗产生了诱导抗性（蔡新忠等，1996）。接种稻瘟病菌后，硅可以诱导感病品种中水杨酸的积累，从而诱导系统获得性抗性的产生，增强植株抗病性，而抗性品种叶片的水杨酸含量在加硅后没有明显变化，说明硅增强感病品种和抗病品种抗病性的途径可能是不同的（葛少彬等，2014a）。

不同感病水稻品种施硅与不施硅处理间存在 221 个基因表达上的差异，其中 28 个参与作物防御或响应逆境胁迫；对于感病水稻品种，不施硅处理，真菌侵染引起 738 个基因表达差异，而施硅处理只有 239 个基因表达差异（宁东峰和梁永超，2014）。

对番茄青枯病的研究表明，施硅处理番茄在细菌侵染时，茉莉酸、乙烯标记基因及氧化胁迫标记基因和过氧化物酶标记基因表达均上调，表明番茄受到细菌侵染时，硅诱导番茄产生茉莉酸、乙烯、活性氧等信号，使作物处于预激活状态，从而减轻生物胁迫（宁东峰和梁永超，2014）。硅处理能显著降低番茄青枯病的病情指数，增强植株抗病能力。基于同位素标记相对和绝对定量（iTRAQ）（isobaric tags for relative and absolute quantitation）定量蛋白质组学技术的研究结果表明，在鉴定的 30 个土壤蛋白质中，硅加接菌处理与单独接菌处理相比有 8 个蛋白质上调，14 个蛋白质下调，对加硅后接菌处理的 22 个差异蛋白的进一步研究表明，硅对青枯病的作用主要是改变代谢过程以及结合蛋白，特别是核酸结合蛋白的变化，说明硅主要是通过改变土壤微生物的抗性代谢及调控蛋白质的合成与翻译来抑制青枯菌的侵染。Fauteux 等（2006）通过定量 PCR 方法研究了硅对拟南芥白粉病菌的抗性作用，结果表明，在接种白粉病菌、未加硅的拟南芥植株中，菌丝大量生长、繁殖，而加硅后明显降低了菌丝的密度，从而显著降低了病害的侵染，不接种白粉病菌只加硅处理的拟南芥只有 2 个基因的表达量受影响，而无论加硅与否，接种白粉病菌处理的拟南芥都有将近 4000 个基因的表达量发生变化。

硅在抵御病虫害时的作用是多方面的（图 7-3），在胁迫条件下硅的作用更加明显。施硅能有效提高作物对病虫害的抗性，从而可减少杀虫剂和杀菌剂的应用，降低对环境的危害，维持生态平衡（唐旭等，2005）。

7.7.4　硅素营养管理与病害控制

在缺硅土壤中施用硅肥，可以增强作物对病害的抵抗能力，从而大量降低杀菌剂的使用。在中国南方热带和亚热带稻作地区，高温高湿的环境条件，加之很多作物常年连种，每年吸收带走大量的硅，导致土壤缺硅现象严重。但在我国农业生产中，硅肥施用的价值没有引起重视，农民很少自发地施用硅肥，长此以往，势必造成土壤中硅素亏缺，使硅含量成为作物生产的障碍因子。所以，农业生产中推广硅肥的施用，对作物稳产、无公害生产和生态环境保护都具有重要意义（宁东峰和梁永超，2014）。

作物施硅用量应根据土壤的含硅量和作物品种来定，土壤严重缺硅且品种需硅量较大的应适当多补充硅元素，而土壤中含硅量较丰富且所种植品种对硅需求量较少的应当少补充硅元素。一般通过以下几种方式可补充硅素营养。

（1）增施有机肥。由于有机肥营养元素齐全，对改良土壤、提高作物品质具有重要的作用。施足有机肥，既可以提高土壤有机质的含量，又可以增加土壤中可吸收的中、微量营养元素（李晴等，2014）。

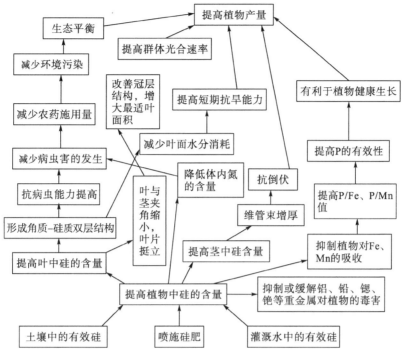

图 7-3　硅对作物的有益作用（唐旭等，2005）

（2）施用硅肥。硅肥品种主要有水溶性硅肥、枸溶性硅肥，根据作物生育期不同使用不同的硅肥品种。枸溶性硅肥是指不溶于水而溶于酸后可以被作物吸收利用的硅肥，多为炼钢厂的废钢渣、粉煤灰、矿石经高温煅烧加工而成，一般施用量较大，适合作基肥施用；水溶性硅肥是指溶于水可以被作物直接吸收利用的硅肥，如速溶硅肥、液体硅肥、钾硅肥、硅钙肥、多元硅肥等，一般叶面喷施、冲施和滴灌，也可基施和追施（唐东胜和黄金涛，2013）。水溶性硅肥的主要成分是硅酸钠，其有效成分为 50%～60%，用量为 60～120kg/hm²。硅肥不可以作为种肥，不能与种子直接接触，防止对种子发芽产生不利影响。基肥一般在翻地前撒施均匀，然后翻耕入土；作基肥通常使用枸溶性矿物肥料，以有效硅含量为 30%～40%的钢渣肥料为主，施用量以 375kg/hm² 为宜（李晴等，2014）。

（3）硅肥与其他肥料混合施用。硅肥与氮、磷、钾肥配合施用效果更佳。研究发现，采用硅、磷或硅、氮、磷复配施用，可提高氮、磷肥的利用率。其中，氮的利用率提高幅度为 18.6%～26.2%。在稻瘟病高发区，硅素还能促进作物体内磷的转移，所以可调整硅氮比和硅磷比使营养更协调。因此，在施用硅肥的过程中应配合施用氮、磷、钾肥，以发挥肥料的最大利用效率（李晴等，2014），但不宜与碳酸氢铵混合或同时施用，因为硅肥使碳酸氢铵中的氨挥发，降低氮肥利用率，造成不必要的浪费（唐东胜和黄金涛，2013）。镁能促进水稻对硅的吸收，提高硅肥的肥效，在生产中也要注意硅肥与镁肥的配合施用，硅对钙的吸收有抑制作用，因为硅肥可以与钙肥发生化学反应，生成难溶性的硅酸盐，使用时应加以注意（李晴等，2014）。

（4）秸秆还田。硅在作物干物质中的含量为 0.1%～20%，特别是水稻秸秆中含有大量的硅元素，一般二氧化硅含量在 10%以上，稻草携出是水田硅被消耗的主要原因。秸秆切碎后还田或作堆肥使秸秆再利用，也是补充硅肥营养的有效办法（李晴等，2014）。

（5）客土改良。缺硅水田的基本特点是土壤质地砂性强、耕层浅薄，用优良黏性土如石灰性紫色土等作为客土，具有一定效果（张振云，2010）。

7.8　氮硅互作与病虫害控制

氮素是作物必需的营养元素，硅则是作物的有益元素。长期种植吸硅作物，如水稻，每年要从土壤中带走大量的硅素养分，土壤供硅水平必然下降。随着作物单产的不断提高，氮素施用量相应增加，土壤硅素供应不平衡问题日益显现，成为高产稳产的制约因素。硅与多种营养元素存在交互作用，施硅不但使土壤中磷酸根的吸附量减少、解吸量增加，而且硅可促进氮的同化，使植株茎、叶的含氮量减少，而穗部含氮量增加，有利于籽粒中蛋白质的形成。硅元素有促进植株吸收养分及提高抗病性的作用（郭彬等，2004）。

氮素过多或缺乏会影响作物病害的发生，由于作物或病害种类不同，氮对病害的效应不同。在供应高氮时，作物体内可溶性含氮化合物增加，致使大量的碳水化合物用于合成蛋白质等大分子含氮化合物，而相对减少了纤维素、木质素含量，因而植株的机械支撑力减弱，组织柔软，从而使植株易倒伏和遭受病虫害等。施硅可以增强植株的刚性，减少倒伏性。植株中氮硅互作与作物的抗病性有关，随着硅含量的增加，作物的抗病和抗虫性增加（陆景陵，2003）。

施氮不足或过量偏施氮肥均会增加玉米倒伏、降低产量，适量施硅有助于提高玉米产量，并有利于改善株高、茎粗等抗倒伏性指标（张月玲等，2012）。施氮促进水稻生长的同时，为避免因氮过量造成稻瘟病的发生，可通过施硅预防或减少稻瘟病的发生。研究表明，水稻品种'黄壳糯'的叶片氮含量与叶瘟病病情指数呈显著正相关，同样，茎秆氮含量与穗瘟病病情指数也呈极显著正相关。在相同条件下，植株氮含量越高，稻瘟病病害越重。而茎秆硅含量则与穗瘟病的严重程度呈显著或极显著负相关；单作高氮条件下叶片中硅含量与叶瘟病病情指数呈显著负相关；因此，提高茎秆硅含量能提高水稻对稻瘟病的抗性（唐旭等，2006）。

在常规施氮条件下（N_{225}），施硅（Si_{150}）和不施硅（Si_0）对水稻叶瘟病和穗瘟病的病情指数均无明显影响，而在高氮条件下（N_{450}），施硅显著降低了水稻叶瘟病和穗瘟病的病情指数，表明在高氮条件下，配施硅肥是减轻稻瘟病的有效措施（图7-4）。

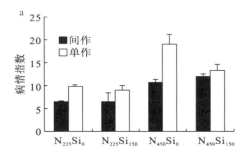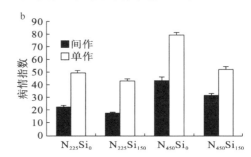

图7-4　氮硅互作对水稻'黄壳糯'叶瘟病（a）和穗瘟病（b）病情指数的影响（唐旭等，2006）

a. 氮硅互作对水稻叶瘟病病情指数的影响；b. 氮硅互作对水稻穗瘟病病情指数的影响。N_{225}表示 N 225kg/hm²；N_{450}表示 N 450kg/hm²；Si_0表示 SiO_2 0kg/hm²；Si_{150}表示 SiO_2 150kg/hm²

正常供氮水平（N_{180}）下，施硅处理比不施硅处理的水稻白叶枯病病情指数平均降低了 17.8%，且均达到显著水平；高量供氮水平下，施硅酸钠的病情指数比不施硅降低了 7.4%，差异不显著，施硅钙肥的病情指数比不施硅降低了 15.1%，差异显著（图 7-5）。说明，施硅能显著提高水稻对白叶枯病的抵抗能力，高量供氮水平下硅钙肥效果好于硅酸钠（刘红芳等，2016）。

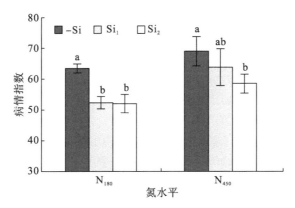

图 7-5　正常和高量供氮水平下硅对水稻白叶枯病病情指数的影响（刘红芳等，2016）

N_{180} 表示 N 180kg/hm^2；N_{450} 表示 N 450kg/hm^2；–Si 表示不施硅；Si$_1$ 表示施硅酸钠（以 SiO$_2$ 计，70kg/hm^2）；Si$_2$ 表示施硅钙肥（以 SiO$_2$ 计，70kg/hm^2）。相同施氮水平下不同字母表示差异显著（$P<0.05$）

氮硅配施对冬小麦蚜虫发生的研究显示，相同施氮水平下，与 180kg/hm^2 氮不施硅处理相比，180kg/hm^2 氮配施 75kg/hm^2、150kg/hm^2 SiO$_2$ 时，蚜虫密度分别降低了 17.99%、18.80%。与 270kg/hm^2 氮不施硅处理相比，270kg/hm^2 氮配施 75kg/hm^2 SiO$_2$ 蚜虫密度降低了 10.18%，配施 150kg/hm^2 SiO$_2$ 蚜虫密度降低了 32.13%（表 7-1）。说明低氮水平下，配施低硅即可有效降低蚜虫密度，而在高氮水平下，需配施较高水平的硅才能更有效地降低蚜虫密度（王炜等，2013）。

表 7-1　氮硅配施对冬小麦蚜虫密度的影响

因素	Si$_0$	Si$_1$	Si$_2$	N 平均
N$_1$/（kg/hm^2）	122.3±3.00aA（bB）	100.3±2.03bA（bB）	99.3±0.33bA（bA）	107.3（bB）
N$_2$/（kg/hm^2）	164.0±8.08aA（aA）	147.3±2.03aA（aA）	111.3±10.88bB（aA）	140.8（aA）
Si 平均/（kg/hm^2）	143.1Aa	123.8bB	105.3cC	
$F_{N×Si}$		5.63*		

注：N$_1$ 表示 180kg/hm^2；N$_2$ 表示 270kg/hm^2；Si$_0$ 表示以 SiO$_2$ 计，0kg/hm^2；Si$_1$ 表示以 SiO$_2$ 计，75kg/hm^2；Si$_2$ 表示以 SiO$_2$ 计，150kg/hm^2；数据后括号外小写、大写字母分别表示不同硅水平之间的差异达 0.05 和 0.01 的显著性水平，括号内小写、大写字母分别表示不同氮水平之间差异达 0.05 和 0.01 的显著性水平。$F_{N×Si}$ 指 N×Si 交互作用的方差分析 F 值；*表示按 N×Si 具有显著的交互作用

施硅对小麦蚜虫生长发育的抑制可能与硅诱导了小麦表皮或叶肉组织释放抗虫性化学物质有关。氮硅配施对小麦叶部和穗部可溶性糖、叶部单宁含量也具有极显著或显著的交互效应。高硅削弱施氮增加小麦蚜虫密度的效应与高硅削弱施氮增加叶部和穗部可溶性糖、叶部单宁含量的效应有密切关系。低氮水平下，施硅降低蚜虫密度的效应与其

增加穗部可溶性糖含量有密切关系，而高氮条件下，施硅降低蚜虫密度的效应则与其增加小麦叶部和穗部可溶性糖、叶部单宁含量有密切关系（王炜等，2013）。

硅对作物抗虫性的调节表现在其可以减轻氮肥施用过量引起的害虫取食危害。亚洲玉米螟对硅肥处理的施用高氮肥的玉米危害减轻，土壤施用硅肥能降低甘蔗由于氮肥施用过量对甘蔗茎螟种群增长产生的促进作用，小麦叶面施用1%硅酸钠减轻了由氮肥施用过量引起的麦长管蚜和麦无网长管蚜的危害（韩永强等，2012）。

参 考 文 献

白红红, 章林平, 王子民, 等. 2013. 锰对水稻亚铁毒害的缓解作用[J]. 中国水稻科学, 27(5): 491-502.

白秀梅. 2014. 梨树缺钙缺硼的原因及防治措施[J]. 吉林农业月刊, (10): 79.

蔡德龙. 2001. 硅肥及施用技术[M]. 北京: 台海出版社.

蔡新忠, 郑重, 宋风鸣. 1996. 水杨酸对水稻幼苗抗瘟性的诱导作用[J]. 植物病理学报, 26(1): 7-12.

曹恭, 梁鸣早. 2004. 氯——平衡栽培体系中作物必需的微量元素[J]. 土壤肥料, (5): 354-356.

岑炳沾, 甘文有, 邓瑞良. 1994. 肉桂枯梢病的发生与防治研究[J]. 华南农业大学学报, 15(4): 63-66.

陈城, 张福生, 彭忱晨, 等. 2018. 不同铁肥对缺铁桃树土壤酶活性与细菌群落结构的影响[J]. 四川大学学报(自然科学版), 55(1): 191-196.

陈茂春. 2015. 如何合理施用含氯化肥[J]. 农业知识, (4): 40-41.

陈铭, 尹崇仁. 1994. 麦类作物锰营养的研究[J]. 土壤学进展, 22(2): 15-20.

陈新春, 汪芳. 2007. 杂交水稻缺锌原因及防治[J]. 农技服务, 24(8): 50.

陈新平. 2015. 水稻、玉米缺锌症状和防治[J]. 农业科学, (7): 35-36.

陈玉婷, 林威鹏, 范雪滢, 等. 2015. 硅介导番茄青枯病抗性的土壤定量蛋白质组学研究[J]. 土壤学报, 52(1): 162-173.

程国华, 郭树凡, 薛景珍, 等. 1991. 长期施用含氯化肥对土壤酶活性的影响[J]. 沈阳农业大学学报, 25(4): 360-365.

邓全恩. 2014. 柿果顶腐病发病规律及防治技术研究[D]. 北京: 中国林业科学研究院硕士学位论文.

丁红, 宋文武, 张智猛. 2011. 花生铁营养研究进展[J]. 花生学报, 40(1): 39-43.

董社琴. 2005. 氮钾锌肥配施对玉米地上部分养分的积累与分配的影响[J]. 山西农业大学学报, 25(2): 102-105.

董鲜. 2014. 土传香蕉枯萎病发生的生理机制及营养防控效果研究[D]. 南京: 南京农业大学博士学位论文.

董肖昌, 姜存仓, 刘桂东, 等. 2014. 低硼胁迫对根系调控及生理代谢的影响研究进展[J]. 华中农业大学学报, 33(3): 133-137.

杜彩琼, 林克惠. 2002. 硅素营养研究进展[J]. 云南农业大学学报, 17(2): 192-196.

范培培, 朱祝军, 于超, 等. 2014. 黄瓜中硅的生理功能及转运机制研究进展[J]. 植物生理学报, 50(2): 117-122.

冯东昕, 李宝栋. 1998. 可溶性硅在作物抵御病害中的作用[J]. 植物病理学报, 28(4): 293-297.

冯致, 郁继华, 颉建明, 等. 2005. 锌对青花菜幼苗生长的影响[J]. 甘肃农业大学学报, 4(40): 471-474.

付行政, 彭良志, 邢飞, 等. 2014. 柑橘缺锌研究进展与展望[J]. 果树学报, 31(1): 132-139.

高必达, 陈捷. 2006. 生理植物病理学[M]. 北京: 科学出版社.

高丹, 陈基宁, 蔡昆争, 等. 2010. 硅在作物体内的分布和吸收及其在病害逆境胁迫中的抗性作用[J]. 生态学报, 30(10): 2745-2755.

高柳青, 田长彦, 胡明芳. 2000. 锌、锰对棉花吸收氮、磷养分的影响及机理研究[J]. 作物学报, 26(6): 861-868.

高艳敏, 徐静, 高树清, 等. 2006a. 施硅对高锰诱发苹果粗皮病的影响[J]. 植物营养与肥料学报, 12(4): 571-577.

高艳敏, 徐静, 张琪静, 等. 2006b. 钙对高锰诱发苹果粗皮病的矫正效应[J]. 果树学报, 23(2): 242-246.

葛少彬, 刘敏, 蔡昆争, 等. 2014a. 硅介导稻瘟病抗性的生理机理[J]. 中国农业科学, 47(2): 240-251.

葛少彬, 刘敏, 骆世明, 等. 2014b. 硅和稻瘟病菌接种对水稻植株有机酸含量的影响[J]. 生态学杂志, 33(11): 3002-3009.

龚金龙, 张洪程, 龙厚元, 等. 2012. 水稻中硅的营养功能及生理机制的研究进展[J]. 植物生理学报, 48(1): 1-10.

古斯. 1988. 施氯化物肥料的基本问题[J]. 吴明, 译. 国外农学·土壤肥料, (2): 41-42.

郭彬, 娄运生, 梁永超. 2004. 氮硅肥配施对水稻生长、产量及土壤肥力的影响[J]. 生态学杂志, 23(6): 33-36.

韩永强, 魏春光, 侯茂林. 2012. 硅对作物抗虫性的影响及其机制[J]. 生态学报, 32(3): 974-983.

蒿宝珍, 姜丽娜, 李春喜, 等. 2007. 小麦锌营养效率的研究进展[J]. 安徽农业科学, 35(25): 7756-7758.

何新华. 1992. 作物中的铁素营养[J]. 植物学通报, 9(4): 24-28.

胡荣海. 2007. 云南烟草栽培学[M]. 北京: 科学出版社.

胡小婉. 2013. 氯对油菜生长与营养吸收利用的效应及其机制[D]. 南京: 南京农业大学硕士学位论文.

胡一凡, 尹名济, 孙晶, 等. 1991. 氯对莴苣和红菜苔幼苗生长及 SOD 活性的影响[J]. 华中农业大学学报, 10(4): 378-382.

胡增丽, 聂磊云, 王媛. 2017. 微量元素含量与苹果树病害的关系分析[J]. 农业工程, 37(2): 26.

黄芳, 王建明, 徐玉梅. 2008. 硼抑制灰霉病菌孢子萌发机制的初步研究[J]. 植物病理学报, 38(4): 370-376.

黄建国. 2004. 植物营养学[M]. 北京: 中国林业出版社.

霍玉芹, 刘福春, 于海秋, 等. 1996. 微量营养元素与作物病害的关系[J]. 吉林农业大学学报(增刊), 18(s1): 67-70.

姬华伟. 2012. 氮素形态与铜、锌对香蕉枯萎病防治的研究[D]. 南京: 南京农业大学硕士学位论文.

姬华伟, 郑青松, 董鲜, 等. 2012. 铜、锌元素对香蕉枯萎病的防治效果与机理[J]. 园艺学报, 39(6): 1064-1072.

冀华, 王建明, 李新凤. 2011. 硼抑制辣椒枯萎病菌作用机理的初步研究[J]. 河北农业科学, 25(2): 42-45.

贾伯华. 1995. 氯离子对农作物生理作用的评述[J]. 科技通报, 11(3): 175-179.

贾国涛, 顾会战, 许自成, 等. 2016. 作物硅素营养研究进展[J]. 山东农业科学, 48(5): 153-158.

柯玉诗, 黄小红, 张壮塔, 等. 1997. 硅肥对水稻氮磷钾营养的影响及增产原因分析[J]. 广东农业科学, (5): 25-27.

黎晓峰, 陆申年. 1995. 铁锰营养平衡与水稻生长发育[J]. 广西农业大学学报, 14(3): 217-222.

李春俭. 2008. 高级植物营养学[M]. 北京: 中国农业大学出版社.

李桂琴, 桂明珠, 史芝文. 1997. 亚麻苗期缺素症状的研究[J]. 中国麻作, 19(4): 25-29.

李金凤, 郭鹏程, 王德清. 1989. 氯对大豆生长发育及产量和品质的影响[J]. 土壤通报, 20(2): 80-82.

李金柱, 吴礼树, 杨玉华. 2004. 硼在植物细胞壁上营养机理的研究进展[J]. 中国油料作物学报, 26(4): 96-100.

李俊成, 于慧, 杨素欣, 等. 2016. 植物对铁元素吸收的分子调控机制研究进展[J]. 植物生理学报, 52(6): 835-842.

李明亮, 韩一凡. 2000. 乙烯在作物生长发育和抗病反应中的作用及其生物合成的反义抑制[J]. 林业科学, 36(4): 77-84.

李娜. 2014. 营养元素对烟草疫霉生长发育及硼对产孢期基因转录的影响[D]. 重庆: 西南大学硕士学位论文.

李娜, 李振轮, 王晗, 等. 2014. 硼抑制作物病害作用及机制的研究进展[J]. 植物生理学报, 50(1): 7-11.

李频道. 2010. 甘薯缺锌症的发生原因及防治措施[J]. 科学种养, (6): 28.

李晴, 成少华, 迟金和, 等. 2014. 水稻种植过程中缺硅症状及其防治措施[J]. 现代农业科技, (1): 90-91.

李庆逵, 崔澄. 1964. 中国科学院微量元素研究工作会议汇刊[M]. 北京: 科学出版社.

李廷轩, 王昌全, 马国瑞, 等. 2002. 含氯化肥的研究进展[J]. 西南农业学报, 25(2): 86-91.

李鑫, 吴元华, 顾晶晶, 等. 2009. 铜元素诱导烟草抗 PVYN 相关生理生化及信号物质的研究[J]. 沈阳农业大学学报, 40(5): 536-540.

李晔, 吴元华, 赵秀香, 等. 2007. 铁营养抑制烟草感染 TMV 及其对钙信使系统调控作用研究[J]. 植物营养与肥料学报, 13(5): 920-924.

梁巧兰, 魏列新, 徐秉良. 2002. 硅酸钠对裸仁美洲南瓜酚类物质含量的影响与抗白粉病的关系[J]. 植物营养与肥料学报, 18(6): 1537-1544.

梁永超, 张永春, 马同生. 1993. 植物的硅素营养[J]. 土壤学进展, (3): 7-13.

廖伟, 舒芳靖, 倪毅, 等. 2015. 烤烟锌营养研究进展[J]. 安徽农业科学, 43(23): 9-10, 13.

林光. 2004. 农作物缺硼的原因及其防治对策[J]. 福建农业, (12): 20.

刘爱华. 2014. 水稻种植过程中缺硅症状及防治措施[J]. 北京农业, (18): 37.

刘炳清, 李琦, 蔡凤梅, 等. 2014. 烟草铜素营养研究进展[J]. 江西农业学报, 26(3): 76-79.

刘春生, 李西双. 1996. 氯对作物的营养功效、毒害及含氯化肥的合理施用[J]. 山东农业大学学报, 27(1): 111-121.

刘国栋. 2002. 作物营养学研究的五种新观点[J]. 科技导报(农业), (7): 7-9.

刘红芳. 2015. 硅对水稻倒伏和白叶枯病抗性的影响[D]. 北京: 中国农业科学院博士学位论文.

刘红芳, 宋阿琳, 范分良, 等. 2016. 施硅对水稻白叶枯病抗性及叶片抗氧化酶活性的影响[J]. 植物营养与肥料学报, 22(3): 768-775.

刘洪斌, 毛知耘. 1997. 烤烟的氯素营养与含氯钾肥施用[J]. 西南农业学报, 10(1): 102-107.

刘慧芹. 2014. 番茄疮痂病菌 Fur 基因功能分析及 Fe 在寄主与病菌互作中的作用[D]. 晋中: 山西农业大学博士学位论文.

刘鸣达, 张玉龙, 李军, 等. 2001. 施用钢渣对水稻土硅素肥力的影响[J]. 土壤与环境, 10(3): 220-223.

刘武定. 1995. 微量元素营养与微肥施用[M]. 北京: 中国农业出版社.

刘晓海, 段刚, 高云涛, 等. 2006. Zn^{2+}对滇池藻类生长的影响[J]. 环境科学与技术, 29(7): 20-22.

刘铮. 1991. 微量元素的农业化学[M]. 北京: 农业出版社.

刘铮. 1996. 中国土壤微量元素[M]. 南京: 江苏科学技术出版社.

鲁耀, 郑毅, 赵平, 等. 2008. 间作条件下作物对铁的吸收利用和病害控制[J]. 云南农业大学学报, 23(1): 91-95.

陆景陵. 1994. 植物营养学(上册)[M]. 北京: 中国农业大学出版社.

陆景陵. 2003. 植物营养学(上册)[M]. 2 版. 北京: 中国农业大学出版社.

罗雪. 2016. 矿质元素与栝楼抗病相关性研究及栝楼籽加工工艺优化[D]. 成都: 成都理工大学硕士学位论文.

骆桂芬, 崔俊涛, 张莉. 1997. 黄瓜叶片中糖和木质素含量与霜霉病诱导抗性的关系[J]. 植物病理学报, 27(1): 65-69.

马国瑞. 1994. 含氯化肥使用新技术[M]. 杭州: 浙江科学技术出版社.

马斯纳. 2001. 高等植物的矿质营养[M]. 2 版. 李春俭, 王震宇, 张福锁, 等, 译. 北京: 中国农业大学出版社.

马同生. 1997. 我国水稻土中硅素丰缺原因[J]. 土壤通报, 28(4): 169-171.

毛知耘. 1997. 肥料学[M]. 北京: 中国农业出版社.

慕康国, 赵秀琴, 李健强, 等. 2000. 矿质营养与作物病害关系研究进展[J]. 中国农业大学学报, 5(1): 84-90.

宁东峰, 梁永超. 2014. 硅调节作物抗病性的机理: 进展与展望[J]. 植物营养与肥料学报, 20(5): 1280-1287.

牛义, 张盛林. 2003. 作物硼素营养研究的现状及展望[J]. 中国农学通报, 19(2): 101-104.

牛哲辉. 2009. 不同铁、硼、锰水平线辣椒与 TMV 相互关系研究[D]. 杨凌: 西北农林科技大学硕士学位论文.

农牧渔业部农业局. 1986. 微量元素肥料研究与应用[M]. 武汉: 湖北科学技术出版社.

潘瑞炽, 董愚得. 1995. 植物生理学[M]. 北京: 高等教育出版社.

祁明, 吴秀芳, 季鼎春, 等. 1987. 安庆地区水稻土锰素丰缺状况及其肥效的研究[J]. 安徽农业科学, 34(4): 45-52.

饶立华. 1993. 植物矿质营养及其诊断[M]. 北京: 农业出版社.

申红芸, 熊宏春, 郭笑彤, 等. 2011. 植物吸收和转运铁的分子生理机制研究进展[J]. 植物营养与肥料学报, 17(6): 1522-1530.

沈瑞清, 张萍, 白小军, 等. 2002. 微量元素锰锌铜对小麦全蚀病菌抑制效果的室内测定[J]. 甘肃农业科技, (12): 36-37.

沈志锦, 彭克勤, 周浩, 等. 2007. 作物微量元素锌的研究进展[J]. 湖南农业科学, (3): 110-112.

施益华, 刘鹏. 2003. 锰在作物体内生理功能研究进展[J]. 江西林业科技, (2): 26-28, 31.

石磊, 徐芳森. 2007. 植物硼营养研究的重要进展与展望[J]. 植物学通报, 24(6): 789-798.

石兴涛, 夏云, 孙红玲, 等. 2014. 蔬菜缺硼症的发生原因与综合防治[J]. 上海农业科技, (2): 84, 96.

史瑞和. 1989. 植物营养原理[M]. 南京: 江苏科学技术出版社.

孙超超. 2014. 我国油菜主产区土壤环境条件对根肿病发生的影响研究[D]. 北京: 中国农业科学院硕士学位论文.

孙嘉鼐. 1977. 缺硼地区作物地方病的症状与防治[J]. 土壤, (6): 282-288.

孙建华. 2013. 玉米施锌吸收积累及有效化调控机理的研究[D]. 长春: 吉林农业大学博士学位论文.

孙万春, 薛高峰, 张杰, 等. 2009. 硅对水稻病程相关蛋白活性和酚类物质含量的影响及其与诱导抗性的关系[J]. 植物营养与肥料学报, 15(4): 756-762.

孙映波, 张壮塔, 马曼庄, 等. 1998. 广州菜区土壤钼含量及其叶菜硝酸盐的关系[J]. 热带亚热带土壤科学, 7(3): 242-244.

唐旭, 郑毅, 张朝春. 2005. 作物的硅吸收及其对病虫害的防御作用[J]. 云南农业大学学报, 20(4): 495-499.

唐东胜, 黄金涛. 2013. 水稻硅素营养与硅肥施用技术[J]. 汉中科技, (4): 24, 33.

唐旭, 郑毅, 汤利, 等. 2006. 不同品种间作条件下的氮硅营养对水稻稻瘟病发生的影响[J]. 中国水稻科学, 20(6): 663-666.

汪洪, 金继运. 2006. 铁、镁、锌营养胁迫对作物体内活性氧代谢影响机制[J]. 植物营养与肥料学报, 12(5): 738-744.

王蕾, 陈玉婷, 蔡昆争, 等. 2014. 外源硅对青枯病感病番茄叶片抗氧化酶活性的影响[J]. 华南农业大学学报, 35(3): 74-78.

王敏. 2013. 土传黄瓜枯萎病致病生理机制及其与氮素营养关系研究[D]. 南京: 南京农业大学博士学位论文.

王平, 李慧, 邱译萱, 等. 2010. 荧光假单胞菌株 P13 分泌铁载体抑制油菜菌核病菌[J]. 上海师范大学学报(自然科学版), 39(2): 200-203.

王盛锋. 2013. 缺锌胁迫介导玉米叶片细胞凋亡[D]. 北京: 中国农业大学硕士学位论文.

王炜, 张月玲, 苏建伟, 等. 2013. 氮硅配施对冬小麦生育后期蚜虫密度及抗虫生化物质含量的影响[J]. 植物营养与肥料学报, 19(4): 832-839.

王晓明, 吴安全, 张培坤, 等. 1999. 硫酸锌防治玉米茎基腐病的研究[J]. 植物保护, (2): 23-25.

王晓宁, 梁欢, 王帅, 等. 2019. 青枯菌铜抗性基因 copA 的功能[J]. 中国农业科学, 52(5): 837-848.

王孝忠, 田娣, 邹春琴. 2014. 锌肥不同施用方式及施用量对我国主要粮食作物增产效果的影响[J]. 植物营养与肥料学报, 20(4): 998-1004.

王延枝. 1992. 作物在缺铁条件下的生理反应机制[J]. 生物学通报, (4): 21-22.

王衍安. 2007. 苹果树锌运转分配及缺锌对其生理特性影响的研究[D]. 泰安: 山东农业大学博士学位论文.

王云飞, 毕阳, 任亚琳. 2012. 硅酸钠处理对厚皮甜瓜果实采后病害的控制及活性氧代谢的作用[J]. 中国农业科学, 45(11): 2242-2248.

王振国, 丁伟, 肖鹏, 等. 2012. 中微量元素对烟草野火病的控制效果及其对烟草生物学性状的影响[J]. 中国烟草学报, 18(5): 60-65.

魏国强, 朱祝军, 钱琼秋, 等. 2004. 硅对黄瓜白粉病抗性的影响及其生理机制[J]. 植物营养与肥料学报, 10(2): 202-205.

温承日. 1998. 苹果树锰素营养及缺锰和锰过剩的生理病害[J]. 烟台果树, 63(3): 21.

吴建成. 2000. 作物缺锌的原因及防治措施[J]. 农家之友, (12): 21.

吴礼树, 魏文学. 1994. 硼素营养研究进展[J]. 土壤学进展, 22(2): 1-8.

吴瑕, 吴凤芝, 周新刚. 2015. 分蘖洋葱伴生对番茄矿质养分吸收及灰霉病发生的影响[J]. 植物营养与肥料学报, 21(3): 734-742.

吴秀文, 郝艳淑, 雷晶, 等. 2016. 不同钾和硼水平对棉花叶片逆境生理及其细胞壁硼的影响[J]. 农业资源与环境学报, 33(1): 29-34.

肖丽. 2007. 白菜幼苗对氯的响应及氯害缓解机理的研究[D]. 青岛: 青岛农业大学硕士学位论文.

邢雪荣, 张蕾. 1998. 植物的硅素营养研究综述[J]. 植物学通报, 15(2): 33-40.

薛高峰, 宋阿琳, 孙万春, 等. 2010a. 硅对水稻叶片抗氧化酶活性的影响及其与白叶枯病抗性的关系[J]. 植物营养与肥料学报, 16(3): 591-597.

薛高峰, 孙万春, 宋阿琳, 等. 2010b. 硅对水稻生长、白叶枯病抗性及病程相关蛋白活性的影响[J]. 中国农业科学, 43(4): 690-697.

薛景珍, 郭树范, 程国华, 等. 1995. 长期施用含氯化肥对土壤微生物区系及固氮细菌生理群的影响[J]. 土壤通报, 26(3): 135-138.

薛玲, 吴洵耻, 姜广正. 1994. 栝楼根腐病与某些矿质元素营养的关系[J]. 山东农业大学学报, 25(2): 189-192.

严桂珠, 刘小燕, 乔春磊. 2005. 油菜缺硼原因及补硼措施[J]. 上海农业科技, (2): 127.

杨广东, 朱祝军. 2001. 不同光照条件下缺镁对黄瓜生长及活性氧清除系统的影响[J]. 园艺学报, 28(5): 430-434.

杨璐. 2016. 根际土微生态环境对陕西樱桃树"黑疙瘩"病影响探究[D]. 西安: 西北大学硕士学位论文.

杨暹, 冯红贤, 杨跃生. 2008. 硅对菜心炭疽病发生、菜薹形成及硅吸收沉积的影响[J]. 应用生态学报, 19(5): 1006-1012.

杨艳芳, 梁永超, 娄运生, 等. 2003. 硅对小麦过氧化物酶、超氧化物歧化酶和木质素的影响及与抗白粉病的关系[J]. 中国农业科学, 36(7): 813-817.

姚廷山, 周彦, 周常勇. 2016. 应用铜制剂防治柑橘溃疡病的研究进展[J]. 园艺学报, 43(9): 1711-1718.

叶春, 徐进, 陈红金. 1996. 硅肥对茭白增产、抗病效果初试[J]. 福建农业科技, (2): 20.

叶廷红, 张赓, 李小坤. 2019. 水稻锌营养及锌肥高效施用研究进展[J]. 中国土壤与肥料, (6): 1-6.

叶优良, 张福锁, 于忠范, 等. 2002. 苹果粗皮病与锰含量的关系[J]. 果树学报, 19(4): 219-222.

叶振风, 朱立武, 张水明, 等. 2011. 梨树缺铁原因与症状表现及其矫治技术[J]. 烟台果树, (2): 36-37.

尹立红, 马志卿, 陈安良. 2003. 矿质元素与作物抗病虫草害关系研究进展[J]. 西北农林科技大学学报, 31(S1): 157-161.

于天仁, 谢建昌, 杨国治. 1959. 水稻土中决定氧化还原电位的体系问题[J]. 科学通报, (6): 205-206.

余叔文, 汤章城. 1997. 作物生理与分子生物学[M]. 北京: 科学出版社.

郁俊谊, 吴涛. 2009. 葡萄缺铁原因分析及防治措施[J]. 西北园艺, (2): 54.

袁可能. 1983. 植物营养元素的土壤化学[M]. 北京: 科学出版社.

曾广文, 蒋德安. 1998. 作物生理学[M]. 成都: 成都科学技术大学出版社.

曾昭华. 2000. 农业生态环境中的锰元素[J]. 江苏环境科技, 13(2): 33-35.

臧小平. 1999. 土壤锰毒与植物锰的毒害[J]. 土壤通报, 30(3): 139-141.

张福锁. 1992. 锌营养状况对小麦根细胞膜透性的影响[J]. 植物生理学报, 18(1): 24-28.

张福锁. 1993. 环境胁迫与植物营养[M]. 北京: 北京农业大学出版社.

张广寒, 黄高成, 徐其领, 等. 2005. 果树缺铁原因及防治[J]. 河南农业, (6): 30.

张国良. 2009. 施硅增强水稻对纹枯病抗性的机制研究[D]. 扬州: 扬州大学博士学位论文.

张平艳, 高荣广, 杨凤娟, 等. 2014. 硅对连作黄瓜幼苗光合特性和抗氧化酶活性的影响[J]. 应用生态学报, 25(6): 1733-1738.

张悟民, 刘月香, 曹新江, 等. 1995. 微肥与水稻大麦油菜病虫害影响的调查研究[J]. 土壤通报, 26(6): 285-287.

张玉秀, 李林峰, 柴团耀, 等. 2010. 锰对作物毒害及作物耐锰机理研究进展[J]. 作物学报, 45(4): 506-520.

张月玲, 王宜伦, 谭金芳, 等. 2012. 氮与硅配施对夏玉米抗倒性和产量的影响[J]. 玉米科学, 20(4): 122-125.

张振云. 2010. 水稻硅素失调症及防治技术探讨[J]. 河北农业科学, 14(4): 62-63.

章健, 承河元, 檀根甲, 等. 1998. 4种微量元素对水稻白叶枯病菌生长的影响[J]. 安徽农业科学, 26(2): 147-148.

赵利辉, 邱德文, 刘峥. 2006. 作物 SAR 和 ISR 中的乙烯信号转导网络[J]. 生物技术通报, (3): 28-32.

赵荣芳, 邹春琴, 张福锁. 2007. 长期施用磷肥对冬小麦根际磷、锌有效性及其作物磷锌营养的影响[J]. 植物营养与肥料学报, 13(3): 368-372.

中国土壤学会青年工作委员会. 1992. 土壤资源特性与利用[M]. 北京: 北京农业大学出版社.

周厚基, 吴可红. 1985. 缺铁逆境下苹果实生苗细胞的超微结构及净同化率[J]. 国外农学: 果树, (4): 11-13.

庄敬华, 高增贵, 刘限, 等. 2004. 营养元素对木霉菌防治甜瓜枯萎病效果的影响[J]. 植物保护学报, 31(4): 359-364.

邹邦基. 1984. 土壤与植物中的卤族元素(II)氯[J]. 土壤学进展, 12(6): 2-6.

邹邦基, 何雪晖. 1986. 植物的营养[M]. 北京: 农业出版社.

Cakmak I. 2000. Possible roles of zinc in protecting plant cells from damage by reactive oxygen species[J]. New Phytologist, 146(2): 185-205.

Cherif M, Asselin A, Belanger R R. 1994. Defense responses induced by soluble silicon in cucumber roots infected by *Pythium* spp.[J]. Phytopathology, 84(3): 236-242.

Dannon E A, Wydra K. 2004. Interaction between silicon amendment, bacterial wilt development and phenotype of *Ralstonia solanacearum* in tomato genotypes[J]. Physiological and Molecular Plant Pathology, 64(5): 233-243.

Fauteux F, Chain F, Belzile F, et al. 2006. The protective role of silicon in the *Arabidopsis*-powdery mildew pathosystem[J]. Proceedings of the National Academy of Sciences of USA, 103(46): 17554-17559.

Huber D M. 2007. Managing nutrition to control plant disease[J]. Landbauforschung Völkenrode, 4(4): 313-322.

Kim S G, Kim K W, Park E W, et al. 2002. Silicon-induced cell wall fortification of rice leaves: a possible cellular mechanism of enhanced host resistance to blast[J]. Phytopathology, 92(10): 1095-1103.

Menzies J G, Ehret D L, Glass A D M, et al. 1991. Effect of soluble silicon on the parasitic fitness of *Sphaerotheca fuliginea* on *Cucumis sativus*[J]. Phytopathology, 81(1): 84-88.

Ruaro L, Lima Neto V D C, Ribeiro Júnior P J. 2009. Influence of boron, nitrogen sources and soil pH on the control of club root of crucifers caused by *Plasmodiophora brassicae*[J]. Tropical Plant Pathology, 34(4): 231-238.

Thomidis T, Exadaktylou E. 2010. Effect of boron on the development of brown rot (*Monilinia laxa*) on peaches[J]. Crop Protection, 29(6): 572-576.

第8章 施肥对病虫害发生和农药施用量的影响

农业发展基本经历了传统农业、绿色革命、石油农业等几个阶段。石油农业为解决人类食物严重不足做出了巨大贡献，但也带来了一系列诸如环境污染、食品安全、生物多样性减少、资源衰竭等影响地球和人类可持续发展的严重问题。以氮肥为例，氮素是作物生长最基本的元素之一，参与作物重要的生理和代谢活动。施用氮肥是维持作物产量和品质的重要措施之一。而中国每年约消耗全球 30%的氮肥，而且施氮施用量不断上升，1989~2002 年的 13 年间，氮肥施用量增加了 84%，粮食产量只提高了 12%，氮肥利用效率却降低了 7.5%，大量氮素以地表径流、氨挥发、淋溶等形式流失，进而带来一系列如水体富营养化等生态环境问题（王晓维等，2014）。

近年来，农业可持续发展已成为农业生产中最重要的问题之一。另外，在农业生产中，作物病害仍然是限制作物产量的重要因素，使用传统的杀虫剂来控制作物病害会导致一些严重的问题，如食品安全、环境污染和害虫产生抗药性等，因此寻找替代性的有害生物管理技术尤为重要。营养元素会影响作物对病原菌的抵抗能力。然而，关于营养元素对作物的影响还有许多争议，其中有许多影响因素还不确定。作物综合营养调控是可持续农业中必不可少的部分，因为在大多数情况下，不用杀虫剂而用适当的营养调控来控制病害，不仅节约成本，而且环境友好。营养调控可以将病害降低到人们可以接受的一个水平。

近年来，可持续农业发展面临巨大的挑战（Hanson et al.，2007；Oborn et al.，2003），主要包括：①人口的日益增长对农用地、农业资源的需求增加；②对化石能源的过度依赖以及对不可再生能源的消耗；③全球气候变化（Brown，2006；Diamond，2005）；④全球化（Hanson et al.，2007）。这些问题迫使农业系统的研究不同于以往任何时期，需要更具有可持续的发展理念。为了满足日益增加的人口对食物和营养的需求，农业需要从过去仅仅注重产量调整到注重公共健康的提升，发展对社会有益和环境友好的农业生产（Hanson et al.，2007）。重要的是找到一种不损害环境，同时能增加产量和提高农产品品质的农业生产技术来控制作物病害（Atkinson and McKinlay，1997；Batish et al.，2007；Camprubí et al.，2007）。

矿质养分对作物和微生物的生长都很重要，也是病害控制中的重要因素（Agrios，2005）。所有的必需营养元素均能影响病害发展程度（Huber and Graham，1999）。然而，矿质营养对病害的影响并无一致的规律，因为一种特定的营养元素既可以减轻病害，也可以增加某种病害的发病程度，或者在不同的环境下作用完全相反（Huber，1980；Marschner，1995；Graham and Webb，1991）。尽管矿质养分管理对大多数严重病害的作用得到认可，但在可持续农业病害控制中正确的养分管理方式仍未得到足够重视（Huber and Graham，1999）。

矿质养分能影响作物的抗病性或耐病性（Graham and Webb，1991）。作物的抗病性是指作物抑制病原入侵、生长和繁殖的能力（Graham and Webb，1991）。耐病性是作物在感染病害后仍然能保持自身生长及产量的能力。抗病性取决于病原菌与寄主的互作、植株生长阶段以及环境的变化。虽然作物的抗病性和耐病性是受基因控制的（Agrios，2005），但它们也会受环境条件的影响，尤其在营养缺乏或过量的情况下（Marschner 1995；Krauss，1999）。作物营养的生理功能很明确，然而有关矿质营养与作物-病原菌的互作机制尚未有系统研究。

许多研究表明，运用合适的养分管理控制病害达到增产是很重要的（Marschner，1995；Huber and Graham，1999；Graham and Webb，1991）。然而，有关这方面的研究报道却很少。影响作物病害发生程度的因素有很多，如播种期、轮作、地面覆盖和矿质营养及有机质补充（肥料和农家肥）、施用石灰调节 pH、翻耕、苗床准备和灌溉（Huber and Graham，1999）。许多农业生产措施通过影响作物和病原菌的营养状况，进而影响病害发生程度。

有害生物综合治理中，通过施肥来调控养分状况或通过改善土壤环境间接影响养分状况是控制作物病害的主要方式（Huber and Graham，1999；Graham and Webb，1991）。在通过养分调控减轻病害的各种方式中，肥料的运用更为直接，它和其他农业措施协同达到控制病害的目的（Marschner，1995；Atkinson and McKinlay，1997；Oborn et al.，2003）。矿质营养是作物正常生长发育所必需的，主要包括大量元素氮（N）、磷（P）、钾（K），中量元素钙（Ca）、镁（Mg）和微量元素（Fe）、锰（Mn）、铜（Cu）、锌（Zn）、硼（B）、钼（Mo）、氯（Cl）等。这些养分元素一方面可以作为作物组织的构成成分或直接参与新陈代谢而起作用；另一方面还影响着作物生长方式、形态、解剖学特性和生物化学特性的改变，从而增强或减弱对病害的抵抗力，进而影响作物的生长（郭衍银等，2003）。

作物被病原菌侵染后其生理特性会出现紊乱，尤其是养分的吸收及运输（Marschner，1995）。有些病原菌会将养分固定在根际土壤中或被感染的作物组织如根中，有些病原菌通过影响养分的转移或利用效率，导致养分缺乏或过量毒害（Huber and Graham，1999），有些病原菌生长过程中也会和寄主作物争夺营养，作物可获得的营养减少从而导致其更易发生病害（Timonin，1965）。

许多土传病害最普遍的特征就是根部感染，从而减弱根对水分和养分的吸收能力（Huber and Graham，1999）。当矿质营养处于临界状态时，这种危害会更加严重。枝干或叶部感染也会限制根的生长，影响水分和养分的吸收。作物病害还会影响维管系统，进而减弱养分的运输和利用效率。病原菌也会影响细胞膜透性以及养分向感染部位的移动，引起营养缺乏或富集毒害，镰刀菌能够增加作物叶片中的磷含量，但也会降低钠、钾、钙和镁的含量（Huber and Graham，1999）。

影响养分有效性最有效的方法就是施肥；通过调节土壤 pH、翻耕、湿度控制和改变作物种植模式来影响土壤环境，可对养分有效性产生积极影响。在高淋溶条件下使用硝化抑制剂能提高氮的有效性和利用率。土壤微生物，如细菌、可以形成菌根的真菌和任何能促进作物生长的生物体，它们通过改变土壤的氧化还原作用或释放铁载体，影响微量元素的有效性进而促进养分的吸收利用（Huber and McCay-Buis，1993）。许多情况下推荐叶面施肥来缓解地上部分营养缺乏症状（Huber and McCay-Buis，1993），但锰不易移动到韧皮部，因此受病原菌侵染的根组织仍缺锰。同时铵态氮肥配合硝化抑制剂施用能抑制锰的氧化及硝化作用，提高作物对锰、磷和锌的吸收利用。

8.1　施肥对病害发生的影响

最早有关矿质营养在病害控制作用中的报告指出，作物在营养缺乏时施肥能减轻病害，因为肥料有益于作物生长。例如，施用氮肥减轻了麦类作物的全蚀病（Huber and McCay-Buis，1993）。磷肥能减轻粮食类作物全蚀病和根腐病的危害（Kiraly，1976；Huber，1980）。而在粮食作物的叶部病害如叶锈病和白粉病中观察到了不同的情况，当增加氮供应时，病害发生加重。

郭明亮（2016）通过检索中国知网（CNKI）和 Web of Science 两个数据库，搜集了48 篇文献，共计 178 组处理，研究了氮肥施用量对水稻病虫害发生的影响。文献涉及的病害包括稻瘟病、纹枯病、稻曲病、细菌性条斑病、鞘腐病；虫害包括稻飞虱、稻纵卷叶螟、二化螟、三化螟。每组试验处理中，仅保留两个氮水平，分别是高氮处理和低氮处理，氮肥用量最高的处理视为高氮处理；氮肥用量最接近合理水平的视为低氮处理，标准为化肥用量等于地上部分吸氮量。应用 Meta 分析方法分析了氮肥用量对病虫害发生的影响。通过文献汇总分析，结果表明，与低氮处理相比，氮肥过量施用使水稻病情指数增加了 1.1 倍，发病率增加了 1.9 倍（图 8-1）。具体而言，过量施氮可显著增加二化螟、三化螟、稻纵卷叶螟、稻飞虱、稻曲病、稻瘟病和纹枯病的发病率，同时显著增加了细菌性条斑病、稻瘟病和纹枯病的病情指数（郭明亮，2016）。

从发病率上看，影响最为显著的是稻瘟病，相较于氮合理和氮不足的处理，过量施氮可增加稻瘟病发病率 2.8 倍；其次是稻纵卷叶螟和纹枯病，过量施氮可以导致发病率分别增加 2.1 倍和 1.8 倍；对于其他病虫害，过量施氮可导致发病率增加 0.5～1.1 倍，其中二化螟、三化螟增加 1.1 倍，稻飞虱增加 1.0 倍，这种差异在田间观察较为明显（图 8-1）（郭明亮，2016）。

而从病情指数上看，相较于低氮处理，过量施氮可显著增加稻瘟病、纹枯病和细菌性条斑病的病情指数。过量施氮对稻瘟病和纹枯病的影响最敏感，可导致病情指数分别增加 2.0 倍和 0.7 倍；对细菌性条斑病影响较小，其病情指数仅增加 0.1 倍（图 8-1）（郭明亮，2016）。

从不同区域上看（图 8-2），过量施氮对长江以南地区的病虫害影响最为明显，可以增加发病率 2.1 倍，增加病情指数 1.7 倍。这可能和当地的气候条件有关，因为长江以南地区接近北回归线，地处热带亚热带地区，常年高湿，适合病虫害的发生，尤其在氮肥供应过量的条件下，容易刺激病虫害发生率迅速增加。而东北地区的效应值最低，过量施氮发病率仅增加 0.4 倍，因为当地的气温较低，湿度较低，而且生物多样性不如南方丰富，很多病原、虫源难以过冬，多方面的因素使当地的病虫害难以大面积暴发。

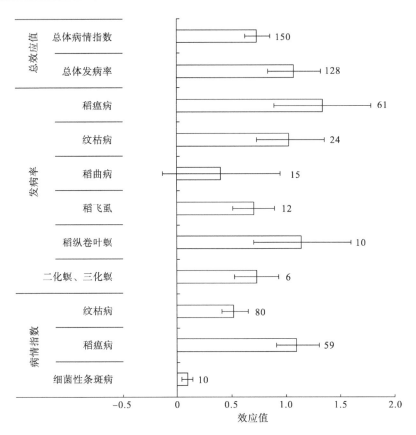

图 8-1　病虫害发生程度对不同氮水平的响应（全样本）（郭明亮，2016）

误差线为效应大小的 95% 置信区间，误差线旁的数字为每个研究变量的样本量

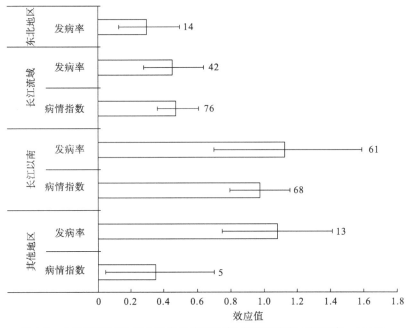

图 8-2　主要稻作区的病虫害发生程度对氮水平的响应（郭明亮，2016）

东北地区包括黑龙江、吉林和辽宁；长江流域包括安徽、贵州、湖北、湖南、江苏、江西、浙江和重庆；长江以南地区包括福建、广东、贵州。作物的营养水平与其防卫机制密切相关，许多矿质营养对不同病原菌侵染引起的防御反应有着积极影响；通过调节矿质营养这个重要的环境因子，可以影响寄主作物和病原菌。添加矿质元素降低病害的发生大多是因为改善了寄主作物的营养状况而增强其抵御病原菌的能力，或者是对病原菌生长和活性的直接抑制作用。病原菌的抑制也可能间接由矿质元素添加引起的土壤物理和化学性质以及根际 pH 改变，或者是由抑制病原菌活性的作物根系分泌物改变，也可能是通过促进作物生长和增加具有拮抗作用的微生物菌群而引起的。但是一些情况下添加矿质元素降低病害的发生是通过间接刺激有益于作物和对病原菌有拮抗作用的微生物菌群的增加实现的（姬华伟等，2012）。

8.1.1　施肥对作物抗病性的影响

作物施肥的目的是获得优质高产的产品和保持、提高地力，然而作物病害是对抗施肥目的的主要因子。尽管作物的抗病能力受遗传控制，但它仍能通过一些与作物或病原菌的营养状况有关的生理生化过程来改变作物对病害的抗感能力（胡笃敬等，1993）。作物营养状况可以改变作物的生长方式、形态和解剖学特征（如使作物表皮细胞加厚、高度木质化或硅质化，从而形成机械屏障，增强抗病性），特别是通过化学组成的改变来增强或减弱作物对病虫害的抵抗力，从而影响作物的生长和产量（Marschner，1995）。调节矿质营养是控制作物病害发生的有效措施之一，同时也是影响作物抗病性和抗虫能力最重要的环境因子之一。所以营养抗性一直是各国病虫害综合防治技术中最重要的一环。

研究表明，施氮能加重专性寄生物（如锈菌、白粉菌等）的侵染，使发病率增加，病害程度加重，特别是在高氮用量条件下，更易增加作物的感病性（Olesen et al.，2003；Chen et al.，2007）。例如，随施氮量的增加，小麦白粉病、锈病发病率和病情指数显著增加（肖靖秀等，2005，2006；Chen et al.，2007）。施氮加重病害发生的原因是氮素能加速作物的生长，使构成细胞壁的材料如纤维素和木质素的含量下降，导致细胞壁厚度和强度降低，增加了作物的感病性。同时增加氮的供应还可导致作物体内硅含量的降低，使硅化层变薄，抗病力下降。从化学组成看，大量施用氮肥使合成酚的关键酶，如苯丙氨酸解氨酶和酪氨酸解氨酶的活性降低，从而降低植株总酚含量，导致对病原菌的毒性下降；高氮能增加作物体内的游离氨基酸总量，使病原菌偏爱的氮源如谷氨酸、天冬氨酸及其酰胺的量大大提高，致使感病率提高；高氮（施 N 量为 $300kg/hm^2$）供应可显著增加小麦叶片的全氮含量和游离氨基酸含量（苏海鹏等，2006；李勇杰，2006）。不同水稻品种间作系统中，高氮（施 N 量为 $300kg/hm^2$）供应显著增加了单作'黄壳糯'叶瘟病和穗瘟病的发生，外围间作'黄壳糯'（N_{180}）较中心单作'黄壳糯'（N_{300}）稻瘟病的发病率明显下降，叶瘟病减轻，穗瘟病病情指数降低，'合系-4l'与'黄壳糯'间作增加了类黄酮、总酚等抗病性物质，降低了可溶性氮化物的含量，从而削弱了适宜稻瘟病的发病条件，减轻了病害的发生（唐旭等，2006）。糖对作物抗病十分重要，随着氮肥用量的增加，作物体内糖、淀粉含量下降，抗病能力减弱。增施钾肥有利于增强植株活力，加强养分合成与运转，并提高水稻的抗病能力（郑许松等，2015）。

8.1.2 施肥对田间小气候的影响

植病生态系统由寄主、病原菌及其所处的微生态环境构成。作物抗病性、病原菌致病性和环境（包括人的活动）相互作用导致作物病害发生。农田生态环境条件（生物、土壤、气候、人为因素等）对病原菌侵染寄主的各个环节均会发生深刻而复杂的影响。它们不但影响寄主作物的正常生长状态、组织质地和原有的抗病性，而且影响病原菌的存活力、繁殖率、产孢量、传播方向、传播距离，以及孢子的萌发率、侵入率和致病性。另外，环境也可能影响病原菌传播介体的数量和活性，各因子间对病害的流行还会出现各种互作或综合效应（高东等，2010）。影响作物病害流行最重要的环境因素是光照、温度和湿度。作物病害流行只有以下三方面因素具备时才会流行：①寄主感病性较强，且大量栽培，密度较大；②病原菌的致病性较强，且数量较大；③环境条件特别是气象、土壤和耕作栽培条件有利于病原菌的侵染、繁殖、传播和越冬，而不利于寄主的抗病性（杨静等，2012）。

高于或低于作物最适范围的温度有利于病害流行，原因是降低了作物的水平抗性，在某些情况下甚至可以减弱或丧失主效基因控制的垂直抗性。温度对病害流行最常见的作用是在发病的各个阶段对病原菌的作用，也就是孢子萌发或卵孵化、侵入寄主、病原菌的生长和繁殖、侵染寄主和产生孢子。温度适宜，病原菌完成每一个过程的时间就短，这样在一个生长季节里就会导致更多的病害循环。由于每经过一次循环，接种体的数量增加许多倍，新的接种体可以传播到其他作物上，多次的病害循环导致更多的作物受到越来越多的病原菌侵染，很容易造成病害大流行（高东等，2010）。水稻群体内部的冠层温度和光照度随着水稻穗肥水平的增加而降低，株间相对湿度随水稻穗肥水平的增加而升高。生态机制可能是较高的氮肥施用量引起糜子叶片蒸腾加快，使群体代谢加强，最终导致穗叶和冠层的温度较低（宫香伟等，2017）。

病原菌是作物病害流行的重要因素之一，其繁殖体和传播体的数量或密度是病害发生和流行的关键驱动因子，同时也是病害预测的重要依据。许多致病孢子只有在适宜的水分条件下才能在叶片上萌发并侵染到作物体内，作物叶面上的水分是病菌生长所必需的水分来源；一般认为叶面过多的水分增加了作物遭受病虫害的概率（石辉等，2011）。当表面超级润湿（接触角小于 40°）时，黑腐病菌孢子几乎不能在作物叶表面黏附；而接触角大于 80°的葡萄叶面则极易感染黑腐病（Kuo and Hoch，1996）。Bunster 等（1989）发现，小麦叶片被恶臭假单胞菌（*Pseudomonas putida*）感染后，叶面的润湿性显著增加；叶面的高润湿性可以降低叶面菌落数量。Knoll 和 Schreiber（1998）认为改变核桃叶表面的润湿性，可影响附生微生物的存在。Huber 和 Gillespie（1992）在分析作物叶面润湿性和表皮病害感染的关系中指出，露水持留时间的长短受气候、叶面润湿性、种植结构的影响。松科类作物上的茶藨生柱锈菌（*Cronartium ribicola*）在有露水条件下释放大量的孢子感染寄主，引起寄主发病严重（Schun，1993）。

　　露水是大豆冠层湿度的主要形式，被豆薯层锈菌（*Phakopsora pachyrhizi*）感染的大豆孢子通过露水从中部向冠层扩散极其容易（Scherm，1995）。露水的数量和持续时间不同会导致不同栽培作物上真菌感染的程度不一致，当叶片表面长时间被露水水膜包围时，作物组织也极易遭到某些病菌的感染，随着露水维持时间的延长，作物发病加剧（Beysens，1995）。Cook（1980）发现，花生叶片不润湿时，极少感染花生锈病。Pinon等（2006）在杂交杨树锈病感染研究中发现，锈病与雾及叶面的润湿性之间有密切关系，叶面润湿性可以作为杨树抗病的一个特性指标。Kumar 等（2004）研究发现，不同品系的茶叶感染病菌的概率与叶面的润湿性、叶面微形态结构、表面化学组成密切相关。叶面无绒毛或具低密度绒毛、蜡质和酚含量高、接触角较小的物种易受病菌感染。Woo 等（2002）在 14 种针叶上也发现蜡质的数量和形态对叶面润湿性有重要影响，建议这些特征可以作为抗茶藨生柱锈菌的指标。于舒怡等（2016）对避雨和露地栽培下葡萄霜霉病的研究结果表明，葡萄露地栽培下整个生长季孢子囊飞散表现为多峰曲线，当日降雨对孢子囊飞散有显著的冲刷作用，避雨栽培可明显降低空中孢子囊数量，从而减少孢子囊与避雨设施内葡萄叶片的接触概率，达到降低菌源基数的作用。

　　在粮食作物上，小麦条锈菌（*Puccinia striiformis*）感染期间如果叶片完全润湿则有利于病菌侵染（Watanabe and Yamaguchi，1991）。小麦白粉病菌孢子萌发的湿度为 $0 \sim 100\%$，对湿度的适应性很强，70% 以上的相对湿度是利于病菌侵染的湿度条件，以 100% 高湿而不成水滴为最适，但相对湿度低时，分生孢子仍可萌发（郑秋红等，2013）。赵自君（2008）发现分生孢子的形成要求空气的相对湿度达到 90% 以上，对大多数病原菌而言，湿度越高，分生孢子形成的速度就越快。当空气湿度达到 90% 以上时，水稻叶片的表面会形成一层水膜，附着在叶片表面的分生孢子最容易萌发，而且孢子的侵染率高，稻瘟菌潜育期也短，稻瘟病病斑也会较早出现，同时病斑上形成的分生孢子的数量也多，因此，只有在湿度较高的条件下，稻瘟病才能大规模流行（刘天华等，2016）。长期淹水的稻田稻冠层（60cm）早晚的相对湿度分别为 89.89% 和 90.9%，灌溉的相对湿度分别为 88.9% 和 88.3%（水稻孕穗至齐穗期），这种差异是导致纹枯病垂直扩展的原因之一。因此，适时适度晒田对降低纹枯病垂直扩展速率、减轻纹枯病危害有积极作用（范坤成等，1993）。

　　农田中的空气湿度状况主要取决于农田蒸散和大气湿度两个因素。农田作物层内土壤蒸发和作物蒸腾的水汽，往往因为株间湍流交换的减弱而不易散逸，故与裸地比较，农田中的空气湿度一般更高。绝对湿度沿垂直方向分布的情况同温度近似。在作物蒸腾面不大、土壤或水面蒸发为农田蒸散主要组成部分的情况下，农田中绝对湿度的垂直分布，白天随离地面高度的增加而减少，夜间则随高度的增加呈递增趋势。在作物生长发育盛期，作物茎叶密集，蒸腾在农田蒸散中占主导地位，绝对湿度的垂直分布就会有变化。靠近外活动面的部位，在白天是主要蒸腾面，因而中午时分绝对湿度高；到了夜间，这一部位常有大量的露和霜出现，绝对湿度就低。农田中相对湿度沿垂直方向的分布比较复杂，它取决于绝对湿度和温度。一般在作物生长发育初期，不论白天还是夜间，相对湿度都随高度的升高而降低。到生长发育盛期，白天在茎叶密集的外活动面附近，相对湿度最高，地面附近次之；夜间外活动面和内活动面的气温都较低，作物层中各高度上的相对湿度都很接近。在生长发育后期，白天的情况和盛期相近，但夜间由于地面气温低，最大相对湿度又出现在地面（高东等，2010）。

优质稻'黄壳糯'与杂交稻间作系统中，'黄壳糯'株高较杂交稻高 30cm 以上，由此在田间形成了高矮相间的立体株群，因为优质稻在株高上高于杂交稻而使优质稻的穗颈部位充分暴露于阳光中，并且使其群体密度降低，增加了植株间的通风透光效果，极大地降低了叶面及冠层空气湿度，并表现出植株冠层不同部位叶面及空气相对湿度均随杂交稻行比增加而降低的规律，形成不利于病害发生的环境条件，因而不利于稻瘟病的发生（杨静等，2012）。风速和湿度因子对水稻间作生态系统稻瘟病的发生起着更为重要的影响，即不同间作模式之所以表现出不同的病害流行程度，在很大程度上是因为不同间作模式具有不同的冠层风速和田间相对湿度。其中，冠层风速的增加有利于植株冠层的空气流动，从而降低冠层内部的相对湿度，在一定程度上直接防止或减缓了利于病害发生的环境条件的形成，对减少病原菌的萌发、侵入及减缓病害的扩展和蔓延具有十分重要的意义（何汉明等，2010）。

为了防治病虫害，各种农药被大量使用，其有效性的大小与农药液滴在叶面停留的时间密切相关，叶片的润湿性能又会对液滴的持留产生重要影响（Watanabe and Yamaguchi，1991）。如果雨水过多且集中，则对病害的发展不利，因为雨水过多且集中时可冲洗掉寄主表面的分生孢子，并使病部表生菌丝变褐，表面黏结，可减少和延缓分生孢子的产生和传播，抑制病害的发生与流行（郑秋红等，2013）。雨、雾、露、灌溉所造成的长时间的高湿度，不但促进了寄主长出多汁和感病的组织，更重要的是，它还促进了真菌孢子的产生和细菌的繁殖，促进了许多真菌孢子的释放和细菌菌脓在叶表的流动传播；高湿度能使孢子萌发，使游动孢子、细菌和线虫活动。持续的高湿度能使上述过程反复发生，进而导致病害流行。反之，即使是几天的低湿度，也可阻止这些情况的发生，使病害的流行受阻或完全停止（高东等，2011）。

合理施肥是农业防治法的有效措施之一，实际上，合理施肥就是通过供给作物必需的氮、磷、钾等矿质营养元素，以改善作物的营养状况。在田间条件下，由于施肥会使作物群体密度较大和湿度较高，因而间接影响病虫害的发生。许多病原体感染要求有自由水，这一点对氮肥施用尤为重要；在作物生长早期施氮过多会促进分蘖，增加作物密度和高度，使田间作物通风透光条件下降，为病原菌的萌发和侵染创造了有利条件。小麦蚕豆间作系统中，小麦白粉病的发生受氮营养和田间气候条件的联合影响，氮营养不足时植株生长稀疏，单作与间作以及间作边行与内行间的田间微气候差别小，这时氮营养对小麦白粉病的发生起主要作用；当氮营养较充足、适宜或过量时，小麦植株生长较繁茂，单作与间作以及间作边行与内行间的田间微气候差别较大，这时田间微气候对小麦白粉病的发生起主要作用（陈远学，2007）。

8.1.3　施肥对病原菌生长的影响

无机肥料降低土传病害的作用机制可归纳为 4 种：①在根际刺激拮抗菌的生长，进而抑制病原菌；②直接抑制病原菌；③通过改变寄主的代谢，在作物体内或根区形成不利于病原菌生存的环境；④通过上述三方面的综合作用来抑制病原菌的侵染和扩展（刘晓燕等，2007）。肥料合理配施可以提高微生物对碳源的利用效率，显著增加微生物功能多样性，这主要是由于合理施肥能够增加根系的分泌物，提供给土壤微生物更多的能源物质，从而提高土壤微生物生物量；同时肥料的施用增加了作物地上部和地下部残留，也可提高土壤微生物生物量，进而表现出土壤微生物的整体活性提高。碳源利用能力影响土传病害发生的原因可能是：能够利用多种碳源且利用效率较高的根际微生物比碳源利用种类较少的根际微生物生长更好，微生物在根际生长旺盛，需要消耗根际大量的能源和碳源，对病原微生物来说，因为可用的碳源较少而不能大量增殖，这可解释为"营养竞争"效应（董艳等，2013）。

碳铵属于铵态氮肥，具有较强的挥发性，对病害虫具有一定的刺激、腐蚀和熏蒸作用，广泛应用于农业及食品产业中。例如，碳铵可用于杀灭收获后葡萄的灰霉病菌、碳铵熏蒸能显著降低土壤中的线虫数量。碳铵作为杀真菌剂对人体无害且对环境友好，可作为一种安全杀菌剂使用，而且因用后无残留且可为作物提供氮素而广受欢迎，其施于病土能使防病与施肥结合起来，具有成本低、工效高、省工、省时等优势。碳铵的大量施用会导致土壤酸化、板结等潜在问题，而石灰可调节酸化土壤 pH，与碳铵联用还可加快氨的挥发，推测其与碳铵联用可增强熏蒸效果，如石灰碳铵熏蒸能显著降低马铃薯连作土壤中的尖孢镰刀菌数量（沈宗专等，2017）。碳酸氢铵和硝化抑制剂配合施用可降低潮土氨氧化细菌的数量，从而增加铵态氮而降低硝态氮含量，使得铵态氮浓度在较长时间内保持较高水平，而硝态氮含量显著下降，同时土壤 pH 上升，这更加有利于土壤溶液中游离氨浓度的提高，降低土壤疫霉菌数量，因而能有效防控辣椒疫病（曹云等，2016）。碳酸氢铵可有效抑制尖孢镰刀菌在平板上的生长和土壤中的数量，且抑制作用随其含量的增加显著增加；培养基 pH 在一定范围内的变化不会对尖孢镰刀菌生长产生显著影响，碳酸氢铵对尖孢镰刀菌的抑制作用与 pH 有关，但不完全取决于 pH（孙莉等，2015）。

施用碱性肥料相比酸性肥料可以有效防控香蕉枯萎病的发生，一方面是由于施用碱性肥料后，土壤酸碱环境的变化抑制了镰刀菌的生长，且其数量显著减少，镰刀菌数量的多少直接影响香蕉枯萎病的危害程度；另一方面是因为施用碱性肥料有利于细菌和放线菌等有益微生物的繁殖，可以有效地提高土壤微生物的多样性，丰富的微生物多样性则可以有效抑制香蕉枯萎病的发生（李进等，2018）。

8.2　施肥对害虫发生的影响

害虫给农作物生产带来了巨大的经济损失，大量使用农药控制害虫已经造成严重的环境污染、食品安全隐患和害虫抗药性增加等一系列问题。农业生产迫切需要不依赖农药和环境友好的害虫防治策略，害虫生态防控是农业可持续发展的重大科学问题。提高作物自身对害虫的抗性是控制农作物虫害和减少农药施用的理想选择（王杰等，2018）。矿质元素不但直接影响作物的生长发育，而且会通过作物的组成和内含物及其代谢，包括作物体内糖、蛋白质、脂肪的代谢以及作物次生物质的合成与分解等，对以作物为食的昆虫、螨类等产生间接影响。例如，氮、磷、钾肥可以通过影响作物体内的物质（可溶性氮、糖分、卵磷脂、拒食剂、水分等），影响昆虫对寄主的选择性。

8.2.1 施肥对作物抗虫性的影响

作物抗虫性是害虫与作物之间在一定条件下相互作用的表现。作物抗虫机制表现为抗生性、耐害性和不选择性三方面。施肥可以从以下三方面改变作物对虫害的抵抗能力：选择性、抗生性和耐受性。施肥可对作物的生长形态和生长速度产生显著影响，如作物成熟时间、植株大小、角质层的厚度和坚硬度等，都可以影响不同种类的虫害对寄主的利用（Altieri et al.，2012）。与不施肥处理相比，棉花施用大量化肥后棉铃象甲幼虫数量增加了 3 倍，原因是大量施用化肥导致棉花生长周期延长，从而导致植株汁液含量增高，成熟期变晚，致使虫害程度加重（Altieri et al.，2012）。

施用氮肥会增加甜玉米外皮的伸展期和紧密性，从而影响玉米果穗夜蛾的危害水平。土壤施肥对害虫抗性的影响可以通过作物营养成分的变化起作用，有机肥料和化学肥料对 4 种蔬菜营养成分影响的长期试验结果表明，有机蔬菜的硝酸盐含量较低，钾、磷、铁含量较高，作物叶片中低硝态氮含量有可能是作物受虫害较轻的原因（庞淑婷和董元华，2012）。在施用氮肥后，作物体内可溶性氮的水平提高，会降低作物对虫害的抵抗能力。稻纵卷叶螟的危害程度随土壤氮营养量的增加表现为先降后升的规律，这表明水稻在低氮、高氮条件下易遭受稻纵卷叶螟的取食，在中氮条件下的抗性较强，这可能是因为这类水稻的氮素吸收能力较强，低氮条件下植株的氮吸收量较大，叶片氮含量较多和叶色较深，易引起稻纵卷叶螟的取食；高氮条件下，植株氮吸收量过多，叶片氮含量过高和叶色浓绿，使植株徒长和群体荫蔽，造成叶片可溶性糖和脯氨酸的合成受阻，降低了对稻纵卷叶螟的抵抗能力（程建峰等，2008）。

不同施肥区叶冠层的蜘蛛以及主要寄生蜂天敌在数量上没有显著性差异，但施用氮肥后对天敌的自然控制能力则可能发生改变。高氮肥水平的稻田中蜘蛛网数变少、变小，柔软的叶片使得蜘蛛更难利用叶片作为蜘蛛网的框架，同时厚实的叶冠层也使蜘蛛难以找到合适的织网空间，低氮稻田中的捕食性天敌对猎物的捕食能力显著高于施用高水平氮肥的稻田，高氮肥水平可削弱天敌对害虫的自然控制作用（郑许松等，2015）。硅处理显著影响水稻的卷叶株率和卷叶率，高硅处理水稻的卷叶株率和卷叶率分别比对照显著降低 24.3%和 10.8%（韩永强等，2017）。

化学肥料会显著影响作物中营养元素的平衡，如过量施用会产生营养失衡，导致作物对害虫的抗性降低。在农业生产中，高氮含量肥料的施用会增加植食性害虫的发生趋势，过量施肥可造成水稻叶色浓绿，易吸引水稻害虫，有利于害虫的繁殖和种群发展（庞淑婷和董元华，2012）。水稻对褐飞虱的抗性与水稻叶鞘中的蛋白质含量变化相关，即褐飞虱危害水稻后，抗虫品种的叶鞘全氮含量均有不同程度的下降，而感虫品种的叶鞘全氮含量均有不同程度的上升，说明褐飞虱必须依赖从水稻所获得的氮源维持必要的生长发育和生殖（江涛，2011）。

昆虫在农药、温度、水分、营养等逆境胁迫条件下，体内会产生和积累超氧自由基（O_2^-）、羟自由基（·OH）和过氧化氢（H_2O_2）等活性氧物质，它们的强氧化能力对生物功能分子具有破坏作用。但昆虫体内同时存在着由 CAT、POD 和 SOD 组成的保护酶系统，能够清除体内多余的自由基，其中 SOD 能催化 O_2^- 生成 H_2O_2，H_2O_2 能被 CAT 和 POD 分解，3 种酶协调作用，可以维持昆虫体内自由基代谢的动态平衡，提高生物体对逆境胁迫的耐受能力。稻纵卷叶螟幼虫取食施硅的水稻前期，幼虫以升高体内保护酶活性的方式来保护和维持机体的正常功能；取食后期，由于保护酶活性不能长时间维持应激水平，造成虫体内活性氧物质不断积累，自由基清除受阻，导致幼虫解毒能力下降，害虫容易致死（韩永强等，2016）。

有机肥的施用能够增加土壤有机质含量与土壤分解者的活性，维持土壤生物多样性，进而提高植株抗虫性（Altieri and Nicholls，2003）。土壤生物群落的存在和有机肥的施用均能显著增加作物根系生物量和根冠比，并且在受到植食者侵食后，土壤生物群落和有机肥能够促进作物体内养分的再分配（如改变光合作用产物分配格局、抑制茎叶可溶性糖含量的升高）以及次生防御物质的合成。因此，合理施肥后优化的土壤生物会缓慢而稳定地发挥作用，更好地维持土壤生态系统的稳定性，促进作物生长及其地上部的抗虫性（蒋林惠等，2016）。畜粪、菜籽饼和生物有机肥对水稻纹枯病、二化螟、稻纵卷叶螟和稻飞虱具有较好的抑制作用。因此，采用有机方式增加土壤肥力，由于作物体内氮素水平不高，相应地就不容易受到病虫害的侵害。通过在整个生长季中保证作物体内氮素营养水平均衡，避免由于一次施用氮素化肥过多而引起的作物叶片中氮含量过高，也许会成为营养均衡的作物抵抗虫害的关键措施（Altieri et al.，2012）。

8.2.2　施肥对害虫取食的影响

植株的形态结构特征与稻纵卷叶螟的喜食性有很大关系，如株高、第二节间距、第二叶长度和宽度同稻纵卷叶螟侵害呈正相关，分蘖数和叶片数同受害率呈负相关（程建峰等，2008）。由于植食性害虫以作物为主要营养来源，作物营养状况的变化可能会影响害虫的取食行为。害虫取食行为的变化可以从不同种类害虫数量的变化得到反映。例如，白背飞虱（*Sogatella furcifera*）取食硅含量高的感虫水稻品种，食物消耗量减少，生长发育减缓，成虫寿命缩短，繁殖力和种群增长速度降低。

细胞壁的物理特性以及细胞壁是否被刺破是影响食草性生物（特别是昆虫）危害程度的重要因素，硅含量提高导致昆虫的喜食程度下降，或者植株硅的积累提供了天然的机械屏障来抵御昆虫的刺吸和咀嚼（龚金龙等，2012）。用高硅肥处理的稻茎饲喂三化螟幼虫，延长了幼虫蛀入时间；同时，高硅肥处理的水稻在一定程度上阻止了三化螟幼虫的钻蛀和取食（韩永强等，2012）。稻茎硅含量随硅肥施用量的增加而增大，并且与二化螟 3 龄幼虫蛀入率呈负相关、与三龄幼虫蛀入耗时呈正相关。因此，施用硅肥可直接抑制二化螟幼虫钻蛀，蛀入耗时的延长可间接延长幼虫暴露于其他防治措施的时间；相对于抗虫品种，施用硅肥能在更大程度上增强感虫品种对二化螟幼虫钻蛀行为的抑制作用（韩永强等，2010）。硅富集在水稻茎秆、叶鞘和叶片的表皮细胞，增加作物组织的硬度和粗糙度，降低作物的可消化性，这可能有助于降低施硅水稻的卷叶率。硅处理显著降低叶片氮含量、提高叶片碳氮比。一般而言，作物组织中高的 C/N 和低的含氮量降低了作物对植食性昆虫取食的营养价值，进而导致植食性昆虫取食量增加、发育延缓、繁殖力下降等一系列反应，对大多数植食性昆虫的种群发展是不利的（韩永强等，2017）。

褐飞虱是中国广大稻区最严重的害虫之一，其生长发育和繁殖与水稻含氮量关系密切，该虫不仅喜好在含氮高的水稻上取食和产卵，并且若虫存活率也较高。已有研究表明，水稻中氮含量较高可促进褐飞虱的取食行为，而硅酸盐含量较高则抑制褐飞虱的取食行为。在缺氮作物上褐飞虱的刺探次数显著增加并更加频繁地改变刺探位置，某些氨基酸（如天冬氨酸、谷氨酸）是褐飞虱韧皮部吮吸行为的刺激物，缺氮使褐飞虱减少刺探行为而增加蜜露分泌；可溶性硅酸盐则是褐飞虱刺吸的抑制剂，当褐飞虱取食韧皮部造成细胞损伤时，可溶性硅酸盐能够局部富集于韧皮部组织外围，阻止褐飞虱对韧皮部的取食。水稻摄取硅后，表皮细胞细胞壁会发生部分木质化或硅质化，使表皮细胞强度进一步提高，从而增加对害虫的抗性（侯晓青等，2017）。

8.2.3　施肥对寄主选择的影响

不选择性是指昆虫不趋向作物栖息、产卵或取食的一些特性。叶面化合物和叶面的物理结构是植食性昆虫到达寄主作物后遇到的首要障碍。作物的表面形态、生理生化特性和分泌的挥发性次生物质可以阻止昆虫趋向作物产卵或取食，从而避免或减轻害虫危害。昆虫可采取"试咬"及叶面刺探等搜寻、检测行为逃避危害（彭露等，2010）。施硅增大叶片硅含量，从而可能改变叶片表面的形态特征和挥发性次生物质的释放，导致稻纵卷叶螟不选择施硅水稻，这也可能是施硅水稻受害率下降的原因之一（韩永强等，2017）。粉虱雌虫在作物间选择取食时，通过刺探作物表皮及组织评估作物的生理和生化状况，如果刺探叶肉中的质外体数分钟后发现作物不适合，那么粉虱不会选择该作物（庞淑婷和董元华，2012）。稻纵卷叶螟初孵幼虫和 3 龄幼虫对不同硅处理水稻叶片的选择性随硅施用量的增加而逐渐降低，稻纵卷叶螟初孵幼虫对高硅和低硅处理水稻叶片的选择比例分别比对照低 33.1% 和 26.7%；3 龄幼虫对高硅和低硅处理水稻叶片的选择比例分别比对照低 30.9% 和 20.8%，表明可以通过施用硅肥降低稻纵卷叶螟幼虫对水稻的选择性来增强水稻的抗虫性（韩永强等，2017）。水稻二化螟幼虫对未经硅处理稻茎的取食选择性高于硅处理稻茎；同时取食硅处理稻茎的二化螟幼虫的上颚磨损程度增加（韩永强等，2012）。

随氮肥施用量的增加，作物体内的营养成分会有所增加，作物体内次生化合物的变化会选择性地影响昆虫的取食行为。昆虫对寄主作物的选择既依靠作物的物理特性，也依靠作物的化学特性。作物细胞内存在于液泡中的蛋白质对吮吸类昆虫没有用处，但利于咀嚼类昆虫（Altieri et al.，2012）。糖含量高可能会导致作物体内一些以碳为基础的次生物质，如芥菜中的芥子油糖苷、番茄中的番茄碱糖苷的增加，这些次生物质对美洲斑潜蝇的取食可能有抑制作用；而土壤氮、磷、钾养分对美洲斑潜蝇取食选择性的影响在很大程度上是因为这些元素养分影响了作物体内糖以及氨基酸等营养物质的含量（戴小华等，2001）。可溶性糖是作物的主要光合产物，也是碳水化合物代谢和暂时储藏的主要形式，在作物代谢中具有重要作用，是作物体内重要的抗逆调节物质，与作物抗虫性密切相关。作物组织中的糖含量过高或过低均不利于昆虫的生长发育，可溶性糖含量高可以提高作物自身的抗性水平。施用硅肥可以促进水稻叶片光合产物的运输，显著提高叶片的可溶性糖含量，在一定程度上可能对害虫的取食危害具有补偿作用，进而增强其耐害性（韩永强等，2017）。

蚜虫落在叶片上的概率与叶片中非蛋白质氨基酸与蛋白质氨基酸的比例有关，因此常规施肥处理和有机种植处理间蚜虫的感染程度存在差异，施用化肥种植的冬小麦相比有机种植的冬小麦对昆虫而言适口性更好，所以有更高的感染率（Altieri et al.，2012）。作物叶片中蛋白氮含量与氮肥使用量呈线性正相关，银叶粉虱（*Bemisia argentifolii*）在一品红上的产卵量也与作物氮含量呈正相关。银叶粉虱雌虫在鲜嫩的充分展开的叶片上的分布比在衰老叶片上多，因为鲜嫩叶片中氮含量较高。

纹白蝶（*Pieris rapae crucivora*）和菜粉蝶（*Pieris rapae*）对施肥甘蓝的取食选择性和产卵偏好性都高于不施肥甘蓝，原因是施肥甘蓝中氮含量较高，芥子油苷含量较低（庞淑婷和董元华，2012）。稻纵卷叶螟成虫在高硅和低硅处理水稻上的着卵量分别比对照减少 45.3% 和 27.6%；着卵率分别比对照降低 18.6% 和 11.0%（韩永强等，2017）。

关于病虫害控制和作物抗性方面，严重的病虫害可能直接（如根腐、线虫）或通过减少作为根同化物来源的绿叶面积而间接地减少根的表面积和根的活性，从而使水分和矿质养分吸收受阻，并导致潜在营养缺乏或使营养缺乏加重，减缓受害作物的生长。例如，棉花在钾水平高时，受线虫侵害的根对地上部生长无影响，当钾水平低时，尽管大量施钾，但根的侵害率更高，作物地上部分的生长变慢（Marschner，1995）。

氮、磷、钾等对昆虫的影响，不仅和昆虫及作物有关，而且会受到土壤各种条件的影响。氮、磷、钾之间也存在着相互作用，在实践中，氮、磷、钾的综合效应可能比单一元素的影响更为重要，而氮、磷、钾的合理搭配使用可以降低昆虫的危害（庞淑婷和董元华，2012）。氮、磷、钾肥合理搭配，不偏施氮肥，可以减轻美洲斑潜蝇的危害（陈远学，2007）。

8.3　施肥对农药施用量的影响

郭明亮（2016）以典型的粮食作物水稻为例，对安徽省 1023 户农户进行了调研，结果表明，农药用量随着氮肥用量的增加而增加，氮肥用量不到 150kg/hm^2 时，农药用量平均为 15.2kg/hm^2；当氮肥用量增加到 150～200kg/hm^2 时，氮肥用量相对较为合理，但是农药用量需要增加 20%；当氮肥用量进一步增加到 200～250kg/hm^2 时，农药用量需要增加到 21.7kg/hm^2，相比氮肥合理用量，农药用量增加了 19%；当氮肥用量高于 250kg/hm^2 时，农药用量最高，平均为 25.7kg/hm^2，相比氮肥合理用量农药用量增加了 41%。

从不同处理下的病虫害发生率和病情指数看（图 8-3，图 8-4），相对于常规处理

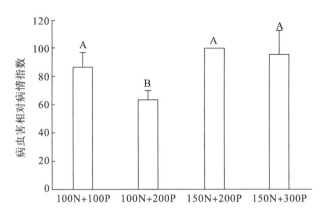

图 8-3　不同氮肥、农药处理对水稻相对病情指数的影响（郭明亮，2016）

图柱代表平均值，误差线代表标准误，方差分析在 95%显著性水平下进行。100N 代表优化的氮肥用量，150N 代表过量施氮的用量（约 1.5 倍优化用量）；100P 代表优化的农药用量，200P 代表 2 倍的优化农药用量，300P 代表 4 倍的优化农药用量。4 个处理的样本量分别为 41 个、47 个、47 个、20 个。后同

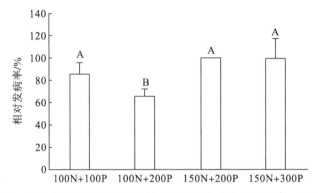

图 8-4　不同氮肥、农药处理下的水稻相对生病率（郭明亮，2016）

（150N＋200P，N 为纯氮用量，P 为农药用量），仅优化氮肥用量，从 150N 降低到 100N，同时保持农药用量不变，则相对病情指数和相对发病率均显著下降，病情指数降低 37 个百分点，发病率降低 34 个百分点。如果在优化氮肥用量的同时把常规农药用量减少一半，病害的相对病情指数和相对发病率与常规方式相比没有显著差异，但是有降低的趋势，100N＋100P 的病情指数比常规的低 14 个百分点，病害发生率同样比常规低 14 个百分点。相对于常规处理（150N＋200P），150N＋300P 处理的农药用量增加了 50%，但相对发病率和相对病情指数并没有显著差异（郭明亮，2016）。

　　从水稻单产角度看（图 8-5），4 个处理下的单产均没有差异，相对于常规处理（150N＋200P），100N＋200P 处理减少了约 33%的氮肥用量，保持农药用量不变，并不会造成产量损失，说明农户常规的施氮量是过量的；100N＋100P 处理相对于常规处理减少了约 33%氮肥用量的同时减少了 50%农药用量也没有导致产量损失。综合病虫害的发生程度，说明减少约 33%氮肥用量的同时降低 50%的农药用量，不仅没有引起病虫害的增加，而且没有导致产量损失（郭明亮，2016）。

　　研究表明：①相对于低氮（施氮不足和施氮合理）处理，高氮处理显著增加了水稻主要病虫害的发生率，氮肥用量每增加 100kg/hm²，农药用量可增加 2kg/hm²；②在高氮

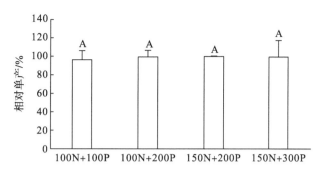

图 8-5　不同氮肥、农药处理下水稻的相对单产（郭明亮，2016）

处理下，单纯增加农药用量并不一定会有效减少病虫害的发生；氮肥过量施用是农药施用过量的原因，减少农药用量必须先减少氮肥用量（郭明亮，2016）。

参 考 文 献

曹云, 王光飞, 郭德杰, 等. 2016. DMPP 增强碳酸氢铵防控辣椒疫病的效果与机制[J]. 中国生态农业学报, 24(10): 1382-1390.

陈远学. 2007. 小麦/蚕豆间作系统中种间相互作用与氮素利用、病害控制及产量形成的关系研究[D]. 北京: 中国农业大学博士学位论文.

程建峰, 戴廷波, 姜东, 等. 2008. 不同水稻种质对稻纵卷叶螟主害代发生的抗性差异及与土壤氮营养的关系[J]. 土壤, 40(2): 243-248.

戴小华, 尤民生, 付丽君. 2001. 美洲斑潜蝇寄主选择性与寄主作物叶片营养物质含量的关系[J]. 山东农业大学学报(自然科学版), 32(3): 311-313.

董艳, 杨智仙, 董坤, 等. 2013. 施氮水平对蚕豆枯萎病和根际微生物代谢功能多样性的影响[J]. 应用生态学报, 24(4): 1101-1108.

范坤成, 康霄文, 彭绍裘, 等. 1993. 肥、水菌对水稻纹枯病发生流行的综合效应[J]. 植物保护学报, 20(2): 97-103.

高东, 何霞红, 朱有勇. 2010. 农业生物多样性持续控制有害生物的机理研究进展[J]. 作物生态学报, 34(9): 1107-1116.

宫香伟, 韩浩坤, 张大众, 等. 2017. 氮肥对糜子籽粒灌浆期农田小气候及产量的调控效应[J]. 中国农业大学学报, 22(12): 10-19.

龚金龙, 张洪程, 龙厚元, 等. 2012. 水稻中硅的营养功能及生理机制的研究进展[J]. 植物生理学报, 48(1): 1-10.

郭明亮. 2016. 中国水稻氮过量对农药用量的影响[D]. 北京: 中国农业大学博士学位论文.

郭衍银, 徐坤, 王秀峰, 等. 2003. 矿质营养与作物病害机理研究进展[J]. 甘肃农业大学学报, 38(4): 385-393.

韩永强, 弓少龙, 文礼章, 等. 2017. 水稻施用硅肥对稻纵卷叶螟幼虫取食和成虫产卵选择性的影响[J]. 生态学报, 37(5): 1623-1629.

韩永强, 刘川, 侯茂林, 等. 2010. 硅介导的水稻对二化螟幼虫钻蛀行为的影响[J]. 生态学报, 30(21): 5967-5974.

韩永强, 魏春光, 侯茂林. 2012. 硅对作物抗虫性的影响及其机制[J]. 生态学报, 32(3): 974-983.

韩永强, 文礼章, 侯茂林. 2016. 水稻施用硅肥对稻纵卷叶螟幼虫保护酶和解毒酶活性的影响[J]. 应用昆虫
　　学报, 53(3): 482-490.

何汉明, 房辉, 周惠萍, 等. 2010. 水稻遗传多样性栽培控制稻瘟病的灰色评价[J]. 西南农业学报, 23(3):
　　724-727.

侯晓青, 许笠, 李保平, 等. 2017. 土壤添加生物质炭和施肥对褐飞虱生长发育和生殖的协同效应[J]. 植物保
　　护学报, 44(6): 982-988.

胡笃敬, 董存瑞, 葛旦之. 1993. 作物钾营养的理论与实践[M]. 长沙: 湖南科学技术出版社.

姬华伟, 郑青松, 董鲜, 等. 2012. 铜、锌元素对香蕉枯萎病的防治效果与机理[J]. 园艺学报, 39(6): 1064-
　　1072.

江涛. 2011. 农业措施对褐飞虱发生的影响及其机理[D]. 扬州: 扬州大学硕士学位论文.

蒋林惠, 罗玲, 肖正高, 等. 2016. 长期施肥对水稻生长和抗虫性的影响: 解析土壤生物的贡献[J]. 生物多样
　　性, 24(8): 907-915.

李进, 樊小林, 蔺中. 2018. 碱性肥料对土壤微生物多样性及香蕉枯萎病发生的影响[J]. 植物营养与肥料学
　　报, 24(1): 212-219.

李勇杰. 2006. 供氮水平对间作小麦碳氮代谢物质及病害发生的影响[D]. 昆明: 云南农业大学硕士学位
　　论文.

刘天华, 白姣姣, 吕东平. 2016. 农业气象因素影响稻瘟病发生分子机制初探[J]. 中国生态农业学报, 24(1):
　　1-7.

刘晓燕, 金继运, 何萍, 等. 2007. 氯化钾抑制玉米茎腐病发生与土壤微生物关系初探[J]. 植物营养与肥料
　　学报, 13(2): 279-285.

卢伟, 侯茂林, 黎家文. 2006. 植物营养对植食性昆虫行为与发育的影响[C]. 昆明: 中国作物保护学会学术
　　年会.

马斯纳. 1991. 高等植物的矿质营养[M]. 曹一平, 陆景陵, 译. 北京: 北京农业大学出版社.

庞淑婷, 董元华. 2012. 土壤施肥与植食性害虫发生危害的关系[J]. 土壤, 44(5): 719-726.

彭露, 严盈, 刘万学, 等. 2010. 植食性昆虫对作物的反防御机制[J]. 昆虫学报, 53(5): 572-580.

沈宗专, 孙莉, 王东升, 等. 2017. 石灰碳铵熏蒸与施用生物有机肥对连作黄瓜和西瓜枯萎病及生物量的影
　　响[J]. 应用生态学报, 28(10): 3351-3359.

石辉, 王会霞, 李秧秧. 2011. 作物叶表面的润湿性及其生态学意义[J]. 生态学报, 31(15): 4287-4298.

苏海鹏, 汤利, 刘自红, 等. 2006. 小麦蚕豆间作系统中小麦的氮同化物动态变化特征[J]. 麦类作物学报,
　　26(6): 140-144.

孙莉, 宋松, 邓旭辉, 等. 2015. 碳酸氢铵抑制尖孢镰刀菌生长机制研究[J]. 南京农业大学学报, 38(2):
　　295-303.

唐旭, 郑毅, 汤利, 等. 2006. 不同品种间作条件下的氮硅营养对水稻稻瘟病发生的影响[J]. 中国水稻科学,
　　20(6): 663-666.

王晓维, 杨文亭, 缪建群, 等. 2014. 玉米-大豆间作和施氮对玉米产量及农艺性状的影响[J]. 生态学报,
　　34(18): 5275-5282.

王杰, 宋圆圆, 胡林, 等. 2018. 作物抗虫"防御警备": 概念、机理与应用[J]. 应用生态学报, 29(6): 2068-2078.

肖靖秀, 郑毅, 汤利, 等. 2005. 小麦蚕豆间作系统中的氮钾营养对小麦锈病发生的影响[J]. 云南农业大学学报, 20(5): 640-645.

肖靖秀, 周桂夙, 汤利, 等. 2006. 小麦/蚕豆间作条件下小麦的氮、钾营养对小麦白粉病的影响[J]. 植物营养与肥料学报, 12(4): 517-522.

杨静, 施竹凤, 高东, 等. 2012. 生物多样性控制作物病害研究进展[J]. 遗传, 34(11): 1390-1398.

于舒怡, 刘长远, 王辉, 等. 2016. 避雨栽培对葡萄霜霉病菌孢子囊飞散时空动态的影响[J]. 中国农业科学, 49(10): 1892-1902.

赵自君. 2008. 黑龙江省水稻主产区稻瘟病流行情况气候区划及预测预报模型的研究[D]. 大庆: 黑龙江八一农垦大学硕士学位论文.

郑秋红, 杨霏云, 朱玉洁. 2013. 小麦白粉病发生气象条件和气象预报研究进展[J]. 中国农业气象, 34(3): 358-365.

郑许松, 成丽萍, 王会福, 等. 2015. 施肥调节对稻纵卷叶螟发生和水稻产量的影响[J]. 浙江农业学报, 27(9): 1619-1624.

Agrios N G. 2005. Plant Pathology[M]. 5th ed. Amsterdam: Elsevier.

Altieri M A, Nicholls C I. 2003. Soil fertility management and insect pests: harmonizing soil and plant health in agroecosystems[J]. Soil & Tillage Research, 72(2): 203-211.

Altieri M A, Nicholls C I, 孙钊, 等. 2012. 施用有机肥料对作物虫害的防治与影响[J]. 世界农业, (7): 105-107.

Atkinson D, McKinlay R G. 1997. Crop protection and its integration within sustainable farming systems[J]. Agriculture, Ecosystems & Environment, 64(2): 87-93.

Batish D R, Singh H P, Setia N, et al. 2007. Alternative control of little seed canary grass using eucalypt oil[J]. Agronomy for Sustainable Development, 27(3): 171-177.

Beysens D. 1995. The formation of dew[J]. Atmospheric Research, 39(1-3): 215-237.

Brown L R. 2006. Plan B 2.0: Rescuing a Planet Under Stress and a Civilization in Trouble[M]. New York: W. W. Norton & Company.

Bunster L, Fokkema N J, Schippers B. 1989. Effect of surface-active Pseudomonas spp. on leaf wettability[J]. Applied and Environmental Microbiology, 55(6): 1340-1345.

Camprubí A, Estaún V, El Bakali M A, et al. 2007. Alternative strawberry production using solarization, metham sodium and beneficial soil microbes as plant protection methods[J]. Agronomy for Sustainable Development, 27(3): 179-184.

Chen Y X, Zhang F S, Tang L, et al. 2007. Wheat Powdery mildew and foliar N concentrations as influenced by N fertilization and belowground interactions with intercropped faba bean[J]. Plant and Soil, 291(1/2): 1-13.

Cook M. 1980. Peanut leaf wettability and susceptibility to infection by Puccinia arachidis[J]. Phytopathology, 70(8): 826-830.

Diamond J. 2005. Collapse: How Societies Choose to Fail or Succeed[M]. New York: Penguin Books.

Graham D R, Webb M J. 1991. Micronutrients and disease resistance and tolerance in plants[J]//Mortvedt J J, Cox F R, Shuman L M, et al. Micronutrients in Agriculture[M]. 2nd ed. Madison: Soil Science Society of America Inc.

Hanson J D, Liebig M A, Merrill S D, et al. 2007. Dynamic cropping systems: increasing adaptability amid an uncertain future[J]. Agronomy Journal, 99(4): 939-943.

Huber D M. 1980. The role of mineral nutrition in defense[J]//Horsfall J G, Cowling E B. Plant Disease, An Advanced Treatise, Volume 5, How Plants Defend Themselves[M]. New York: Academic Press.

Huber D M, Graham R D. 1999. The role of nutrition in crop resistance and tolerance to disease[J]//Rengel Z. Mineral Nutrition of Crops Fundamental Mechanisms and Implications[M]. New York: Food Product Press.

Huber D M, Mccaybuis T S. 1993. A multiple component analysis of the take-all disease of cereals[J]. Plant Disease, 77(5): 437-447.

Huber L, Gillespie T J. 1992. Modeling leaf wetness in relation to plant disease epidemiology[J]. Annual Review of Phytopathology, 30(1): 553-577.

Kiraly Z. 1976. Plant disease resistance as influenced by biochemical effects of nutrients and fertilizers[J]// Fertilizer Use and Plant Health, Proceedings of Colloquium 12[R]. Atlanta: International Potash Institute.

Knoll D, Schreiber L. 1998. Influence of epiphytic micro-organisms on leaf wettability: wetting of the upper leaf surface of Juglans regia and of model surfaces in relation to colonization by micro-organisms[J]. New Phytologist, 140(2): 271-282.

Krauss A. 1999. Balanced Nutrition and Biotic Stress[R]. IFA Agricultural Conference on Managing Plant Nutrition, 29 June-2 July 1999, Barcelona, Spain.

Kumar N, Pandey S, Bhattacharya A, et al. 2004. Do leaf surface characteristics affect *Agrobacterium* infection in tea (*Camellia sinensis* L. O. Kuntze)[J]? Journal of Biosciences, 29(3): 309-317.

Kuo K C, Hoch H C. 1996. Germination of *Phyllosticta ampelicida* pycnidiospores: prerequisite of adhesion to the substratum and the relationship of substratum wettability[J]. Fungal Genetics and Biology, 20(1): 18-29.

Mortvedt J J, Cox F R, Shuman L M, et al. 1991. Micronutrients in Agriculture[M]. 2nd ed. Madison: Soil Science Society of America Inc.

Oborn I, Edwards A C, Witter E, et al. 2003. Element balances as a tool for sustainable nutrient management: a critical appraisal of their merits and limitations within an agronomic and environmental context[J]. European Journal of Agronomy, 20(1): 211-225.

Olesen J E, Jørgensen L N, Petersen J, et al. 2003. Effects of rates and timing of nitrogen fertilizer on disease control by fungicides in winter wheat. 2. Crop growth and disease development[J]. Journal of Agricultural Science, 140(1): 15-29.

Pinon J, Frey P, Husson C. 2006. Wettability of poplar leaves influences dew formation and infection by *Melampsora larici-populina*[J]. Plant Disease, 90(2): 177-184.

Scherm H, Koike S T, Laemmlen F F, et al. 1995. Field evaluation of fungicide spray advisories against lettuce downy mildew (*Bremia lactucae*) based on measured or forecast morning leaf wetness[J]. Plant Disease, 79(5): 511-516.

Schmitz H F, Grant R H. 2009. Precipitation and dew in a soybean canopy: spatial variations in leaf wetness and implications for *Phakopsora pachyrhizi* infection[J]. Agricultural and Forest Meteorology, 149(10): 1621-1627.

Schun W. 1993. Influence of interrupted dew periods, relative humidity, and light on disease severity and latent infections caused by *Cercospora kikuchii* on soybean[J]. Phytopathology, 83(1): 109-113.

Timonin M I. 1965. Interaction of higher plants and soil microorganisms[J]. Canadian Journal of Research, 18: 307-317.

Watanabe T, Yamaguchi I. 1991. Evaluation of wettability of plant leaf surfaces[J]. Journal of Pesticide Science, 16: 491-498.

Woo K S, Fins L, McDonald G I, et al. 2002. Effects of nursery environment on needle morphology of *Pinus monticola* Dougl. and implications for tree improvement programs[J]. New Forests, 24(2): 113-129.

第9章 控制病虫害的养分综合管理技术

9.1 运用农业措施改善作物营养和提高作物抗病性

病虫害对农作物的大量侵袭与农耕制度有关。密苏里大学实验站土壤系的威廉·A·阿尔布莱赫特（William A. Albrecht）博士曾指出：对于一些严重的农作物害虫来讲，其害虫数量与土壤肥力有直接关系，土壤越贫瘠，害虫危害则越严重（比阿特丽斯·特鲁姆·亨特，2011）。许多研究者认为，农业生态系统中增加的病虫害压力是由于第二次世界大战以来种植制度和农业措施的改变，特别是农药的大量施用（Altieri and Nicholls，2003）。

由于过分耕种（密集耕作）、单一种植（单作）以及对土壤流失的放任，如今所种植的农作物，遭受害虫侵袭的情况越来越多（比阿特丽斯·特鲁姆·亨特，2011）。在连续种植 3 年后，2014 年云南一花卉果蔬有限公司 13.9hm^2 洋桔梗的枯萎病发病率平均达 40%以上。黄瓜、番茄、青椒等大众蔬菜的种植也普遍遭受土传病害的侵袭，导致这些农产品的产量不稳。土传病害不只发生在瓜果、花卉、蔬菜等经济作物上，也发生在水稻、马铃薯、大豆、花生等大田作物上（黄新琦和蔡祖聪，2017）。现代集约化种植过程中大量施用化肥导致土壤理化性质退化，土壤中有益微生物减少，从而不能通过土壤微生物相互克制作用有效抑制病原微生物的生长和活性，使土壤自身的修复能力降低（黄新琦和蔡祖聪，2017）。

任何生物在生长繁殖过程中均有损害其自身生长环境的特性，生物对生长环境的损害程度随生物密度的增加而增强，农作物也不例外。一般认为，农作物在生长过程中，通过根系向土壤分泌化感物质并为病原微生物创造生长环境，这些物质特异性地诱导相应的病原微生物，使其数量增加。作物收获后，病原微生物因失去营养来源及寄主作物创造的环境条件而自然衰减。因此，种植密度低且轮作的传统种植制度下，发生土传病害的概率较低。高投入、高产量且单一品种种植的集约化种植制度下，作物根系向土壤分泌大量的化感物质，诱导病原微生物大量繁殖，最终侵入作物引起病害，因而土传病害发生的概率大（黄新琦和蔡祖聪，2017）。现代农业种植体系中由于过度依赖化肥和化学农药，以及单一作物连作，影响土壤微生物结构和功能的改变，导致土传病害暴发。重视轮作、间作和合理的耕作制度，保持土壤微生物的稳定，是控制土传病害发生的有效途径之一（董艳等，2010）。

在大田条件下，施肥一方面通过直接调节作物的营养状况影响作物病害的发展；另一方面通过间接影响病害的发展条件，如植株密度、行间光照和湿度等影响作物病害的发展。此外，提供均衡营养和控制病害也很重要。不仅施肥能影响病害的发展，凡是能影响土壤环境的措施如施石灰调节土壤 pH、翻耕、灌溉或排水控制湿度、作物轮作、种植绿肥、农家肥施用和间作种植等都能影响病害的发展。在可持续病虫害管理系统中，采用轮作、施用农家肥和绿肥、覆盖作物等措施来提高养分有效性，减少病害发生，可有效降低作物生产成本，保护害虫天敌等有益生物，提高环境质量。降低耐药菌株的发展速度是施肥可持续控制病虫害的优势所在。

9.1.1　轮作

作物轮作是一项非常古老的栽培技术，是病虫草害综合防治的重要技术措施之一。轮作是在同一田地上，有序地在季节间或年份间轮换种植不同作物的种植方式，合理的轮作能够使同一田地上出现两种或多种作物生境交替轮回，有效地控制作物病虫害的发生。轮作种植一直被用来控制土传病害，其好处包括维持土壤结构和土壤有机质、减少水土流失等（Howard，1996）。长期的农业实践表明，轮作连同其他施肥管理措施是维持农业生产力、实现农业可持续发展的根本保证（Reid et al.，2001；Stone et al.，2004）。

稻菜轮作对田间三化螟种群有明显的控制作用，与水稻连作相比，稻菜轮作系统第二代和第四代白穗率和越冬虫口数均显著降低（张振飞等，2013）。与水稻连作相比，稻菜轮作模式总体上降低了褐飞虱数量，同期最高降低 66.6%，对田间蜘蛛数量影响不明显（蔡尤俊等，2015）。Ware（1980）研究发现，在美国中部地区，连作玉米的根部害虫数量相比经济防治阈值高 30%，而玉米与大豆轮作土壤中，根部害虫数量相比经济防治阈值低 1%。

土传病原菌大多有明确且专一性很强的寄主作物，显然，寄主作物不仅为土传病原微生物创造了营养环境，而且为土传病原微生物创造了适宜生长的土壤物理和化学环境。当相同的易感寄主作物连作时，会导致特定作物病原群体的形成，轮作可以避免这种不利影响和减少土传病原菌引起的作物病害。

轮作可以作为病害控制策略的基本原理是：病原菌繁殖体在土壤中有固定的生命周期，非寄主作物的轮作会饿死病原菌（Reid et al.，2001）。轮作能影响病原菌的存活并已被广泛用于许多作物病害的防控。豆类作物轮作是控制豆类病害最有效的措施。连作番茄田的青枯病、枯萎病和根结线虫病发病率比水（稻）旱（番茄）轮作田分别高 12%、16%和 8%（郭宏波等，2017）。小麦、水萝卜与连作花生轮作，可减轻或解除花生的连作障碍；辣椒与茄子轮作，黄瓜与翻青玉米、翻青黑豆、豇豆轮作是预防和克服土壤连作障碍较佳的种植制度；酸枣、厚朴以及烟草、水稻、萝卜等与杉木轮作可以有效消除连作对杉木生长的障碍效应；水旱轮作可有效减轻大棚蔬菜（水果）生产中的连作障碍（张子龙等，2015）。

魔芋与玉米轮作是控制魔芋软腐病的主要措施，它可以显著降低魔芋软腐病的死亡率，且将发病高峰期延迟一个月，相对于连作措施，轮作对软腐病的防效为 28.8%～48.8%（张红骥等，2012）。相关分析表明，棉花黄萎病的发生与大丽轮枝菌（*Verticillium dahliae*）的微菌核含量呈显著正相关，棉花黄萎病重病田经过水稻轮作后未发生黄萎病，土壤中也未分离到大丽轮枝菌微菌核，证明水旱轮作对土传病害有极佳的控制效果（刘海洋等，2018）。不同前茬作物诱发烟草青枯病的强度不同，表现为茄子>大豆和大蒜>花生和甘薯>玉米>水稻（方树民等，2011）。前茬大蒜能最大限度地减少土壤中的青枯病菌数量，从而有效降低马铃薯青枯病的严重度，前作为番茄和辣椒时，其枯萎率和薯块感染率都较高（方树民等，2011）。与番茄感病品种连作相比，前作为玉米、秋葵和豇豆时，番茄青枯病的发生推迟 1～3 周，严重度降低 20%～26%（Adhikari and Basnyat，1998）。

轮作能提高氮营养水平，影响对病害发展起作用的养分元素的有效性（Reid et al.，2001；Huber and Graham，1999）。其中受轮作影响较大的一个元素是锰，研究发现羽扇豆轮作会提高锰的有效性（Graham and Webb，1991）。

1. 轮作防治病害的作用机制

1）轮作减少土壤中病原菌的数量，增加拮抗菌数量

轮作作物通常是非寄主或弱敏感性作物，可能会导致特殊病原菌群落密度下降，这是因为病原菌的自然死亡率和其他微生物的拮抗作用（Kurle et al.，2001）。轮作种植最适合那些需要依靠寄主作物存活的活体寄生菌或一些低等腐生菌（Bailey and Duczek，1996）。但轮作对广谱性寄生菌或以多种寄生方式生存的病原菌不是那么有效（Umaerus et al.，1989）。有些后作药材不是前作药材病原菌的寄主，通过轮作，使前作遗留的病原菌及害虫丧失原来的寄主作物，食物链被切断，从而抑制病虫害发生。寄生病菌在土壤中只能生存一定年限，一般能栖息 2～3 年，少数可达 7～8 年。在此期间，如果遇不上其他寄主，就会逐年减少或在数量上少到不引起作物发病。因此抗病药材与容易感染这些病虫害的药材进行合理轮作，可减少这些病菌在土壤中的数量（孙跃春等，2012）。

花生栽培过程中，前茬为玉米较前茬为大豆、花生的土壤中含有更多对花生土传病害起抑制作用的放线菌、木霉菌（*Trichoderma* spp.）和粘帚霉（*Gliocladium* spp.），对土传病害的抑制作用最强，病害发生最轻（孙跃春等，2012）。在生产中发现，苹果苗移栽时，加入小麦田里的土壤可以抑制再植病的发生。在温室试验中发现，果园土壤在移栽苹果苗时，连续短期种植三茬小麦（每茬 28d）可以防治苹果再植病，使根际的立枯丝核菌数量减少，而荧光假单胞菌数量显著增加（张瑞福和沈其荣，2012）。大蒜与马铃薯轮作，能最大限度地减少土壤中的青枯病菌数量，明显推迟烤烟青枯病的发病期（方树民等，2011）。

轮作除了使病原菌失去寄主及增加根际有益微生物的种类和数量外，还能通过轮作作物挥发或分泌的抑菌物质抑制土壤中的病原菌。烟草与水稻水旱轮作可明显降低烟草黑胫病的发病率；烟草和玉米、水稻轮作可以减少烟草青枯病的发生（钏有聪等，2016）。有些作物能产生抑菌物质，如甜菜、胡萝卜、洋葱的根系分泌物可抑制马铃薯的晚疫病。十字花科作物能产生异硫氰酸酯类（isothiocyanates）物质，可以用花椰菜、卷心菜、萝卜等十字花科作物作为前茬，减少土传病害的发生（孙跃春等，2012）。利用葱属作物轮作是减轻土传病害的有效方法之一。大蒜浸提液对辣椒疫霉菌（*Phytophthora capsici*）、早疫病菌（*Alternaria solani*）、丝核菌（*Rhizoctonia* spp.）、灰霉病菌（*Botrytis cinerea*）、白粉病菌（*Erysiphe graminis*）、核盘菌（*Sclerotinia sclerotiorum*）的

孢子萌发和菌丝生长均具有较强的抑制活性，这与大蒜浸提液中含有大量的大蒜素及其降解的含硫化合物有关（钏有聪等，2016）。

2）轮作改善土壤微生物区系和群落结构

连作障碍与土壤微生物的种类和数量密切相关，土壤中致病真菌数量随连作年限的增加而增加。连作引起微生物区系的变化，是连作障碍形成的主要原因之一。真菌容易引起一些土传病害，一般认为真菌型土壤是地力衰退的标志，真菌数量增加，意味着病害加重。连作土壤上由于同一类根系分泌物的持续释放，形成了特定的土壤环境和根际条件，导致土壤微生物区系变化，即细菌、放线菌数量下降，有害真菌数量升高，土壤微生物区系从"细菌型"向"真菌型"转化。作物连作使某些特定的微生物群落得到富集，特别是病原真菌，影响到土壤中微生物种群的平衡，加剧作物根部病害发生，土壤中病原菌的数量不断增加，导致土壤微生态环境质量逐年下降，多样性严重丧失，影响作物的正常生长发育，加剧病害发生（吴宏亮等，2013）。

对作物土传病害的抑制在一定程度上是土壤微生物群体的作用，微生物群落结构越丰富、多样性越高，对抗病原菌的综合能力就越强。长期种植不同作物以及实行不同的轮作方式对改变土壤微生物类群及其主要组成有显著影响。轮作带来的作物多样性增强了土壤微生物区系的多样性，从而提高了土壤中微生物的丰富度，使土壤微生态环境得到改善，更能抵抗病原菌的侵入，最终达到减轻甚至克服作物连作障碍的目的。

通过耕作制度的改变来防治和控制病虫害的发生有利于土壤健康，有利于耕地的可持续发展。常规菊麦轮作可以显著提高连作土壤中细菌和放线菌的数量，在一定程度上降低土壤真菌数量，改善土壤微生物群落结构，减轻滁菊连作障碍（肖新等，2015）。与连作相比，轮作小葱向土壤中输入更丰富的物质种类和数量，增加了土壤细菌多样性，减少了有害真菌数量，显著增加了土壤中的细菌与真菌比值，促进土壤向"高肥"的细菌主导型转化，有利于控制土壤病虫害的发生（吕毅等，2014）。香蕉—韭菜轮作地和香蕉连作地的主要菌群构成有所差异，除共有菌群外，香蕉—韭菜轮作地以拟杆菌门和酸杆菌门为主要菌群，而香蕉连作地以厚壁菌门为主要菌群，表明韭菜轮作导致的土壤主要细菌类群不同，以及丰富的土壤细菌多样性均有助于抑制香蕉枯萎病的发生（欧阳娴等，2011）。与连作相比，西瓜—花豆、西瓜—辣椒、西瓜—南瓜 3 种轮作模式均可改善西瓜土壤微生物区系结构，增加土壤微生物多样性指数，增加细菌、放线菌数量及细菌数量与真菌数量比值（B/F），减少真菌数量，其中以西瓜与辣椒轮作效果最为明显，表明轮作能提高砂田土壤微生物多样性，缓解西瓜的连作障碍。西瓜与辣椒轮作是预防和克服连作障碍较佳的种植制度（吴宏亮等，2013）。

马铃薯长期连作（6 年）可导致马铃薯根冠比显著增加和植株收获指数显著下降，随马铃薯连作年限的延长，连作障碍愈加严重。与连作相比，轮作显著提高了马铃薯块茎产量和植株生物量，在根际土壤真菌种群数量和多样性上，轮作和连作间无显著差异，但在群落组成结构上差异明显，真菌 18S rDNA 测序分析进一步表明，马铃薯轮作与连作相比降低了尖孢镰刀菌（*Fusarium oxysporum*）、腐皮镰刀菌（*Fusarium solani*）以及大丽轮枝菌（*Verticillium dahliae*）的种群数量，而这些真菌是导致马铃薯土传病害的主要致病菌类型。根际土壤真菌群落组成结构的改变特别是与土传病害有关的致病菌滋生可能是导致马铃薯连作障碍的重要原因（刘星等，2015a）。

烟草和中草药在栽培过程中连作障碍严重，轮作是消减连作障碍的有效措施。研究表明，烟草与水稻、玉米、蒜、绿肥等植物轮作，对于改善土壤微生物种群结构和消减烟草连作障碍具有很好的效果（张东艳等，2016）。随轮作年限增加，土壤放线菌数量增加，细菌数量略有下降，土壤微生物丰富度指数和物种多样性指数增加，三七的出苗率和存苗率明显上升，而根腐病的发病率则显著降低（张子龙等，2015）。连作年限越长，烟田土壤细菌多样性与均一度越低，土壤细菌生态网络趋于松散，青枯病害发生更为严重，连作 8 年与 12 年烤烟青枯病发病率分别为连作 4 年的 33.60 倍与 33.69 倍，而烤烟与玉米轮作可明显改善烟田细菌群落结构，青枯病发病率相对较低（穰中文等，2018）。与烤烟连作相比，烤烟—苕子—水稻轮作模式下，水旱轮作，嫌/好气交替，创造了适合多种微生物繁衍的土壤环境；加之烤烟、水稻和苕子的近缘性小，有机成分差异较大，可满足不同微生物的碳源和营养需要，有益于它们的繁殖生长，微生物生物量碳、氮显著增加，土壤中真菌多样性指数最高，优势度指数最低，轮作土壤适合多种真菌的繁殖生长，种群数量增加，多种真菌共同存在，互相制约，可防止病原真菌过度繁殖，降低作物发生真菌病害的概率（陈丹梅等，2016）。

轮作玉米使原本以作物寄生线虫为极优势属的土壤线虫群落转变为以细菌和真菌为食的线虫群落，使土壤食物网中微生物捕食者数量增加。食细菌和食真菌线虫能够加速土壤有机质的矿化，食微线虫对有机质的分解具有调控作用。因此甘薯地轮作玉米有利于土壤微生态环境的改善（海棠等，2008）。连作甘薯增加作物寄生线虫及茎线虫属类群，减少食细菌和食真菌的线虫类群，轮作减少茎线虫属线虫的数量。连种甘薯多年茎线虫病严重地区可采用轮作的耕作制度，通过改变甘薯地土壤线虫群落结构，可有效减轻或控制茎线虫病的发生，是替代化学防治行之有效的办法（海棠等，2008）。

3）轮作改善土壤理化特性，增强作物抗病性

轮作可以改善土壤结构，增加土壤的保水能力，而且能适当解决连作障碍，提高土地的利用率。合理轮作是防止土壤连作障碍发生的有效途径。轮作不同作物对土壤理化性质的影响不同，从而影响作物的生长和抗病性（宋丽萍等，2015）。稻田轮作系统明显改善了土壤的理化性状，使土壤随着耕种年限的增加，容重下降，而孔隙度增加，固相比率下降，气相比率上升，气液比值增大，土壤通透性大大增强，可有效阻止土壤次生盐渍化和土壤酸化，提高土壤 pH，增强植株的抵抗能力，对作物病、虫、草害产生了一定的抑制作用（黄国勤等，2006）。双季稻与黑麦草的水旱轮作体系中，土壤容重下降 4.24%～6.90%，孔隙度上升 3.87%～5.09%，表明水旱轮作降低了土壤容重，同时也增大了孔隙度和通气透水性，从而改善了土壤结构。

作物对土壤养分的吸收利用具有一定的选择性与偏好性，不同作物对不同矿质营养尤其是对某些特定微量元素的吸收利用程度不一。研究表明，长期连作下，由于作物对土壤矿质元素的选择性吸收，再加上施肥、水分管理等农艺措施不当，就可能造成连作土壤养分失衡，进而引发作物生长发育不良，病害严重发生（吴林坤等，2016）。对于马铃薯 2 年以上连作田，轮作 3 种豆科作物均能起到提高土壤氮素有效性的作用，速效氮含量增幅最高可达 476%，且可显著提高 3 年以上连作田速效磷含量，增幅最高可达

207%（秦舒浩等，2014）。轮作使土壤有机质含量增加，显著降低三七根腐病的危害（张子龙等，2015）。种植 3 年的三七土壤中全氮、全磷、有效氮和有效磷含量较生土分别下降了 73%、79%、70% 和 90%，中量元素全钙、全硫，微量元素锰、铜、锌等的含量下降。水旱轮作条件下，淹水后因三价铁离子被还原、磷络合物溶解，磷被作物利用的有效性大为增加。同时，淹水后土壤晶格中的钾被 Fe^{2+}、NH_4^+ 替换，提高了钾利用的有效性。旱改水还能促进碳酸盐结合态铜、氧化锰结合态铜和残留态铜向代换态铜、无定形铁结合态铜和有机态铜转化，提高土壤中铜的有效性和可移动性，水旱轮作通过提高土壤养分的有效性而减轻三七连作障碍（郭宏波等，2017）。

轮作土壤的 pH、有机质、全钾、速效硼、速效锌、CEC、交换性镁均高于连作土壤，烤烟的黑胫病和赤星病发病率显著降低（晋艳等，2004）。与苹果连作相比，轮作花生、小麦、苜蓿、小葱能明显提高土壤有机质含量，从而大大提高土壤的供肥能力；轮作花生能显著增加土壤有效铁、锰的含量；轮作小葱、苜蓿均能显著降低连作果园的土壤有效铜含量，调节土壤中大量元素与微量元素之间的平衡关系，改良土壤养分环境，有利于减轻苹果连作障碍（吕毅等，2014）。与滁菊连作相比，菊麦轮作的土壤有机质、碱解氮、速效磷与速效钾含量显著提高，有利于减轻滁菊连作障碍（肖新等，2015）。

合理种植万寿菊、红三叶草以及大麦后复种红三叶草可以减少土壤中胞囊线虫的密度，对大豆胞囊线虫的抑制作用好于常规轮作作物玉米。根据不同作物对土壤养分的影响，可以确定既能使土壤中胞囊线虫密度减少，又能够提高土壤养分的轮作方式为万寿菊—玉米—大豆（于佰双等，2009）。

2. 适宜轮作作物的选择

选用的轮作作物，不仅要能降低病原菌的数量和下茬作物的发病率，还要符合当地的气候与地理环境且适合与致病菌寄主作物轮作。作物根系分泌物，不仅会影响根际土壤的物理、化学特性，还会在根际形成特有的微生物种群。对黄瓜枯萎病菌寄主范围的研究表明，大蒜既不感染也不携带瓜类枯萎病菌，而萝卜虽然不感染枯萎病菌，但是其根部带菌率较高，能继续存活于土壤中，抑菌作用不大，因此在减轻瓜类枯萎病危害的方法中大蒜与瓜类轮作或间作更有效。玉米生长在前茬为燕麦的土壤上，比生长在以玉米和小麦为前茬的土壤上感染的镰刀菌更少，前茬为苜蓿时，会使玉米感染较多的镰刀菌（孙跃春等，2012）。对春烟换茬后青枯菌在土壤中消长规律的研究表明，用茄子、大豆、花生、甘薯、大蒜、玉米、晚稻和双季稻作为轮作作物，大豆、花生和甘薯生长期间土壤皆测出青枯菌，数量先降后升，种植晚稻和秋玉米的土壤中青枯菌数量持续下降。翌年春季从茄子、大豆、花生和甘薯茬口土壤中测出遗留青枯菌数量均达 10^4CFU/g，玉米为 10^3CFU/g。对烟草移栽后青枯病的调查表明，不同处理发病迟早取决于茬口土壤中的菌源数量，不同茬口土壤发病轻重有显著差异，茄子茬发病最重，大豆和大蒜茬发病略重于花生、甘薯和玉米茬，晚稻茬发病最轻。因此，通过根际微生物结构的变化结合药材的产量、质量，可以确定适宜的轮作作物（孙跃春等，2012）。许多研究认为，感病大豆与非寄主作物轮作 5 年以上，才能避免大豆胞囊线虫的危害，而选择适宜的轮作作物如万寿菊等大豆胞囊线虫拮抗作物，3 年轮作就能较好地抑制大豆胞囊线虫病的发生，原因是万寿菊被线虫侵入后会发生过敏反应，即侵入点周边细胞迅速坏死，使线虫不能摄取养分，从而使线虫完全不能发育或发育中途死亡（于佰双等，2009）。

　　3. 轮作年限

　　选择恰当的作物与致病菌寄主作物轮作，能够显著降低土壤中的病原菌数量，且轮作一定时间后能够很好地克服连作生物障碍。Peters 等（2003）的研究表明，土豆根茎溃腐病和黑腐病的发病率与轮作作物和轮作时间有关，大麦—红三叶草—土豆 3 年轮作的发病率显著低于大麦—土豆 2 年轮作。轮作木薯后土壤总真菌数量、病原菌数量和 pH 均显著降低，土壤可培养细菌数量、放线菌/真菌值（A/F 值）、细菌/真菌值（B/F 值）和速效磷含量均增大，且轮作年限越长，效果越明显；随着轮作木薯年限的增加，下茬种植香蕉的放线菌数量逐年增加，枯萎病的发病率由 90.4%降低到 40.2%；轮作木薯可有效防治香蕉枯萎病，但轮作年限需超过 3 年（柳红娟等，2016）。

9.1.2　间套作

　　随着人口的不断增长，人类对粮食的需求日益增加，为了解决全球粮食安全面临的问题，农业生产不得不投入大量化肥和农药以实现高产再高产的目标（朱有勇和陈海如，2003）。联合国粮食及农业组织的资料表明，石油农业使水稻单产提高了 4 倍，而投入能量却增加了 375 倍。联邦德国小麦单产从 1955 年的 2.7t/hm² 到 1980 年的 4.7t/hm² 增加了 74.07%，但同期施氮量却从 26t/hm² 增加到了 420t/hm²，共增长 15 倍以上；美国的粮食产量翻番，也是以机械能投入增加 10 倍，氮肥施用量增加 20 倍为代价的（高东等，2011）。毋庸置疑，现代高投入、高产出的生产模式，为满足不断增加的食物需求做出了巨大贡献，但长期单一高产品种大面积种植和农药、化肥的大量施用造成农田生态系统日趋简单和脆弱，生物多样性锐减、作物病害暴发周期缩短、病害危害加重，同时还造成不可再生资源大量消耗和环境污染等问题（Zhu et al.，2000）。从长期农作物病害防治的角度看，农作物的单一种植对控制病害的发生相当不利。20 世纪 30 年代"绿色革命"之前，农学家就已经认识到了大面积作物单一种植具有潜在病害流行的后果，但在人口剧增和经济因素的推动下，农作物的单一化程度逐渐得到加强（Wolfe，1985）。

　　农业生态系统持续获得产量取决于作物、土壤、养分、光照、湿度及其他生物间正常的平衡关系，农业生态系统免疫功能失常是导致农业生态系统健康下降的重要原因，如过量施用化肥和农药、土壤有机质含量和土壤生物活性下降、单作、功能多样性下降、遗传背景一致性、养分亏缺等诸因素均能引起农业生态系统免疫功能失常，尤以单作生态负效应最突出（图 9-1）（高东等，2011）。

　　随着生态环境的日趋恶化，寻求农业可持续发展已成为全球性问题。人们开始对过去在资源与环境方面采取的战略和措施进行反思，并逐渐认识到农业的发展既要增加农作物产量，又不能破坏土地的持续生产力和生态环境，这就是可持续农业发展战略。在可持续发展日益成为世界各国的共识之际，人类再次把目光投向了农作物间套作种植研究，以探求发展可持续性生态农业的道路（Malézieux et al.，2009）。

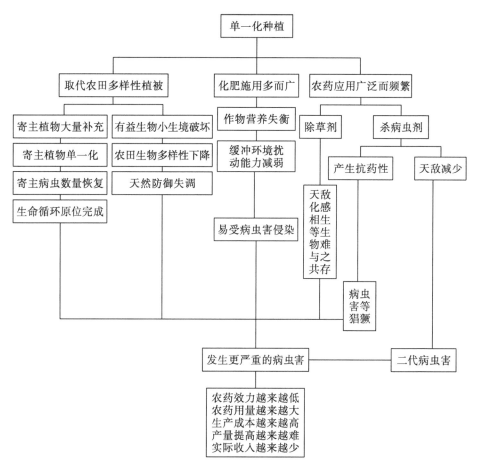

图 9-1   单一种植的生态负效应（高东等，2011）

多样性-稳定性假说认为，一个生态系统的多样性越高，它的稳定性就越强，这为解决结构单一的农田生态系统中病害的防治提供了思路。利用生物多样性持续控制作物病害是近年来国内外的研究热点之一。应用生物多样性与生态平衡原理，进行农作物的多样化种植，增加农田的物种多样性，能有效减轻作物病害的危害，可大幅减少化学农药的使用，减轻环境污染，提高农产品品质，实现农业的可持续发展（Zhu et al.，2000）。在全球许多地区，农民就有混种不同品种来减轻病害危害、提高作物产量的情况。早在 1872 年，达尔文就观察到多个小麦品种混栽比单一品种种植的病害少；20 世纪 30 年代，美国通过引种我国'北京黑小豆'并将其与当地大豆品种混播挽回了大豆胞囊线虫给美国大豆生产带来的毁灭性损失；美国俄亥俄州利用小麦品种混合种植成功地控制了锈病的发生（黄云等，2010）。间套作是我国传统农业的精髓，2000 年抗病杂交稻与感病糯稻间作种植控制稻瘟病在云南取得了巨大成功（Zhu et al.，2000），2001 年起又将农业生物多样性控制病害的理论与技术应用在小春作物上，如小麦与蚕豆间作、大麦与油菜间作等体系，2001~2003 年累计示范推广面积 572km^2（朱有勇和李成云，2007）。近年来，国内外有关间套作控病的相关研究报道不断增多并取得显著进展，相关研究已从现象的观察深入到机制的理解。因此进一步从地上部和地下部两个亚系统及病害三角（寄主作物、病原菌和环境）角度对间套作控病机理进行梳理总结，可为应用间套作种植持续控制作物病害、提高作物产量、减少化学农药使用、实现农业可持续发展提供科学依据。

1. 间套作与病害控制

1）间套作对气传病害的控制

作物病害在作物生育期内普遍发生，其流行速度与寄主作物种植密度、种植距离、病原菌量及其致病力、田间发病条件（如温度、湿度和风速）等因素密切相关（朱有勇和李成云，2007；张红骥等，2012）。气传病害主要借助气流媒介进行传播，作物冠层的风速、温度和湿度等微气候又是气传病害发生流行的重要环境因子。研究表明，不同作物或同一作物不同品种间套作，可减轻作物病害的发生与危害。例如，矮秆禾谷类不同品种混种能显著减轻由气流传播的专化病菌侵染引起的锈病、白粉病和稻瘟病等叶部病害的发病程度（Wolfe，1985）。与单作糯稻（感病品种）相比，糯稻与杂交水稻（抗病品种）间作，糯稻的稻瘟病发病率和病情指数分别降低了 72.0%和 75.4%；杂交稻的稻瘟病发病率和病情指数分别降低了 32.4%和 48.2%（朱有勇和李成云，2007）。水稻与慈姑间作可降低水稻纹枯病和稻瘟病的发病率，其中拔节期和抽穗期间作水稻，纹枯病病丛率比单作分别降低了 64.3%和 88.2%（梁开明等，2014）。花生与玉米和棉花间作，叶斑病病情进展曲线下面积（AUDPC）比单作花生分别降低了 37.0%～73.0%和25.0%～41.0%（Boudreau et al.，2016）。与单作木薯相比，木薯与花生、豇豆和绿豆间作均降低了木薯花叶病毒病（Cassava mosaic virus）的发病率和病情指数，间作对木薯病毒性花叶病的控制效果依次为木薯//绿豆>木薯//豇豆>木薯//花生（Uzokwe et al.，2016）。与单作蚕豆相比，蚕豆与马铃薯间作蚕豆赤斑病的发病率和病情指数分别降低了 52.7%和32.8%（杜成章等，2013）。可见，间套作种植是控制作物气传病害的有效措施。

2）间套作对土传病害的控制

土传病害具有侵染过程复杂、病原菌存活时间长、发病后常规化学方法较难控制的特点（Huang et al.，2013）。云南农业大学董艳课题组的前期研究表明，小麦与蚕豆间作显著减少了蚕豆土传枯萎病的发生。与单作蚕豆相比，蚕豆不同品种（'YD324'和'FD6'）与小麦间作使蚕豆枯萎病病情指数分别降低了 57.1%和 41.7%（胡国彬等，2016）。玉米与大豆间作能显著降低大豆红冠腐病的发病率和病情指数，在不施磷（P_2O_5 0kg/hm^2）和高磷（P_2O_5 80kg/hm^2）条件下，间作大豆红冠腐病的发病率比单作大豆分别降低了 53%、59%（2009 年）和 43%、47%（2010 年）；病情指数比单作大豆分别降低了 49%、46%（2009 年）和 57%、50%（2010 年）（Gao et al.，2014）。与单作辣椒相比，辣椒与玉米间作后辣椒疫病的病情指数在 2009 年、2010 年和 2011 年分别降低了 33.5%、49.1%和 46.0%，同时还发现辣椒疫病未跨玉米行感染其他行的辣椒（Yang et al.，2014）。单作西瓜定植 25d 后出现枯萎病发病症状，40d 后单作西瓜发病率为66.7%，且 44.4%的西瓜苗枯死，而与旱作水稻间作的西瓜生长正常，无发病和死亡现象（Ren et al.，2008）。接种大丽轮枝菌（Verticillium dahliae）18d 和 28d 后，与单作番茄相比，番茄与分蘖洋葱间作番茄黄萎病发病率分别降低了 24.97%、27.13%（2013 年）和

35.58%、19.83%（2014 年）（Fu et al.，2015）。接种镰刀菌 15d 后单作西瓜枯萎病发病率高达 46.4%，而与小麦间作的西瓜枯萎病发病率显著低于单作，仅为 13.3%（Xu et al.，2015）。与'黑农 35'大豆（黑龙江省农业科学院选育的优质高产品种）单作相比，'抗线 4 号'大豆（高抗大豆胞囊线虫病品种）与'黑农 35'大豆 1∶1 混种明显减少了土壤中大豆胞囊线虫（*Heterodera glycines*）的二龄幼虫、根表雌虫和收获期土壤中线虫卵的数量（许艳丽等，2012）。结果表明，间作种植在增加地上部作物多样性的同时也增加了地下部生物多样性，加强根系互作而控制土传病害发生。

2. 间套作控制作物病害的可能机制

作物病害的发生取决于寄主、病原菌和环境三要素的互作，三者的互作决定着作物病害的发生与发展，任何一个要素的改变都会引起病害的变化。病原菌均有特定的寄主范围，对遗传背景不同的寄主有不同的致病性，因此，间套作种植能提供多重功能从而限制病原菌的繁殖与传播；同时间套作系统微气候环境和土壤微生态的变化也是影响作物病害发生的重要因素，即间套作通过改变田间小气候（温度、湿度和通气条件）及土壤微生态环境（土壤微生物数量、区系、多样性、群落结构及土壤酶活性）影响病原菌的竞争与繁殖。此外，间套作还通过影响根际养分活化、寄主作物对养分的吸收利用和分配及作物生理生化抗性而影响寄主作物的抗病性（图 9-2）。因此，深入研究间套作控制作物病害的可能机制，对合理选择间套作作物，充分利用不同作物的株高、根系构型和化感效应差异，减少病害发生，提高作物产量，减少农药使用，实现农业可持续发展具有重要的理论价值与实践指导意义。

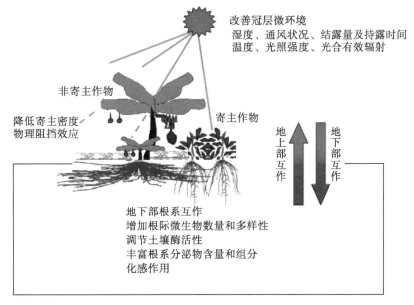

图 9-2　间套作种间互作与病害控制（修改自 Malézieux et al.，2009）

1）间套作种植对寄主作物抗病性的影响

（1）间套作提高寄主作物的生理生化抗性。寄主作物避免或阻挡病原菌侵染与扩展的过程相当复杂，其中作物体内的生理生化物质，如总酚、类黄酮等次生代谢物质对作物抗病性起着重要的调控作用。总酚、类黄酮均属于多酚类物质，参与多种生理过程，其氧化产物醌具有更强的杀菌能力，可防止病原菌的再侵染（Dordas，2008）。叶片中总酚、类黄酮含量越高，病害发生程度可能越轻，反之可能越严重（金霞等，2008）。矮秆杂交稻（抗稻瘟病）与高秆糯稻（感稻瘟病）间作因提高了糯稻叶片中总酚和类黄酮的含量而增强了糯稻的抗病能力，进而显著降低了糯稻稻瘟病的发病率及病情指数（卢国理等，2008）。此外，丙二醛（malondialdehyde，MDA）、过氧化氢酶（catalase，CAT）、过氧化物酶（peroxidase，POD）、多酚氧化酶（polyphenol oxidase，PPO）和苯丙氨酸解氨酶（phenylalanine ammonia-lyase，PAL）等是作物防御系统的重要组成部分，这些相关防御酶活性的高低与作物病害发生程度密切相关（Ren et al.，2008）。当作物受病害胁迫时，POD 和 CAT 可清除作物体内过量的活性氧和细胞中的过氧化氢，使作物产生耐受性，提高抗病能力；MDA 含量的高低是衡量作物膜脂过氧化程度的重要指标，MDA 含量升高则加重作物膜脂损伤程度，破坏细胞质膜的稳定性，从而削弱作物的抗病能力（Ren et al.，2008）。小麦品种'D125'与西瓜间作降低了西瓜根际 MDA含量，增加了 PPO、PAL、类黄酮及总酚类物质含量，使得西瓜免受尖孢镰刀菌侵染（Xu et al.，2015）。蚕豆与小麦间作显著提高了蚕豆根系的抗氧化酶（POD 和 CAT）活性，降低了根系的膜脂过氧化程度（MDA 含量），从而增加蚕豆根系生物膜的稳定性，提高蚕豆对镰刀菌侵染的抗性（董艳等，2016）。可见，间作种植通过调节作物体内的生理生化过程，增加作物体内抗病物质含量或降低感病物质含量，抑制病原菌对寄主的侵染及其在寄主作物体内的繁殖和扩展。

间套作除影响寄主作物的生理生化特性外，还通过改变抗病基因表达进一步提高寄主作物的抗性。与小麦品种'D125'间作的西瓜在尖孢镰刀菌侵染的前期阶段，其根系中与抗性相关的 6 种特异基因表达水平均高于单作西瓜（Xu et al.，2015）。玉米与大豆间作系统中，玉米根系分泌物能抑制引起大豆红冠腐病的病原菌——寄生帚梗柱孢菌（*Cylindrocladium parasiticum*）的生长，并诱导大豆病程相关蛋白基因的表达，最终减轻了大豆红冠腐病的发生（Gao et al.，2014）。与单作玉米相比，玉米与辣椒间作诱导玉米根茎中 1,4-苯并噁嗪-3-酮的含量增加并提高了防御基因的表达，最终增强了玉米对小斑病的抗性（Ding et al.，2015）。

（2）间套作促进作物对养分的吸收利用，提高寄主作物的抗病性。矿质养分既是作物正常生长发育所必需的，也是病原菌生存和繁殖的养料，植株养分状况还影响其对寄主的侵染，从而对作物病害的发生产生重要影响。研究表明，氮素含量与专性寄生菌对寄主的侵染程度呈正相关关系（Dordas，2008），当施氮量过高时，作物体内游离氨基酸、酰胺和可溶性糖等可溶性氮同化物的含量增加，加快病原菌对寄主的侵入及其在寄主体内的繁殖速度，从而增加作物的感病性并加剧病害发生（张福锁，1993a）。小麦单作、施氮量较高的情况下，小麦因叶片中氮含量过高而导致条锈菌（*Puccinia striiformis*）严重发生；而在相同氮肥水平下，小麦与蚕豆间作则显著降低了小麦条锈病的发生及危害（肖靖秀等，2005；陈远学等，2013）。原因是间作在提高小麦对氮素吸收利用的同时还加快了对氮素的同化，因而减少了高氮供应时小麦叶片中低分子量的游离氨基酸及可溶性糖含量，从而减少对病原菌供应营养（苏海鹏等，2006）。

钾素参与作物生长代谢调节机制，如增施钾肥可提高作物组织中酚类物质的含量和多酚氧化酶（PPO）活性。酚类物质具有抗微生物活性，并能抑制病原菌产生的细胞壁降解酶的活性（Modafar and Boustani，2001）；多酚氧化酶是酚类物质氧化的主要酶，参与木质素和醌类物质合成，其活性的提高有利于细胞木质化或木栓化，加速作物组织的愈合，有利于抵抗病原菌的侵染（Shadle et al.，2003）；钾还能促进蛋白质的合成，促进糖和淀粉的合成及运输，减少病原菌所需的碳源和氮源，从而提高作物的抗病性（张福锁，1993a）。小麦与蚕豆间作能提高蚕豆叶片的钾含量，蚕豆赤斑病病情指数降低了 42.4%（周桂凤等，2005）。

锰一方面通过本身的毒性直接影响病原菌生长；另一方面通过促进木质素和酚类物质的生物合成、抑制氨肽酶（为真菌生长提供氨基酸）及果胶甲酯酶（降解寄主细胞壁）的活性而在病害控制中发挥重要作用（Dordas，2008）。间套作系统中，作物种间及种内根系互作有助于活化土壤中难溶性的锰氧化物而提高土壤中有效锰的含量，促进寄主作物对锰的吸收利用。小麦与蚕豆间作系统中，小麦根系通过分泌麦根酸，螯合锰离子而提高蚕豆根际土壤中锰的有效性，促进蚕豆对锰的吸收，提高蚕豆叶片中锰的浓度，进而降低蚕豆叶赤斑病病情指数（鲁耀等，2010）。分蘖洋葱与番茄伴生促进番茄对磷和锰养分的吸收，提高番茄植株体内磷和锰的含量，降低番茄植株内的氮钾比和氮锰比，使番茄植株达到养分平衡而增强抗灰霉病菌（*Botrytis cinerea*）侵染的能力（吴瑕等，2015）。

综上所述，植株体内养分过高或过低均会增加作物的感病性，而合理间套作一方面能促进作物对养分的吸收利用；另一方面能使作物保持最佳的营养平衡状态，使寄主作物获得最大的抗性。

2）间套作种植对病原菌的影响

（1）间套作种植对病原菌的稀释效应和阻挡效应。任何一种病原菌都只能寄生在一定范围的寄主作物上，即病原菌对寄主作物具有不同的致病性，同时病原菌对寄主作物的种或品种又具有不同毒性，当病原菌生理小种降落到非最适寄主品种时，表现为轻微发病，甚至不发病（黄云，2010）。病原菌一般通过密度依赖机制和距离依赖机制影响作物病害发生，当感病寄主密度较高、寄主间距离短时，单位面积内病原菌密度较高，初侵染菌量较大，因此病害传播速度较快（付先惠等，2003）。根据间套作群体内作物农艺性状或遗传背景的差异，通过增加抗病植株的比例，改变间套作系统中作物多样性的组成，使田间单位面积内感病植株的密度降低，稀释了初侵染和再侵染菌量（Van Bruggen and Finckh，2016）。蚕豆与马铃薯间作降低了单位面积内蚕豆的植株密度，从而延缓了蚕豆赤斑病的传播（杜成章等，2013）。

此外，根据作物地上部植株的高度差或地下部根系的构型差异进行科学的优化搭配，能有效减缓病原菌传播，降低病害扩展速度。抗性品种大豆与非抗性品种大豆的种子完全混合后播种，抗性品种可在非抗性品种间形成抗性阻隔带，使胞囊线虫无法在垄内自由移动，从而降低大豆胞囊线虫病的传播速度，并有效降低了第二代线虫对非抗性品种的再侵染程度（许艳丽等，2012）。玉米与辣椒间作可有效减轻辣椒疫病的发生，间作控病效果与辣椒距玉米的距离有关，距离越近控病效果越好，原因是玉米与辣椒根系可相互形成"根墙"，限制病菌向辣椒扩散传播而减少对辣椒根系的感染（Yang et al.，2014）。小麦分别与玉米和向日葵间作均有效控制了小麦白粉病和条锈病的流行与发展，原因是玉米和向日葵均为高位作物，在间作系统中形成"天然屏障"，阻挡了靠风力传播的病菌孢子；同时这种阻挡效应还与病菌孢子轻重有关，小麦条锈病的夏孢子比白粉病的分生孢子重，因而阻挡效应对条锈病更显著（Cao et al.，2015）。间套作种植对病原菌的稀释效应和阻挡效应还因种植比例的不同而存在差异，如蚕豆与马铃薯不同比例间作条件下，蚕豆赤斑病的发病率和病情指数不同，当豆薯间作行比为 2∶2 时，稀释效应和阻挡效应对蚕豆赤斑病的防控效果最好（杜成章等，2013）。病害流行阶段不同，两种效应所发挥的作用也有差异，在病害发生初期以稀释效应为主，阻挡效应较低；在病害流行中期，阻挡效应和稀释效应共同产生作用；但从整个病害流行期间所起的作用来看，阻挡效应的作用远小于稀释效应（Cao et al.，2015）。

（2）间套作作物根系分泌物对病原菌的化感效应。根系分泌物是作物在生长过程中通过根的不同部位向生长基质中释放的一组种类繁多的物质，可为土传病原菌和根际土壤微生物提供碳源及氮源（吴林坤等，2014）。但根系分泌物的种类和组分影响着病原菌对根的侵染和在根际的繁殖，因此，作物根系分泌物与作物抗病性密切相关。与单作相比，间套作系统中由于另一种作物的存在，根系分泌物在种类、数量和组成上必然有明显的不同。根系分泌物中可溶性糖、游离氨基酸是病原菌繁殖和生长的重要营养物质，小麦与蚕豆间作显著抑制了蚕豆根系可溶性糖及游离氨基酸的分泌（杨智仙等，2014）；西瓜与旱作水稻间作也降低了西瓜根系分泌物中可溶性糖、游离氨基酸的种类和含量（郝文雅等，2011）。因此，间套作种植可通过种间根互作减少可溶性糖、游离氨基酸的分泌，进而减少糖、氨基酸等营养物质对致病菌的供应，抑制致病菌的繁殖，较好地控制了蚕豆枯萎病和西瓜枯萎病的发生（郝文雅等，2011；杨智仙等，2014）。

间套作系统非寄主作物的根系分泌物，除减少对致病菌的营养供应外，还可产生化感效应，抑制病菌孢子释放、萌发、产孢及菌丝生长而降低病原菌的侵染效率（Gao et al.，2014；张立猛等，2015；Ding et al.，2015）。西瓜与旱作水稻间作系统中，因非寄主作物水稻的根系分泌物中香豆酸对西瓜枯萎病菌的孢子萌发和产孢产生抑制作用，从而减少了西瓜根际的病原菌数量，显著减少了西瓜枯萎病的发生（Hao et al.，2010）。玉米与大豆间作显著促进了玉米分泌肉桂酸，而肉桂酸能抑制大豆红冠腐病病原菌的孢子萌发和菌丝生长，最终减轻了大豆红冠腐病的发生（Gao et al.，2014）。玉米与烤烟间作时，玉米根系分泌物对烟草疫霉菌的游动孢子释放、休眠孢子萌发及菌丝生长产生抑制作用，因而控制了烟草黑胫病的发生（张立猛等，2015）。根系分泌物对某些微生物还具有趋化作用，能够吸引细菌或真菌在根际或根表大量定植和繁殖（吴林坤等，2014）。玉米与辣椒间作系统中玉米根系通过分泌抗性物质如丁布（2,4-二羟基-7-甲氧基-1,4-苯并噁嗪-3-酮，DIMBOA）、门布（6-甲氧基-2-苯并噁唑啉酮，MBOA）、苯并噻唑（BZO）和 2-甲硫基苯并噻唑（MBZO）并累积于根表，吸引辣椒疫霉游动孢子向玉米根表移动，同时玉米根系还释放抗菌物质，使疫霉休眠孢子发生裂解，导致疫霉孢子不能萌发和侵染而降低其对辣椒的感染（Yang et al.，2014）。因此，间套作系统中地上部作物-根系分泌物-病原菌的互作在病害控制中发挥着重要作用。

3）间套作种植对生态环境的影响

（1）间套作种植改善田间微气候与病害控制。

田间湿度、温度和通风状况等是影响作物病害暴发与蔓延的重要环境因素（Narla et al.，2011；Qin et al.，2013）。与单作相比，间套作种植能有效改善田间湿度、温度和通风条件，在病原菌侵染寄主作物的各个环节起到积极的作用，如影响病原菌的存活率、产孢量、孢子萌发率、繁殖速度、病原菌传播媒介的数量与活性、传播方向和距离及病原菌的致病性等（朱有勇和李成云，2007）。

湿度是影响作物病害传播与流行的重要环境因子。叶面相对湿度高于大气，在灌溉田中更为显著，在雨后和夜晚结露时叶表相对湿度可达 95%以上，这正是大多数病原真菌孢子萌发所需的湿度条件（单卫星，1992）。因为作物叶面的湿度为病原菌提供了生长所必需的水源，当水分条件适宜时致病菌孢子在叶片上萌发并侵染到作物体内（石辉等，2011）。作物被真菌侵染程度受叶片表面的结露量和持露时间影响，当叶片表面长时间被露水水膜包裹时，作物组织极易遭到某些病菌的感染，随露水维持时间的延长，作物发病加剧（叶有华和彭少麟，2011）。群体内空气湿度与通风条件密切相关，通风条件又受作物群体株高和密度的影响，通风状况良好的作物群体可增强植株冠层中下部的空气流动，其冠层内空气湿度也相应降低。高秆糯稻与矮秆杂交稻间作可显著降低水稻叶片的持露面积和持露时间，降低田间微环境的相对湿度（朱有勇和陈海如，2003）。水稻与慈姑间作系统中，慈姑和水稻植株间存在 20cm 左右的高度差，同时慈姑枝条较为稀疏，形成一道"通风走廊"，大大增加了植株间的空气流动性，减缓了稻瘟病菌的滋生和传播，控制了稻瘟病的流行扩展（梁开明等，2014）。高位玉米与低位花生以 1∶1 的比例间作同样是因为这两种作物存在株高差异，加速冠层空气流动，减少花生的持露量和持露时间而降低了花生早期褐斑病的病情指数，但当间作行比增加到1∶4 时，玉米对田间微气候的影响效应锐减（Boudreau et al.，2016）。

温度对病害流行的影响贯穿于作物发病的各个阶段，即孢子萌发、侵入以及病原菌在寄主作物体内的生长、繁殖和产孢阶段。在适宜温度范围内病害的潜育期随着温度的升高而缩短，危害程度也随之加重（朱有勇和李成云，2007）。但超过特定温度范围时便会抑制病原菌的生存繁殖，如小麦白粉病菌孢子萌发和侵染的最适温度为 15～18℃，当温度高于 25℃时对病菌会有明显的抑制作用（姚树然等，2013）。当然，作物群体内的温度也受冠层湿度的影响，湿度大则温度低，有利于作物发病。番茄与万寿菊间作可提高番茄叶片的蒸腾作用，降低番茄叶片的温度而减轻番茄早疫病的危害（Gómez-Rodríguez et al.，2003）。总之，间套作种植通过改善作物冠层的微气候条件，创造有利于作物生长而不利于病害发生的微生态环境来减轻作物病害的滋生、蔓延和危害。

（2）间套作种植改善根际土壤环境。

A. 间套作系统根际微生物多样性与病害控制

地下部根际微生物多样性在一定程度上取决于地上部作物的多样性，间套作种植在增加地上部作物多样性、改善地上部生态功能的同时，也显著增加了根系分泌物的种类和数量，从而产生正反馈调节作用，丰富地下部根际土壤微生物的多样性（Dai et al.，2013；Hao et al.，2010）。洋葱或大蒜与黄瓜间作显著改变了黄瓜根际细菌和真菌的群落结构而减轻了黄瓜枯萎病的危害（Zhou et al.，2011）；中药材茅苍术与花生间作显著增加了花生根际的细菌、真菌和放线菌数量，缓解了花生连作障碍（Dai et al.，2013）。

间套作种植系统中随间作作物的生长，根系的交错叠加作用增强，根系分泌物十分丰富，使根际土壤中含有更多的维生素、碳水化合物、氨基酸和有机酸等碳源，为根际微生物的生存和繁殖提供了所需的营养和能源物质，因而可增加根际微生物数量，并提高微生物的活性和多样性（董艳等，2013）。在此情况下，有益微生物在寄主作物根际旺盛生长从而消耗大量的能源和碳源，减少了病原微生物可利用的碳源而限制其大量增殖，使得病害减轻（董艳等，2016）。此外，有益微生物数量增加对病原微生物的拮抗作用，因间作作物之间的距离不同而存在差异。例如，玉米与魔芋间作系统中，间作第1行魔芋根际土壤中拮抗菌（芽孢杆菌）的种群数量明显高于致病菌（尖孢镰刀孢菌）的数量，芽孢杆菌在魔芋根部形成了保护屏障，但随着魔芋与玉米间作距离的增大，玉米对魔芋根际土壤微生物的影响力逐渐减小，导致芽孢杆菌种群数量减少，而尖孢镰刀孢菌数量增加（邵梅等，2014）。

除营养竞争和拮抗效应外，根际微生物对酚酸的降解也是间作减轻病害发生的重要原因。酚酸类物质是公认的活性较强的化感自毒物质之一，连作土壤中酚酸类物质的累积是土传病害高发的重要诱因之一（Huang et al.，2013）。而微生物可降低作物根际土壤中的酚酸浓度，减轻酚酸物质对土传病原菌的刺激作用而减轻病害发生，间作系统种间根系互作通过影响根际微生物活性和多样性而影响根际土壤中酚酸的降解（Chen et al.，2011）。中药材茅苍术与花生间作显著增加了花生根际微生物数量而降低了花生根际土壤中对羟基苯甲酸、香草酸和香豆酸的含量，且茅苍术与花生间作的距离越近，对降低花生根际土壤中酚酸含量和减轻花生土传病害发生的效果越好（Dai et al.，2013）。与单作相比，小麦与蚕豆间作明显提高了蚕豆根际微生物的活性和多样性，使蚕豆根际土壤中对羟基苯甲酸、香草酸、阿魏酸、苯甲酸和肉桂酸的含量显著降低，因而显著降低了蚕豆枯萎病的病情指数，表明间作减轻土传病害发生与根际微生物-酚酸的互作密切相关（董艳等，2016）。

B. 间套作系统根际土壤酶活性与病害控制

根际土壤酶是土壤中具有生物活性的蛋白质，其活性高低反映着土壤中各种生化过程的强度和方向，其活性增强意味着土壤生物活性提高，能增强植株的抗性，可作为土传病害预测的重要指征（游春梅等，2014；王理德等，2016）。三七根腐病受制于土壤酶活性，健株根区土壤中纤维素酶、蔗糖酶及脲酶活性均显著高于病株，反映了土壤酶活性变化与三七根腐病害发生存在显著的相关性（游春梅等，2014）。土壤脱氢酶活性可指示微生物区系活动大小，土壤多酚氧化酶能把土壤中的酚类物质氧化成醌，降低土壤酚酸含量而影响病害发生。分蘖洋葱与番茄伴生显著增加了番茄根际土壤脱氢酶和多酚氧化酶的活性，从而减轻了番茄灰霉病的危害（吴瑕等，2015）。过氧化氢酶能破坏土壤中生化反应生成的过氧化氢，减轻对作物的危害，其活性在一定程度上可反映土壤解毒作用的强弱。在蚕豆枯萎病发病初期和盛期，小麦与蚕豆间作均显著提高了蚕豆根际土壤中过氧化氢酶的活性，增强了间作蚕豆对枯萎病的抗性（胡国彬等，2016）。间套作系统中，作物根际土壤中转化酶、脲酶、磷酸酶及过氧化氢酶的活性都有不同程度的提高，间作系统酶活性提高并降低作物病害的原因可能是间作系统中根际微生物活性增强，对土壤中自毒物质进行加速分解而减轻自毒物质对酶活性的抑制作用（胡国彬等，2016）。可见，间套作种植增加作物多样性，不仅可影响地上部生态系统的结构和功能，也可提高根际土壤酶活性、丰富根际土壤微生物区系和群落结构、改善作物根际微生态、抑制病害发生。

综上所述，与单作相比，间套作具有显著的控病优势，其控病机制主要是间作调控病害三角，即寄主作物（均衡寄主作物营养、改善寄主作物生理生化特性）、环境（调节田间微气候及土壤微环境）和病原菌（阻挡效应、稀释效应和化感效应），进而控制病害的发生与发展（图 9-3）。作物合理间套作是增加农业生物多样性的有效手段。应用生物多样性与生态平衡原理进行农作物品种搭配种植与优化布局，保持农田生态系统的稳定性，减少化学农药使用，加强系统内生物间的相互作用而减少作物病害的发生，可提高作物产量与品质，保障粮食安全，最终实现农业的可持续发展。

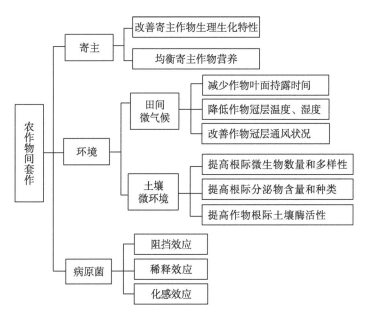

图 9-3 间套作控制作物病害机制示意图

3. 展望

1）间套作研究方法与手段尚需完善

目前主要从地上部光热资源利用与抗病物质变化和地下部根系分泌物、根际微生物区系及多样性方面对间套作控病增产的机制进行了研究，并取得了一些有意义的成果，一定程度上揭示了间套作控病增产的机制。但有关间套作研究的方法与技术手段仍存在一些局限，如间套作控病与产量关系的研究，多数是在控制性试验条件下通过人为接种某一种主要病害的病原菌进行的，然而在开放的农田生态系统中往往是多种病害同时发生，病害-病害及病害-作物的关系非常复杂，互作效应更广泛，单独考察单一病害危害及其对作物产量的影响可能会严重偏离事实。同时，间套作控病效果主要通过在病害发生的主要时期调查单/间作作物的发病情况，然后计算对比间作与单作的发病率和病情指数，或者通过计算相对防效进行对比，这样的研究方法只能反映不同发病时期间作降低病害发病率和病情指数的效果，不能反映病害在作物整个生育期的危害程度。

有关间套作地下部机制研究方面，由于地下部根际的复杂性，人们对地下生物化学过程的认识远远不够，如常用的根系分泌物收集方法——水培法脱离了土壤环境，难以准确了解根系分泌物在土壤中的组分和含量。又如，根际微生物多样性的分析，传统的平板计数法难以培养土壤中大部分的微生物，极大地限制了对整个土壤生态系统服务功能的研究。

2）间套作系统多种病害混合发生对作物产量影响的定量化研究

目前多数有关间套作控制病害的研究主要关注的是间套作对单一病害的控制效果，而有关间套作对多种病害混合发生的影响及其对病害的总体控制效果的研究还未见报道。更为重要的是关于间套作减轻作物病害发生和危害挽回了多少产量损失，控制哪些病害对增加产量贡献大、哪些贡献小，间套作系统中每一种病害造成多少产量损失，这些病害的相对重要性如何，目前尚不清楚。因此，今后应注重在开放的田间试验中，关注病害发生轻重的同时重点关注病害的流行速度，并定量评价间套作控病在作物产量形成中的具体贡献。

3）地上部和地下部的联合效应

对于气传病害机制的研究，已从作物生长环境中的温度、湿度等方面做了大量研究；对于土传病害机制的研究也从化感作用、根系分泌物、土壤微生物多样性等方面开展了深入研究。然而，作物病害的发生通常是综合因素作用的结果，而不只是地上部或地下部单一因素所致，通常是间套作种植增加地上部作物多样性，通过种间关系改变地上部微气候、作物生长及地下部微生态环境，进而对寄主作物自身抗性、发病环境及病原菌产生影响。

4）间套作的经济和环境效益

大量研究表明，间套作具有促进资源高效利用、持续控制作物病害、提高土地当量比（LER）和增加农民经济收入的优势。但对何种作物间套作、什么时间套作、间套作比例多少效益最高、如何简化农事操作等问题尚缺乏系统研究，同时对间套作的研究应定量化学肥料、农药、种子和人工等投入要素对间套作经济效益的影响。除考虑经济净收益外，还应考虑间套作对农业生态环境效益的影响，通过间套作增加生物多样性从而控制作物病害对减少化肥、农药投入有多大贡献，减少这些化肥和农药投入又减轻了多少环境负担等均需进一步研究。

间套作是中国传统农业的精髓之一，也是作物病害流行的天然屏障。合理的间套作蕴含了丰富的生态学原理。充分挖掘这些生态学原理，有利于合理配置间套作作物，以充分利用间套作系统中非寄主作物的化感效应，提高控病效果；同时充分利用种间互作调控地上部作物的生长从而提高作物自身的抗病性，达到减少或完全不施用化学农药的要求，实现农业的可持续发展。

9.1.3 持续性连作

连作栽培方式会使土壤微生物群落由"细菌型"向"真菌型"转变，细菌、放线菌数量会随着连作年限的增加而下降，真菌数量则会随着连作年限的增加而上升或者出现马鞍形的状况，但不同连作年限、不同作物的根际微生物群落的变化规律不同，出现这种规律可能与植株种类、土壤类型、栽培措施、连作年限、根系分泌物等的种类和数量有关。连作年限较长可能不会引起土壤微生物菌群的持续破坏，因为微生物能够调整菌群结构以适应外部环境的变化，从而保持一个长期健康的群落结构，形成抑制性土壤（魏巍等，2014）。抑制性土壤很早就被发现在世界广泛分布，但对其抗土传病害的机制及其在可持续农业发展中的作用的研究尚不深入。抑制性土壤的定义为：病原菌不能定植，或者能定植但危害很小或没有危害，或者能定植并一时造成危害而随后即使在病原菌存在的情况下发病也很轻的土壤（张瑞福和沈其荣，2012）。连作可以为病原和抑制性微生物提供共同进化的环境，而长期的连作则可以为抑制性微生物的积累提供充分的时间。魏巍（2012）对东北大豆的研究结果表明，东北黑土区大豆长期连作可以形成根腐病抑制性土壤，减轻大豆根腐病发病程度，抑制病原镰刀菌的生长。大豆 3 年连作方式下木霉菌属（*Trichoderma*）中以哈茨木霉菌（*T. harzianum*）为优势菌，并具有较好的大豆根腐病害抑制效果，而 20 年连作下以绿木霉菌（*T. virens*）为优势菌种，其在拥有大豆根腐病抑制性作用的同时，更具促生效果。木霉菌属中的哈茨木霉菌和绿木霉菌是大豆长期连作过程中产生的大豆根腐病抑制性微生物优势种群。

持续连作也能诱导形成抑病性土壤，小麦全蚀病是由小麦全蚀菌禾顶囊壳小麦变种（*Gaeumannomyces graminis* var. *tritici*）引起的土传病害。所谓"全蚀病自然衰退"即指全蚀病田连作小麦，当病害发展到高峰后，在不采取任何防治措施的情况下，病害自然减少的现象。诱导全蚀病抗性的栽培措施就是连续种植感病品种小麦。研究发现长期连作小麦，经过发病高峰后，土壤中产抗生素 2,4-DAPG 的荧光假单胞菌类群大量增加。连作诱导形成抑病性土壤的时间难以预测，一般至少需要严重发病 5 年以上，故一般不被选择使用（张瑞福和沈其荣，2012）。

9.1.4 翻耕

土壤耕作与土地生产力密切相关，土壤耕层中的养分影响作物对养分的吸收与利用，良好的耕层结构有利于水、肥、气、热之间相互协调。耕层深度与耕作方式有关，构建良好的健康耕层结构，有利于协调作物生长和根系分布。

土壤是土壤动物和微生物赖以生存的栖息场所。土壤生物是物质转化的主要驱动者，是土壤生态系统的核心，深刻影响着土壤功能和质量。土壤微生物是土壤生态系统的重要组成部分，土壤微生物数量及活性是土壤肥力的重要指标之一，土壤微生物在土壤有机质的转化过程及土壤肥力的维持方面起着决定性作用。土壤微生物数量和种类与耕作方式密切相关，土壤耕作影响土壤生物学特性，不同耕作方式对土壤微生物群落的代谢和功能多样性产生影响，造成了土壤微生物耕层分布空间的异质性。翻耕加速了土壤微生物对有机质的消耗，导致土壤有机碳、氮含量降低（胡钧铭等，2018）。

土壤保肥性是土壤对养分的吸附和保蓄能力，是反映土壤肥沃性的一个重要指标。土壤耕作方式是影响耕层养分垂直分布的重要因素，土壤耕层肥力是衡量土壤能够提供作物生长所需养分的能力。耕作方式改变了土壤肥力，而土壤适耕性是判断土壤肥力的重要指标。稻田实行免耕，前两年产量与翻耕无显著差异，之后免耕产量呈下降趋势，主要是因为连续免耕造成土壤养分在土壤表层富集，造成土壤板结，土壤养分含量降低，土壤质量下降。合理耕作有利于创造良好的土壤结构，调节土壤养分的分解和转化，是提高土壤保肥和供肥性能的重要措施（胡钧铭等，2018）。土壤翻耕措施可有效打破土壤紧实胁迫，使得土壤通气、透水，有利于微生物的生命活动，在一定程度上可促进一些非活性铁向有效铁转化，使得土壤铁活化系数增加，同时促进土壤微生物在作物根系吸收铁的过程中发挥作用。因此，土壤翻耕显著增加了花生籽仁对铁的累积分配，改善了营养生理状况（沈浦等，2017）。

根层养分与根系发育密切相关，土壤耕层影响土壤环境效应与根层养分调控。根系不仅是支撑器官，而且是作物吸收水分和养分的重要器官，同时也可以合成作物生长发育所需的一些重要代谢物质。根系对作物地上部生长发育和产量形成具有举足轻重的作用。耕作改善土壤环境，进而促进作物根系生长，提高根系活力，减缓根系保护酶活性的下降速度，同时根系在土壤中的穿插过程及其死后形成的孔道中对土壤耕性产生影响（胡钧铭等，2018）。耕作措施作用于作物的生长环境，耕作改变土壤耕层、作物根系分布、土壤热量、水分和空气交换，使得土壤水热特性发生变化，影响农田小气候环境，从而影响作物生长发育，耕作模式的效益也通过作物的生长发育最终体现在产量和病虫害控制上（胡钧铭等，2018）。一般而言，翻耕措施能够显著影响土壤耕层构造、作物根系生长环境，使土壤疏松、通水以及透气性得到改善，有利于作物生长（沈浦等，2017）。

保护性耕作（少耕或免耕）目前成为一种发展趋势，少耕或免耕能提高许多农业系统中土壤有机质的含量，其优点是降低土壤侵蚀，减少有机质消耗。保护性耕作有利于抑病性土壤的形成，但是对土传病害发展而言，出现了截然不同的结果。保护性耕作改变了土壤环境，提高了土壤含水量和上层土壤的温度，但作物残体也为病原菌的生存提供了宿主载体，从而增加了病原菌繁殖体数量。少耕和免耕不像传统耕作那样影响土壤中的作物残茬（即一般不把作物残茬翻埋到土壤中），因此，与传统的翻耕相比，少耕或免耕有更多的前茬作物残体留在土壤表面或表层。保护性耕作（少耕或免耕）导致许多病害的发病率和发病程度加剧。直立残留物或贴地面的残留物可被土壤微生物非常缓慢地侵染，这种不被扰动的环境是病原菌生长所喜欢的环境。侵染有机残茬的病原菌喜欢少耕体系，可导致产量显著下降（Bockus and Schroyer，1998）。因此保护性耕作不仅保护了病菌、害虫的栖息地，还增加了土壤中病菌和害虫的积累量（张瑞福和沈其荣，2012）。

耕作深度影响土壤水分、作物生长状况，然而，其对昆虫的影响可能因翻耕深度不同而有所不同。耕作能减少土壤板结，增加排水性，提高土壤温度，也被证明可减轻镰刀菌属（*Fusarium*）引起的多种蔬菜（如菜豆）病害的严重度与危害（Abawi et al.，

2000）。作物播种前的深耕细作可促进菜豆根穿插土壤而有利于根系生长，从而降低菜豆镰刀菌根腐病的危害（Burke et al.，1972）。

9.1.5　覆盖

有害生物一直是农业生产的重要限制因素。在化学农药大量施用之前，人们主要依赖农田生态系统中的生物因子如自然天敌、混合群体效应等控制有害生物流行。但随着石油农业的不断发展，化学农药的大量施用，人们忽略了生物多样性在病虫害控制中的作用。遗传单一品种的大规模种植、机械化作业极大地改变了农田的边际效应和作物篱的格局，导致生物多样性降低。天敌栖息地减少和遗传单一性增加都会使有害生物处于更高的选择压力之下，造成流行。纵观世界农业发展过程，基本上是利用生物多样性能力不断提高的过程。利用生物之间的相生相克原理促进作物生长、抑制有害生物产生、增加土壤肥力、改善农田生态系统的功能，是农业可持续发展、人类可持续发展的重要基础（杨静等，2012）。

覆盖作物种植作为作物多样性种植中的一种模式，具有以下优势：防止水土流失、稳固土壤，覆盖作物的根和地上部分都能作为有机质重新利用；增加土壤微生物种类，覆盖作物的根系分泌物能抑制土壤病原菌、改善土壤结构、分解有机质以利于其他作物吸收利用；稳固或增加土壤养分，覆盖作物能吸收土壤中过量的氮，一些覆盖作物还能固定空气中的氮，可供下一季作物吸收利用；有效控制病虫害，同时也利于有益昆虫生长繁殖；能抑制杂草，覆盖作物能与杂草竞争养分，从而抑制杂草生长（杨静等，2012）。

夏至草与紫花苜蓿混合种植，由于两种覆盖作物的生育期不同，在整个生长季，均可为捕食性天敌提供丰富的花粉、花蜜和猎物，使混合区天敌的数量高于单一紫花、苜蓿覆盖区。所以，在果园中保留有益的杂草，并与人工种植的覆盖作物相配合，有利于提高生物防治效果（杜相革和严毓骅，1994）。林地覆盖经营对雷竹叶片的营养质量和食叶害虫适口性会产生较为明显的影响，其中，休养式覆盖经营雷竹林（覆盖 3 年后休养 3 年）1～3 年生立竹，尤其是 2 年生、3 年生立竹叶片的 N、P、蔗糖、可溶性糖含量总体上升高，表明单位质量叶片的营养物质和能量有所提高，可减少食叶害虫满足生长发育需求的叶片取食量，而且叶片木质素、草酸和单宁含量升高，提高了叶片粗糙度、酸涩味，降低了食叶害虫的适口性。另外，单宁含量的升高能影响昆虫对食物的消化和利用，阻碍昆虫生长发育，降低其繁殖力；木质素含量的升高使植食性昆虫获得糖类和蛋白质的能力降低，导致幼虫食量减少，死亡率升高。休养式覆盖经营雷竹林抵御食叶害虫危害的能力增强（陈珊等，2014）。

覆盖作物会改变土壤的化学、物理和生物特性（包括微生物群落组成），进而减轻或加重作物病害。这种作用取决于作物的种类和品种。覆盖作物能增加土壤中的活性有机物含量、微生物生物量和微生物活性，有益于抑制病害。覆盖作物影响作物根际周围及土壤中的微生物群落组成，间接影响作物健康。覆盖秸秆具有增加土壤养分含量、改善土壤结构等作用，既可为作物生长提供养分来源，又有利于土壤水分的保蓄。覆盖秸秆后土壤有机质含量的增加为土壤微生物提供了良好的生存环境，使得土壤微生物的种类和数量有所增加，提高了土壤微生物的活性（付鑫等，2015）。曹启光等（2006）在不同时期对秸秆覆盖田和无秸秆覆盖田小麦纹枯病的病情调查结果表明，秸秆覆盖田小麦纹枯病发生率明显低于无秸秆覆盖田。在小麦纹枯病病株率和病情指数最高的 4 月，秸秆覆盖田小麦纹枯病病株率为 22.1%，病情指数为 11.03；无秸秆覆盖田小麦纹枯病病株率为 38%，病情指数为 17.5，表明秸秆覆盖的控病作用明显。秸秆还田对小麦纹枯病有控制作用：一方面是因为秸秆还田可增加土壤中的速效钾含量；另一方面可能与秸秆还田所带来的微生物变化有关。秸秆覆盖可改善土壤物理结构，如通气条件、保温等，从而有利于微生物的生长繁殖。秸秆富含纤维素、半纤维素等物质，因此秸秆还田能够激发微生物活性，促进微生物的繁殖，增强呼吸作用以及氨化、硝化等作用，从而引起微生物群落组成的变化。秸秆覆盖麦田总细菌数量均比无秸秆覆盖麦田有明显的提高，同时秸秆覆盖能显著增加小麦根际荧光假单胞菌的数量，并且 90%以上的荧光假单胞菌具有小麦纹枯病菌拮抗能力（曹启光等，2006）。

成功进行覆盖作物种植需要选择合理的覆盖作物、适宜的播种时机和良好的管理技术。许多传统的覆盖作物有一年生黑麦草、冬黑麦、小麦、燕麦、白车轴草、草木樨、苕子和荞麦。牧草比豆科作物（如三叶草）更容易成长，因为它们发芽更快，不要求嫁接。小种子作物比燕麦和荞麦这类大种子作物更难成为覆盖作物。在干旱或排水不畅的地区，杂草很容易生长。冬季黑麦和黑麦草适合密集生长，并比燕麦或小种子豆类杂草更易生长在遮阳地（杨静等，2012）。

9.1.6 接种菌根真菌

丛枝菌根（arbuscular mycorrhizae，AM）是陆地生态系统中广泛分布的一类与作物根系共生的有益微生物。地球上 80%的陆生高等作物均能与其建立共生关系，形成特定的"菌根"结构。摩西球囊霉可与宿主小麦形成良好的互利共生体系，菌根侵染率达 42.2%；小麦对摩西球囊霉菌剂具有较强的依赖性，且地下器官高于地上器官；AM 真菌强化使小麦的株高、根系总表面积、地上及地下生物量分别提高了 26.7%、20.3%、38.9%和 82.3%；侵染后植物的抗逆能力提高，其发病率和病情指数分别降低了 38%和 3.74，根腐病得到有效防治（王立等，2015）。AM 真菌能抑制真菌、细菌、线虫等病原体对番茄、玉米、马铃薯、黄瓜、蚕豆、柑橘、香蕉等农作物的危害，从而达到较好的防治效果。研究证实已有 30 多种 AM 真菌能够抑制尖孢镰刀菌（*Fusarium oxysporum*）、大丽轮枝菌（*Verticillium dahliae*）、立枯丝核菌（*Rhizoctonia solani*）、烟草疫霉菌（*Phytophthora nicotianae*）、白腐小核菌（*Sclerotium cepivorum*）、根腐丝囊霉（*Aphanomyces euteiches*）等作物真菌病害（王强等，2016）。

利用 AM 真菌防治作物病虫害的作用机制为：AM 真菌通过改变作物根系形态结构，调节宿主作物体内次生代谢产物的合成，改善根际微环境，与病原微生物竞争光合产物和侵染空间，激活、诱导植株体内的抗病防御体系等多种机制抑制病害的发生与危害（图 9-4）（罗巧玉等，2013）。

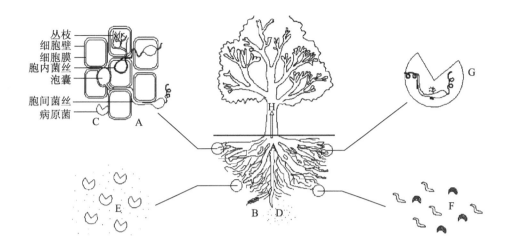

图 9-4　AM 真菌-作物共生体对病虫害进行生物防治的作用机制示意图（罗巧玉等，2013）

A. 根系分枝增多，根尖表皮加厚，细胞壁木质化；B. AM 真菌菌丝体网络在根系表皮起屏障作用；C. HRGP、β-1,3-葡聚糖等物质将病原菌凝集于细胞壁；D. 改善土壤结构；E. 根系分泌物杀死病原菌；F. AM 真菌刺激有益微生物生长繁殖；G. AM 真菌寄生在病原菌体内；H. 改善植株对养分、水分的吸收状况，同时与病原菌竞争营养物质

1. AM 真菌控制病害的机制

1）AM 真菌改变作物根系形态结构

病原菌侵染作物根系必须通过细胞壁进入细胞，而 AM 真菌共生能够使寄主作物根系增长和增粗，分枝增加；加速细胞壁木质化，使根尖表皮加厚、细胞层数增多，改变根系形态结构，从而有效减缓病原菌侵染根系的进程（图 9-4A）（罗巧玉等，2013）。在大丽轮枝菌（*Verticillium dahliae*）胁迫下，与摩西球囊霉（*Glomus mosseae*）和幼套球囊霉（*G. etunicatum*）共生的陆地棉根系木质部结构增多，栅栏组织和导管变形，导管处产生胶状物质，细胞变形固缩，颜色加深，细胞壁明显加厚，木质化，液泡数量显著减少，线粒体内褶消失，根系产生的一系列结构性变化均有利于提高宿主作物对大丽花轮枝菌的抵抗能力。AM 真菌能在宿主作物根系表皮和内皮层形成菌丝体网络、胼胝质及由非酯化果胶堆积的乳头状结构（图 9-4B），对病原菌穿透根系细胞组织及进一步侵染起到阻碍作用，根系解剖结构的变化改变病原菌的侵染动力学（罗巧玉等，2013）。番茄形成菌根后可以对寄生疫霉菌（*Phytophthora parasitica*）产生系统抗性，只有菌根化的番茄植株在病菌入侵周围通过胶质和胼胝质累积形成乳状突起（宋圆圆等，2011）。菌根化植株根系的变化还体现在诱导细胞壁产生富含羟脯氨酸糖蛋白（hydroxyproline-rich glycoprotein，HRGP）。HRGP 是作物细胞壁上的糖-蛋白质线性复合分子，作为细胞壁结构物质，可以提高宿主作物细胞壁的强度，使细胞壁不能被病原菌侵染过程中分泌的蛋白酶、纤维素酶、半纤维素酶等分解；此外，病原菌入侵作物过程中 HRGP 还起到凝集素作用，把病原菌固定在细胞壁上（图 9-4C），从而阻止病原菌侵入作物细胞（罗巧玉等，2013）。

AM 真菌除影响寄主作物根系结构外，其细胞壁上存在的一些物质也能起到抑制病原菌的作用（图 9-4C）。研究表明，一些球囊霉属（*Glomus*）的 AM 真菌根外菌丝、芽管的内壁及孢子细胞壁上存在 β-1,3-葡聚糖，而盾巨孢囊霉属（*Scutellospora*）或巨孢囊霉属（*Gigaspora*）真菌中不存在 β-1,3-葡聚糖。β-1,3-葡聚糖是细胞壁的结构成分，其在 AM 真菌体内的存在说明 AM 真菌对病原微生物具有一定的屏障作用。可见，AM 真菌能够通过改变作物根系的解剖结构及结构物质来增强宿主作物对病虫害的抵御性，达到生物防治的作用（罗巧玉等，2013）。

2）AM 真菌促进作物对养分和水分的吸收

AM 真菌根外菌丝通过蔓延交错在土壤中形成大量的菌丝网，能够帮助寄主作物更加深入地吸收土壤中的营养成分、水分，并驱动土壤养分循环，加强土壤和寄主作物的联系，是构成共生体互惠关系的重要通道，尤其是土壤中移动性差、浓度低及可溶性差的矿质元素（如磷、硫等）通过共生体转运给根部利用，有效提高了寄主作物对环境中营养元素的利用（李亮和蔡柏岩，2016）。

众所周知，菌根作物的营养水平高于非菌根作物，尤其是磷营养。研究发现，菌根作物的生长发育及病原菌的侵染与施用磷肥的非菌根作物相似。菌根真菌侵染对棉花黄萎病和柑橘根腐病的作用与磷营养水平的提高直接相关。叶面喷施 0.1mol/L 的磷酸盐可以诱导玉米对锈病产生系统抗性，接种病原菌前 2～4h 喷施，疱状突起的数量减少98%，提前 6d 喷施，可以减少 90%。接种菌根对提高玉米群体的抗病性起到了重要的作用，降低了作物群体完全健康对土壤磷含量的最低要求。在供磷不足（施磷量为20mg/kg 和 50mg/kg）时，两个玉米基因型的小斑病发病率均最高，此时接种 AM 真菌显著提高了磷低效基因型 '197' 的地上部磷浓度，其小斑病发病指数降低；而对磷高效基因型 '181' 接种 AM 真菌未显著提高地上部磷浓度，因而接种 AM 真菌对于其对小斑病的抗性影响不显著。以上结果表明，接种 AM 真菌能够提高玉米对小斑病的抗性，其机制与改善磷营养状况有关（李宝深等，2011）。接种菌根真菌或施磷都可以增加植株的磷水平，使根系分泌物的量下降，减少病原的侵染机会；与此相反，番茄茎枯病和根腐病不受土壤、作物磷水平的影响，但在接种菌根真菌的植株中病原菌侵染受到抑制（李晓林和冯固，2001）。

除磷营养外，菌根真菌对锌、铜等微量元素含量也有很大的贡献。在尖孢镰刀菌（*F. oxysporum*）胁迫条件下的番茄接种 AM 真菌能促进植株对 K、N、P、Ca、Mn、Zn 等元素的吸收，提高叶绿素及可溶性糖含量，促进植株分枝、叶片数增多，生物活力增强，间接提高植株对病虫害的耐性（罗巧玉等，2013）。因此，菌根真菌对作物的抗病性有一定的促进作用（李晓林和冯固，2001）。菌根通过增强植株对营养物质的吸收，补偿了因病原菌侵染造成的根系生物量和功能的损失，从而间接减轻病原微生物引起的危害，提高寄主作物的耐病能力。

3）AM 真菌改善土壤结构

AM 真菌与作物形成共生关系后，其根外菌丝不断延伸到更大范围的土壤中，形成庞大的菌丝体网络结构。菌根发育能有效改善土壤有机质含量、土壤团粒结构和透气性（李亮和蔡柏岩，2016）。Bethlenfalvay 等（1999）证实 AM 真菌的根外菌丝与土壤大团聚体稳定结构的形成具有直接关系，而且土壤中作物根系和 AM 真菌根外菌丝的"黏线袋"作用也可以将土壤小颗粒聚合成为大团聚体的稳定结构。菌根及根外菌丝穿过土壤颗粒间的微小空隙，与土壤颗粒密切接触，产生一种胞外的糖蛋白称为球囊霉素，可作为土壤颗粒间黏着的吸附剂，促进土壤团粒结构的形成，改善土壤 pH、水稳定性、通气性，进一步提高氧化还原电位（Eh），促进植株正常生长以抵御病害侵入（罗巧玉等，2013）。

4）AM 真菌与病原微生物的竞争效应

（1）竞争侵染位点。AM 真菌作为一种根际活体营养共生微生物，常常与土传病原体具有相同的生态位和入侵位点，因此在自然生境条件下，AM 真菌与病原体必然存在空间竞争关系，其生防作用主要是减少根系表皮病原体的初侵染和再侵染（罗巧玉等，2013）。AM 真菌与寄主作物共生后，其菌丝会迅速占据相应的生态位，这必然与病原菌产生一定的竞争关系并减少病原菌的侵染位点，同时，当病原菌侵染菌根作物时，AM 真菌会诱导寄主作物根系中羟脯氨酸糖蛋白立即启动快速防御反应，使细胞壁的强度加大，增强病原真菌侵入根系的难度，降低病原真菌对根系的侵染率（李亮和蔡柏岩，2016）。作物根系被 AM 真菌侵染后，病菌很难再感染根系。刘润进和裘维蕃（1994）将 AM 真菌摩西球囊霉（*Glomus mosseae*）和地表球囊霉（*Glomus versiforme*）与大丽轮枝菌（*Verticillium dahliae*）按不同接种顺序、时间和部位接种到棉花上，结果证实 AM 真菌与棉花黄萎病菌对根系侵染位点具有活力竞争作用。黄京华等（2003）研究发现，立枯丝核菌（*Rhizoctonia solani*）很难感染先被摩西球囊霉或地表球囊霉侵染的玉米根，而没有被 AM 真菌侵染的玉米根，易被立枯丝核菌感染。

（2）竞争光合产物。AM 真菌和病原菌相互竞争来自寄主作物根系的光合产物，当光合产物首先被 AM 真菌利用时，病原菌获取的机会就会减少，从而限制病原菌的生长和繁殖（罗巧玉等，2013）。与旱作水稻单作相比，旱作水稻和西瓜间作时，有更多的光合产物分配到根系并分泌到水稻根际土壤中。无论旱作水稻单作还是旱作水稻与西瓜间作，当接种丛枝菌根真菌时，水稻同化的 C 更多地传递到邻近西瓜根际（单作时为水稻，间作时为西瓜），并被邻近西瓜吸收、转运到地上部分，从而控制西瓜枯萎病的发生（任丽轩，2012）。

5）AM 真菌诱导植株抗病防御体系的形成

（1）提高防御酶活性、诱导病程相关蛋白的合成。苯丙氨酸解氨酶（PAL）、多酚氧化酶（PPO）、过氧化氢酶（CAT）和过氧化物酶（POD）是作物重要的保护酶，是与病原性防御反应相关的酶。其活性与作物抗病性密切相关，是反映作物抗病性的重要指标。几丁质酶和 β-1,3-葡聚糖酶作为抗病防御反应的诱导酶，在抵御病原侵入过程中能降解许多真菌的细胞壁，抑制真菌孢子萌发与菌丝体生长。接种地表球囊霉与根内球囊霉（*Glomus intraradices*）两种 AM 真菌均可减轻黄瓜枯萎病的发生，但以地表球囊霉的生防作用更显著，接种地表球囊霉的黄瓜枯萎病病情指数较对照降低了 26.6%。菌根化黄瓜幼苗抗病性的提高，一方面与接种病原菌——尖孢镰刀菌（*Fusarium oxysporum*）前幼苗生长健壮有关；另一方面与根系抗病相关酶活性的提前诱导有关。地表球囊霉处理的黄瓜幼苗根系几丁质酶、β-1,3-葡聚糖酶和 PAL 分别比对照提前 2d、7d、7d 被诱导，且酶活性分别为对照的 1.44 倍、2.16 倍和 92.0 倍（王倡宪等，2012）。接种地表球囊霉可降低西瓜感病品种的膜透性和 MDA 的产生，从而有效地保护细胞膜系统，减轻西瓜枯萎病菌对西瓜的危害程度（李敏等，2003）。接种 AM 真菌能提高西瓜自根苗和嫁接苗根系的 PAL、CAT、POD、几丁质酶、β-1,3-葡聚糖酶活性，并且 POD、PAL 和 β-1,3-葡聚糖酶活性的峰值比不接种的提前 2 周出现。接种 AM 真菌能激活西瓜自根苗和嫁接苗与抗逆性有关的防御性酶反应，使根系对逆境产生快速反应，从而提高西瓜抗连作障碍的能力（陈可等，2013）。接种 AM 真菌能促进茄子生长，明显降低茄子黄萎病的发病率和病情指数，与只接种黄萎病菌处理相比，在接种 AM 真菌后再接种黄萎病菌的情况下，可以降低茄子叶内脯氨酸含量和相对电导率，提高根系活力以及 POD、PPO 和 PAL 的活性（周宝利等，2015）。

（2）诱导作物信号物质合成。AM 真菌与作物共生后能诱导合成一氧化氮（NO）、茉莉酸（JA）、水杨酸（SA）、过氧化氢（H_2O_2）、脱落酸（ABA）、Ca^{2+} 等多种信号物质，这些信号物质在作物与 AM 真菌的识别、菌根共生体的建立和激活作物防御系统过程中发挥着重要作用（罗巧玉等，2013）。最近有报道指出，糖类也可以作为信号物质调控寄主作物的防御反应，这些信号转导途径能调控一些特定病原菌（如尖孢镰刀菌）防御基因的表达，如 PR 基因中的 PR1 和 PR5、PDF1 等基因。有研究认为 SA 通常抵御活体营养的病原体，而 JA 通常对腐生病原体起到一定的抵御作用。在作物和病原菌相互作用中，当病原菌侵染作物时，SA 与作物系统获得性抗性（SAR）相关，JA 与作物诱导性抗性（ISR）相关（王小坤等，2012）。

（3）调控抗病基因表达。AM 真菌侵染后的供体番茄植株再接种病原菌，其根系中苯丙氨酸解氨酶基因、脂氧合酶基因和几丁质酶基因的转录水平显著高于仅接种病原菌、未接种病原菌和 AM 真菌感染的番茄植株。更重要的是，与供体有菌丝桥连接的受体番茄根系中苯丙氨酸解氨酶、脂氧合酶和几丁质酶的基因表达量也显著高于无菌丝桥连接、菌丝桥连接被阻断以及有菌丝桥连接但供体作物未接种病原菌的处理，3 个基因最高转录水平分别达到无菌丝桥连接对照受体作物的 4.2 倍、4.5 倍和 3.5 倍。此外，供体植株根系启动防御反应的时间（18h 和 65h）比受体（100h 和 140h）早。表明病原菌诱导番茄供体根系产生的抗病信号可以通过菌丝桥传递到受体根系（谢丽君等，2012）。

2. AM 真菌与其他农业技术措施结合提高作物抗病性

在轮作条件下，如果前茬是十字花科作物，后茬菌根作物的菌根侵染率将低于前茬。这是因为作为非菌根作物的十字花科作物可以降低土壤中菌根真菌厚垣孢子的数量。以三叶草为越冬作物，可以大大促进土壤中菌根真菌的数量，有利于后茬菌根作物的生长，提高其抗病能力。另外，在同一种作物中选择不同的品种是必要的。小麦的不同品种间，菌根感染率差异不大；而大豆的不同品种间，菌根感染率差异显著。因此，选择那些既有较高的菌根感染率又有一定抗病能力的品种可以提高菌根真菌-作物组合的抗病能力。添加有机物可以增加菌根真菌的孢子密度、感染率和感染强度，使水稻纹枯病的发病率降低，绿叶堆肥的效果优于秸秆堆肥。栋树油饼可以增强菌根番茄对根结线虫的抗性，增加土壤中菌根真菌厚垣孢子的密度和菌根侵染率。移栽是常用于大多数园艺作物的栽培措施，在苗床上接种适宜的菌根真菌，形成菌根化苗，移栽到大田后，既可以提高优质苗率，又可以增强植株在大田条件下的抗病性（李晓林和冯固，2001）。

综上所述，利用 AM 真菌控制作物病害的效果受以下因素的影响。

（1）丛枝菌根真菌对作物抗病性的影响受到许多因素的影响，选择适宜的菌根真菌-作物-病原组合是提高作物抗病性的前提。

（2）由于丛枝菌根真菌提高作物抗病性存在许多可能的机制，研究这些机制深层次的内在联系是必要的，这样可以综合考虑、理解和利用菌根真菌达到生物防治的目的。

（3）在一个以利用丛枝菌根真菌作为生防手段的农业生态体系中，确定一套相应的管理措施是必要的，这些措施包括耕作制度（如免耕、生草栽培）、轮作制度、施肥措施、杀菌剂的使用（如种类的选择）等（李晓林和冯固，2001）。

农业可持续发展已经成为世界潮流，在可持续农业生态体系中，农药、化肥等农用化学物质的投入将受到限制。AM 真菌对寄主作物的营养作用早已受到广泛的关注和研究，作为潜在的生物肥料被提出，以部分地代替磷肥（李晓林和冯固，2001）。

9.1.7 强还原土壤灭菌

高投入和高产出的集约化种植模式起源于欧洲、美国、日本等经济发达国家和地区，而由土传病原菌侵染引发的土传病害，导致作物发病率提高，产量大幅降低甚至绝收的问题也首先出现在这些国家和地区。为了克服以土传病害为主的连作障碍，20 世纪 50 年代后，这些国家和地区广泛采用土壤化学熏蒸灭菌方法进行防治，取得了很好的效果。但是，随后人们逐渐认识到土壤化学熏蒸灭菌使用的化学药品会危害环境和人类健康，如最常用的溴甲烷有破坏臭氧的作用。随着《蒙特利尔破坏臭氧层物质管制议定书》在各缔约方的生效，土壤化学熏蒸灭菌方法也逐渐被禁止。为了替代土壤化学熏蒸灭菌，在国外发展了太阳辐射灭菌、蒸汽灭菌等方法。21 世纪初，日本科学工作者受可持续水稻种植的启发，发展了强还原土壤灭菌方法，称为生物土壤灭菌（biological soil disinfestation，BSD），以区别于太阳辐射灭菌、蒸汽灭菌和化学灭菌方法。几乎是在同一时期，荷兰科学家 Blok 等独立发展了同样的方法，应用于蔬菜和花卉的土传病原菌灭菌（蔡祖聪等，2015）。

目前在日本、荷兰和美国，对该方法的命名并不完全相同。在日本通常命名为生物土壤灭菌，即 BSD，也称为强还原土壤灭菌（reductive soil disinfestation，RSD）。荷兰和美国科学工作者似乎更强调该方法创造土壤厌氧环境的特性，将此方法命名为厌氧土壤灭菌（anaerobic soil disinfestation，ASD）。该方法的核心是通过大量施用易分解的有机物料，灌溉、覆膜，阻止空气扩散进入土壤，在短时间内创造强烈的土壤还原状况，达到杀灭土传病原菌的目的（蔡祖聪等，2015）。

RSD 方法不同于淹水方法和施用有机肥的方法，它是一种作物种植前的土壤处理方法：①大量施用有机物料，目的不是为作物提供养分，而是为创造强还原土壤环境和产生对土传病原菌有毒有害的物质。这些有毒物质在处理结束前被完全分解，不会对处理后的作物生长产生毒害。②淹水或覆膜阻止空气进入，以利于厌氧环境的形成。③RSD 处理对土壤性质的影响强度远远高于淹水或施用有机肥的强度。④处理时间短，一般 1~4 周即可完成处理，在处理期间，土壤条件不适于作物生长。所以，它是一种非常强烈的"医治"生物退化（土传病原菌侵染）和理化性质退化（酸化、次生盐渍化）土壤的方法（蔡祖聪等，2015）。

1. 强还原土壤灭菌方法的灭菌效果

Messiha 等（2007）采用生物消毒来防控马铃薯褐腐病，发现能显著抑制青枯雷尔氏菌（*Ralstonia solanacearum*）对根系和块茎的侵染，并认为生物消毒处理在农作物土传病害管理上具有较大的应用潜力。土壤生物消毒处理使马铃薯叶片的叶绿素含量显著增加了 9.7%，有效增强了马铃薯植株同化产物的生产以及花后更多同化产物向块茎中的转运。在根系形态参数上，土壤生物消毒处理较对照总根长显著增加 19.2%，根尖数较对照显著增加 34.7%，马铃薯植株发病率降低 68.0%，病薯率降低 46.7%（刘星等，2015b）。土壤添加有机物料米糠及淹水厌氧能显著降低青枯菌对番茄植株的侵染，发病率降低 90.0%以上，且番茄生物量得到提高（伍朝荣等，2017a）。

2. 强还原土壤灭菌方法的灭菌机制

1）RSD 创造的强厌氧环境使好氧土传病原菌无法生存

土壤生物消毒能有效提高土壤温度和土壤 pH，降低氧化还原电位（Eh）。特别是培养试验中，土壤生物消毒使土壤最高温度接近 45℃，Eh 降低到负值，这使得土壤处在一种高温、强还原性或厌氧环境状态，不利于青枯菌的繁殖，从而造成土壤中青枯菌的数量大幅下降和青枯病的发病率显著降低（伍朝荣等，2017b）。土壤淹水后覆膜，可以提高土壤温度，加快土壤中有机质分解，同时隔绝空气与土壤的氧气交换，所以前期覆膜处理的土壤 Eh 比未覆膜处理的下降得更快。在淹水条件下添加的有机物料快速分解，大量消耗土壤中的氧气，也促使氧化还原电位快速降低（柯用春等，2014）。当大量的易降解有机物料添加到土壤中后，在水分饱和且隔绝空气的条件下，在 1～3d 内土壤氧化还原电位可以从好氧条件的几百毫伏下降至-200mV，甚至更低，好氧至厌氧导致的 Eh 大幅变化，对好氧土传病原菌的生长极为不利（蔡祖聪等，2015）。

2）有机物料厌氧发酵产生对土传病原菌有毒有害的物质，杀灭土传病原菌

有机酸是有机物料厌氧发酵的产物之一。研究表明，发酵过程中产生的乙酸、丁酸、异戊酸、丙酸对土传病原菌有直接的致死效果。在 RSD 处理过程中，这些有机酸的浓度足以达到致死尖孢镰刀菌和青枯菌的程度（蔡祖聪等，2015）。以玉米秸秆为有机碳源的 RSD 过程中主要产生了乙酸和丁酸，经 50mmol/L 丁酸溶液处理的土壤中立枯丝核菌、辣椒疫霉、尖孢镰刀菌及茄科劳尔氏菌的数量分别为对照的 3.5%、38.9%、11.5%和 7.9%，10mmol/L 丁酸可以完全抑制尖孢镰刀菌菌丝的生长，5mmol/L 丁酸即可完全抑制尖孢镰刀菌的孢子萌发（黄新琦等，2015）。有机酸对土传病原菌的致死效果不仅与浓度有关，还与 pH 有关，酸性条件更有利于发挥有机酸对土传病原菌的致死作用（蔡祖聪等，2015）。

Momma 等（2011）的研究表明，Fe^{2+}、Mn^{2+} 溶液中土传病原菌受到明显的抑制。在红壤等富铁土壤中，RSD 处理时，土壤溶液中可能有更高的 Fe^{2+}、Mn^{2+} 浓度，因而它们也可能发挥更大的作用。RSD 处理过程中并不是某一种物质起到全部的杀菌作用，而是

多种杀菌物质联合参与的结果。除 Fe^{2+}、Mn^{2+}、乙酸、丁酸外，RSD 处理过程中还产生了 NH_3 和 H_2S，它们对 RSD 的杀菌效果也有一定作用（黄新琦等，2016）。在强还原条件下，土壤中的 SO_4^{2-} 和 NO_3^- 被逐渐还原，可能产生 H_2S 等气体产物，这些气体产物可抑制病原菌（柯用春等，2014）。NH_3 可以有效抑制尖孢镰刀菌的菌丝生长和孢子萌发，随着 NH_3 浓度增加，其抑制效果逐渐增强。当在培养皿里加入 0.5μL 25%氨水时，尖孢镰刀菌的孢子萌发即受到显著抑制；加入量提高至 5μL 时，尖孢镰刀菌的菌丝生长受到显著抑制，而加入量为 10μL 时，对尖孢镰刀菌菌丝生长和孢子萌发的抑制率分别为 52.8%和 100.0%（黄新琦等，2016）。在某些有机氮源和硝态氮含量较高的微环境中，RSD 使土壤和有机物料中的氮素被还原成 NH_4^+，从而使得土壤中的 NH_4^+ 大量增加，挥发出来的氨也会相应增加，这可能也是抑制作物病原菌的原因（黄新琦等，2014）。在不同类型土壤中实施 RSD，不同杀菌物质所占的杀菌效果比重可能不尽相同，如在硝态氮严重累积的土壤中，NH_3 占主导作用；而在硫酸盐累积的土壤中，H_2S 所起的杀菌效果可能更强（黄新琦等，2016）。

在生物消毒过程中，一些十字花科作物被作为有机物料添加进土壤后能够释放易挥发性化合物，如异硫氰酸酯类化合物，这些化合物能够抑制土传致病菌的活性（刘星等，2015b）。

3）微生物群落结构变化，厌氧微生物数量增加，好氧微生物数量相应减少，从而抑制好氧病原菌的生长

土壤微生物区系对作物生长至关重要，它是衡量土壤微生物多样性和肥力的一个重要指标。而土壤微生物多样性也是土壤生态系统稳定性及土壤生产力的一个重要组成部分。短期淹水且添加大量有机物料改变了土壤微生物的生长环境，微生物活性提高，群落结构改变，抑制了土传病原菌的生长（刘星等，2015b）。土壤中添加苜蓿粉后灌溉至最大田间持水量并覆膜处理的细菌数量较对照显著增加，原因是苜蓿粉中有机碳源比较丰富，从而促使能利用这些碳源的细菌增加；此外，尤为重要的是 Al-RSD 处理显著增加了土壤细菌多样性并降低土壤中真菌的数量，减少 98%尖孢镰刀菌。表明 RSD 处理不仅减少了土壤中病原菌的数量，而且显著增加了土壤微生物的多样性，改善了土壤微生物区系结构（刘亮亮等，2016）。这种微生物区系结构的改善对于土壤肥力的提高和病害的抑制具有重要意义。添加 2.0%米糠+淹水和添加 2.0%米糠+密闭厌氧处理都能减少土壤中的细菌、放线菌和真菌数量，但显著增加了细菌与真菌、细菌与放线菌的比例，同时还显著降低了土壤和植株中青枯菌的数量（伍朝荣等，2017a）。

9.2　控制病虫害的施肥对策

作物生长需要大量的营养元素，营养条件可改变作物的生长模式、形态和解剖学特征，如使表皮细胞加厚、高度木质化或硅质化，从而形成机械屏障，增强其抗病性；特别是可以通过生物化学特征和生理反应的改变，影响物质代谢，增强或减弱作物对病虫害的抗性和耐性。当病原菌侵入或感染寄主作物时，寄主质外体中可溶性同化物的浓度

决定了病原菌在寄主体内的繁殖速度，这些同化物的种类、浓度与寄主作物的营养状况密切相关。作物对病原菌、线虫、植食性和草食性昆虫的防御是基于多种酚类化合物的合成与积累。通过调节寄主的营养状况，从而调节寄主的代谢途径和代谢水平，影响其生长，进而影响病（虫）原物的侵染与发展，最终调控作物病（虫）害的发生（陈远学，2007）。

9.2.1　防止作物缺素和潜在缺素

某种或某几种营养元素缺乏常导致病害加重，特别要防止钾、硅、钙和微量元素等通常能提高作物抗性的元素缺乏及潜在缺乏。有不少病害是作物缺素引起代谢失调、抗性减弱，病原菌"乘机"侵入导致的。浙江花坞果园种植于黄筋泥土上的桃树，桃子常发生顶腐病，经土肥和植保专家多次分析研究后认为，桃子因缺钙引起顶端分生组织发育不良甚至坏死，病菌乘虚而入，由生理病发展到病理病。施石灰和钾肥后，桃树发病率大为减少，而不施石灰和钾肥的地块，发病仍很严重。种植于缺硅土壤的水稻易感病，施用含硅肥料可使发病率大为降低，即使不明显表现出缺硅，增施硅肥的水稻抗病能力也有所提高，发病率降低。因此，生产上要重视根据土壤特点及历年作物生长、感病情况，合理增施、后期补施肥料以防缺素和潜在缺素，特别要根据实际情况重视有利于提高作物抗性的钾肥、硅肥、钙肥和微肥的施用（张福锁，1993b）。

9.2.2　重施氮肥时结合使用杀菌剂

氮肥的施用对高产来说必不可少但不能过量，否则不仅不会增收，反而会因加重病害等而减产。即使增施钾肥等也不能减轻危害，有时甚至加重病害。特别是历年发生锈病、白粉病、根肿病、病毒病等专性寄生病严重的地块，更要严格控制施用氮肥，重施氮肥时应注意配用杀菌剂。小麦重施氮肥时只有在配施杀菌剂后才能增产（张福锁，1993b）。

水稻纹枯病病情指数与施氮量呈显著正相关关系，纹枯病病情指数随氮肥用量的增加而增加，不施氮处理的病情指数仅为 1.4，而高氮处理的病情指数高达 41.5，使用杀菌剂的小区相比不使用杀菌剂的小区病情指数明显更低。比较使用杀菌剂和不使用杀菌剂对病情指数的影响，结果表明，氮肥水平越高，杀菌剂的效果越显著，随着施氮水平的增加，使用杀菌剂和不使用杀菌剂的差异逐渐拉大（李虎，2007）。因此在大量施氮情况下，化学控制病害不但非常有效而且往往必不可少。为确保单位面积产量和品质，必须施足氮肥，但在大量施氮的同时也增加了病虫侵害的概率并提高了发病率，因此必须对病虫害进行化学控制。

9.2.3　保持营养元素之间的平衡

营养元素虽然具有特殊作用，但它们在生理代谢上则是相互制约、相互依赖的。各种矿质元素具有不同作用，必须有适当比例，才能保证作物代谢协调和健壮生长。某一元素的缺少或过多会引起整个营养元素之间不平衡，从而发生病害（张福锁，1993b）。作物病害和一些虫害的发生往往与作物养分不平衡有关。造成作物养分不平衡的原因很多，可能是偏施某种肥料所致，也可能是水分过量造成易溶养分淋洗损失，或者水分不足致使土壤溶液中难溶养分含量较少，还可能是温度偏高使作物受旱难以有效利用养分，或者温度偏低作物难以吸收充足的速效养分，或者种植密度过高造成的速效养分紧缺等（曹恭等，2005）。

　　许多研究已证明，因某些元素的缺乏或过多而发生毒害，不单纯取决于该元素本身绝对量的多少，而在很大程度上取决于该元素与其他元素间的比例，即相对量的大小。例如，有些土壤的缺磷症状，只有在氮、钾等元素比较充足时表现才会明显。已知不少作物要求许多矿质元素间应有适宜比例，如 Ca/Mg 一般要在 20 以上。Ca/B 因作物种类不同而异，甜菜的适宜比值为 100，大豆为 500，烟草则达 1200。大豆 Fe/Mn 的适合比例为 2，Mn 多时引起缺 Fe 而发生缺绿病。烟草 K/Mg 大于 8 时发生缺镁症（郑丕尧，1992）。如果不施磷肥、钾肥，单施氮肥，萝卜叶斑病、茄子叶斑病、向日葵叶斑病及甘蓝根腐病等发病率增加，病害加重（慕康国等，2000）。黄冠梨果皮中较低的 Ca 含量以及低 Ca/Mg、Ca/K 可能是黄冠梨果皮褐斑病发生的重要原因（龚新明等，2009）。脐橙果实油斑病的发病严重程度与果皮和叶片中的 N、K 含量均呈显著或极显著负相关，表明树体 N、K 营养水平较低可能是导致果实油斑病发生的重要原因之一（郑永强等，2010）。B 加强糖的运输，可提高光合作用，促进糖运输到根系，使根尖细胞生长活跃，而有利于 Ca 的吸收。Ca 与细胞膜、液泡膜的稳定有密切关系，可防止细胞或液泡中的物质外渗。同时，由于 Ca 对韧皮部细胞的稳定作用，从而使有机物向下运输畅通，促进根系生长，使树体生长健壮。因此，提高叶片 B 含量，具有直接或间接影响流胶病发生的作用。当 K/N 提高到 0.455 时，柠檬流胶病的感染率急剧下降；同样，在 N/B<600 时可控制流胶病的发生，而 N/B> 700 时，则易发生流胶病（慕康国等，2000）。

　　在鹰嘴蜜桃生长过程中，结合土壤养分肥力水平，适当控制氮肥，增施磷、钾肥，并注意补充钙肥和硼肥，调节好 K/N 和 N/B，有利于控制流胶病的发生（李国良等，2014）。偏施氮肥，钾肥较少会造成土壤中速效钾、速效磷、有机质含量较低，番茄全钾/全氮、全碳/全氮较低，叶片光合作用形成的产物较少，同时贮存到果实中的总糖、有机酸较少，褐变物质聚集形成筋腐病（栾非时等，1999）。番木瓜叶枯症的发生，除与土壤有效钾缺乏有关外，Mg/K 过高也是导致该症发生的一个重要原因，发生缺钾叶枯病的番木瓜植株，其根、茎、叶片、叶柄等器官含镁量均明显提高，施用钾肥后不但提高了植株的含钾量，而且能抑制番木瓜植株对镁的吸收，从而降低 Mg/K 值，生理性缺钾叶枯症得到有效控制（杨绍聪等，2005）。钙氮比过低或过高均不利于钙在番茄体内的平衡，钙氮比为（1∶2）～（1∶4）时有利于番茄体内钙的积累及其在根、茎、叶中的均衡分配，以提高番茄叶片中 PAL、POD、PPO、CAT 等保护性酶的活性，从而提高番茄抗叶霉病的能力，过量的氮会减少番茄植株内钙的含量，降低番茄的抗病性（周晓阳等，2013）。

　　寄生性作物病害是寄主、病原菌和环境长时间综合作用的结果，虽然说难以应用营养来控制某种病害，但是许多病害可借助营养元素的特殊作用或用量而减轻。各种营养的"平衡"或比例，如同任一特殊营养的水平一样重要。平衡施肥技术中的养分平衡，就是既要保证作物的最佳生长，又要考虑作物获得最大抗性，平衡的作物养分促进黄酮类、植保素、酚类和萜类等作物内源抗病（虫）物质的合成，更加积极有效地抵抗病虫的侵害（曹恭等，2005），因此，具有最佳营养状态的作物一般具有最大的抗病力。从这个意义上说，作物的感病性随作物养分浓度偏离最适水平程度的增加而提高（Marschner，1995）。

在可持续农业中均衡营养是持续治理作物有害生物的必要组成部分，其通过施用适量的矿质养分而非杀菌（虫）剂来控制作物病（虫）害，在多数情况下它更经济，对环境友好。

9.2.4　采用合适的施肥方法及时间

作物不同生育期的抗性常因代谢特点、形态结构的不同而异。例如，水稻分蘖期及抽穗后因淀粉含量相对较低，易发生稻瘟病、白叶枯病，此时增施氮肥会使氮代谢增强，碳代谢减弱，合成的淀粉较少，感病可能更重，若增施钾肥，则可能有利于碳代谢，合成的淀粉增多，抗病能力增强。因此，在易感病时期，应控制施用氮肥等易引起病害加重的肥料（不得不施用时应配施一定的杀菌剂），增施钾、硅等有利于抗病的肥料，氮肥应改在不太易感病时期施用（张福锁，1993b）。

稻瘟病的发生与稻田施肥有关，尤其是氮肥过多，施用时期不合理，引起稻株发生披叶等现象，稻瘟病往往严重发生。氮肥只作基肥和蘖肥，产生大量无效分蘖，使水稻群体通风透光不良，容易滋生病原菌，因此稻瘟病严重发生。氮肥按基肥∶分蘖肥∶穗肥＝3∶3∶4 施用的纹枯病病情指数比按 4∶4∶2 施用的低，即基肥和分蘖肥氮素施用少（60%）、穗肥氮素施用多（40%）的纹枯病比基肥和分蘖肥氮素施用多（80%）、穗肥氮素施用少（20%）的轻；基肥∶分蘖肥∶穗肥施用比例相同的条件下，扬花期常规施肥和以水带氮施肥的纹枯病病情指数差异不显著，但乳熟期以水带氮施肥的纹枯病明显比常规施肥的重（黄世文等，2009）。

高氮条件下，钾肥用量增加一倍，稻瘟病并未减轻，但是，在实地氮肥管理条件下，随着钾肥用量的增加，水稻抗病性增加。表明实地氮肥管理使单位面积的穗数保持在适宜范围内，改善群体质量，增加群体通透性，同时增加钾肥的施用比例，有利于形成健康的营养群体，增强植株抗病能力（刘玲玲等，2008）。

冬小麦施氮方式及时间不同，小麦锈病感病率有惊人的差异，前期一次性重施氮的小麦感病最严重，而氮肥分次施用可较大程度地减轻前期病害；开花时第二次施氮后病原菌的生长也加快，但无论如何氮肥分次施用能使病害的发生大大推迟。在一般情况下，幼苗抗病能力较弱，小麦白粉病的情况也相似，不施农药产量都下降，但以施氮处理产量下降程度显著，当配施农药时产量以氮肥分两次施用最高。由此可见，重施氮肥时配施农药的重要性，氮肥分两次施用不仅有利于减轻前期病害，而且比一次施氮产量更高（张福锁，1993b）。小麦植株可溶性糖的累积量在越冬至开花期呈增加趋势，拔节前期各生育期的累积量较小，拔节至开花期累积量较大，差异最大，且随着施氮量的增加而降低。小麦植株的可溶性糖含量、C/N 值与全氮含量在越冬至开花期，尤其在拔节至开花期呈负相关，因此，可以通过合理施用氮肥，调控小麦拔节至开花期的碳氮代谢，从而减少小麦病害的发生（刘海坤等，2014）。相同基追比条件下拔节期追肥的小麦赤霉病发病最重，孕穗期和返青期较轻，说明不同氮肥运筹会影响小麦赤霉病的发病程度（刘小宁等，2015）。

9.2.5　多种肥料配合施用

合理施用氮、磷、钾等营养元素可以对许多病虫害产生一定的控制作用。氮、磷、钾配施时感病率最低，施用磷、钾肥能提高水稻植株的抗逆性，减轻病虫害发生，但不能获得较高的单位面积产量。为了使水稻生长发育茂盛，提高稻谷产量与增产幅度，需要综合施肥和平衡施肥。在施用磷、钾肥基础上，增施氮肥以长茎叶、促分蘖，增强光合作用，增强水稻的有机物合成能力。增施氮肥虽然有加重病虫害发生的趋势，但只要氮、磷、钾搭配合理，用量恰当，就能达到减轻病虫危害、提高稻谷产量的目的（张福锁，1993b）。

在保证烟株正常生长所需营养的基础上，增施 Ca、B、Mg、Mo 4 种矿质元素对烟草青枯病均有一定的控病效果，以 Mo 处理最好，其次为 Ca 处理；定期增施 Mo、Ca 营养可增强烟株对青枯病的防御能力并提高其抗青枯病的特性，对烟草青枯病具有明显的控制作用（郑世燕等，2014）。

在作物整个生长阶段中，有一个时期最易受到害虫的危害，当害虫的发生期正好与作物的易感期吻合时，将会使作物受到严重的危害。例如，在春小麦产区，麦秆蝇是主要害虫之一，其成虫产卵对小麦植株的生育期具有较强的选择性，可以通过合理施肥促进春小麦的生长发育，使麦秆蝇成虫产卵盛期与小麦的这一虫害易感期（拔节和孕穗期）错开，即可大大降低麦秆蝇对春小麦的危害。水稻三化螟是一种单食性害虫，而水稻是三化螟唯一的食料和栖息场所，这种螟蛾对产卵场所具有明显的选择性，在不同生育期和长势不同的水稻田中，各类型田间卵量的分布明显不同。在施氮肥多、叶片浓绿、生长茂密的地块落卵量较大；相反，施氮量适中的地块落卵量相应较少。据报道，螟蛾产卵受水稻植株体内所含的稻壳酮等化学物质的影响很大，施氮素多的水稻，体内所含稻酮也多。因此，合理施用氮、磷、钾肥，可控制稻苗长势，防止过嫩或后期猛发贪青，避开易受螟害的危险期，可以大大降低水稻螟虫的危害。在缺氮的棉花植株上，棉蚜的繁殖量较低，反之施氮肥过多会增加棉蚜的发生数量，这和平常所观察到的疯长棉株上棉蚜较多的现象是一致的。当棉株的渗透压较高时，棉红蜘蛛则受到影响，因此合理施用氮、磷等肥料，能提高棉叶细胞的渗透压，减少其危害。在果树和小麦田中，合理施用氮、磷、钾等元素同样有利于提高果树和小麦等对刺吸式口器的蚜虫和棉红蜘蛛的抗性（张福锁，1993b）。

9.2.6　增施有机肥

有机肥施用对土壤培肥与病害控制至关重要，有机与无机肥料配合施用是获得持续高产和稳产的重要措施。传统农业中施用的有机肥向土壤不断补充有益微生物，提高土壤自身的抑病性。在当今我国农业生产以"化肥当家"的现实状况下，有些田块长期不施用有机肥，对土壤的碳源补充不足，土壤碳氮比下降，有机碳库变小；土壤物理、化学和生物性状变差，水、肥、气、热四大肥力因子失调；土壤对短期干旱或养分缺乏的缓冲能力变弱，迫使农户不得不频繁地大量灌水和多次施肥以维持产量，使水分和养分的利用率降低，农田管理成本增大。过去只注重有机肥提供的养分，而对有机肥或秸秆提供的碳源重视不够，事实上，这些碳源在调节土壤肥力及土壤健康过程中起着重要作用（巨晓棠和谷保静，2014）。

土壤微生物群落由真菌、酵母、原生动物和藻类等真核生物，包括真细菌、放线菌和古细菌在内的原核生物以及微生物构成，在不同土壤中其组成不同（Shannon et al.，2002）。作为氮、磷、硫等营养物质的相对不稳定来源，它们在土壤养分循环和促进土壤团聚体形成方面具有关键的作用（Shannon et al.，2002）。然而，土壤微生物状况的主要决定因素之一是进入土壤生态系统的有机物类型和数量。除了表层土壤中的光合藻类和细菌，以及自养原核生物如硝化细菌等之外，绝大多数土壤微生物都是异养的，它们需要有机物质作为碳源和能源（Shannon et al.，2002）。由此可见，各种向土壤中增加有机物的方法均能够使土壤微生物群落发生改变。尤其是对投入的有机物质质量和数量进行管理，很可能影响到土壤微生物活性及土壤中的食物网和养分转化等生物过程（Stockdale et al.，2002）。

某些有机物料因其特定的机制表现出稳定的防控土传病害的能力。例如，利用十字花科作物残体抑制各种土壤病害甚至杂草，十字花科作物的次生代谢产物硫代葡萄糖苷（glucosinolate），水解后生成各种具有生物活性的化合物包括异硫氰酸盐（isothiocyanates）。在利用油菜粕防控立枯丝核菌（*Rhizoctonia solani*）AG-5 引起的苹果再植病害试验中发现，土著微生物区系是防控成功的必需要素，这是因为对菜籽粕进行巴斯德灭菌并不影响生防效果；但在施用菜籽粕前对土壤进行巴斯德灭菌，然后接种病原菌，菜籽粕就失去了防控苹果再植病的能力。对微生物区系组成分析发现，施用菜籽粕的土壤中，具有拮抗性的链霉菌数量比对照土壤中高 1～2 个数量级（张瑞福和沈其荣，2012）。

长期大量施用化肥会对土壤肥力、生物多样性和地表水等产生消极影响。施用有机肥能提供作物生长所需的大量和微量元素，新鲜有机物质如秸秆和绿肥大量添加，增加了土壤碳的数量，激发了异养微生物对添加物质的分解。分解过程中，微生物对土壤氮素转化的作用主要与被降解底物的碳氮比有关，如果添加物的碳氮比超过微生物的碳氮比，微生物需吸收土壤中的无机氮来维持代谢活动；如果添加物质的碳氮比小于微生物的碳氮比，微生物将通过矿化作用释放氮素来增加土壤无机氮含量，增强激发效应。绿肥和秸秆还田是将作物在生长期间留存的养分物质回归土壤，促进土壤养分循环，并通过氮素净矿化作用提高土壤氮素有效性，增强作物种植期间土壤氮素的供应能力（潘剑玲等，2013）。同时施用有机肥还能增加土壤的生物活性，改善土壤物理和化学性质，如孔隙度、团聚体稳定性等（江春等，2011）。施用有机物料是常用的改良土壤的措施，腐熟堆肥常被用来防控土传病害。有研究表明，在大多数情况下，堆肥对土传病害的防控是由于整个土壤生物活性的提高，因此往往需要大量的堆肥投入（5%～20%）才能获得较好的效果，其作用机制是促进普通抑病型土壤的形成（张瑞福和沈其荣，2012）。土壤中各种化学物质对土壤的拮抗潜力具有重要影响，有机肥的分解释放二氧化碳，在高浓度情况下对某些病原菌有害。有机肥含有丰富的微生物和各种养分，可改善根际土壤微生态环境，使微生物数量增加，土壤活性增强，减轻作物的自毒作用，促进根系生长，提高根系活性，从而促进根系对养分的吸收，增强对逆境胁迫的抵抗能力（王小兵等，2011）。

大量研究表明，向土壤中添加腐熟的有机物质，如堆肥，可增强作物的抗病能力。伍朝荣等（2017b）向土壤中添加 2%的米糠、麦麸、茶籽麸后覆盖塑料薄膜，以不添加物料、不覆盖塑料薄膜为对照，研究不同生物物料的添加对土壤特性、青枯病防控的影响，结果表明，不同生物物料的添加均能显著提高土壤温度、pH 和电导率，降低土壤 Eh，土壤中青枯菌数量减少了 97.27%～99.14%；同时显著增加了土壤有机质、全氮、碱解氮和速效钾的含量，不同有机物料添加处理能显著降低青枯病发病率 29.41%～42.65%。

多数情况下，在土壤中掺入有机物质可替代控制作物病害的化学物质（Sullivan，2001）。Viana 等（2000）报道了腐熟的牛粪和甘蔗皮可有效控制菜豆猝倒病。与对照处理相比，每 3 年施用农家肥 5t/hm^2，可减少 32%花生干腐病的发生（Harinath and Subbarami，1996）。Ceuster 和 Hoitink（1999）报道了用树皮堆肥控制腐霉及疫霉根腐病的效果最好，但也有研究报道施用有机肥会加剧病害发展，如 Chauhan 等（2000a，2000b）发现，增施农家肥 25～75t/hm^{2}加剧了由立枯丝核菌感染导致的甘蓝茎腐病的发病程度。研究表明，施入有机肥特别是高量有机肥的土壤中，作物寄生线虫丰度明显下降，非作物寄生线虫的相对丰度升高，如食细菌线虫和食真菌线虫的数量及丰度增加（江春等，2011）。线虫总数与有机肥的施用量、种类及养分含量有关，施用高量有机肥能显著改变土壤的健康程度（刘婷等，2015）。

作物土传病害发生的根本原因是连作作物根系分泌物的定向选择作用刺激了土壤中病原微生物的生长、抑制了有益微生物的生长，导致土壤微生态失衡。调控土壤微生物群落结构是防治土传病害的关键所在，这需要依靠土壤微生物的群体作用。当土壤微生物群落结构越丰富以及多样性越高时对抗病原菌的综合能力就越强（王鹏等，2018）。施用堆肥可改善土壤微生物区系和活性，随着土壤微生物活性的增加，微生物对土壤中碳源、养分及能源的利用能力增强，进而抑制了土传病原菌的生长（Sullivan，2001）。施用农家肥可促进土壤中以酚酸为碳源的微生物类群的繁殖，这类微生物的繁殖降低了烟草土壤中酚酸的积累，在一定程度上减轻了烟草连作障碍（杨宇虹等，2011）。有机肥的施入增加土壤微生物活性的原因主要有两方面：一是土壤微生物多样性的增加为微生物活性的增强提供了基础；二是微生物的激发效应，即新鲜外源有机碳的加入，可能会激发土壤微生物活性，使得土壤原有有机碳分解速率发生剧烈变化。这样一来，土壤微生物为植株提供了大量可利用的养分，从而提高了植株生物量，高的植株生物量又会分泌更多的简单有机物进一步提高微生物活性（何翠翠等，2018）。

堆肥对病害的抑制效果与堆肥的分解程度密切相关，腐熟程度越高，其控病效果越好。堆肥施入土壤后，可不同程度地延缓番茄青枯病的发病时间并降低发病程度，其防病效果与堆肥的腐熟度密切相关（谭兆赞等，2009）。然而，未完全腐熟的堆肥中的速效碳化合物可抑制腐霉菌和立枯丝核菌（Nelson et al.，1994）。增加堆肥控病效果的方法是在使用堆肥前，堆肥熟化 4 个月或更长时间，或者在种植前将堆肥施入农田土壤中数月（Hoitink et al.，1997）。用于接种堆肥的有益微生物有木霉和黄杆菌菌株，可抑制侵染马铃薯的立枯丝核菌。哈茨木霉菌的作用机制是通过产生抗真菌分泌物来抵抗包括立枯丝核菌在内的广谱性土传病原真菌（Sullivan，2001）。

　　施用堆肥提高作物抗病性的机制主要表现在两方面：一是通过诱导作物自身产生抗性生理代谢变化；二是改善土壤生态环境，如通过改变土壤微生物群落多样性和营养结构，从而抑制土传病原微生物的繁殖（赵娜等，2010）。使用堆肥浸渍液能够显著降低番茄青枯病的发病率，主要原因在于堆肥处理能够诱导作物体内保护酶如 POD、PPO、PAL 等的活性升高，从而提高抗病性。蔬菜经沤肥浸渍液处理后，黄瓜叶内过氧化氢酶、青椒叶内多酚氧化酶和番茄叶内 β-1,3-葡聚糖酶等抗病相关酶活性明显增强。

　　许多研究表明，堆肥提取物或堆肥材料和水过滤后的混合物用于保护作物的效果取决于浸泡时间，通常称为提取时间。关于堆肥浸提液保护作物的机制尚不清楚，但似乎主要取决于寄主与病原菌的互作效应（Weltzien，1989）。Goldstein（1998）报道了堆肥及堆肥提取液能激活作物抗病基因的表达，这些基因通常是在病原菌侵染后才被激活，它们启动化学防御来抵御病原菌入侵。

　　堆肥对氮素营养的影响也需要考虑，因为养分也可影响病害的严重程度。由疫霉侵染导致的大豆枯萎病和仙客来枯萎病加重是在堆肥中过量使用氮素的结果（Ceuster and Hoitink，1999）。豌豆根腐病的发病程度不仅与有机肥的用量有关，与有机肥中速效氮含量的关系更为密切（洪春洋和上山昭则，1979）。在无机氮、磷肥基础上配施有机肥，对豌豆根腐病的影响与有机肥用量及有机肥中碱解氮的含量有关。当碱解氮含量较低（213mg/kg）时，随有机肥用量的增加，豌豆根腐病发病率呈下降趋势；配施 2.25kg/m²、4.50kg/m²、6.75kg/m²、69.00kg/m² 有机肥的豌豆比不施肥处理的根腐病发病率分别降低了 23.3%、30.0%、33.3%和 33.3%，比单施有机肥处理的发病率降低了 6.7%～16.7%。随着有机肥配施量的增加，其控病效果随之增强。但当有机肥中碱解氮含量达 721mg/kg 时，有机肥对减轻根腐病的作用降低，并且随配施量的增加，其作用越来越弱，说明配施有机肥时，一定要注意其中速效氮的含量及 N/P 的调节（田蕴德，1994）。然而，这些影响在高 C/N 堆肥中不会发生，如木材残渣。C/N 高（C/N>70∶1）的堆肥可固定氮素。因此，当作物生长在这种条件下容易缺氮，导致生长瘦弱，增加病原菌或害虫的易感性（Ceuster and Hoitink，1999）。高 C/N 的树皮堆肥可抑制病害发生，而低 C/N 的堆肥则会因为氮含量过高而增加病害发生的严重程度，因为过量氮有利于镰刀菌繁殖（Hoitink et al.，1997）。堆肥高温腐熟后的水分含量是大量生物栖居于腐熟堆肥的关键，堆肥中至少有 40%～50%的水分被细菌和真菌用于定植从而抑制腐霉病发生（Hoitink et al.，1997）。

　　堆肥还能模拟非宿主作物。例如，向土壤中施入洋葱下脚料能防控由白腐小核菌（*Sclerotium cepivorum*）引起的大蒜白腐病。白腐小核菌是严格的寄生菌，能以休眠菌核的形式在土壤中存活多年，但只能在有宿主作物存在时才能萌发，刺激其萌发的物质是葱蒜类作物根系分泌物中的半胱氨酸亚砜类物质（cysteine sulphoxide，CSO），适度腐熟的洋葱下脚料含有半胱氨酸亚砜类物质，可以诱导白腐小核菌休眠菌核在无宿主下萌发，萌发的菌核在缺少活体宿主的情况下无法生存，从而降低了下茬葱蒜类作物白腐病的发病风险（张瑞福和沈其荣，2012）。

　　向土壤中添加腐熟的有机物可改善作物的健康状况并诱导作物产生抗病性。然而，Ceuster 和 Hoitink（1999）指出，多种有机改良剂如堆肥、厩肥等的质量均需控制一致，因为这些肥料具有可变性。要获得更为一致的结果，堆肥本身需要稳定和均一的质量。制备堆肥的有机物组成、堆制过程、成品的稳定性或腐熟程度、所提供有效养分水平及施用时间都必须考虑。为制定全面的病害管理策略，农户在施用有机肥前需了解 C/N 和 N/P，并且需测定 N-P-K 的比例、形态、平衡和有效性。

　　施用有机肥使土壤对病原菌具有较强的拮抗作用，尤其是立枯丝核菌、镰刀菌和腐霉菌等真菌所导致的猝倒病（Lampkin，1999）。堆肥可为能与作物致病菌起竞争作用的拮抗菌、捕食寄生菌的生物和产生抗生素的有益微生物提供食物来源与庇护场所（Sullivan，2001）。拮抗微生物有时也被直接施入土壤来防控土传病害，其机制是通过营养竞争、产生拮抗物质、寄生于病原菌中、诱导作物产生系统抗性等发挥生防作用，但由于其很难与土著微生物竞争而导致效果不稳定，因此堆肥和其他一些基质常被用来作为营养载体与拮抗微生物混合，以提高拮抗微生物的存活和定植。堆肥作为营养载体一方面可以为拮抗微生物提供营养；另一方面可以提高整个土壤微生物的活性，促进普通抑病型土壤的形成，而拮抗微生物可以专一诱导形成特异抑病型土壤，在土传病害的防控中显示了良好的效果，这成为近年来调控抑病型土壤微生物区系研究的热点（张瑞福和沈其荣，2012）。单独施用有机肥虽然能显著减少烟草青枯病的发生，但对于病害严重的长年连作土壤，其防治效果仍不能将病原菌控制在不发病或不会引起重大经济损失的阈值内，而拮抗菌与有机肥共同施用不仅可以起到防病作用，而且可以使连作土壤微生物区系向着更为健康、更为合理的方向发展（王丽丽等，2013）。在小麦播种时施用生物有机肥后，其所含的拮抗微生物能在小麦根表或根内定植，形成有效的"生物防御层"，保护小麦根系免受病原菌侵染，从而降低小麦植株的病情指数，生物有机肥对小麦全蚀病的防控效果可达 53.44%，同时在小麦播种时底施生物有机肥可代替部分化肥，有利于充分发挥生物有机肥的抗病促生长作用（崔仕春等，2016）。

　　生物有机肥能促使细菌、放线菌成为烤烟根际的优势菌群，促进根际微生物对酚酸类碳源的利用，从而降低土壤中酚酸的积累，降低自毒物质对根际真菌生长的刺激，可在一定程度上减轻作物的连作障碍（张云伟等，2013）。施用生物有机肥能够提高作物根际土壤中固氮菌和荧光假单胞菌的数量，固氮菌为作物提供氮素，产生作物激素（如生长素、赤霉素、细胞分裂素等），促进作物生长。固氮菌能有效积累氮素，将固定的氮素直接提供给作物吸收同化，由于细菌的生命周期比作物短得多，细菌死亡崩解后释放的有机氮也能逐步被作物根系吸收。有些固氮菌还可以产生作物激素，影响宿主根的呼吸速率和代谢并刺激侧根生长，从而在不同的环境和土壤条件下促进作物生长。根际土壤中的荧光假单胞菌可以提高根系周围土壤中的物质降解，提高土壤肥力和根系活力，使根系生长量显著增大，而健壮的根系又有利于根际土壤微生物数量的增加，进而改变根际微生物区系的组成（张鹏等，2013）。施用生物有机肥能够明显降低棉花黄萎病的发病率和病情指数，防病效果达 20.0%～79.0%；同时能增加棉花叶片 SPAD 值，提高棉花产量 4.9%～21.4%；施用生物有机肥使棉花盛花期土壤碱解氮、速效磷、速效钾含量分别提高 47.4%、35.6%、5.5%，表明施用生物有机肥能活化土壤养分，增加耕层土壤氮、磷、钾养分含量，提高土壤供肥能力，对棉花黄萎病有较好的防治效果（李俊华等，2010）。施用生物有机肥在一定程度上能提高土壤脲酶、磷酸酶、过氧化氢酶和蔗糖酶的活性，有利于土壤肥力的发挥，可以显著降低大豆红冠腐病的发病率，提高大豆植株的防病效果，同时促进大豆生长（张静等，2012）。

施用沼液处理的土壤微生物数量及多样性指数均高于施用猪粪、牛粪处理，畜禽粪便类有机物经厌氧发酵后，积累了较高浓度的 NH_4^+，对作物病原菌有较强的抑制和杀灭作用。畜禽粪便中的腐殖质或类腐殖质物质，除了能直接或间接促进作物生长外，近年来发现其还具有抑制作物土传病害的能力，是堆肥提取液抑制作物病害的主要因子之一（曹云等，2013）。植食性线虫在沼渣处理中受到了明显抑制，原因是沼渣中含有大量 NH_4^+（沼肥中铵态氮占氮素的比例很大）。沼渣处理的土壤存在大量食细菌线虫，而食细菌线虫对土壤氮的矿化作用显著，其取食细菌过程中释放大量 NH_4^+，也可能对抑制作物病害具有间接贡献（李钰飞等，2017）。沤肥浸渍液对作物病害的防治作用已在数十种病害的防治中得到证实，其防病机制包括：①直接抑制作用，沤肥浸渍液对 10 多种病原菌具有强烈的抑制作用，主要表现为孢子萌发率明显降低，如黄瓜枯萎病的孢子不能萌发而且孢子变形、干瘪，有的孢子及菌丝全部被溶解，细胞壁被破坏，内溶物外渗；②拮抗微生物的存在，从平板对峙培养看，在沤肥浸渍液中有拮抗微生物的存在，其抑制效果可达 20.0%～80.0%，拮抗微生物的抑制表现为空间和营养的竞争；③沤肥浸渍液对作物具有诱导抗性，用沤肥浸渍液处理黄瓜植株后，β-1,3-葡聚糖酶活性、多酚氧化酶活性和苯丙氨酸转氨酶活性明显增强；④沤肥浸渍液处理植株，提供了营养，使植株健壮、叶绿素含量提高、细胞壁增厚，有效阻止了病原菌的侵染、繁殖和扩展，由于形态结构变化而增强植株的抗病性（马利平等，2001）。

某些杀菌剂可间接增加土传病原菌的密度。经除草剂处理后死亡的杂草或其他作物死亡根系上，腐霉菌、立枯丝核菌和镰刀菌的定植比在活体根系上更容易（Sullivan，2001），这是因为死亡的根系能分泌糖和其他碳化合物作为病原菌的食物。研究表明，向田间菜豆喷施草甘膦或百草枯 21d 后增加了土壤腐霉菌的数量（Descalzo et al.，1998）。

绿肥是利用绿色作物体制成的肥料，属于重要的有机肥源。绿肥在生长期间覆盖地面，减少地面径流，减缓冲刷。每公顷压入绿肥鲜草 1000kg，平均相当于向土壤中加入有机物质 2000kg、氮素 5kg、磷素 2kg、钾素 4kg。近年来，国内外学者和农户越来越重视用豆科作物作为绿肥肥田，因为其碳氮比值较低，添加后在土壤中能迅速被微生物分解转化成无机氮，提高土壤氮矿化率和速效氮的释放量，能为当季作物提供有效氮素。豆科作物根部有固定空气中氮素的作用，相比其他作物氮含量较高，以占干物质的比例计，氮含量为 2.0%～4.0%。有机物质碳氮比影响其分解的速率，绿肥碳氮比与秸秆相比较小，分解速度快，而且易分解组分含量较高，添加到土壤中能释放出更多的氮量，提高土壤氮素有效性（潘剑玲等，2013）。

绿肥能影响氮、磷、钾及其他养分的有效性。大多数的绿肥作物通过固氮微生物来固氮从而提高土壤氮素（Cherr et al.，2006），这对病害发展具有显著影响。绿肥也能影响其他与病害耐性相关的营养元素如磷、锰和锌的有效性（Huber and Graham，1999；Graham and Webb，1991）。绿肥作物枝叶繁茂，能够有效抑制杂草生长，抑制率高达74.0%～90.0%。另外，由于绿肥大多数都富含蛋白质、脂肪、糖类以及维生素等物质，其中有机质含量为 12.0%～15.0%，所以向土壤中施加绿肥后，能够促进作物产生一些抗病物质，从而诱导作物产生抗病反应，提高作物抗病性的同时还能有效控制土壤病虫害的传播。此外，种植绿肥可以调控土壤微生物区系中特定的类群以防控土传病害，如种植绿肥作物荞麦和油菜可以提高根际微生物区系中链霉菌的比例，而该菌株对疮痂病菌（*Streptomyces scabies*）、大丽轮枝菌（*Verticillium dahliae*）和立枯丝核菌（*Rhizoctonia solani*）具有拮抗活性，拮抗链霉菌的数量增加与马铃薯疮痂病减轻和马铃薯产量增加密切相关（Wiggins and Kinkel，2005）。在荞麦与高粱-苏丹草处理的土壤中，苜蓿根腐病发病程度的降低与拮抗链霉菌的增加有关（张瑞福和沈其荣，2012）。

有机肥料是一种有机质、养分以及微生物含量较高的肥料。在土壤中施用有机肥料，不仅能够提供给作物生长所必需的微量元素和矿物质，而且有机肥中本身含有大量的微生物，可以抑制土壤病虫害的生长，提高土壤生态系统的稳定性以及作物的抗病性。另外，有机肥料是一种天然肥料，施用后不会给土壤及环境带来任何污染，而且有机肥料的来源十分广泛，具有极高的应用价值。

9.2.7 改变土壤的 pH

许多危害较大的土传病原菌是真菌，对氨比较敏感。据对小麦全蚀病菌、棉花黄萎病菌、棉花枯萎病菌的实验表明：游离氨浓度越大，接触时间越长，则杀菌效果越好。这 3 种真菌对氨的敏感性，以小麦全蚀病菌最敏感，其次为棉花黄萎病菌。当土壤 pH 高于 7 时，小麦纹枯菌迅速增多，而当土壤 pH 低于 7 时则变弱。因此施用硫酸铵，由于根系吸收铵态氮素，根际土壤 pH 下降，小麦纹枯病发病较轻，而施用硝酸盐肥料，使根际土壤 pH 升高，小麦纹枯病危害加剧（张福锁，1993a）。

参 考 文 献

比阿特丽斯·特鲁姆·亨特. 2011. 土壤与健康[M]. 李淑琴, 译. 北京: 中国环境科学出版社.

蔡尤俊, 沈嘉伟, 刁石新, 等. 2015. 稻菜轮作对稻田褐飞虱和蜘蛛数量的影响[J]. 环境昆虫学报, 37(3): 548-550.

蔡祖聪, 黄新琦. 2016. 土壤学不应忽视对作物土传病原微生物的研究[J]. 土壤学报, 53(2): 305-310.

蔡祖聪, 张金波, 黄新琦, 等. 2015. 强还原土壤灭菌防控作物土传病的应用研究[J]. 土壤学报, 52(3): 1-8.

曹恭, 梁鸣早, 董昭皆. 2005. 平衡栽培体系中的产量保护因素——防病[J]. 土壤肥料,(6): 1-4.

曹启光, 陈怀谷, 杨爱国, 等. 2006. 稻秸秆覆盖对麦田细菌种群数量及小麦纹枯病发生的影响[J]. 土壤,

38(4): 459-464.

曹云, 常志州, 马艳, 等. 2013. 沼液施用对辣椒疫病的防治效果及对土壤生物学特性的影响[J]. 中国农业科学, 46(3): 507-516.

陈丹梅, 段玉琪, 杨宇虹, 等. 2016. 轮作模式对植烟土壤酶活性及真菌群落的影响[J]. 生态学报, 36(8): 2373-2381.

陈可, 孙吉庆, 刘润进, 等. 2013. 丛枝菌根真菌对西瓜嫁接苗生长和根系防御性酶活性的影响[J]. 应用生态学报, 24(1): 135-141.

陈珊, 陈双林, 郭子武. 2014. 林地覆盖经营对雷竹叶片营养质量及食叶害虫适口性的影响[J]. 生态学杂志, 33(5): 1253-1259.

陈远学. 2007. 小麦/蚕豆间作系统中种间相互作用与氮素利用、病害控制及产量形成的关系研究[D]. 北京: 中国农业大学博士学位论文.

陈远学, 李隆, 汤利, 等. 2013. 小麦/蚕豆间作系统中施氮对小麦氮营养及条锈病发生的影响[J]. 核农学报, 27(7): 1020-1028.

钏有聪, 张立猛, 焦永鸽, 等. 2016. 大蒜与烤烟轮作对烟草黑胫病的防治效果及作用机理初探[J]. 中国烟草学报, 22(5): 55-62.

崔仕春, 杨秀芬, 郑兴耘, 等. 2016. 生物有机肥控制小麦全蚀病及作用机理初探[J]. 中国生物防治学报, 32(1): 112-118.

董艳, 董坤, 汤利, 等. 2013. 小麦蚕豆间作对蚕豆根际微生物群落功能多样性的影响及其与蚕豆枯萎病发生的关系[J]. 生态学报, 33(23): 7445-7454.

董艳, 董坤, 杨智仙, 等. 2016. 间作减轻蚕豆枯萎病的微生物和生理机制[J]. 应用生态学报, 27(6): 1984-1992.

董艳, 汤利, 郑毅, 等. 2010. 施氮对间作蚕豆根际微生物区系和枯萎病发生的影响[J]. 生态学报, 30(7): 1797-1805.

杜成章, 陈红, 李艳花, 等. 2013. 蚕豆马铃薯间作种植对蚕豆赤斑病的防控效果[J]. 植物保护, 39(2): 180-183.

杜相革, 严毓骅. 1994. 苹果园混合覆盖作物对害螨和东亚小花蝽的影响[J]. 生物防治通报, 10(3): 114-117.

方树民, 唐莉娜, 陈顺辉, 等. 2011. 作物轮作对土壤中烟草青枯菌数量及发病的影响[J]. 中国生态农业学报, 19(2): 377-382.

付先惠, 曹敏, 唐勇. 2003. 作物病原菌在森林动态中的作用[J]. 生态学杂志, 22(3): 59-64.

付鑫, 王俊, 刘全全, 等. 2015. 不同覆盖材料及旱作方式土壤团聚体和有机碳含量的变化[J]. 植物营养与肥料学报, 21(6): 1423-1430.

高东, 何霞红, 朱书生. 2011. 利用农业生物多样性持续控制有害生物[J]. 生态学报, 31(24): 7617-7624.

高东, 何霞红, 朱有勇. 2010. 农业生物多样性持续控制有害生物的机理研究进展[J]. 作物生态学报, 34(9): 1107-1116.

龚新明, 关军锋, 张继澍, 等. 2009. 钙、硼营养对黄冠梨品质和果面褐斑病发生的影响[J]. 植物营养与肥料学报, 15(4): 942-947.

郭宏波, 张跃进, 梁宗锁, 等. 2017. 水旱轮作减轻三七连作障碍的潜势分析[J]. 云南农业大学学报(自然科学), 32(1): 161-169.

海棠, 彭德良, 曾昭海, 等. 2008. 耕作制度对甘薯地土壤线虫群落结构的影响[J]. 中国农业科学, 41(6):

1851-1857.

郝文雅, 沈其荣, 冉炜, 等. 2011. 西瓜和水稻根系分泌物中糖和氨基酸对西瓜枯萎病病原菌生长的影响[J]. 南京农业大学学报, 34(3): 77-82.

何翠翠, 李贵春, 尹昌斌, 等. 2018. 有机肥氮投入比例对土壤微生物碳源利用特征的影响[J]. 植物营养与肥料学报, 24(2): 383-393.

洪春洋, 上山昭则. 1979. 土壤病害微生物生态学的防治[J]. 土壤学进展, (2): 38-44.

胡国彬, 董坤, 董艳, 等. 2016. 间作缓解蚕豆连作障碍的根际微生态效应[J]. 生态学报, 36(4): 1010-1020.

胡钧铭, 陈胜男, 韦翔华, 等. 2018. 耕作对健康耕层结构的影响及发展趋势[J]. 农业资源与环境学报, 35(2): 95-103.

黄国勤, 熊云明, 钱海燕, 等. 2006. 稻田轮作系统的生态学分析[J]. 土壤学报, 43(1): 69-78.

黄京华, 骆世明, 曾任森. 2003. 丛枝菌根菌诱导作物抗病的内在机制[J]. 应用生态学报, 14(5): 819-822.

黄世文, 王玲, 陈惠哲, 等. 2009. 氮肥施用量和施用方法对超级杂交稻纹枯病发生的影响[J]. 植物病理学报, 39(1): 104-109.

黄新琦, 蔡祖聪. 2017. 土壤微生物与作物土传病害控制[J]. 中国科学院院刊, 32(6): 593-600.

黄新琦, 刘亮亮, 朱睿, 等. 2016. 土壤强还原消毒过程中产生气体对土传病原菌的抑制作用[J]. 植物保护学报, 43(4): 627-633.

黄新琦, 温腾, 孟磊, 等. 2014. 土壤快速强烈还原对于尖孢镰刀菌的抑制作用[J]. 生态学报, 34(16): 4526-4534.

黄新琦, 温腾, 孟磊. 2015. 土壤强还原过程产生的有机酸对土传病原菌的抑制作用[J]. 植物保护, 41(6): 38-43.

黄云. 2010. 植物病害与生物防治学[M]. 北京: 科学出版社.

江春, 黄菁华, 李修强, 等. 2011. 长期施用有机肥对红壤旱地土壤线虫群落的影响[J]. 土壤学报, 48(6): 1235-1241.

晋艳, 杨宇虹, 段玉琪, 等. 2004. 烤烟轮作、连作对烟叶产量质量的影响[J]. 西南农业学报, 17(s1): 267-271.

巨晓棠, 谷保静. 2014. 我国农田氮肥施用现状、问题及趋势[J]. 植物营养与肥料学报, 20(4): 783-795.

柯用春, 王爽, 任红, 等. 2014. 强化还原处理对海南西瓜连作障碍土壤性质的影响[J]. 生态学杂志, 33(4): 880-884.

李宝深, 冯固, 吕家珑. 2011. 接种丛枝菌根真菌对玉米小斑病发生的影响[J]. 植物营养与肥料学报, 17(6): 1500-1506.

李国良, 姚丽贤, 何兆桓, 等. 2014. 鹰嘴蜜桃养分累积分布特性与流胶病的关系[J]. 植物营养与肥料学报, 20(2): 421-428.

李虎. 2007. 氮肥对超级稻冠层特性、纹枯病发生和产量的影响[D]. 长沙: 湖南农业大学硕士学位论文.

李亮, 蔡柏岩. 2016. 丛枝菌根真菌缓解连作障碍的研究进展[J]. 生态学杂志, 35(5): 1372-1377.

李敏, 王维华, 刘润进. 2003. AM 真菌和镰刀菌对西瓜根系膜脂过氧化作用和膜透性的影响[J]. 植物病理学报, 33(3): 229-232.

李腾懿, 孙海, 张丽娜, 等. 2013. 不同树种土壤酶活性、养分特征及其与林下参红皮病发病指数的关系[J]. 吉林农业大学学报, 35(6): 688-693.

李晓林, 冯固. 2001. 丛枝菌根生态生理[M]. 北京: 华文出版社.

李钰飞, 许俊香, 孙钦平, 等. 2017. 沼渣施用对土壤线虫群落结构的影响[J]. 中国农业大学学报, 22(8): 64-73.

梁开明, 章家恩, 杨滔, 等. 2014. 水稻与慈姑间作栽培对水稻病虫害和产量的影响[J]. 中国生态农业学报, 22(7): 757-765.

刘海坤, 刘小宁, 黄玉芳, 等. 2014. 不同氮水平下小麦植株的碳氮代谢及碳代谢与赤霉病的关系[J]. 中国生态农业学报, 22(7): 782-789.

刘海洋, 姚举, 张仁福, 等. 2018. 黄萎病不同发生程度棉田中土壤微生物多样性[J]. 生态学报, 38(5): 1619-1629.

刘亮亮, 黄新琦, 朱睿, 等. 2016. 强还原土壤对尖孢镰刀菌的抑制及微生物区系的影响[J]. 土壤, 48(1): 1-7.

刘玲玲, 彭显龙, 刘元英, 等. 2008. 不同氮肥管理条件下钾对寒地水稻抗病性及产量的影响[J]. 中国农业科学, 41(8): 2258-2262.

刘润进, 裘维蕃. 1994. 内生菌根菌(VAM)诱导作物抗病性研究的新进展[J]. 植物病理学报, 24(1): 1-40.

刘婷, 叶成龙, 李勇, 等. 2015. 不同有机类肥料对小麦和水稻根际土壤线虫的影响[J]. 生态学报, 35(19): 6259-6268.

刘小宁, 刘海坤, 黄玉芳, 等. 2015. 施氮量、土壤和植株氮浓度与小麦赤霉病的关系[J]. 植物营养与肥料学报, 21(2): 306-317.

刘星, 邱慧珍, 王蒂, 等. 2015a. 甘肃省中部沿黄灌区轮作和连作马铃薯根际土壤真菌群落的结构性差异评估[J]. 生态学报, 35(12): 3938-3948.

刘星, 张书乐, 刘国锋, 等. 2015b. 土壤生物消毒对甘肃省中部沿黄灌区马铃薯连作障碍的防控效果[J]. 应用生态学报, 26(4): 1205-1214.

柳红娟, 黄洁, 刘子凡, 等. 2016. 木薯轮作年限对枯萎病高发蕉园土壤抑病性的影响[J]. 西南农业学报, 29(2): 255-259.

卢国理, 汤利, 楚轶欧, 等. 2008. 单/间作条件下氮肥水平对水稻总酚和类黄酮的影响[J]. 植物营养与肥料学报, 14(6): 1064-1069.

鲁耀, 郑毅, 汤利, 等. 2010. 施氮水平对间作蚕豆锰营养及叶赤斑病发生的影响[J]. 植物营养与肥料学报, 16(2): 425-431.

栾非时, 郭亚芬, 崔喜波. 1999. 不同施肥对保护地番茄土壤性状及番茄筋腐病发生的影响[J]. 东北农业大学学报, 30(3): 240-244.

罗巧玉, 王晓娟, 李媛媛, 等. 2013. AM 真菌在作物病虫害生物防治中的作用机制[J]. 生态学报, 33(19): 5997-6005.

吕毅, 宋富海, 李园园, 等. 2014. 轮作不同作物对苹果园连作土壤环境及平邑甜茶幼苗生理指标的影响[J]. 中国农业科学, 47(14): 2830-2839.

马利平, 乔雄梧, 高芬, 等. 2001. 家畜沤肥浸渍液对青椒枯萎病的防治及作用机理[J]. 应用与环境生物学报, 7(1): 84-87.

马斯纳. 1991. 高等植物的矿质营养[M]. 曹一平, 陆景陵, 译. 北京: 北京农业大学出版社.

慕康国, 赵秀琴, 李健强, 等. 2000. 矿质营养与作物病害关系研究进展[J]. 中国农业大学学报, 5(1): 84-90.

欧阳娴, 阮小蕾, 吴超, 等. 2011. 香蕉轮作和连作土壤细菌主要类群[J]. 应用生态学报, 22(6): 1573-1578.

潘剑玲, 代万安, 尚占环, 等. 2013. 秸秆还田对土壤有机质和氮素有效性影响及机制研究进展[J]. 中国生态农业学报, 21(5): 526-535.

秦舒浩, 曹莉, 张俊莲, 等. 2014. 轮作豆科作物对马铃薯连作田土壤速效养分及理化性质的影响[J]. 作物学报, 40(8): 1452-1458.

穰中文, 朱三荣, 田峰, 等. 2018. 不同种植模式烟田土壤细菌种群特征与青枯病发生的关系[J]. 湖南农业大学学报(自然科学版), 44(1): 33-38.

任丽轩. 2012. 旱作水稻西瓜间作抑制西瓜枯萎病的生理机制[D]. 南京: 南京农业大学博士学位论文.

单卫星. 1992. 作物附生微生物与叶部病害生物防治研究进展[J]. 生态学杂志, 11(1): 48-53.

邵梅, 杜魏甫, 许永超, 等. 2014. 魔芋玉米间作魔芋根际土壤尖孢镰孢菌和芽孢杆菌种群变化研究[J]. 云南农业大学学报, 29(6): 828-833.

沈浦, 王才斌, 于天一, 等. 2017. 免耕和翻耕下典型棕壤花生铁营养特性差异[J]. 核农学报, 31(9): 1818-1826.

石辉, 王会霞, 李秧秧. 2011. 作物叶表面的润湿性及其生态学意义[J]. 生态学报, 31(15): 4287-4298.

宋丽萍, 罗珠珠, 李玲玲, 等. 2015. 陇中黄土高原半干旱区苜蓿-作物轮作对土壤物理性质的影响[J]. 草业学报, 24(7): 12-20.

宋圆圆, 王瑞龙, 魏晓晨, 等. 2011. 地表球囊霉诱发番茄抗早疫病的机理[J]. 应用生态学报, 22(9): 2316-2324.

苏海鹏, 汤利, 刘自红, 等. 2006. 小麦蚕豆间作系统中小麦的氮同化物动态变化特征[J]. 麦类作物学报, 26(6): 140-144.

孙跃春, 陈景堂, 郭兰萍, 等. 2012. 轮作用于药用作物土传病害防治的研究进展[J]. 中国现代中药, 14(10): 37-41.

谭兆赞, 徐广美, 刘可星, 等. 2009. 不同堆肥对番茄青枯病的防病效果及土壤微生物群落功能多样性的影响[J]. 华南农业大学学报, 30(2): 10-14.

田蕴德. 1994. 有机肥与氮磷化肥配施对豌豆长势及根腐病的影响[J]. 中国农业科学, 27(3): 56-62.

王倡宪, 李晓林, 宋福强, 等. 2012. 两种丛枝菌根真菌对黄瓜苗期枯萎病的防效及根系抗病相关酶活性的影响[J]. 中国生态农业学报, 20(1): 53-57.

王理德, 王方琳, 郭春秀, 等. 2016. 土壤酶学研究进展[J]. 土壤, 48(1): 12-21.

王立, 王敏, 马放, 等. 2015. 丛枝菌真菌对小麦的促生长效应与根腐病抑制效应[J]. 哈尔滨工业大学学报, 47(4): 15-19.

王丽丽, 石俊雄, 袁赛飞, 等. 2013. 微生物有机肥结合土壤改良剂防治烟草青枯病[J]. 土壤学报, 50(1): 150-156.

王鹏, 祝丽香, 陈香香, 等. 2018. 桔梗与大葱间作对土壤养分、微生物区系和酶活性的影响[J]. 植物营养与肥料学报, 24(3): 668-675.

王强, 王茜, 王晓娟, 等. 2016. AM 真菌在有机农业发展中的机遇[J]. 生态学报, 36(1): 11-21.

王小兵, 骆永明, 李振高, 等. 2011. 长期定位施肥对红壤地区连作花生生物学性状和土传病害发生率的影响[J]. 土壤学报, 48(4): 725-730.

王小坤, 郭绍霞, 李敏, 等. 2012. 丛枝菌根真菌提高作物抗病性的分子机制[J]. 青岛农业大学学报(自然科学版), 29(3): 170-175.

魏巍. 2012. 大豆长期连作土壤对根腐病病原微生物的抑制作用[D]. 长春: 中国科学院长春应用化学研究所博士学位论文.

魏巍, 许艳丽, 朱琳, 等. 2014. 长期连作对大豆根围土壤镰孢菌种群的影响[J]. 应用生态学报, 25(2): 497-504.

吴宏亮, 康建宏, 陈阜, 等. 2013. 不同轮作模式对砂田土壤微生物区系及理化性状的影响[J]. 中国生态农业学报, 21(6): 674-680.

吴林坤, 林向民, 林文雄. 2014. 根系分泌物介导下作物-土壤-微生物互作关系研究进展与展望[J]. 作物生态学报, 38(3): 298-310.

吴林坤, 吴红淼, 朱铨, 等. 2016. 不同改良措施对太子参根际土壤酚酸含量及特异菌群的影响[J]. 应用生态学报, 27(11): 3623-3630.

吴瑕, 吴凤芝, 周新刚. 2015. 分蘖洋葱伴生对番茄矿质养分吸收及灰霉病发生的影响[J]. 植物营养与肥料学报, 21(3): 734-742.

伍朝荣, 黄飞, 高阳, 等. 2017a. 土壤生物消毒对番茄青枯病的防控、土壤理化特性和微生物群落的影响[J]. 生态学杂志, 36(7): 1933-1940.

伍朝荣, 黄飞, 高阳, 等. 2017b. 土壤生物消毒对土壤改良、青枯菌抑菌及番茄生长的影响[J]. 中国生态农业学报, 25(8): 1173-1180.

肖靖秀, 郑毅, 汤利, 等. 2005. 小麦蚕豆间作系统中的氮钾营养对小麦锈病发生的影响[J]. 云南农业大学学报, 20(5): 640-645.

肖靖秀, 周桂凤, 汤利, 等. 2006. 小麦/蚕豆间作条件下小麦的氮、钾营养对小麦白粉病的影响[J]. 植物营养与肥料学报, 12(4): 517-522.

肖新, 朱伟, 杜超, 等. 2015. 轮作与施肥对滁菊连作土壤微生物特性的影响[J]. 应用生态学报, 26(6): 1779-1784.

谢丽君, 宋圆圆, 曾任森, 等. 2012. 丛枝菌根菌丝桥介导的番茄植株根系间抗病信号的传递[J]. 应用生态学报, 23(5): 1145-1152.

许艳丽, 刁琢, 李春杰, 等. 2012. 品种混种方式对大豆胞囊线虫控制作用[J]. 土壤与作物, 1(2): 70-79.

杨静, 施竹凤, 高东, 等. 2012. 生物多样性控制作物病害研究进展[J]. 遗传, 34(11): 1390-1398.

杨绍聪, 吕艳玲, 段永华, 等. 2005. 番木瓜植株镁钾含量变化与缺钾叶枯病的关系[J]. 中国农学通报, 21(9): 388-391.

杨宇虹, 陈冬梅, 晋艳, 等. 2011. 不同肥料种类对连作烟草根际土壤微生物功能多样性的影响[J]. 作物学报, 37(1): 105-111.

杨智仙, 汤利, 郑毅, 等. 2014. 不同品种小麦与蚕豆间作对蚕豆枯萎病发生、根系分泌物和根际微生物群落功能多样性的影响[J]. 植物营养与肥料学报, 20(3): 570-579.

姚树然, 霍治国, 董占强, 等. 2013. 基于逐时温湿度的小麦白粉病指标与模型[J]. 生态学杂志, 32(5): 1364-1370.

叶有华, 彭少麟. 2011. 露水对作物的作用效应研究进展[J]. 生态学报, 31(11): 3190-3196.

游春梅, 陆晓菊, 官会林. 2014. 三七设施栽培根腐病害与土壤酶活性的关联性[J]. 云南师范大学学报, 34(6): 25-29.

于佰双, 段玉玺, 王家军, 等. 2009. 轮作作物对大豆胞囊线虫抑制作用的研究[J]. 大豆科学, 28(2): 256-258.

张东艳, 赵建, 杨水平, 等. 2016. 川明参轮作对烟地土壤微生物群落结构的影响[J]. 中国中医药杂志, 41(24): 4556-4563.

张福锁. 1993a. 环境胁迫与植物营养[M]. 北京: 北京农业大学出版社.

张福锁. 1993b. 植物营养的生态生理学和遗传学[M]. 北京: 中国科学技术出版社.

张红骥, 邵梅, 杜鹏, 等. 2012. 云南省魔芋与玉米多样性栽培控制魔芋软腐病[J]. 生态学杂志, 31(2):

332-336.

张静, 杨江舟, 胡伟, 等. 2012. 生物有机肥对大豆红冠腐病及土壤酶活性的影响[J]. 农业环境科学学报, 31(3): 548-554.

张立猛, 方玉婷, 计思贵, 等. 2015. 玉米根系分泌物对烟草黑胫病菌的抑制活性及其抑菌物质分析[J]. 中国生物防治学报, 31(1): 115-122.

张瑞福, 沈其荣. 2012. 抑病型土壤的微生物区系特征及调控[J]. 南京农业大学学报, 35(5): 125-132.

张云伟, 徐智, 汤利, 等. 2013. 不同有机肥对烤烟根际土壤微生物的影响[J]. 应用生态学报, 24(9): 2551-2556.

张振飞, 黄炳超, 肖汉祥. 2013. 4 种农业措施对三化螟种群动态的控制作用[J]. 生态学报, 33(22): 7173-7180.

张子龙, 李凯明, 杨建忠, 等. 2015. 轮作对三七连作障碍的消减效应研究[J]. 西南大学学报(自然科学版), 37(8): 39-46.

赵娜, 林威鹏, 蔡昆争, 等. 2010. 家畜粪便堆肥对番茄青枯病、土壤酶活性及土壤微生物功能多样性的影响[J]. 生态学报, 30(19): 5327-5337.

郑丕尧. 1992. 作物生理学导论 作物专业适用[M]. 北京: 北京农业大学出版社.

郑世燕, 丁伟, 杜根平, 等. 2014. 增施矿质营养对烟草青枯病的控病效果及其作用机理[J]. 中国农业科学, 47(6): 1099-1110.

郑永强, 邓烈, 何绍兰, 等. 2010. 植物学性状参与脐橙果实油斑病调控的矿质营养代谢机制研究[J]. 果树学报, 27(3): 461-465.

周宝利, 郑继东, 毕晓华, 等. 2015. 丛枝菌根真菌对茄子黄萎病的防治效果和茄子植株生长的影响[J]. 生态学杂志, 34(4): 1026-1030.

周桂夙, 肖靖秀, 郑毅, 等. 2005. 小麦蚕豆间作条件下蚕豆对钾的吸收及对蚕豆赤斑病的影响[J]. 云南农业大学学报, 20(6): 779-782.

周晓阳, 依艳丽, 徐龙超. 2013. 钙氮营养平衡对番茄叶霉病抗性的影响[J]. 中国土壤与肥料, (5): 56-61.

朱有勇, 陈海如. 2003. 利用水稻品种多样性控制稻瘟病研究[J]. 中国农业科学, 36(5): 521-527.

朱有勇, 李成云. 2007. 遗传多样性与作物病害持续控制[M]. 北京: 科学出版社.

Abawi G S, Widmer T L, Zeiss M R. 2000. Impact of soil health management practices on soilborne pathogens, nematodes and root diseases of vegetable crops[J]. Applied Soil Ecology, 15(1): 37-47.

Adhikari T B, Basnyat R C. 1998. Effect of crop rotation and cultivar resistance on bacterial wilt of tomato in Nepal[J]. Canadian Journal of Plant Pathology, 20(3): 283-287.

Altieri M A, Nicholls C I. 2003. Soil fertility management and insect pests: harmonizing soil and plant health in agroecosystems[J]. Soil & Tillage Research, 72(2): 203-211.

Bailey D J, Duczek L J. 1996. Managing cereal diseases under reduced tillage[J]. Canadian Journal of Plant Pathology, 18(2): 159-167.

Baker K, Cook R J. 1974. Biological Control of Plant Pathogens[M]. San Francisco: W. H. Freeman.

Bethlenfalvay G J, Cantrell I C, Mihara K L, et al. 1999. Relationships between soil aggregation and mycorrhizae as influenced by soil biota and nitrogen nutrition[J]. Biology and Fertility of Soils, 28(4): 356-363.

Bockus W W, Schroyer J P. 1998. The impact of reduced tillage on soilborne plant pathogens[J]. Annual Review of Phytopathology, 36(36): 485-500.

Boudreau M A, Shew B B, Andrako L E. 2016. Impact of intercropping on epidemics of groundnut leaf spots: defining constraints and opportunities through a 7-year field study[J]. Plant Pathology, 65(4): 601-611.

Burke D W, Miller D E, Holmes L D, et al. 1972. Countering bean root rot by loosening the soil[J]. Phytopathology, 62(1): 306-309.

Cao S Q, Luo H S, Jin M A, et al. 2015. Intercropping influenced the occurrence of stripe rust and powdery mildew in wheat[J]. Crop Protection, 70: 40-46.

Ceuster T J J, Hoitink H A J. 1999. Prospects for composts and biocontrol agents as substitutes for methyl bromide in biological control of plant diseases[J]. Compost Science and Utilization, 7(3): 6-15.

Chauhan R S, Maheshwari S K, Gandhi S K. 2000a. Effect of nitrogen, phosphorus and farm yard manure levels on stem rot of cauliflower caused by *Rhizoctonia solani*[J]. Agricultural Science Digest, 20(2): 36-38.

Chauhan R S, Maheshwari S K, Gandhi S K. 2000b. Effect of soil type and plant age on stem rot disease[J]. Agricultural Science Digest, 20(2): 58-59.

Chen S L, Zhou B L, Lin S S, et al. 2011. Accumulation of cinnamic acid and vanillin in eggplant root exudates and the relationship with continuous cropping obstacle[J]. African Journal of Biotechnology, 10: 2659.

Cherr C M, Scholberg J M S, McSorley R. 2006. Green manure approaches to crop production: a synthesis[J]. Agronomy Journal, 98(1): 302-319.

Dai C C, Chen Y, Wang X X, et al. 2013. Effects of intercropping of peanut with the medicinal plant *Atractylodes lancea* on soil microecology and peanut yield in subtropical China[J]. Agroforestry Systems, 87: 417-426.

Descalzo R C, Punja Z K, Levesque C A, et al. 1998. Glyphosate treatment of bean seedlings causes short-term increases in *Pythium* populations and damping off potential in soils[J]. Applied Soil Ecology, 8(1-3): 25-33.

Ding X P, Yang M, Huang H C, et al. 2015. Priming maize resistance by its neighbors: activating 1,4-benzoxazine-3-ones synthesis and defense gene expression to alleviate leaf disease[J]. Frontiers in Plant Science, 6(23): 1-8.

Dordas C. 2008. Role of nutrients in controlling plant diseases in sustainable agriculture. A review[J]. Agronomy for Sustainable Development, 28(1): 33-46.

Fu X P, Wu X, Zhou X G, et al. 2015. Companion cropping with potato onion enhances the disease resistance of tomato against *Verticillium dahliae*[J]. Frontiers in Plant Science, 6(1): 726.

Gao X, Wu M, Xu R, et al. 2014. Root interactions in a maize/soybean intercropping system control soybean soil-borne disease, red crown rot[J]. PLoS One, 9(5): 95031.

Goldstein J. 1998. Compost suppresses disease in the lab and on the fields[J]. Biocycle, 39(1): 62-64.

Gómez-Rodríguez O, Zavaleta-Mejía E, Gonzalez-Hernandez V A, et al. 2003. Allelopathy and microclimatic modification of intercropping with marigold on tomato early blight disease development[J]. Field Crops Research, 83(1): 27-34.

Graham D R, Webb M J. 1991. Micronutrients and disease resistance and tolerance in plants[J]//Mortvedt J J, Cox F R, Shuman L M, et al. Micronutrients in Agriculture[M]. 2nd ed. Madison: Soil Science Society of America Inc.

Hao W Y, Ren L X, Ran W, et al. 2010. Allelopathic effects of root exudates from watermelon and rice plants on *Fusarium oxysporum* f. sp. *niveum*[J]. Plant and Soil, 336(1-2): 485-497.

Harinath N P, Subbarami R M. 1996. Effect of soil amendments with organic and inorganic manures on the incidence of dry root rot of groundnut[J]. Indian Journal of Plant Protection, 24(1): 44-46.

Hoitink H A J, Stone A G, Han D Y. 1997. Suppression of plant diseases by composts[J]. HortScience, 32(1): 184-187.

Howard R J. 1996. Cultural control of plant diseases: a historical perspective[J]. Canadian Journal of Plant Pathology, 18(2): 145-150.

Huang L F, Song L X, Xia X J, et al. 2013. Plant-soil feed-backs and soil sickness: from mechanisms to application in agriculture[J]. Journal of Chemical Ecology, 39(2): 232-242.

Huber D M, Graham R D. 1999. The role of nutrition in crop resistance and tolerance to disease[J] // Rengel Z. Mineral Nutrition of Crops Fundamental Mechanisms and Implications[M]. New York: Food Product Press.

Kurle J E, Grau C R, Oplinger E S, et al. 2001. Tillage, crop sequence and cultivar effects on *Sclerotinia* stem rot incidence and yield in soybean[J]. Agronomy Journal, 93(5): 973-982.

Lampkin N. 1999. Organic Farming[M]. Ipswich: Farming Press.

Malézieux E, Crozat Y, Dupraz C, et al. 2009. Mixing plant species in cropping systems: concepts, tools and models. A review[J]. Agronomy for Sustainable Development, 29(1): 43-62.

Messiha N A S, Diepeningen A D, Wenneker M, et al. 2007. Biological Soil Disinfestation (BSD), a new control method for potato brown rot, caused by *Ralstonia solanacearum*, race 3 biovar 2[J]. European Journal of Plant Pathology, 117(4): 403-415.

Modafar C E L, Boustani E E L. 2001. Cell wall-bound phenolic acid and lignin contents in date palm as related to its resistance to *Fusarium oxysporum*[J]. Biologia Plantarum, 44(1): 125-130.

Momma N, Kobara Y, Momma M, 2011. Fe^{2+} and Mn^{2+} potential agents to induce suppression of *Fusarium oxysporum* for biological soil disinfestation[J]. Journal of General Plant Pathology, 77(6): 331-335.

Narla R D, Muthomi J W, Gachu S M, et al. 2011. Effect of intercropping bulb onion and vegetables on purple blotch and downy mildew[J]. Journal of Biological Sciences, 11(1): 52-57.

Nelson E B, Burpee L L, Lawton M B. 1994. Biological control of turfgrass diseases[J]//Leslie A R. Handbook of Integrated Pest Management for Turf and Ornamentals[M]. Chelsea: Lewis: 409-427.

Peters R D, Sturz A V, Carter M R, et al. 2003. Developing disease-suppressive soils through crop rotation and tillage management practices[J]. Soil & Tillage Research, 72(2): 181-192.

Qin J H, He H Z, Luo S M, et al. 2013. Effects of rice-water chestnut intercropping on rice sheath blight and rice blast diseases[J]. Crop Protection, 43(1): 89-93.

Reid L M, Zhu X, Ma B L. 2001. Crop rotation and nitrogen effects on maize susceptibility to gibberella (*Fusarium graminearum*) ear rot[J]. Plant and Soil, 237(1): 1-14.

Ren L X, Shi M S, Xing M Y, et al. 2008. Intercropping with aerobic rice suppressed Fusarium wilt in watermelon[J]. Soil Biology & Biochemistry, 40(3): 834-844.

Shadle G L, Wesley S V, Korth K L, et al. 2003. Phenylpropanoid compounds and disease resistance in transgenic tobacco with altered expression of L-phenylalanine ammonia-lyase[J]. Phytochemistry, 64(1):

153-161.

Shannon D, Sen A M, Johnson D B. 2002. A comparative study of the microbiology of soils managed under organic and conventional regimes[J]. Soil Use and Management, 18(s1): 274-283.

Stockdale E A, Shepherd M A, Fortune S, et al. 2002. Soil fertility in organic farming systems-fundamentally different[J]? Soil Use and Management, 18(s1): 301-308.

Stone A G, Scheuerell S J, Darby H D. 2004. Suppression of soilborne diseases in field agricultural systems: organic matter management, cover cropping and other cultural practices[J] // Magdoff F, Weil R R. Soil Organic Matter in Sustainable Agriculture[M]. London: CRC Press.

Sullivan P. 2001. Sustainable management of soil-borne plant diseases[EB/OL]. ATTRA, USDA's Rural Business Cooperative Service. https://www.attra.org[2018-10-26].

Umaerus V R, Scholte K, Turkensteen L J. 1989. Crop rotation and the occurrence of fungal diseases in potatoes[M]//Vos J, Van Loon C D, Bollen G J. Effects of Crop Rotation on Potato Production in the Temperate Zones[M]. Dordrecht: Kluwer Academic Publishers: 171-189.

Uzokwe V N E, Mlay D P, Masunga H R, et al. 2016. Combating viral mosaic disease of cassava in the Lake Zone of Tanzania by intercropping with legumes[J]. Crop Protection, 84: 69-80.

Van Bruggen A H C, Finckh M R. 2016. Plant diseases and management approaches in organic farming systems[J]. Annual Review of Phytopathology, 54(1): 25-54.

Viana F M P, Kobory R F, Bettiol W, et al. 2000. Control of damping-off in bean plant caused by *Sclerotinia sclerotiorum* by the incorporation of organic matter in the substrate[J]. Summa Phytopathologica, 26: 94-97.

Ware G W. 1980. Complete Guide to Pest Control with and without Chemicals[M]. Fresno: Thomson.

Weltzien H C. 1989. Some effects of composted organic materials on plant health[J]. Agriculture, Ecosystems & Environment, 27(1): 439-446.

Wiggins B E, Kinkel L L. 2005. Green manures and crop sequences influence potato diseases and pathogen inhibitory activity of indigenous *Streptomycetes*[J]. Phytopathology, 95(2): 178-185.

Wolfe M S. 1985. The current status and prospects of multilane cultivars and variety mixture for disease resistance[J]. Annual Review of Phytopathology, 23(23): 251-273.

Xu W H, Wang Z G, Wu F Z. 2015. Companion cropping with wheat increases resistance to Fusarium wilt in watermelon and the roles of root exudates in watermelon root growth[J]. Physiological and Molecular Plant Pathology, 90: 12-20.

Yang M, Zhang Y, Qi L, et al. 2014. Plant-plant-microbe mechanisms involved in soil-borne disease suppression on a maize and pepper intercropping system[J]. PLoS One, 9(12): 1-22.

Zhang H, Mallik A, Zeng R S. 2013. Control of Panama disease of banana by rotating and intercropping with Chinese chive (*Allium tuberosum* Rottler): role of plant volatiles[J]. Journal of Chemical Ecology, 39(2): 243-252.

Zhou X G, Yu G B, Wu F Z, et al. 2011. Effects of intercropping cucumber with onion or garlic on soil enzyme activities, microbial communities and cucumber yield[J]. European Journal of Soil Biology, 47(5): 279-287.

Zhu Y Y, Chen H R, Fan J H, et al. 2000. Genetic diversity and disease control in rice[J]. Nature, 406(67): 718-722.

第10章　种植管理措施对病虫害发生的影响及其与作物产量损失的研究实例

10.1　水稻种植管理和多元有害生物危害模式特点及其与水稻产量的关系

稻田生态系统是一类不断受人类周期性生产活动干扰的开放型人工生态系统,随着水稻移栽、水肥管理、农药使用等农事活动的进行,有害生物群落也相应地发生着周期性变化(张文庆等,2000;黄炳超等,2006)。世界范围内的农业变革使各地区水稻生产技术得到了不同程度的提高,如灌溉、高产品种使用、肥料管理、有害生物防治等对水稻起到了一定的增产效果,但其中的一些变化使稻田有害生物的流行频率大大提高,一些次要病虫害上升为主要病虫害(Savary et al.,2000a;彭丽年等,2003)。

这些变化早已引起许多学者的重视,他们在理论和实践上对有害生物的防治进行了探索(李正跃,1997;王伯伦等,2001;刘二明等,2003;王寒等,2007),继有害生物综合治理之后,又提出稻田有害生物生态控制、持续控制等策略(何忠全等,2004;李剑泉等,2000;沈君辉等,2007)。但不管采取何种策略,要改善一个地方乃至一个地区稻田有害生物的治理水平,都必须先了解该地区稻田有害生物复合体(病、虫、草)的特点,以及影响该复合体的其他因素的特点(Savary et al.,1994)。而了解其特点需要提供特定时间序列上的代表性田块数据,通常是利用抽样调查方法收集数据(韦永保和赵厚印,2002)。然而水稻生产系统非常复杂,描述其特征需要很多变量,每个稻田应该被看作大量属性的独特组合。要利用这些信息更好地理解产量变化的原因,考虑的角度必须从单个田块的特点转移到具有共同特征的田块类群上(Savary et al.,1996)。

本节通过调查不同地区农户水稻种植管理情况和相应稻田有害生物的发生和危害情况,利用聚类分析和对应分析寻找特定地区或跨地区水稻种植管理和有害生物危害模式,并探讨各种模式之间的联系及其对水稻产量的影响。

10.1.1　材料与方法

1. 调查时间和地点

2006年和2007年的5~10月以云南省水稻主要产区中的寻甸县和沾益县(现为沾益区)为试验地点,对6个村庄共计106块水稻田的种植管理和有害生物危害情况进行了调查。田块选择、田块取样和数据收集参考了Savary等(1996)和Du等(1997)的方法。本试验点属于滇东北高寒粳稻区,种植一季移栽中稻。寻甸县位于北纬25°20′~26°01′、东经 102°41′~103°33′，海拔为 1882m，年均降雨量为 1034mm，年均日照时数为 2079.3h，年均温度为 15.2℃；沾益县位于北纬 25°31′~26°06′、东经 103°29′~104°14′，海拔为 1860m，年均降雨量为 1002mm，年均日照时数为 2098h，年均气温为 14.5℃。两个地区均属于低纬高原季风气候，灌溉条件较好，前作均为蚕豆，沾益水稻主栽品种为 '楚粳 24' 和 '楚粳 26'；寻甸水稻主栽品种为 '滇系 10'、'合系 41' 和 '合系 22'。

2. 取样和数据收集

收集的数据资料包括定性信息和定量信息两类：①定性信息指不随时间变化的信息，如田块位置、前作、作物播种方式及栽植密度、水稻品种、化学投入（肥料和农药）、产量等；②定量信息指随时间变化的有关作物生长和有害生物（病、虫、草）危害水平的信息等。定性信息通过与农民访谈及田间直接观察收集；而定量信息源于田间取样设计，通过对作物 4 个生育期（分蘖期、孕穗期、蜡熟期和成熟期）的田间调查得到。田间采用对角线调查路线，沿水稻田第一条对角线，初步了解水稻生育期、有害生物及其危害情况；沿第二条对角线，随机选定 10 丛水稻调查水稻生长状况（分蘖数、叶数和穗数等）和病、虫、草危害情况。除杂草外，危害水平指受害器官（分蘖、叶、穗）的数目相对于取样单位（每块田 10 丛）中对应器官数目的百分比；杂草危害水平是通过对每块田 3 个点（每个点面积为 1m^2）杂草情况的调查，在高于水稻冠层和低于水稻冠层两个水平上，以杂草覆盖地面的百分比来估计（Du et al.，1997）。

3. 调查变量及其属性

调查变量分为种植管理措施、有害生物危害、水稻产量 3 组（表 10-1）。其中化肥施用量用化肥累计量（N、P$_2$O$_5$、K$_2$O）表示；劳动力投入综合是否施用有机肥、是否追肥、是否人工除草三方面来表示；有害生物危害变量根据危害性质用危害进展曲线下面积或 4 次观察中最高危害水平表示。

表 10-1 所列变量的单位不同，涉及的组织水平也不同：种植管理措施涉及水稻植株群体，有害生物危害涉及特定植株器官，水稻产量代表一个田块系统的输出量。

表 10-1　每个田块调查变量及其属性

变量类型	代表符号	变量描述	单位
种植管理			
	DE	栽植密度	丛/m^2
	MT	水稻平均每丛分蘖数	个
	TD	水稻移栽日期	d
	WS	稻田水分状况级别	级
	MF	化肥施用量	kg/hm^2
	HU	除草剂的使用次数	次
	IU	杀虫剂的使用次数	次
	FU	杀菌剂的使用次数	次
	LI	劳动力投入级别	级

续表

变量类型	代表符号	变量描述	单位
有害生物危害			
	BLB	水稻白叶枯病	% dsu[a,b]
	LB	水稻叶瘟病	% dsu[a,b]
	BS	水稻胡麻斑病	% dsu[a,b]
	RS	水稻条纹叶枯病	% dsu[a,b]
	NB	水稻穗颈瘟病	%[c]
	RB	水稻恶苗病	%[d]
	FSM	水稻稻曲病	%[c]
	ShB	水稻纹枯病	%[d]
	PH	稻飞虱	number dsu[a,e]
	LH	叶蝉	number dsu[a,e]
	AW	黏虫	number dsu[a,e]
	LF	稻纵卷叶螟	% dsu[a,b]
	DH	枯心（蛀茎昆虫）	%[c]
	WH	白穗（蛀茎昆虫）	%[d]
	WA	高于水稻冠层杂草	% dsu[a,f]
	WB	低于水稻冠层杂草	% dsu[a,f]
水稻产量			
	Y	由 3 个 6m² 的收获面积得到的估计产量（谷粒产量，14%的含水量）	t/hm²
调查地点			
	ZY	云南曲靖市沾益县	
	XD	云南昆明市寻甸县	

注：a. dsu（水稻所处的发育阶段）0～100 尺度上的发育阶段单位（10. 苗期；20. 分蘖期；30. 拔节期；40. 孕穗期；50. 抽穗期；60. 扬花期；70. 灌浆期；80. 蜡熟期；90. 黄熟期；100. 完熟期）；b. 叶片受害率进展曲线下面积；c. 4 次调查中最大的穗受害率；d. 4 次调查中最大的分蘖受害率；e. 平均每丛或每个样方捕捉到的昆虫数量进展曲线下面积；f. 平均每个样方杂草覆盖地面百分比进展曲线下面积

4. 分析方法和假说

观察和分析尺度是本研究的关键，尽管收集的信息只涉及单个田块，但数据分析应该放在与地区相关的结论上。第一个问题是种植管理模式与有害生物危害模式之间的联系是存在的、紧密的。因此要检验第一个无效假设 H_{01}：种植管理与有害生物危害之间没有任何联系。第二个问题是探究种植管理模式、有害生物危害模式分别与水稻产量变化之间的联系。因此要检验第二个无效假设 H_{02}：种植管理模式与水稻产量变化之间没有任何联系，以及第三个无效假设 H_{03}：有害生物危害模式与水稻产量变化之间没有任何联系。

数据分析包括以下步骤。

第一步，定量变量分级（表10-2）。通过分级，定量变量就成为有序的（如高、中、低）定性变量。表10-2说明了制定的级别和每个级别的数值界限。为了保证各变量级别均衡、有规则，所有变量级别数要尽可能少；同时为了使每个级别都有比较匀称的

表 10-2　两个试验点各变量分级

变量类型	代表符号	级别	级别的定义
种植管理			
	DE	DE1，DE2，DE3	30 丛/m²≤DE1≤45 丛/m²；45 丛/m²<DE2≤60 丛/m²；60 丛/m²<DE3≤75 丛/m²
	MT	MT1，MT2，MT3	6 个≤MT1≤8 个；8 个<MT2≤9 个；9 个<MT3≤12 个
	TD[a]	TD1，TD2，TD3	TD1：偏早；TD2：正常；TD3：偏晚
	WS[b]	WS1，WS2，WS3	1.5≤WS1≤2.5；2.5<WS2≤3；3<WS3≤4
	MF	MF1，MF2，MF3	50kg/hm²≤MF1≤200kg/hm²；200kg/hm²<MF2≤350kg/hm²；350kg/hm²<MF3≤600kg/hm²
	HU	HU1，HU2，HU3	HU1=0；HU2=1；HU3=2
	IU	IU1，IU2，IU3	IU1=0；IU2=1；1<IU3≤5
	FU	FU1，FU2，FU3	FU1=0；FU2=1；1<FU3≤4
	LI[c]	LI1，LI2，LI3	0≤LI1≤1；LI2=2；LI3=3
有害生物危害			
	BLB	BLB1，BLB2，BLB3	BLB1=0% dsu；0% dsu<BLB2≤90% dsu；90% dsu<BLB3≤800% dsu
	LB	LB1，LB2，LB3	LB1=0% dsu；0% dsu<LB2≤80% dsu；80% dsu<LB3≤1000% dsu
	BS	BS1，BS2，BS3	BS1=0% dsu；0% dsu<BS2≤70% dsu；BS3：100% dsu<BS≤500% dsu
	RS	RS1，RS2	RS1=0% dsu；0% dsu<RS2≤180% dsu
	NB	NB1，NB2	NB1=0%；0%<NB2≤10%
	RB	RB1，RB2，RB3	RB1=0%；0%<RB2≤3%；3%<RB3≤15%
	FSM	FSM1，FSM2，FSM3	0%≤FSM1≤3%；3%<FSM2≤5%；5%<FSM3≤15%
	ShB	ShB1，ShB2，ShB3	ShB1=0%；0%<ShB2≤5%；5%<ShB3≤20%
	PH	PH1，PH2，PH3	0 number dsu <PH1≤50 number dsu；50 number dsu<PH2≤70 number dsu；70 number dsu<PH3≤350 number dsu
	LH	LH1，LH2，LH3	0 number dsu<LH1≤120 number dsu；120 number dsu<LH2≤360 number dsu；360 number dsu<LH3≤1 400 number dsu
	AW	AW1，AW2，AW3	AW1=0 number dsu；0 number dsu<AW2≤9 number dsu；9 number dsu<AW3≤30 number dsu
	LF	LF1，LF2，LF3	0% dsu≤LF1≤10% dsu；10% dsu<LF2≤25% dsu；25% dsu<LF3≤150% dsu
	DH	DH1，DH2，DH3	0%≤DH1≤2.5%；2.5%<DH2≤5%；5%<DH3≤15%
	WH	WH1，WH2，WH3	0%≤WH1≤2.5%；2.5%<WH2≤5%；5%<WH3≤15%
	WA	WA1，WA2，WA3	0% dsu≤WA1≤900% dsu；900% dsu<WA2≤2 000% dsu；2 000% dsu<WA3≤5 000% dsu
	WB	WB1，WB2，WB3	0% dsu≤WB1≤5 000% dsu；5 000% dsu<WB2≤12 000% dsu；12 000% dsu<WB3≤30 000% dsu
水稻产量			
	Y	Y1，Y2，Y3，Y4，Y5	5.50t/hm²<Y1≤7.75t/hm²；7.75t/hm²<Y2≤8.50t/hm²；8.50 t/hm²<Y3≤9.25t/hm²；9.25t/hm²<Y4≤9.75t/hm²；9.75t/hm²<Y5≤11.0t/hm²

注：a. 对于某一品种，当实际移栽日期比正常情况早 5d 以上为 TD1，正常情况（5d 内）为 TD2，推迟 5d 以上为 TD3；b. 4 次调查平均水分状况级别（调查时级别的定义：①无水面土壤干燥；②无水面土壤潮湿；③水面高度少于 5cm；④水面高度为 5~15cm；⑤水面高度高于 15cm）；c. 劳动力投入包括是否施用有机肥、是否追肥、是否人工除草三项（LI1. 三项都没做或只做其中一项；LI2. 做了其中两项；LI3. 三项都做了）

田块数，要选择适当的数值界限，因为它决定了卡方检验中每个级别的期望值，是影响卡方检验有效性的先决条件（Gibbons，1976；Savary et al.，1995）。所有种植管理措施均分为 3 级;有害生物危害变量中除水稻条纹叶枯病、水稻穗颈瘟病分为 2 级外,其余变量均分为 3 级,水稻产量分为 5 级,级别界限根据它们各自的频数分布确定。

第二步,卡方检验。使用这些编码的分级信息,大多数变量都可以两两配对构成二维列联表频数资料,通过卡方检验说明变量之间的关联性。卡方检验既涉及同一组织水平(如配对有害生物危害变量之间的关系),也涉及不同组织水平(如种植管理和水稻产量或者有害生物危害与水稻产量之间的关系)。这里只做了其中一些变量之间的卡方检验。

第三步,聚类分析。首先用最长距离法和欧氏距离对特定地区(试验地点)的分级编码资料(子数据集)进行田块聚类分析,确定地区内的种植管理聚类和有害生物危害聚类,少于 3 个田块的聚类不再进行二次聚类。然后分别考虑地区内种植管理措施和有害生物危害聚类类别的特征,各类别的特征用该类中所有田块的每个变量的众数(对于定性变量)或中位数(对于定量变量)表示。汇总所有地区的聚类类别,这样就产生两个新的衍生数据集,即种植管理聚类类别(数据集每个记录的编号格式:PR 试验地点类别编号,如 PRZY1)和有害生物危害聚类类别(数据集每个记录的编号格式:IN 试验地点类别编号,如 INXD3)。通过同样的方法,分别对两个新的衍生数据集进行二次聚类,这样就产生了大的区域范围内种植管理模式(PR)和有害生物危害模式(IN),这些聚类模式可能是普遍的、跨地区的,也可能是某一地区所特有的,每个田块都属于这些聚类中的某一类别。

第四步,对应分析。首先根据种植管理模式(PR)、有害生物危害模式(IN)、水稻产量(Y)3 个变量两两交叉分类频数资料建立 3 个二维列联表:[PR×IN](对应于 H_{01})、[PR×Y](对应于 H_{02})和[IN×Y](对应于 H_{03});然后对 3 个列联表分别进行卡方检验和对应分析,阐明变量 PR、IN、Y 两两之间的关系;最后对多维列联表[IN×PR, Y, Site]进行对应分析,其中 IN 和 PR 作为有效变量,Y 和 Site(试验地点)作为附加变量,即将 IN 和 PR 看作确定公因子和坐标系的变量,同时将产量和地区变量投影在该坐标系,因此该对应分析将 PR 和 IN 看作解释性变量,Y 看作被解释的变量,提供了一个基于不同地区水稻种植管理、有害生物危害水稻产量变化的综合观点。

10.1.2　结果与分析

1. 有害生物发生流行和危害程度

两个地区水稻主要有害生物流行和危害程度见表10-3。从各种水稻田块有害生物的发生率看,在病原菌引起的危害中,水稻稻曲病流行水平最高,两个地区田块发生率均在80%以上;水稻穗颈瘟病在两个地区流行水平均较低,均低于25%;而水稻白叶枯病和叶瘟病在寻甸田块流行水平较高,恶苗病在沾益田块发生率较高。虫害表现出比病害更高的流行水平,大多数害虫在两个地区田块的发生率大于80%,其中稻飞虱和叶蝉在两个地区田块的发生率均为100%;而黏虫在寻甸田块的发生率明显高于沾益。杂草的危害也是普遍存在的,高于水稻冠层和低于水稻冠层的杂草在两个地区田块的发生率均超过80%,其中主要种类有稗草(*Echinochloa crusgalli*)、紫萍(*Spirodela polyrhiza*)、慈姑(*Sagittaria sagittifolia*)、眼子菜(*Potamogeton distinctus*)等。从两个地区水稻有害生物调查田块平均危害程度看,与寻甸相比,沾益水稻条纹叶枯病、水稻恶苗病等病害的发生相对严重;稻飞虱相对严重，其他虫害的发生程度相对较轻；低于冠层杂草发生较严重。与沾益相比，寻甸水稻白叶枯病、叶瘟病、胡麻斑病的发生相对严重，水稻叶蝉、黏虫、稻纵卷叶螟等危害相对严重；高于水稻冠层杂草发生较严重。

表 10-3　两个地区水稻有害生物流行和危害程度

变量 [a]	流行程度/%		危害程度 [b]	
	沾益 [c]	寻甸 [d]	沾益	寻甸
BLB	17.8	93.4	9.1	170.9
LB	35.6	86.9	11.8	158.4
BS	13.1	33.3	8.4	67.3
RS	55.6	9.8	37.2	10.0
NB	22.2	23.0	0.9	1.9
RB	91.1	34.4	6.6	1.2
FSM	91.1	83.6	5.3	3.7
ShB	17.8	54.1	0.8	4.3
PH	100.0	100.0	80.3	64.6
LH	100.0	100.0	152.9	538.5
AW	8.9	86.9	0.7	9.0
LF	73.3	90.2	14.0	30.5
DH	91.1	88.5	3.6	4.9
WH	71.1	100.0	3.1	5.4
WA	84.4	93.4	1 065.6	2 210.2
WB	93.3	100.0	11 310.0	9 995.3

注：a. 所列变量见表 10-1；b. 各变量单位见表 10-1；c. 沾益调查 45 块田；d. 寻甸调查 61 块田

2. 种植管理模式的特点

通过二次聚类分析，确定为 6 类种植管理模式（表 10-4），即 PR1、PR2、PR3、PR4、PR5 和 PR6。PR1 和 PR4 是两大类，田块数分别为 38 块和 20 块；PR2、PR3、PR5 和 PR6 包括的田块数相对较少，分别为 13 块、9 块、16 块和 10 块。PR1 特点：水稻移栽日期适中，移栽密度相对较低，平均每丛分蘖数最高；化肥投入量较高，劳动力投入多，水分管理较好，农药（除草剂、杀虫剂和杀菌剂）使用次数最多。PR2 特点：移栽日期适中，栽植密度最低，约为 40 丛/m²，分蘖数中等；化肥投入量最高，劳动力投入多，水分供应充足，农药使用次数较多。PR3 特点：移栽较迟，栽植密度中等，分蘖数偏低；化肥施用量中等，水分供应充足，农药使用次数较少。PR4 特点：移栽日期适中，栽植密度中等，分蘖数较多；化肥投入量中等偏低，劳动力投入较少，农药使用次数较少。PR5 特点：移栽最迟，栽植密度较高，分蘖数偏低，化肥施用量中等，劳动力投入最少，水分供应相对较少，农药使用次数较多。PR6 特点：栽植密度最高，约为 67 丛/m²，移栽偏早，分蘖数较少；化肥施用量最低，水分供应相对偏少，杀虫剂和杀菌剂使用很少。在这些聚类中，PR4 和 PR2 属于高产模式、PR1 和 PR6 属于中产模式、PR5 和 PR3 属于低产模式（表 10-4）。

表 10-4　跨地区种植管理模式的特点

变量 [a]	跨地区种植管理措施聚类 [b,c]（平均值±标准误）					
	PR1[d]（38）	PR2[e]（13）	PR3[f]（9）	PR4[g]（20）	PR5[h]（16）	PR6[i]（10）
DE	49.7±1.9	39.7±1.5	58.2±1.9	59.7±3.8	65.8±1.7	67.2±2.8
MT	9.6±0.1	8.4±0.2	7.9±0.2	9.3±0.2	8.0±0.2	7.7±0.2
TD[j]	1.9±0.1	2.0±0.2	2.4±0.3	2.0±0.1	2.7±0.2	1.1±0.1
WS[j]	3.1±0.1	3.3±0.1	3.3±0.1	2.9±0.1	2.5±0.1	2.7±0.2
MF	333±23	457±58	238±41	203±14	228±23	153±27
HU	1.1±0.1	0.8±0.1	0.8±0.2	1.1±0.1	1.0±0.1	0.9±0.1
IU	1.9±0.2	1.5±0.2	1.6±0.2	1.3±0.2	1.4±0.3	0.3±0.2
FU	1.7±0.2	1.2±0.2	0.9±0.3	0.8±0.2	1.3±0.3	0.2±0.1
LI[j]	2.2±0.1	2.2±0.2	1.7±0.2	1.6±0.1	1.5±0.1	1.6±0.2
Y[k]	9.0±0.1	9.3±0.3	7.5±0.4	9.3±0.2	7.8±0.2	8.3±0.4

注：a. 所列变量见表 10-1；b. 跨地区各聚类的名称后面是该聚类所包含的田块数；c. ZY 代表沾益，XD 代表寻甸，地区内聚类（标签格式 PR SITE no.，如 PRZY1）是初步聚类分析的结果，这里没有显示；d. PR1 包括 PRZY1、PRZY4 和 PRXD3 地区内聚类，分别包含 13 块、12 块和 13 块田；e. PR2 包括 PRZY3 和 PRZY5 地区内聚类，分别包含 9 块和 4 块田；f. PR3 包括 PRXD1 和 PRXD2 地区内聚类，分别包含 5 块和 4 块田；g. PR4 包括 PRZY2 和 PRXD4 地区内聚类，分别包含 7 块和 13 块田；h. PR5 包括 PRXD5 和 PRXD7 地区内聚类，分别包含 12 块和 4 块田；i. PR6 包括 PRXD6 地区内聚类，包含 10 块田；j. 平均级别；k. 产量没有包含在聚类分析中

3. 有害生物危害模式特点

通过二次聚类分析产生了 5 种聚类模式（图 10-1），其中 IN2、IN4、IN5 包含的田块数相差不大，分别为 12 块、14 块和 13 块；IN1 和 IN3 包含的田块数较多，分别为 39 块和 28 块。图 10-1 也表明了 5 种聚类模式中 16 种危害的相对危害程度。IN1 特点：有害生物整体危害水平最低，其中水稻条纹叶枯病、恶苗病、稻飞虱、低于水稻冠层杂草发生水平相对高于其他危害模式，而水稻白叶枯病、叶瘟病、胡麻斑病、黏虫、高于水稻冠层杂草发生水平相对低于其他危害模式。IN2 特点：整体危害水平中等偏低，其中水稻条纹叶枯病、稻曲病、高于水稻冠层杂草发生水平相对较高，而水稻白叶枯病、纹枯病、叶蝉、黏虫发生水平相对偏低。IN3 特点：整体危害水平最高，其中水稻叶瘟病和水稻穗颈瘟病、胡麻斑病、稻纵卷叶螟、枯心发生最严重，纹枯病、黏虫、高于和低于水稻冠层杂草发生水平也较高。IN4 特点：整体危害水平中等偏高，其中水稻纹枯病、黏虫、白穗、高于水稻冠层杂草发生水平最高，水稻白叶枯病、叶瘟病、低于水稻冠层杂草发生水平较高，水稻恶苗病、胡麻斑病发生水平很低。IN5 特点：整体危害水平中等，除了水稻白叶枯病、稻曲病发生最严重外，其他病害相对较轻，水稻条纹叶枯病和恶苗病没有发生；黏虫、稻飞虱、叶蝉发生水平很高；杂草发生水平相对较低。IN1 稻谷平均产量最高（9.4t/hm^2）；IN3 平均产量最低（8.0t/hm^2）；IN2、IN4 和 IN5 平均产量分别为 8.3t/hm^2、8.4t/hm^2 和 8.9t/hm^2。

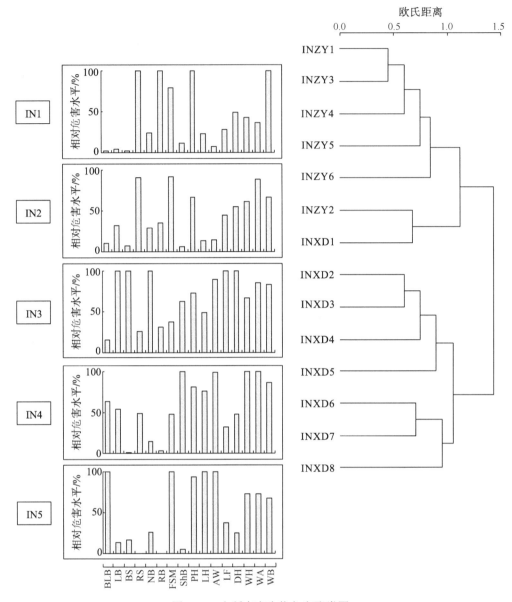

图 10-1　水稻有害生物危害聚类图

用最长距离法和欧氏距离对两个地区水稻有害生物危害进行聚类分析，得出 5 种聚类模式。该分析包含 16 个分级变量（表 10-2），左侧柱形图显示了 5 种聚类模式的特点（纵轴表示 5 种聚类模式中各危害的相对危害水平。右侧为聚类图，给出了每一大类包含的地区内聚类（用同样的方法进行初步聚类分析，这里没有显示）的每一小类（标签格式 IN SITE no.，如 INZY1），IN1 包括 INZY1、INZY3、INZY4、INZY5 和 INZY6 地区内聚类，分别包含 10 块、9 块、7 块、7 块和 6 块田；IN2 包括 INZY2 和 INXD1 地区内聚类，各包含 6 块田；IN3 包括 INXD2、INXD3、INXD4 和 INXD5 地区内聚类，分别包含 7 块、8 块、9 块和 4 块田；IN4 包括 INXD6 和 INXD7 地区内聚类，分别包含 9 块和 5 块田；IN5 包括 INXD8 地区内聚类，包含 13 块田

4. 种植管理模式、有害生物危害模式的地区分布

种植管理模式和有害生物危害模式在地区分布上都有一定的特点，一些模式是跨地区（普遍）存在的，而另一些模式是地区特有的（表 10-4，图 10-1）。如 PR1 和 PR4 在两个地区普遍存在（包含的田块数较多），而其他种植模式是地区特有的（PR2 只存在于沾益

县，PR3、PR5 和 PR6 只存在于寻甸县，这也说明寻甸县在种植管理措施方面差异较大）。有害生物危害情况在两个地区差别较大，只有 IN2 在两个地区同时存在，且包含的田块数较少；其他危害模式是地区特有的，沾益的有害生物危害情况同质性较高（IN1 只存在于沾益县，包含 39 块田，约占沾益县所调查田块数的 90%），而寻甸的有害生物危害情况差异性较大（IN2、IN3、IN4 和 IN5 在寻甸县同时存在）。表明寻甸在种植管理和有害生物危害方面具有多样性，二者可能具有较高的相关性。

5. 种植管理模式、有害生物危害模式和各产量水平之间的关联性

每一块稻田都对应特定的种植管理模式、有害生物危害模式和产量水平，根据三者交叉分类频数分布建立了 3 个二维列联表，即[IN×PR]、[PR×Y]和[IN×Y]。对 3 个列联表进行卡方检验，结果表明水稻有害生物危害模式和种植管理模式存在很强的联系（$\chi^2 = 60.2$，$P < 0.0001$），水稻种植管理模式和产量水平（$\chi^2 = 24.5$，$P = 0.0064$）及有害生物危害模式和产量水平（$\chi^2 = 38.2$，$P = 0.0014$）之间也存在较强的联系，因此三者之间的频数分布并不是相互独立的，而是存在较强的关联性。

6. 限产因素和减产因素与产量变化的关联性

将种植管理和有害生物危害包含的变量分别看作水稻生产中的限产因素和减产因素，对每个变量与产量的列联表进行卡方检验，研究各种限产、减产因素与产量变化的关联性（表10-5）。结果表明一些因素与产量显著相关，如 MF、LI 等限产因素和 AW、WH、BLB、LB、WA 等减产因素，它们是影响两个地区水稻产量的关键因素；一些因素对产量的影响不显著，如 WS、FSM、LH 等。

表 10-5　限产因素和减产因素对产量影响的卡方检验

变量[a]	卡方值 χ^2	自由度（df）	概率（P）	列联表检验评述
		种植管理（限产因素）		
DE	27.4	8	0.0006	低 DE 对应高产
MT	20.7	8	0.0079	高 MT 对应高产
TD	11.1	8	0.1956	关联性不显著
WS	10.2	8	0.2517	关联性不显著
MF	16.7	8	0.0338	化肥施用量高对应产量高
PU[b]	16.1	8	0.0405	中高使用次数对应高产
LI	20.0	8	0.0102	劳动力投入多对应高产
		有害生物危害（减产因素）		
BLB	19.8	8	0.0110	高 BLB 对应低产
LB	21.0	8	0.0073	高 LB 对应低产
BS	19.8	8	0.0111	高 BS 对应低产
RS	9.9	4	0.0418	RS 不发生对应低产
NB	1.9	4	0.7618	关联性不显著

变量 [a]	卡方值 χ^2	自由度（df）	概率（P）	列联表检验评述
RB	15.1	8	0.0576	关联性不显著
FSM	4.3	8	0.8269	关联性不显著
SHB	7.9	8	0.4472	关联性不显著
PH	4.7	8	0.7848	关联性不显著
LH	3.3	8	0.9129	关联性不显著
AW	34.8	8	<0.0001	高 AW 对应低产
LF	12.9	8	0.1170	关联性不显著
DH	10.1	8	0.2562	关联性不显著
WH	17.8	8	0.0231	高 WH 对应低产
WA	21.2	8	0.0067	高 WA 对应低产
WB	7.7	8	0.4629	关联性不显著

注：a. 所列变量见表 10-1；b. PU 代表农药使用次数，包括除草剂、杀虫剂和杀菌剂

7. 二维列联表的对应分析

对[IN×PR]、[PR×Y]、[IN×Y] 3 个列联表分别进行对应分析，在这 3 个对应分析中，前两个轴（公因子）所能解释的累积贡献率均超过 90%，且以第一维度为主，图 10-2 为分析结果。

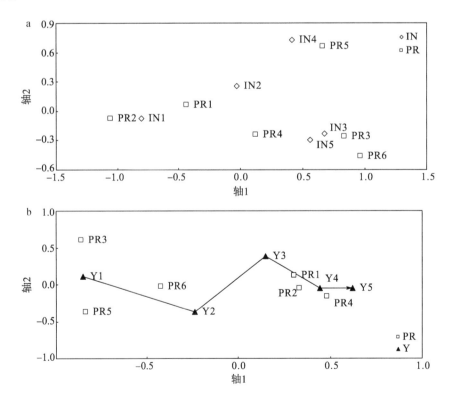

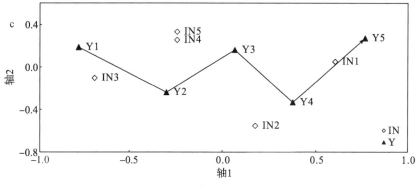

图 10-2　简单对应分析图

a. [IN×PR]列联表的对应分析；b. [PR×Y]列联表的对应分析；c. [IN×Y]列联表的对应分析。图 10-2 涉及 3 个对应分析，分别在各对应分析的前两个轴上绘出了各种水稻种植管理模式（PR）、有害生物危害模式（IN）和各产量水平（Y）位置。在这 3 个对应分析图中，前两个轴所解释的信息均占总信息的 90%以上

　　图 10-2a 说明 PR3、PR6 与 IN3、IN5 联系紧密，PR2 与 IN1、PR5 与 IN4 联系紧密，而 PR1、PR4 和 IN2 三者联系不够紧密。总体上，可以看出水稻种植管理模式与有害生物危害模式关联紧密。图 10-2b 绘出了产量水平增加的路线。这条路线主要由轴 1 来解释，它说明随着产量的增加种植管理模式由 PR6 到 PR1 和 PR2，最后指向 PR4 的发展变化；PR3 和 PR5 相对远离这条路线，但二者都与低产相联系。图 10-2b 也表明种植模式与产量之间存在很强的联系。图 10-2c 中产量水平增加的路线也说明有害生物危害模式由 IN3 到 IN4 和 IN5，再到 IN2，最后指向 IN1 的发展变化，IN3 与低产相联系，IN1 与高产相联系。

8. 多维列联表的对应分析

　　图 10-2 所示的一系列关系可以用一个多维列联表[IN×PR, Y, Site]来解释，实际上它包含多个列联表，在结构上类似于一个相关矩阵。对其进行对应分析时，IN 和 PR 作为有效变量，Y 和 Site 作为附加变量，数值结果见表 10-6。

表 10-6　多维列联表对应分析各变量相对权重及相对贡献率

变量和级别	相对权重	轴 1			轴 2		
		坐标	相对贡献率/%		坐标	相对贡献率/%	
			对轴 1	对变量		对轴 2	对变量
行变量							
IN1	0.3679	−0.8078	57.11	98.61	−0.0764	2.06	0.88
IN2	0.1132	−0.0290	0.02	0.37	0.2597	7.33	29.59
IN3	0.2642	0.6746	28.59	83.28	−0.2320	13.65	9.85
IN4	0.1321	0.4107	5.30	23.63	0.7261	66.86	73.85
IN5	0.1226	0.5549	8.98	57.39	−0.2928	10.09	15.98

变量和级别	相对权重	轴 1			轴 2		
		坐标	相对贡献率/%		坐标	相对贡献率/%	
			对轴 1	对变量		对轴 2	对变量
列变量							
PR1	0.3585	−0.4321	15.92	87.22	0.0612	1.29	1.75
PR2	0.1226	−1.0610	32.84	97.47	−0.0766	0.69	0.51
PR3	0.0849	0.8336	14.03	89.82	−0.2615	5.58	8.84
PR4	0.1887	0.1253	0.70	7.52	−0.2443	10.82	28.63
PR5	0.1509	0.6613	15.70	50.12	0.6566	62.49	49.42
PR6	0.0943	0.9628	20.80	73.75	−0.4596	19.13	16.81
附加变量							
Y1	—	0.7712	—	92.67	−0.1307	—	2.66
Y2	—	0.2413	—	29.85	−0.0153	—	0.12
Y3	—	−0.0378	—	2.69	0.1485	—	41.58
Y4	—	−0.3436	—	41.36	−0.0031	—	0.00
Y5	—	−0.7636	—	86.46	0.0092	—	0.01
XD	—	0.8009	—	98.35	0.0723	—	0.80
ZY	—	−1.0857	—	98.35	−0.0980	—	0.80
各轴所解释的信息量		73.3%			18.2%		

对应分析产生的前两个轴的累积贡献率为 91.5%；PR2 和 IN1 是决定轴 1 的重要变量（对轴 1 贡献率最大的变量）；PR5 和 IN4 是决定轴 2 的主要变量（表 10-6）。在轴 1 上 PR2 与 IN1 存在紧密联系，在轴 2 上 PR5 与 IN4 存在联系，并和另一组变量（PR3、PR6 与 IN3、IN5）的方向相反。这两个轴能很好地解释两个地区 PR、IN 的变化；反之，用这两套合成变量（PR 和 IN）也能对两个地区进行较好的描述（对寻甸和沾益的积累贡献率均超过 99%）。这两个轴也对所有产量水平进行了非常好的描述，尤其是 Y1 和 Y5（对 Y1 和 Y5 的积累贡献率分别为 95.33% 和 86.47%），而中间产量水平由于较接近原点，因此，不可能有一个较大的贡献率，同时不同产量级别在两个轴上（尤其轴 1）的坐标也说明了两个地区存在较大的产量梯度。

该对应分析的图示结果见图 10-3，形成了有一定差异的四组变量。

第一组，以 IN3 为中心，扩展到 Y1、IN5、PR3、PR6，对应于寻甸地区。

第二组，涉及 PR4、IN2、PR1、Y2、Y3、Y4，同时存在于寻甸和沾益地区。

第三组，包括 IN1、PR2、Y5，对应于沾益地区。

第四组，包括 PR5 和 IN4，也对应于寻甸地区。

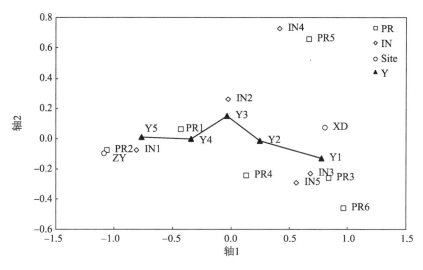

图 10-3　多维列联表对应分析图

多维列联表包含水稻有害生物危害模式和种植管理模式、地区、产量的列联表，在对应分析中地区和产量作为附加变量。图中显示了产量增加的路线，对该图的解释见正文和表 10-6

　　图 10-3 也绘出了产量水平增加的路线，这条路线说明了水稻产量从 PR6、PR3、IN5 和 IN3（第一组变量，对应于寻甸地区）开始到 PR4、IN2 和 PR1（第二组变量，同时存在于寻甸和沾益地区），再到 IN1 和 PR2（第三组变量，对应于沾益地区）有规律的增加。IN4 和 PR5（第四组的变量，对应于寻甸地区）位置偏离了产量水平增加路线，其相对位置也说明这一组产量波动范围较大，与中低产相联系。

　　本研究以云南高原粳稻主产区为对象，调查对该系统生产力（水稻产量）有重要影响的种植管理模式、有害生物危害等情况，研究水稻种植管理和有害生物复合危害特点及其与产量的关系。本研究区别于国内以往只对某一种或某几种种植管理措施或病、虫、草害的调查及其对水稻产量影响的研究，而是基于几十个变量上百块田块的综合调查，从更宏观的层面上阐明了水稻种植管理模式、有害生物危害模式、产量三者之间的关系，克服了以往仅通过单一因素与产量损失间关系分析的偏颇性，研究结果将为基于当地农业特点，探索提高区域水稻平均产量的途径提供理论基础。在分析方法上，针对多数变量数据资料非正态分布的特点（尤其是有害生物危害情况），借鉴了国外在相关研究中采用的非参数多变量统计方法，即聚类分析和对应分析，实现了对大宗数据的压缩与合成，使解释水稻种植管理模式、有害生物危害模式与产量三者之间的关系成为可能。

　　测定有害生物危害情况及其引起的产量损失，对于评价某一危害的重要性是非常必要的。本研究中所统计的一些有害生物危害在两个地区普遍存在，如 PH、LH、FSM 等，但这并不能完全代表它的重要性，本研究的卡方检验证实了这一点。而有些危害一旦发生或流行，即可导致相当大的减产，如 BLB、LB 等（Greenacre，1984；Willocquet et al.，2000），与本研究中的卡方检验结果一致。

　　在限产因素中，许多报道表明田间水分供应是一个重要因素（Savary et al.，2005），但在本研究中由于两个地区雨水充足、农田排灌设施条件较好，水分对水稻产量的影响并不显著。而农药使用（IU、HU、FU）与产量间呈正相关关系。其原因可能是：①农药通过控制有害生物危害保证了高产；②农药的使用与其他保证水稻高产的生产技术间存在一定的互作，如大面积单一种植高产品种导致的危害加剧（Zhu et al.，2000）。另外，本研究得出劳动力投入量（是否施用有机肥、追肥、人工除草等）与产量呈正相关，与其他研究报道一致。尤其是随着当今农村进城务工人员的增加，水稻生产中间管理环节劳动力投入不足的问题突出。

水稻产量的变化与种植管理措施和有害生物危害的综合作用是密不可分的。对众多变量构成的不同田块的聚类分析，得到了几种种植管理模式和有害生物危害组合类型。考察两种聚类之间的关系，第一个无效假设（种植模式与有害生物危害情况之间不存在任何联系）被拒绝；另外，关于产量与种植管理模式、有害生物危害模式之间相互独立的两个无效假设也都被拒绝，这两个检验进一步说明了种植模式和有害生物危害模式的聚类的确抓住了能解释产量变化的相关信息量。图 10-2a 表明有害生物危害类型与种植管理模式之间的联系非常紧密（如 PR2 与 IN1、PR5 与 IN4），二者之间如此紧密的联系在前人的研究中也曾发现；然而目前的结果反映了高海拔、跨地区的稻作情况，同时也进一步说明了前人的研究结果在更大的区域上也是正确的（即在区域水平上种植模式是影响有害生物危害情况的关键性因素）。当分别考虑各种种植管理模式和有害生物危害模式与产量水平的关系时，都得到了一条产量变化的路线，表明各种模式所对应的产量水平。

多维列联表的对应分析为最终结果提供了一个综合的信息。前两个轴对产量水平很高的相对贡献率说明该对应分析抓住了产量水平变化的大部分信息水平，也形成了一个很好的分析产量变化的框架，它包括种植管理、有害生物和试验地点几个方面，同时它表明运用现有的生产技术，通过稻田生态系统的优化调节，如加强田间管理（如施用有机肥、追肥、人工除草、有害生物防治等），特定地区（如寻甸）水稻产量仍然有较大的提升空间。

10.2　水稻多元有害生物危害特征及产量损失量化

近年来世界范围内的农业变革使各地区水稻生产技术得到了不同程度的提高，如灌溉、高产品种使用、肥料管理、有害生物防治等对水稻产量起到了一定的增产效果，但其中的一些变化也使稻田有害生物的流行频率大大提高，一些次要病虫害上升为主要病虫害（Timsina and Connor，2001；Savary et al.，2005；程式华和李建，2007；董坤等，2009）。因此，任何水稻种植区都面临着改善稻田有害生物的治理水平，以适应本地区农业的变革。但要改善一个地区稻田有害生物的治理水平，确定相应的防治策略，就必须先了解该地区稻田有害生物复合体（病、虫、草）的特点，确定多元有害生物复合危害对水稻产量的影响（Savary et al.，1994）。因此，分析现代农业生产中多元有害生物复合危害的特点及其造成的作物产量损失已成为农田生态系统研究的重要领域（Savary et al.，2000a；Willocquet et al.，2004）。

稻田生态系统中的有害生物，就病、虫、草而言，种类繁多。病、虫、草害的发生往往不是单一的，而是多种有害生物同时发生复合危害。因此，要确定稻田有害生物复合危害的特点，就需要在特定时间序列上利用抽样调查方法收集代表性田块的相关数据（Savary et al.，1996）。首先根据病、虫、草的危害方式和机制（抑制光合作用、加速组织衰老、取食作物组织、吸食性危害、竞争性危害等），制定详细的调查方案，然后在水稻生长季节调查大量的田块，最后利用这些信息解释产量变化的原因还必须从单个田块的特点转移到具有共同特征的田块类群上（Savary et al.，2000b）。

有害生物危害与作物产量损失的关系十分复杂。就水稻而言，危害程度与产量损失的关系最密切，除此之外，产量损失还与水稻受害的生育期、受害的器官和部位、受害时的环境条件、有害生物的危害方式等相关。产量损失的大小是水稻与病虫害相互竞争、相互作用的最终结果（Gaunt，1995；Andow and Hidaka，1998）。从目前的研究来看，虽然对有害生物危害及其减产机制有了深入认识，但往往就病论病、就虫论虫，多集中在单一的病、虫、草害上，往往夸大单一有害生物造成的产量损失（Willocquet et al.，2000；Wilson and Tisdell，2001）；而对水稻生态系统中多种有害生物（病、虫、草）共存条件下的危害及其减产效应研究较少。

本节以云南粳稻主产区为调查地点，系统评估农户田间水稻多元有害生物发生危害的情况，确定有害生物复合危害的类型及其特点，阐明有害生物危害类型和产量水平之间的对应关系，量化各种危害所造成的产量损失及其相对重要性，为本地区有害生物防治策略的制定提供理论依据。

10.2.1　材料与方法

1. 调查时间和地点

2006～2007 年连续两年在云南粳稻主产区沾益、寻甸两地调查了 106 块稻田水稻的有害生物危害和产量等信息。两个地区均属于低纬高原季风气候，灌溉条件较好，种植一季移栽中稻，前作均为蚕豆，水稻主栽品种为'楚粳 24'、'楚粳 26'、'滇系 10'、'合系 41'和'合系 22'。其中，'楚粳 24'、'楚粳 26'为中抗稻瘟病品种，'合系 41'为高抗稻瘟病品种，'滇系 10'和'合系 22'为中抗稻瘟病品种，但相对易感稻曲病。

2. 取样和数据收集

田块选择、田间取样和数据收集参考了 Savary 等（1996）和 Du 等（1997）的方法。每个县所选村庄在该县稻作生产中具有较好的代表性，每个村选择 7～10 块田以体现该村稻作环境条件和种植管理措施（包括有害生物防治措施、肥料施用等）的多样性，同时记录样本田块的基本信息（前作、土壤质地、灌溉条件、水稻品种及其抗性、水稻播种方式及栽植密度、化肥施用量、农药使用时间和次数）。

每块稻田调查 4 次，分别于水稻的分蘖期、孕穗期、蜡熟期和成熟期各进行 1 次。田间采用对角线调查路线，沿水稻田第一条对角线，初步了解水稻生育期、长势及有害生物发生种类；沿第二条对角线，随机选定 10 丛水稻分别调查水稻生长状况（分蘖数、叶数和穗数等）和病虫危害情况，同时在已选定的 10 丛水稻中随机选择 3 丛，分别调查这 3 丛水稻周围 $1m^2$ 区域内的草害情况。病虫害类别主要是基于有害生物的种类进行划分的，而草害分为高于水稻冠层杂草、低于水稻冠层杂草两大类。病虫危害水平指受害器官（分蘖、叶、穗）的数目相对于取样单位（每块田 10 丛）中对应器官数目的百分比；杂草危害水平是通过对 3 个样方内杂草情况的调查，在高于水稻冠层和低于水稻冠层两个水平上，以杂草覆盖地面的百分比来估计。在水稻成熟期，每块田随机选择 3 个 $6m^2$ 的具有代表性的区域分别进行收获测产。每块田收集的数据资料见表 10-7。

表 10-7　每个田块调查变量及其属性列表

变量类型	代表符号	变量描述	单位
危害			
	BLB	水稻白叶枯病	% dsu[a,b]
	LB	水稻叶瘟病	% dsu[a,b]
	BS	水稻胡麻斑病	% dsu[a,b]
	RS	水稻条纹叶枯病	% dsu[a,b]
	ShR	水稻叶鞘腐败病	%[c]
	NB	水稻穗颈瘟病	%[d]
	RB	水稻恶苗病	%[c]
	FSM	水稻稻曲病	%[d]
	ShB	水稻纹枯病	%[c]
	PH	稻飞虱	number dsu[a,e]
	LH	叶蝉	number dsu[a,e]
	AW	黏虫	number dsu[a,e]
	LF	稻纵卷叶螟	% dsu[a,b]
	DH	枯心（蛀茎害虫）	%[c]
	WH	白穗（蛀茎害虫）	%[d]
	WA	高于水稻冠层杂草	% dsu[a,f]
	WB	低于水稻冠层杂草	% dsu[a,f]
产量			
	Y	由 3 个 $6m^2$ 的收获面积得到的估计产量（谷粒产量，14%的含水量）	t/hm^2

a. 0～100 尺度上的发育阶段单位（10. 苗期；20. 分蘖期；30. 拔节期；40. 孕穗期；50. 抽穗期；60. 扬花期；70. 灌浆期；80. 蜡熟期；90. 黄熟期；100. 完熟期），% dsu 和 number dsu 是两个复合单位，分别为有害生物引起的水稻受害率（%）和水稻发育阶段单位（dsu）、单位样方内害虫数量（number）和水稻发育阶段单位（dsu），它们均表示危害进展曲线下的面积；b. 叶片受害率进展曲线下面积；c. 4 次调查中最大的分蘖受害率；d. 4 次调查中最大的穗受害率；e. 平均每丛或每个样方捕捉到的昆虫数量进展曲线下面积；f. 平均每个样方杂草覆盖地面百分比进展曲线下面积

本研究的主要目的是考虑水稻整个生育期多元有害生物的特征（组成、危害水平）及其减产效应。根据各种危害的性质采用两种危害指数，即危害进展曲线下面积、4 次调查中的最高危害水平，表示各种有害生物在水稻整个生育期的危害程度（表 10-7）。危害进展曲线下面积（AUDPC）计算公式如下（Campbell and Madden，1990）：

$$\text{AUDPC} = \sum_{1}^{n} 1/2(X_i + X_{i-1})(T_i - T_{i-1})$$

式中，X_i 表示第 i 次调查时水稻有害生物（如叶瘟病、稻纵卷叶螟）导致的受害叶、受害分蘖、受害穗的比例，或者单位样方内害虫的数量（如稻飞虱、叶蝉），或者单位样方内杂草冠层覆盖地面的百分比；T_i 表示第 i 次调查时水稻所处的发育阶段单位（development stage unit，dsu；即 0~100 尺度上的发育阶段单位，10 表示苗期，20 表示分蘖期，30 表示拔节期，40 表示孕穗期，50 表示抽穗期，60 表示扬花期，70 表示灌浆期，80 表示蜡熟期，90 表示黄熟期，100 表示完熟期）；n 表示总的调查次数。

3. 分析方法

1）水稻有害生物危害类型特征及各危害类型与水稻产量水平之间的关系

该分析应用非参数多元统计技术，主要步骤如下。

第一步，参照 Savary 等（1995）和 Gibbons（1976）的方法对定量变量进行分级。表 10-8 说明了制定的级别和每个级别的数值界限。除了水稻条纹叶枯病（RS）和水稻穗颈瘟病（NB）分为 2 级外，其余变量均分为 3 级，级别界限根据它们各自的频数分布确定。为了较好地分析实际产量的变化，从低产（Y1）到高产（Y5），将产量分为 5 级。

表 10-8　描述调查田块的各变量的分级

变量类型	符号	级别	级别的定义
危害			
	BLB	BLB1，BLB2，BLB3	BLB1=0% dsu；0% dsu<BLB2≤90% dsu；BLB3>90% dsu
	LB	LB1，LB2，LB3	LB1=0% dsu；0% dsu<LB2≤80% dsu；LB3>80% dsu
	BS	BS1，BS2，BS3	BS1=0% dsu；0% dsu<BS2≤70% dsu；BS3>70% dsu
	RS	RS1，RS2	RS1=0% dsu；RS2>0% dsu
	ShR	ShR1，ShR2，ShR3	0%≤ShR1≤15%；15%<ShR2≤30%；ShR3>30%
	NB	NB1，NB2	NB1=0%；NB2>0%
	RB	RB1，RB2，RB3	RB1=0%；0%<RB2≤3%；RB3>3%
	FSM	FSM1，FSM2，FSM3	0%≤FSM1≤3%；3%<FSM2≤5%；FSM3>5%
	ShB	ShB1，ShB2，ShB3	ShB1=0%；0%<ShB2≤5%；ShB3>5%
	PH	PH1，PH2，PH3	0 number dsu<PH1≤50 number dsu；50 number dsu<PH2≤70 number dsu；PH3>70 number dsu
	LH	LH1，LH2，LH3	0 number dsu<LH1≤120 number dsu；120 number dsu<LH2≤360 number dsu；LH3>360 number dsu
	AW	AW1，AW2，AW3	AW1=0 number dsu；0 number dsu<AW2≤9 number dsu；AW3>9 number dsu
	LF	LF1，LF2，LF3	0% dsu≤LF1≤10% dsu；10% dsu<LF2≤25% dsu；LF3>25% dsu
	DH	DH1，DH2，DH3	0%≤DH1≤2.5%；2.5%<DH2≤5%；DH3>5%

变量类型	符号	级别	级别的定义
	WH	WH1，WH2，WH3	0%≤WH1≤2.5%；2.5%<WH2≤5%；WH3>5%
	WA	WA1，WA2，WA3	0% dsu≤WA1≤90% dsu；90% dsu<WA2≤200% dsu；WA3>200% dsu
	WB	WB1，WB2，WB3	0% dsu≤WB1≤500% dsu；500% dsu<WB2≤1200% dsu；WB3>1200% dsu
产量			
	Y	Y1，Y2，Y3，Y4，Y5	$5.50t/hm^2$<Y1≤$7.75t/hm^2$；$7.75t/hm^2$<Y2≤$8.50t/hm^2$；$8.50t/hm^2$<Y3≤$9.25t/hm^2$；$9.25t/hm^2$<Y4≤$9.75t/hm^2$；$9.75t/hm^2$<Y5≤$11.0t/hm^2$

注：所列变量见表 10-7

第二步，聚类分析。用最长距离法和卡方距离对分级编码资料（不包括产量信息）进行田块聚类分析，目的是确定具有相同危害特点的田块类别。这些具有相同危害特征的田块类别又可以看作一个新的合成变量：水稻有害生物危害类型，用 IN 表示。

第三步，建立列联表。根据有害生物危害类型和产量水平交叉分类频数资料建立 1 个二维列联表[Y×IN]，表中行用危害类型表示，列用产量水平表示。然后对该列联表进行卡方检验，阐明列联表行变量和列变量之间的关联性，即有害生物危害类型和产量频数分布之间的独立性。如果二者的分布是有关联的，还需要进行对应分析，进一步明确变量各级别之间的对应关系。

第四步，对应分析。参照 Greenacre（1984）的方法进行对应分析，在二维空间中（轴1 与轴 2 构成的空间）展示有害生物危害类型和产量水平之间的关联程度。

2）估计各种危害造成的损失

该分析应用参数多元统计技术对各危害产量损失进行量化，参照 Savary 等（1997）的方法。首先，将原始数据进行标准化，然后对危害变量进行主成分分析。主成分分析得到的各因子是对原始变量的线性组合，将这些因子作为产量多元逐步回归分析中的自变量进行回归分析。利用得到的回归模型，通过对各因子中的危害变量进行赋值就可以进行产量估计（Savary et al.，1996，1997）。当所有危害变量都设定为最小值时得到的产量看作可实现产量 Ya（attainable yield），即假定水稻没有受到危害（病、虫、草）时的产量（Zadoks and Schein，1979）。然后单独考虑各个危害的情况，得到各危害达到平均危害水平或最大危害水平的产量 Yi，即假定水稻只受到某种危害（病、虫、草）时的产量。某种危害的平均产量损失或最大产量损失就等于 Ya–Yi。

10.2.2 结果与分析

1. 水稻有害生物危害情况和水稻产量变化

表 10-9 显示了水稻有害生物危害程度和流行程度及水稻产量变化。水稻产量的变化幅度较大，为 $5.65\sim11.12t/hm^2$，平均产量为 $8.73t/hm^2$。这可能反映了该区域农业生产状况的差异（如水稻品种、土壤肥力、栽培管理措施和有害生物危害等）。就病害而言，水稻白叶枯病（BLB）、叶瘟病（LB）、叶鞘腐败病（ShR）、恶苗病（RB）和稻曲病

（FSM）流行水平较高，田块发生率都超过了 50%。虫害流行水平高于病害，大多数虫害普遍存在，田块发生率超过 80%，其中稻飞虱和叶蝉的发生率均为 100%。草害（高于水稻冠层杂草和低于水稻冠层杂草）也普遍存在。

表 10-9　危害和产量变量的统计

变量 [a]	最小值	最大值	平均值	标准差	流行水平 [b]/%
BLB	0.0	1464	102.2	192.6	61.3
LB	0.0	867	96.1	152.4	65.1
BS	0.0	652	54.1	110.8	38.7
RS	0.0	180	8.8	30.5	29.2
ShR	0.0	55.3	23.8	12.8	96.2
NB	0.0	39.5	1.5	4.5	22.6
RB	0.0	31.2	3.5	5.4	59.4
FSM	0.0	18.6	4.4	3.6	86.8
ShB	0.0	20.0	2.8	4.8	38.7
PH	2.5	339	71.3	48.2	100.0
LH	4.0	6588	374.8	682.7	100.0
AW	0.0	33	5.5	7.2	53.8
LF	0.0	226	23.5	28.9	83.0
DH	0.0	28.8	4.4	3.8	89.6
WH	0.0	31.2	4.4	4.2	87.7
WA	0.0	3000	173	162	89.6
WB	0.0	3500	1055	805	97.2
Y	5.65	11.12	8.73	1.15	—

a. 所列变量及其单位见表 10-7；b. 调查田块受害百分比

2. 危害类型的特点

聚类分析确定了 7 种有害生物危害类型（IN1～IN7）。图 10-4 显示了各危害类型的特点，每种危害用其相对危害程度表示（相对于 7 种危害类型最高的危害水平）。每种危害类型各种有害生物危害程度见表 10-10。IN1 特点：水稻条纹叶枯病（RS）、叶鞘腐败病（ShR）、恶苗病（RB）和稻曲病（FSM）危害水平较高；水稻白叶枯病（BLB）、叶瘟病（LB）、胡麻斑病（BS）、叶蝉（LH）、黏虫（AW）、枯心（DH）和高于水稻冠层杂草（WA）危害水平较低；水稻纹枯病（ShB）未发生。该危害类型包括 18 块田。IN2 特点：水稻胡麻斑病（BS）、叶鞘腐败病（ShR）、稻飞虱（PH）和低于水稻冠层杂草（WB）危害水平较高；水稻白叶枯病（BLB）、叶瘟病（LB）、穗颈瘟病（NB）、纹枯病（ShB）、稻纵卷叶螟（LF）和高于水稻冠层杂草（WA）危害水平较低；该危害类型有 19 块田。IN3 特点：水稻胡麻斑病（BS）和枯心（DH）危害水平较高；穗颈瘟病（NB）、叶蝉（LH）、黏虫（AW）、稻纵卷叶螟（LF）、白穗（WH）和低于水稻冠层杂草（WB）危害水平较低；该危害类型包括 8 块田。IN4 特点：叶瘟病（LB）和穗颈瘟病（NB）危害水平较高，胡

危害类型及其特征　　田块编号　　卡方距离

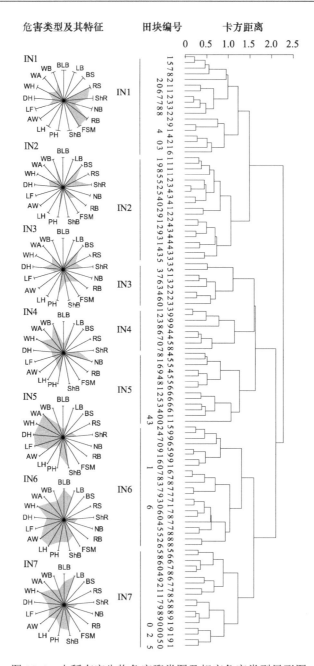

图 10-4　水稻有害生物危害聚类图及相应危害类型星形图

聚类分析得到 7 种有害生物危害类型（IN），涉及 106 块稻田，17 个分级编码的危害变量见表 10-7。右边为聚类图；左边为雷达图，星形图表示各危害类型的特点，图中的雷达图（左图）各辐条长度代表相应危害的相对危害水平，如 IN1 主要表现为条纹叶枯病（RS）、恶苗病（RB）、稻曲病（FSM）、稻飞虱（PH）、蛀茎害虫（白穗 WH）和低于水稻冠层杂草（WB）危害水平较高

麻斑病（BS）和纹枯病（ShB）危害水平较低，条纹叶枯病（RS）未发生；该类型所有虫害危害程度处于中等或较高水平；高于和低于水稻冠层杂草（WA 和 WB）危害水平较高；该危害类型田块数为 8 块。IN5 特点：水稻纹枯病（ShB）、稻纵卷叶螟（LF）、枯心

（DH）、白穗（WH）和高于水稻冠层杂草（WA）危害水平较高；胡麻斑病（BS）和稻曲病（FSM）危害水平较低；穗颈瘟病（NB）未发生；该类型包括 13 块田。IN6 特点：水稻白叶枯病（BLB）、叶瘟病（LB）、纹枯病（ShB）、叶蝉（LH）、黏虫（AW）和白穗（WH）危害水平较高；胡麻斑病（BS）和恶苗病（RB）危害水平较低；该危害类型包括 21 块田。IN7 特点：水稻白叶枯病（BLB）、叶瘟病（LB）、纹枯病（ShB）和白穗（WH）危害水平较高；稻飞虱（PH）、叶蝉（LH）、黏虫（AW）、稻纵卷叶螟（LF）、枯心（DH）、高于水稻冠层杂草（WA）和低于水稻冠层杂草（WB）危害水平中等；该类型包括 19 块田。从多元有害生物复合危害情况来看，IN1、IN2 和 IN3 整体危害水平较低，而 IN4 整体危害水平中等，IN5、IN6 和 IN7 整体危害水平较高。IN5、IN6 和 IN7 所对应的田块产量较低，平均产量分别为 8.11t/hm^2、8.04t/hm^2 和 8.27t/hm^2；而 IN1、IN2 和 IN3 所对应的田块产量较高，平均产量分别为 9.58t/hm^2、9.28t/hm^2 和 9.29t/hm^2（表 10-10）。

表 10-10　云南粳稻区水稻有害生物危害类型的特点

变量[a]	危害程度[b]（平均值±标准误）						
	IN1（18）	IN2（19）	IN3（8）	IN4（8）	IN5（13）	IN6（21）	IN7（19）
BLB	9±3	4±4	48±31	76±43	69±18	247±44	187±75
LB	10±4	4±3	48±17	184±64	95±23	152±47	192±40
BS	18±6	184±37	149±63	4±3	3±3	11±7	3±2
RS	53±9	27±8	25±13	0±0	19±13	13±9	5±4
ShR	30±3	36±2	25±3	19±4	17±4	18±2	19±3
NB	2.1±0.7	0.1±0.1	0.4±0.4	5.3±4.9	0.0±0.0	2.0±0.8	1.7±0.7
RB	8.6±1.7	4.9±1.6	5.9±1.8	1.4±0.4	1.9±0.5	0.6±0.3	1.3±0.7
FSM	8.0±1.0	3.5±0.7	3.7±0.8	3.9±1.1	1.9±0.7	4.8±0.7	3.4±0.5
ShB	0.0±0.0	1.0±0.4	2.5±1.3	0.4±0.4	5.8±1.7	4.3±1.4	4.8±1.1
PH	71±14	91±17	75±18	61±6	57±7	66±12	71±4
LH	129±35	176±33	144±40	379±140	252±71	851±298	461±70
AW	0.1±0.1	1.6±1.0	0.6±0.6	4.2±1.7	7.8±1.5	12.0±2.1	8.3±1.3
LF	24±3	7±2	13±4	18±4	45±10	32±10	24±4
DH	2.9±0.5	3.6±0.5	5.3±0.7	3.1±0.8	7.5±1.9	4.4±0.9	4.4±0.8
WH	3.5±0.6	3.2±1.6	2.3±0.9	5.0±0.6	5.2±1.0	5.6±0.8	5.1±0.6
WA	115±28	81±15	165±24	176±31	286±68	218±36	193±44
WB	1062±224	1472±202	213±50	1658±305	758±192	1100±158	888±102
Y[c]	9.58±0.17	9.28±0.20	9.29±0.28	8.78±0.45	8.11±0.21	8.04±0.31	8.27±0.19

a. 变量及其单位同表 10-7；b. 各聚类名称后的数字是该类型所包含的田块数；c. 产量没有包含在聚类分析中

3. 对应分析

建立产量（Y）和有害生物危害类型（IN）列联表：[Y×IN]，产量水平作为列联表的列，危害类型作为列联表的行。[Y×IN] 显示田块数按两变量交叉频数分布及二者之间的总体联系。对该列联表进行卡方检验，卡方值为 56.1（$P=0.0002$），表明产量变化和危害类型存在很强的关联性。对应分析产生了两个重要的轴，第一个轴占列联矩阵[Y×IN]总信息的 52.9%，第二个轴占 26.1%（表 10-11）；产生的其他轴分别占总信息的 17.8%和 3.2%。由于前两个轴能解释包含在列联表中的大部分信息（79.0%），所以只保留前两个轴用于进一步的解释。

轴 1 代表了产量增加的梯度，因为对该轴贡献最大的是两个极端产量水平（Y1 和 Y5 的贡献率分别为 46.06%和 40.33%），分别位于轴 1 的左右两端（在轴 1 上 Y1 的坐标值为负，Y5 的坐标值为正）（表 10-11，图 10-5）。除了 Y1 和 Y5 外，轴 1 的确定还取决于有害生物危害类型 IN1（在轴 1 上坐标值为正），因为它对该轴的贡献很大（贡献率为 40.96%），且在轴 1 上的位置与其他几种危害类型相反（即 IN5、IN6 和 IN7，它们在轴 1 上的坐标值为负）。Y2 和 IN5 对轴 2 的贡献很大，并在该轴上与 Y4 和 IN6 的方向相反。

表 10-11 对应分析各变量的相对权重及贡献率

变量和级别	相对权重	轴 1			轴 2		
		坐标	相对贡献率/%		坐标	相对贡献率/%	
			对轴 1	对变量		对轴 2	对变量
列变量							
Y1	0.208	−0.792	46.06	81.87	0.232	8.01	7.02
Y2	0.217	−0.265	5.38	14.20	−0.577	51.84	67.43
Y3	0.198	0.061	0.26	4.36	0.082	0.94	7.88
Y4	0.198	0.338	7.98	22.00	0.489	34.02	46.20
Y5	0.179	0.798	40.33	76.57	−0.201	5.18	4.85
行变量							
IN1	0.170	0.826	40.96	81.07	−0.174	3.68	3.59
IN2	0.179	0.417	11.00	61.04	0.204	5.36	14.66
IN3	0.076	0.395	4.16	21.75	0.229	2.84	7.31
IN4	0.076	0.031	0.02	0.24	−0.582	18.34	87.36
IN5	0.123	−0.602	15.73	42.41	−0.666	39.02	51.82
IN6	0.198	−0.448	14.04	38.54	0.462	30.38	41.09
IN7	0.179	−0.471	14.08	80.73	0.054	0.37	1.05
各轴所解释的信息量		52.9%			26.1%		

通过轴 1 对 IN1、IN2 和 IN7 几种危害类型的贡献值可以看出（分别为 81.07%、61.04%和 80.73%），轴 1 对描述这几种危害类型的贡献值很大，因此能很好地解释它们之间的差异；通过轴 2 对 IN4 和 Y2 的贡献值也可以看出，轴 2 为它们提供了更多的信息。

对产量水平的描述前两个轴也提供了最大的贡献值。总体上看，除了 Y3，对所有产量水平这两个轴都提供了非常好的描述（提供的信息从对 Y4 的 68.20%到对 Y1 的 88.89%）；Y3 属于中等产量水平，由于其位置非常接近坐标系（轴 1 和轴 2）的原点，因此这两个轴不能为 Y3 的描述提供较多信息（只占该产量水平信息的 12.24%）。从轴 1 上的坐标值可以看出从低产（Y1）到高产（Y5）逐渐增大，因此也说明轴 1 代表了水稻产量水平的增加梯度（表 10-11）。

图 10-5 显示了各变量级别在轴 1 和轴 2 构成的坐标系中的投影。在图 10-5 中，IN6
和 IN7 接近 Y1，而 IN4 和 IN5 接近 Y2，IN2 和 IN3 对应于 Y3 和 Y4，IN1 对应于 Y5，这表明
一些危害类型对应着高产水平，另一些危害类型对应着低产水平，说明水稻有害生物危害
类型和产量水平存在紧密联系。根据有序变量 Y（产量）可以绘出产量水平的增加路线，
该路线与轴 1（水平轴）的方向一致，从左到右，从危害类型 IN7（或 IN6 和 IN5）到 IN4，
再到 IN2 和 IN3，最后指向 IN1。表明位于图 10-5 左边的危害类型（IN5、IN6 和 IN7）比位
于右边的危害类型（IN1、IN2 和 IN3）导致的水稻产量损失更大，危害类型 IN5、IN6 和 IN7
包含的水稻田块可能比危害类型 IN1、IN2 和 IN3 包含的田块发生的有害生物种类更多，或
者这些田块的有害生物危害造成的水稻产量损失更大。

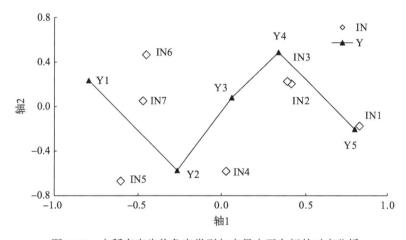

图 10-5　水稻有害生物危害类型与产量水平之间的对应分析

对水稻产量水平和有害生物危害类型列联表[Y×IN]进行分析，在前两个轴构成的空间内绘出了各危害类型和产量水平的位置，
并显示了产量水平的增加路线。在该分析中，所显示的因子平面（即前两个轴构成的坐标系）能解释总信息的 79.0%

4. 变量间的相关性

对本研究中所涉及的变量进行相关分析，皮尔森相关系数列于表 10-12（列出了与产
量相关性达到显著水平的危害，穗颈瘟病除外）。从表 10-12 可以看出，尽管许多变量是
显著相关的，但相关系数较小，不能提供有关变量之间关系的全部信息。然而各变量与产
量的相关性表明水稻白叶枯病（BLB）、叶瘟病（LB）、恶苗病（RB）、纹枯病（ShB）、
稻飞虱（PH）、黏虫（AW）、稻纵卷叶螟（LF）、白穗（WH）和杂草[高于水稻冠层杂草
（WA）和低于水稻冠层杂草（WB）]有显著的减产效应。

5. 初步的主成分分析和回归分析

为了更好地阐述产量与危害变量之间的关系，首先对危害变量（经过标准化处理的数
据）进行初步主成分分析，然后将得到的各主成分用于对产量的多元逐步回归分析。4 个
主成分（1、9、15 和 16）被保留在回归模型中，该模型能解释产量变化信息的

表 10-12　各变量间的皮尔森相关系数

变量	Y	WB	WA	WH	LF	AW	PH	ShB	RB	NB	LB	BLB
BLB	-0.38**	0.03	0.20*	0.27**	0.15	0.29**	-0.04	0.14	0.01	-0.13	0.06	1
LB	-0.42**	0.30**	0.33**	0.26**	0.14	0.29**	-0.04	0.13	0.09	0.54**	1	
NB	-0.15	0.18	0.08	0.07	0.10	0.11	0.02	0.02	0.10	1		
RB	-0.27**	0.17	0.19*	0.18	0.17	0.14	0.12	-0.27**	1			
ShB	-0.24*	-0.17	0.12	0.01	0.21*	0.27**	-0.08	1				
PH	-0.28**	0.04	-0.08	0.03	0.08	0.04	1					
AW	-0.45**	0.20*	0.30**	0.14	0.13	1						
LF	-0.32**	0.05	0.23*	0.24*	1							
WH	-0.41**	0.24*	0.26**	1								
WA	-0.40**	0.15	1									
WB	-0.24*	1										
Y	1											

* 和** 分别表示在 0.05 和 0.01 水平相关性显著

34.6%（$n=106$，$F=13.4$，$P<0.0001$）。在这 4 个危害主成分中，主成分 1 对产量变化的描述有最大的贡献率（$T=-6.44$，$P<0.0001$），能解释产量变化信息的 26.9%。主成分 1 在回归模型中的系数为负，根据其特征向量，可以写出主成分 1 的得分（即经过标准化的危害变量的线性组合）：

$$F(1) = 0.28BLB' + 0.40LB' + 0.09BS' + 0.01RS' - 0.13ShR' + 0.20NB' + 0.15RB' + 0.04FSM' +$$
$$0.13ShB' + 0.27PH' + 0.02LH' + 0.45AW' + 0.30LF' + 0.12DH' + 0.31WH' + 0.35WA' + 0.23WB'$$

6. 危害变量的选择

用于最终主成分分析和回归分析的危害变量的选择有两个标准：①与产量呈显著负相关的变量（表 10-12）；②初步主成分分析中对主成分 1 有较大贡献的危害变量，因为用危害变量的主成分作为自变量描述产量的变化时（初步回归分析），主成分 1 对水稻减产作用贡献最大。综合以上两个标准，选择以下危害变量用于最终的主成分分析和回归分析：水稻白叶枯病（BLB）、叶瘟病（LB）、穗颈瘟病（NB）、恶苗病（RB）、纹枯病（ShB）、稻飞虱（PH）、黏虫（AW）、稻纵卷叶螟（LF）、白穗（WH）、高于水稻冠层杂草（WA）和低于水稻冠层杂草（WB）。

7. 最终的主成分分析和回归分析

对选择的变量进行主成分分析得到的前 5 个主成分的因子载荷见表 10-13，它们的有害生物危害信息的累积贡献率超过 75%。用这 5 个主成分作为自变量对水稻产量进行逐步多元回归分析，得到的回归方程如下：

$$Y = 8.73 - 0.42F(1) + 0.03F(2) + 0.04F(3) - 0.09F(4) - 0.04F(5)$$

该回归模型可以解释产量变化信息的 61.9%（$n=106$，$F=18.3$，$P<0.0001$），其中截距和 $F(1)$ 对该模型的贡献率达到显著水平（$P<0.0001$）。

表 10-13　水稻有害生物危害的主成分分析前 5 个主成分的因子载荷

变量	各主成分的因子载荷				
	主成分 1	主成分 2	主成分 3	主成分 4	主成分 5
BLB	0.303	−0.421	−0.312	−0.133	0.109
LB	0.392	0.268	0.332	−0.148	0.031
NB	0.204	0.426	0.374	−0.319	−0.013
RB	0.151	0.359	−0.436	0.286	−0.348
ShB	0.131	−0.366	0.542	0.116	0.118
PH	0.300	−0.282	−0.119	−0.502	−0.294
AW	0.460	−0.197	−0.008	−0.014	−0.245
LF	0.290	0.016	0.192	0.572	0.151
WH	0.326	−0.007	−0.308	0.052	0.718
WA	0.351	−0.005	0.009	0.369	−0.363
WB	0.240	0.434	−0.150	−0.212	0.187
各主成分的贡献率/%	28.19	15.73	11.99	10.91	8.68

8. 产量损失估计

根据所涉及的每种危害的平均危害水平或最大危害水平，用上述回归模型可以估计每种危害的平均产量损失和最大产量损失（表 10-14）。从平均产量损失看，减产作用最大的危害是白穗（WH），产量损失为 $0.30t/hm^2$，占可实现产量的 2.99%；其次是高于水稻冠层杂草（WA）、稻纵卷叶螟（LF）、黏虫（AW）、叶瘟病（LB）、低于水稻冠层杂草（WB）和白叶枯病（BLB）。与平均产量损失相比，各种危害的最大产量损失都比较大，相对损失超过 10% 所对应的危害包括白叶枯病（BLB）、稻纵卷叶螟（LF）、

表 10-14　所选危害的产量损失估计

危害	平均危害水平时产量损失 [a]		最大危害水平时产量损失	
	绝对损失/（t/hm²）	相对损失率/%	绝对损失/（t/hm²）	相对损失率/%
BLB	0.12±0.04	1.20±0.39	1.11	11.07
LB	0.15±0.04	1.50±0.35	0.78	7.78
NB	0.02±0.01	0.20±0.07	0.24	2.39
RB	0.07±0.02	0.70±0.22	0.47	4.69
ShB	0.05±0.02	0.50±0.16	0.25	2.49
PH	0.11±0.02	1.10±0.22	0.55	5.48
AW	0.18±0.05	1.79±0.51	0.87	8.67
LF	0.21±0.05	2.09±0.46	1.36	13.56
WH	0.30±0.05	2.99±0.50	1.43	14.26
WA	0.28±0.05	2.79±0.45	1.07	10.67
WB	0.15±0.02	1.50±0.22	0.36	3.59
复合危害产量损失	1.30 ± 0.36	12.95 ± 3.58	—	—

注：a. 估计值后面的数字是 0.05 水平下的置信区间

白穗（WH）和高于水稻冠层杂草（WA）；相对损失 5%～10%所对应的危害包括叶瘟病（LB）、稻飞虱（PH）和黏虫（AW）；相对损失小于 5%所对应的危害包括穗颈瘟病（NB）、恶苗病（RB）、纹枯病（ShB）和低于水稻冠层杂草（WB）。当同时考虑所有危害并将危害水平都设为平均值时，估计产量损失为 1.30t/hm^2，占可实现产量的 12.95%。

云南独特的地理气候环境形成了多样的稻作生态环境，从稻作区划来看，云南可划分为 3 类稻作区：籼稻地区、籼粳稻交错地区和粳稻区（杨忠义等，2007）。沾益县和寻甸县位于云南粳稻区，也是粳稻的主产区。表 10-9 中的危害数据反映了目前农户有害生物治理水平下田间有害生物危害的实际情况。一些危害流行水平较高（田块发生率），如水稻白叶枯病（BLB）、叶瘟病（LB）、叶鞘腐败病（ShR）、恶苗病（RB）、稻曲病（FSM）、稻飞虱（PH）、叶蝉（LH）、黏虫（AW）、稻纵卷叶螟（LF）、枯心（DH）、白穗（WH）、高于水稻冠层杂草（WA）和低于水稻冠层杂草（WB），而另一些危害流行水平较低，如胡麻斑病（BS）、条纹叶枯病（RS）、穗颈瘟病（NB）和纹枯病（ShB）。小型或迁飞性的害虫危害几乎普遍存在，如稻飞虱（PH）、叶蝉（LH）和稻纵卷叶螟（LF）；本地害虫的危害水平也在攀升，如钻蛀性害虫危害（DH 和 WH）和黏虫危害（AW）；这一状况与我国水稻害虫的演替趋势是一致的（程式华和李建，2007）。

本研究的聚类分析确定了 7 种危害类型（图 10-4），它们代表了不同的危害组合，同时也反映了云南粳稻区各有害生物危害程度之间的差异。卡方检验表明产量水平与危害类型之间的联系是显著的，对应分析以图示的方式概括了二者之间的关系（图 10-5）。高产水平对应于一些危害类型，其特点是：要么发生的危害较少，危害水平不高（IN3）；要么发生的危害对产量影响较小（IN1 和 IN2）。产量水平增加路线取决于水平轴，且在水平轴方向上穿越了多数危害类型，从 IN7 或 IN6 和 IN5（低产）到 IN4（中低产），然后到 IN2 和 IN3（中高产），再到 IN1（高产），揭示了有害生物危害类型及其危害水平对水稻产量的影响。

聚类分析和对应分析都取决于频数分布，属于非参数多变量分析方法。尽管这些分析技术对于描述不同类型之间（如有害生物危害类型和产量水平）的关系非常方便，但不能提供变量之间的定量关系，而多变量参数分析方法可以描述变量之间的定量关系。因此，本研究应用主成分分析和回归分析，进一步评估了每种危害对水稻产量损失的影响。在主成分分析基础上得到的回归模型能解释产量变化的大部分信息，为估计危害造成的产量损失提供了必要的保证。这里需强调的是产量并没有作为主成分分析中的一个变量，因此主成分分析得到的特征向量可以看作新的、合成的自变量，可以用于对产量的多元回归分析，表 10-13 中所列的因子载荷阐述了产量解释性变量之间的关系。

本研究表明白穗（WH）对水稻产量的影响较大，而枯心（DH）对水稻产量的影响不显著（表 10-12，表 10-14）。从表 10-9 可以看出，二者的平均危害水平是相同的，二者减产效应的差异可能是由于水稻通过分蘖对枯心危害有一定的补偿作用。本研究的结果与前人研究结果是一致的，Litsinger 等（1987）和 Rubia 等（1989）认为当钻蛀性害虫引起的枯心发生率小于 10%时，不会造成产量损失。

根据本研究调查的全部田块的多元有害生物平均危害水平，利用回归方程计算得出有害生物平均危害损失占水稻可实现产量的12.95%（表10-14）。该损失率远远低于 Savary

等（1997，2000a）所报道的平均危害损失率（分别为28.5%、37.2%）。针对这种差异，通过比较，给出两点解释：①近10年来随着稻作水平的提高，每种危害（杂草除外）造成的绝对产量损失并没有明显下降，只是水稻可实现产量有了显著提高；②这种差异在一定程度上是杂草危害损失率不同造成的。本研究中杂草（高于水稻冠层杂草和低于水稻冠层杂草）危害损失率（4.29%）远远低于 Savary 等（1997，2000a）所报道的草害损失率（10%～20%），主要因为本研究调查的粳稻区均为移栽稻，同时使用除草剂并进行人工除草。基于单一危害所造成的最大产量损失，高于水稻冠层杂草（WA）、白穗（WH）、稻纵卷叶螟（LF）、白叶枯病（BLB）、黏虫（AW）、叶瘟病（LB）和稻飞虱（PH）是这一区域水稻潜在的、减产效应较大的有害生物限制因子。

值得一提的是本研究中水稻多元有害生物复合危害损失小于各种有害生物单独危害产量损失累加值（表 10-14）。这说明危害之间存在互作，危害组合（整体）的减产效应小于单一危害减产效应之和。这一结果与前人的研究结果一致，农田中各种危害存在复杂互作关系是多元有害生物系统的一个普遍特征（Johnson et al.，1986；McRoberts et al.，2003）。

水稻有害生物危害程度和产量损失大小是在特定稻田生态系统中作物与病虫草害相互作用、竞争抑制的最终结果。然而生产中人们采用的耕作制度、水稻品种、水肥管理、农药防治、播种与收获等种植管理措施均对稻田生态系统中水稻、有害生物、天敌、土壤、田间小气候等生物因子和非生物因子造成直接或间接的影响，对水稻有害生物危害特点起着决定性作用。因此，不同稻作区种植管理措施及其对有害生物和稻谷产量的影响越来越受到人们的关注。各种种植管理措施变量与各种水稻有害生物危害变量之间的相关分析表明，农药使用次数与多数病虫害危害程度呈显著正相关。其原因可能是：①农药使用次数多的田块，有害生物危害一般较严重；②部分田块农药防治时期不当，一些有害生物的危害程度已超过经济危害允许水平才开始进行防治，导致农药使用多而防治效果差。水稻品种病虫害抗性强弱与病虫害危害程度呈显著负相关，说明水稻品种抗性相对稳定。另外，化肥施用量、稻株群体密度（涉及移栽密度和每丛平均分蘖数）、水分供应状况等也与多个危害变量显著相关，如移栽密度与纹枯病危害程度呈显著负相关，施肥量与稻纵卷叶螟、稻飞虱、稻瘟病、纹枯病危害程度呈显著正相关，平均每丛分蘖数与枯心率呈显著负相关，深水灌溉或淹水时间过长稻飞虱、白叶枯病发生危害严重。

本研究通过 7 个水稻种植管理措施变量（移栽日期、移栽密度、分蘖数、田间水分状况、化肥施用量、农药使用次数和劳动力投入）对沾益县和寻甸县的 106 块稻田进行聚类分析，确定了 6 种水稻种植管理模式，并在区域水平上阐明了水稻种植管理模式和有害生物危害类型间存在较强的关联性，二者能很好地解释水稻产量的变化诱因，使我们增强了利用种植管理措施调控有害生物危害的信心。本研究基于目前的水稻种植管理水平分析了田间有害生物对水稻产量的限制特点。总体上农民的稻田生态系统管理水平还有待提高，很难协调配合使用各种种植管理措施，如稻田养分资源管理、合理灌排、群体密度控制、有害生物防治等。因此，要提升区域范围内稻作水平和有害生物综合治理水平，必须基于各地区生产条件为农民建立智能型水稻生产管理决策支持系统，提高稻农综合应用各种种植管理措施的能力，以达到增产控害的目的。

参 考 文 献

程式华, 李建. 2007. 现代中国水稻[M]. 北京: 金盾出版社.

董坤, 王海龙, 陈斌, 等. 2009. 水稻种植管理和多元有害生物危害模式特点及其与水稻产量的关系[J]. 生态学报, 29(3): 1140-1152.

何忠全, 毛建辉, 张志涛, 等. 2004. 我国近年来水稻重大病虫害可持续控制技术重要研究进展——非化学控害技术研究[J]. 植物保护, 30(2): 23-27.

黄炳超, 肖汉祥, 张扬, 等. 2006. 不同施氮量对水稻病虫害发生的影响[J]. 广东农业科学, (5): 41-43.

李剑泉, 赵志模, 侯建筑. 2000. 稻虫生态管理[J]. 西南农业大学学报, 22(6): 496-500.

李正跃. 1997. 生物多样性在害虫综合防治中的机制及地位[J]. 西南农业学报, 10(4): 115-123.

刘二明, 朱有勇, 肖放华, 等. 2003. 水稻品种多样性混栽持续控制稻瘟病研究[J]. 中国农业科学, 36(2): 164-168.

彭丽年, 彭化贤, 张小平, 等. 2003. 四川稻区几种重要病虫抗药性评估[J]. 四川农业大学学报, 21(2): 135-138.

沈君辉, 聂勤, 黄得润, 等. 2007. 作物混植和间作控制病虫害研究的新进展[J]. 植物保护学报, 34(2): 209-216.

王伯伦, 刘新安, 王术, 等. 2001. 稻田生态系统的优化调节[J]. 资源科学, 23(6): 36-40.

王寒, 唐建军, 谢坚, 等. 2007. 稻田生态系统多个物种共存对病虫草害的控制[J]. 应用生态学报, 18(5): 1132-1136.

韦永保, 赵厚印. 2002. 水稻病虫总体调查和预报技术探讨[J]. 植保技术与推广, 22(2): 3-5.

杨忠义, 卢义宣, 曹永生. 2007. 云南稻种资源生态地理分布研究[M]. 昆明: 云南科技出版社.

张文庆, 古德祥, 张古忍. 2000. 论短期农作物生境中节肢动物群落的重建 I : 群落重建的概念和特性[J]. 生态学报, 20(6): 286-290.

Andow D A, Hidaka K. 1998. Yield loss in conventional and natural rice farming systems[J]. Agriculture, Ecosystems & Environment, 70(2-3): 151-158.

Campbell C L, Madden L V. 1990. Introduction to Plant Disease Epidemiology[M]. New York: John Wiley & Sons.

Du P V, Savary S, Elazegui F A. 1997. A survey of rice constraints in the Mekong delta[J]. International Rice Research Notes, 22(1): 43-44.

Gaunt R E. 1995. The relationship between plant disease severity and yield[J]. Annual Review of Phytopathology, 33(1): 119-144.

Gibbons J D. 1976. Nonparametric Methods for Quantitative Analysis[M]. 3rd ed. New York: Holt, Rinehart and Winston.

Greenacre M J. 1984. Theory and Applications of Correspondence Analysis[M]. London: Academic Press.

Johnson K B, Radcliffe E B, Teng P S. 1986. Effects of interacting populations of *Alternaria solani*, *Verticillium dahliae* and the potato leafhopper (*Empoasca fabae*) on potato yield[J]. Phytopathology, 76(10): 1046-1052.

Litsinger J A, Canapi B L, Bandong J P, et al. 1987. Rice crop loss from insect pests in wetland and dryland environments of Asia with emphasis on the Philippines[J]. International Journal of Tropical Insect Science,

8(4-6): 677-692.

McRoberts N, Hughes G, Savary S. 2003. Integrated approaches to understanding and control of diseases and pests in field crops[J]. Australasian Plant Pathology, 32(2): 167-180.

Rubia E G, Shepard B M, Yambao E B, et al. 1989. Stem borer damage and grain yield of flooded rice[J]. Journal of Plant Protection in the Tropics, 6(3): 205-211.

Savary S, Castilla N P, Elazegui F A, et al. 2005. Multiple effects of two drivers of agricultural change, labor shortage and water scarcity, on rice pest profiles in tropical Asia[J]. Field Crops Research, 91(2): 263-271.

Savary S, Elazegui F A, Moody K, et al. 1994. Characterization of rice cropping practices and multiple pest systems in the Philippines[J]. Agricultural Systems, 46(4): 385-408.

Savary S, Elazegui F A, Teng P S. 1996. A survey portfolio for the characterization of rice pest constraints[R]. IRRI Discussion Pap. Ser. 18 Los Baños, Philippines.

Savary S, Madden L V, Zadoks J C, et al. 1995. Use of categorical information and correspondence analysis in plant disease epidemiology[J]. Advances in Botanical Research, 21(8): 213-240.

Savary S, Srivastava R K, Singh H M, et al. 1997. A characterisation of rice pests and quantification of yield losses in the rice-wheat system of India[J]. Crop Protection, 16(4): 387-397.

Savary S, Willocquet L, Elazegui F A, et al. 2000a. Rice pest constraints in tropical Asia: quantification of yield losses due to rice pests in a range of production situations[J]. Plant Disease, 84(3): 357-369.

Savary S, Willocquet L, Elazegui F A, et al. 2000b. Rice pest constraints in tropical Asia: characterization of injury profiles in relation to production situations[J]. Plant Disease, 84(3): 341-356.

Timsina J, Connor D J. 2001. Productivity and management of rice-wheat cropping systems: issues and challenges[J]. Field Crops Research, 69(2): 93-132.

Willocquet L, Elazegui F A, Castilla N, et al. 2004. Research priorities for rice pest management in tropical Asia: a simulation analysis of yield losses and management efficiencies[J]. Phytopathology, 94(7): 672-682.

Willocquet L, Savary S, Fernandez L, et al. 2000. Development and evaluation of a multiple-pest, production situation specific model to simulate yield losses of rice in tropical Asia[J]. Ecological Modelling, 131(2-3): 133-159.

Wilson C, Tisdell C. 2001. Why farmers continue to use pesticides despite environmental, health and sustainability costs[J]. Ecological Economics, 39(3): 449-462.

Zadoks J C, Schein R D. 1979. Epidemiology and Plant Disease Management[M]. New York: Oxford University Press.

Zhu Y Y, Chen H R, Fan J H, et al. 2000. Genetic diversity and disease control in rice[J]. Nature, 406(67): 718-722.

第11章 养分管理控制蚕豆病虫害的研究实例

笔者通过田间小区试验，研究间作及施氮对小麦和蚕豆害虫发生的影响。试验采用两因素随机区组设计，A 因素为施氮量，设 4 个水平（蚕豆的氮肥施用量），即 N_0（不施氮）、N_1（施氮 45kg/hm²）、N_2（施氮 90kg/hm²）、N_3（施氮 135kg/hm²）；B 因素为种植模式，设蚕豆单作（M）和蚕豆与小麦间作（I）两种种植模式，8 个处理，重复 3 次，共 24 个小区。小麦氮肥施用量为蚕豆氮肥施用量的两倍。

11.1 施氮对蚕豆斑潜蝇发生的影响

从图 11-1 可看出，斑潜蝇发生初期（3 月 4 日），施氮对单作、间作蚕豆斑潜蝇的幼虫发生率和虫情指数都无显著影响；斑潜蝇发生盛期（3 月 25 日），单作和间作蚕豆斑潜蝇幼虫发生率和虫情指数都有随施氮量的增加呈先下降后上升的趋势，其中间作条件下 N_2 处理斑潜蝇幼虫发生率和虫情指数都显著低于 N_0 处理，分别比 N_0 处理降低了 24.4% 和 34.0%，单作和间作平均幼虫发生率与虫情指数在 N_1 和 N_2 水平下也显著低于 N_0 处理，N_1 和 N_2 水平下平均幼虫发生率分别比 N_0 降低了 8.3% 和 12.8%，平均虫情指数分别比 N_0 降低了 23.6% 和 21.3%。

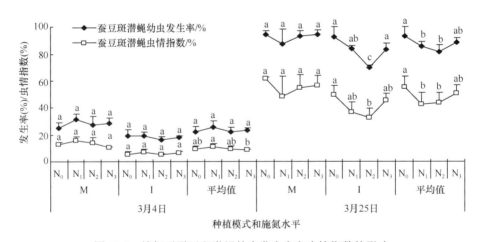

图 11-1 施氮对蚕豆斑潜蝇幼虫发生率和虫情指数的影响

合理施肥是害虫综合治理中的有效措施之一，实际上合理施肥就是通过供给作物必需的矿质营养元素以改善作物的营养状况。合理施肥控制害虫的危害有以下几方面的作用（张福锁，1993）：①改善作物的营养条件，提高作物的抗虫能力；②促进作物生长发育，避开有利于害虫危害的危险期或加速虫伤部分的愈合；③改善土壤性状，使害虫生存和蔓延的土壤环境条件恶化；④直接杀死害虫。戴小华等（2002）的研究表明，低氮和高氮供应都不利于美洲斑潜蝇的取食及产卵。陈远学（2007）的研究表明，温室和田间条件下，蚕豆斑潜蝇虫情指数与叶片氮含量间无显著的相关关系。笔者研究结果表明，蚕豆斑潜蝇发生初期，施氮对单作、间作蚕豆斑潜蝇幼虫发生率和虫情指数都无显著影响；斑潜蝇发生盛期，单作和间作蚕豆斑潜蝇幼虫发生率与虫情指数都有随施氮量的增加呈先下降后上升的趋势。间作条件下 N_2 处理斑潜蝇幼虫发生率和虫情指数都显著低于 N_0 处理，幼虫发生率和虫情指数比 N_0 处理分别降低了 24.4%和 34.0%，说明土壤中矿质营养元素过多或不足均可能造成作物营养胁迫，营养胁迫不仅可以从生理生化方面影响作物的新陈代谢过程，还可以从作物的形态学方面乃至生态适应方面影响作物的生长发育。作物对缺氮的主要生理反应是加速蛋白质的分解并累积可溶性氮及碳水化合物。作物受氮素营养胁迫后，蛋白质与碳水化合物的比值就会发生一些变化，一般认为 C/N 下降意味着营养条件的恶化，这种寄主作物营养成分的不平衡会对昆虫产生不良影响（Marschner，1995）。

11.2　施氮对蚕豆赤斑病发生的影响

蚕豆（*Vicia faba* L.）是重要的食用豆类作物之一，富含蛋白质，作为粮食、蔬菜和饲料在世界各地广泛种植。中国是世界上蚕豆种植面积最大、总产量最高的国家。据联合国粮食及农业组织（FAO）统计，2011 年中国干蚕豆生产面积为 0.92 万 hm^2，总产量为 155 万 t，分别占世界总生产面积和总产量的 39.10%和 38.44%（黄燕等，2014）。在蚕豆生产中，赤斑病（chocolate spot）是世界各蚕豆产区最重要的病害之一，主要由蚕豆葡萄孢（*Botrytis fabae*）和灰霉病菌（*Botrytis cinerea*）侵染引起，在中国、加拿大、日本、西班牙、英国、南美、北美、澳大利亚及非洲南部等国家和地区均造成了不同程度的经济损失。例如，在埃及，由蚕豆赤斑病造成的产量损失超过 25%，并且在赤斑病发生严重的情况下产量损失可达 100%（El-Komy et al.，2014）。该病在中国所有蚕豆产区均有发生，其中在长江流域及西南山区尤为严重（黄燕等，2014）。云南省蚕豆种植面积近年平均稳定在 30 万 hm^2 以上，占全国蚕豆播种面积的 40%以上（彭丽年等，2007），目前赤斑病已成为制约我国蚕豆产业发展的主要因素之一（杨进成等，2009）。

在过去的几十年里，增施氮肥一直是提高产量的主要措施之一。然而，氮肥的施用可能会对作物与病原菌的相互作用产生不同的影响。同时氮肥对冠层微气候的影响也是造成作物病害高发的重要原因。刘玲玲等（2008）的研究表明，过量施用氮肥降低了水稻群体的通风透光性，加剧了水稻稻瘟病的发生。贺帆（2010）的研究表明施氮会增大水稻群体质量，降低冠层温度、增加冠层湿度，减小冠层透光率，加重水稻纹枯病的发生。

农业生物多样性是作物病害流行的天然屏障，而间作是增加农田生物多样性的有效措施（朱有勇，2004）。研究表明间作对冠层微气候的改善是实现持续控病的重要原因。水稻与慈姑间作改善了稻田小气候环境，抑制了病菌的滋生和传播，减少了水稻纹枯病和稻瘟病的发生（梁开明等，2014）。玉米与花生间作增加了玉米光照强度，降低了冠层相对湿度，改变了田中郁闭的环境，显著降低了玉米茎腐病的发生（贾曦等，2016）。

间作套种是中国传统农业中的精华，在全国100多种间作组合中，70%的组合有豆科作物参与，其中禾本科//豆科体系在中国西部地区被农民广为接受（彭丽年等，2007）。小麦与蚕豆间作种植是我国西南地区典型的间作种植模式，对小麦白粉病（肖靖秀等，2006）、锈病（陈远学等，2013）和蚕豆赤斑病（鲁耀等，2010）均有良好的控制效果。多年来，有关间作控制气传病害的机制，已经从间作作物遗传背景多样性及作物生理生化特性变化、病原菌的稀释和阻隔作用等方面开展了大量研究并取得了显著进展（朱锦惠等，2017a）。小麦//蚕豆通过提高蚕豆根际土壤锰的有效性和蚕豆叶中锰浓度，减少蚕豆赤斑病的发生（鲁耀等，2010）。最近的研究表明，小麦//蚕豆通过降低间作小麦植株氮含量、延后氮养分吸收高峰及氮养分在各器官中的分配比例，从而显著减轻小麦白粉病的危害（朱锦惠等，2017b）；但有关间作及氮肥施用水平对蚕豆赤斑病发生的影响还缺乏系统研究，间作系统中氮肥调控下作物冠层微气候的变化及其与病害发生的关系尚不清楚。因此，本节以小麦//蚕豆为研究对象，研究间作系统氮肥调控对蚕豆赤斑病发生的影响，探讨田间微气候的变化特征及其与赤斑病发生的关系。本研究对合理选择搭配作物，发挥间作持续控制病害优势，提高作物产量，减少农药使用，实现农业可持续发展具有重要的理论价值与实践指导意义。

11.2.1 材料与方法

1. 供试地点

田间试验分别在寻甸大河桥农场和云南省玉溪市峨山县峨峰村进行（表11-1）。

表 11-1 田间试验供试土壤基本农化性状

地点	有机质/(g/kg)	全氮/(g/kg)	全磷/(g/kg)	全钾/(g/kg)	碱解氮/(mg/kg)	速效磷/(mg/kg)	速效钾/(mg/kg)	pH
峨山	28.9	2.2	0.75	18.3	102	36.9	100.5	6.7
寻甸	12.6	0.9	0.42	9.5	54.2	8.8	51.3	7.8

2. 试验设计

试验为间作和施氮水平两因素设计，随机区组排列。种植模式分别为蚕豆单作（M），小麦与蚕豆间作（I）；4个施氮水平（蚕豆氮肥用量）分别为 N_0（不施氮）、N_1（施氮 45kg/hm²）、N_2（施氮 90kg/hm²）和 N_3（施氮 135kg/hm²），组合为8个处理，每个处理3次重复，共24个小区，小区面积为5.4m×6m=32.4m²。间作小区按6行小麦、2行蚕豆的方式种植，小麦条播，行距0.2m；蚕豆点播，行距0.3m、株距0.15m。间作小区内有3个小麦种植带和4个蚕豆种植带。单作小区蚕豆种植方式与间作小区蚕豆种植方式相同。

蚕豆磷肥施用量为90kg/hm²（以 P_2O_5 计），钾肥施用量为90kg/hm²（以 K_2O 计）。单作小麦和间作小麦的氮肥施用量为蚕豆氮肥用量的2倍，磷、钾肥用量相同。蚕豆氮肥、磷肥和钾肥全部作为基肥一次性施入；单作、间作小麦氮肥50%作为基肥，另外50%作为追肥，在小麦拔节期（蚕豆分枝期）兑水追施。供试肥料为尿素（含 N 46.0%）、普通过磷酸钙（含 P_2O_5 16%）和硫酸钾（含 K_2O 50%），田间日常管理按当地常规进行，整个生长季节不喷施农药，赤斑病为田间自然发生。

3. 蚕豆赤斑病的调查

在蚕豆幼苗期、分枝期、现蕾期、盛花期、结荚期、鼓荚期、成熟期进行田间病害的调查，整个生育期共调查 7 次。调查方法：单作小区沿对角线随机选择 5 个点，每个点调查 2 株；间作小区在第一个种植带内选 3 个点，相邻另一个带内再选 2 个点，每个点调查 2 株蚕豆，单作、间作小区均调查 10 株。每株蚕豆调查所有完全展开叶片的发病情况，分别记录叶片上赤斑病病斑面积占整个叶片面积的比例的百分数，以 6 级标准记载。0 级为蚕豆叶片上无病斑；1 级为病斑面积占叶面积的比例不超过 5%；3 级为病斑面积占叶面积的 6%～25%；5 级为病斑面积占叶面积的 26%～50%；7 级为病斑面积占叶面积的 51%～75%；9 级为病斑面积占叶面积的比例不低于 75%。

计算发病盛期的病情指数和整个生育期的病情进展曲线下面积（AUDPC）（朱锦惠等，2017b）。

病情指数=Σ（各级病情病叶数×相应级值）/（最高级值×调查总叶数）×100

考虑赤斑病在整个生育期的总体危害程度，因此计算了每个处理的 AUDPC 值：

$$AUDPC = \sum_{1}^{n} 1/2(X_i + X_{i-1})(T_i - T_{i-1})$$

式中，X_i 和 X_{i-1} 分别表示第 i 次和第 $i-1$ 次调查时发病率或病情指数；T_i 和 T_{i-1} 分别表示第 i 次和第 $i-1$ 次的调查时间（d）；n 为调查次数。

4. 蚕豆冠层微气候的测定方法

在蚕豆赤斑病发病盛期（盛花期）选择晴朗无云的天气，采用浙江托普云农科技股份有限公司生产的 TPJ-20 型温湿度记录仪和 GLZ-C-G 型光合有效辐射仪，按照田间小气候的测定规范（吕新，2006），于 12～14 时测定冠层中部（2/3 株高）和冠层下部（距地面 20cm）的温度、湿度（相对湿度），以及冠层顶部、中部和下部的光照强度（lx）和冠层光合有效辐射值[μmol/（m²·s）]，并计算冠层内透光率和冠层光合有效辐射截获率（IPAR）。

冠层透光率（%）=（冠层内测定部位光强/冠层顶部光强）×100%（宋伟等，2011）

冠层光合有效辐射截获率（%）=（冠层顶部光合有效辐射值-冠层内测定部位光合有效辐射值）/冠层顶部光合有效辐射值×100%（雷恩等，2015）

5. 数据处理

采用 Excel 2010软件进行数据的整理、初步分析及作图，采用 SAS 9.0（SAS Institute, USA）软件进行双因素方差分析，采用最小显著性差异法（LSD）检验各处理间的差异显著性（P=0.05），用 SPASS 22.0软件进行相关分析。

11.2.2　结果与分析

1. 间作和施氮水平对蚕豆赤斑病病情指数的影响

施氮增加了单作、间作蚕豆赤斑病病情指数。峨山点，与 N_0 相比，N_1、N_2、N_3 处理增加单作蚕豆病情指数，增幅分别为 12.2%、36.0% 和 33.3%，3 个氮水平平均增加 27.2%；同时也增加了间作蚕豆病情指数，增幅分别为 16.1%、32.9% 和 46.4%，3 个氮水平平均增加 31.8%，但施氮对间作蚕豆赤斑病病情指数的影响均未达到显著差异。寻甸点，与 N_0 相比，N_3 处理显著增加单作、间作的蚕豆病情指数，增幅分别为 114.5% 和 88.9%，而 N_1、N_2 处理与 N_0 处理无显著差异，单作、间作条件下 3 个氮水平分别平均增加病情指数 68.3% 和 62.6%。表明施氮明显提高了单作、间作蚕豆赤斑病的病情指数，尤其是高氮条件下病情指数的增幅最大。总体上峨山点各施氮处理下蚕豆赤斑病病情指数均比寻甸点高，但寻甸点赤斑病对氮肥响应更敏感（图 11-2）。

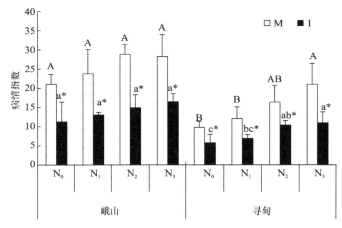

图 11-2　间作和施氮水平对蚕豆赤斑病病情指数的影响

图中不同大写字母和小写字母分别表示单作和间作条件下不同施氮处理间在 0.05 水平下差异显著（$P<0.05$）；*表示相同施氮水平下单作和间作处理间差异显著（$P<0.05$）。后同

与单作相比，间作显著降低了赤斑病的病情指数（$P<0.05$）。峨山点与单作相比，$N_0 \sim N_3$ 水平下间作显著降低了蚕豆的病情指数，降幅分别为 46.8%、45.0%、48.1% 和 41.7%，4 个氮水平下病情指数平均降低 45.4%；寻甸点与单作相比，间作显著降低了蚕豆的病情指数，降幅分别为 40.8%、42.7%、36.3% 和 47.8%，4 个氮水平下病情指数平均降低 41.9%（图 11-2）。表明小麦//蚕豆是控制蚕豆赤斑病危害的有效措施，峨山点间作控病效果略好于寻甸点。

2. 间作和施氮水平对蚕豆赤斑病 AUDPC 的影响

病情进展曲线下面积（AUDPC）可表征作物整个发病阶段的总体危害程度。单作、间作蚕豆赤斑病的 AUDPC 均随施氮量的增加呈上升趋势，以 N_0 处理最低，N_3 处理最高。

峨山点，与 N_0 相比，N_2、N_3 处理显著提高单作蚕豆赤斑病 AUDPC，增幅分别为 41.0% 和 45.7%，而 N_1 与 N_0 相比无显著差异，3 个氮水平 AUDPC 平均增加 33.9%；施氮（N_1、N_2、N_3）对间作蚕豆赤斑病 AUDPC 均无显著影响，3 个氮水平 AUDPC 平均增加 27.1%。寻甸点，与 N_0 相比，N_1、N_2、N_3 处理显著提高单作蚕豆赤斑病 AUDPC，增幅分别为 27.8%、63.5% 和 85.5%，3 个氮水平 AUDPC 平均增加 58.9%；N_2、N_3 处理显著提高间作蚕豆赤斑病 AUDPC，增幅分别为 80.3% 和 101.8%，3 个氮水平 AUDPC 平均增加 69.9%（图 11-3）。表明施氮显著提高了赤斑病的 AUDPC，且寻甸点赤斑病的整体危害程度对施氮的响应比峨山点更敏感。

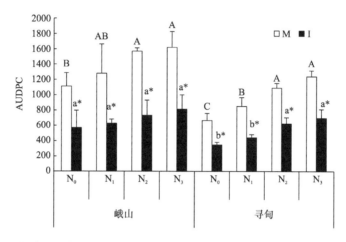

图 11-3 间作和施氮水平对蚕豆赤斑病病情进展曲线下面积（AUDPC）的影响

与单作相比，间作显著降低了蚕豆赤斑病 AUDPC（图 11-3）。峨山点与单作相比，$N_0 \sim N_3$ 水平下间作显著降低蚕豆赤斑病 AUDPC，降幅分别为 49.1%、54.1%、53.6% 和 50.0%，平均降低 51.7%；寻甸点与单作相比，$N_0 \sim N_3$ 水平下间作显著降低蚕豆赤斑病 AUDPC，降幅分别为 48.5%、48.6%、43.2% 和 44.0%，平均降低 46.1%。表明间作能够有效降低赤斑病的整体危害程度，实现对蚕豆赤斑病的有效控制。

3. 间作和施氮水平对冠层温度的影响

与 N_0 相比，峨山点 N_1、N_2、N_3 处理平均降低单作蚕豆冠层中部温度 0.2℃、下部温度 0.17℃；平均降低间作蚕豆冠层中部温度 0.6℃、下部温度 0.3℃。寻甸点 N_1、N_2、N_3 处理平均降低单作蚕豆冠层中部温度 0.83℃、下部温度 0.23℃；平均降低间作蚕豆冠层中部温度 0.4℃、下部温度 0.7℃（图 11-4）。表明施氮能降低蚕豆冠层中、下部的温度，单作条件下，施氮对蚕豆冠层中部温度的影响大于下部。

与单作相比，峨山点 $N_0 \sim N_3$ 水平下间作平均增加蚕豆冠层中部温度 1.5℃、下部温度 1.3℃；寻甸点 $N_0 \sim N_3$ 水平下间作平均增加蚕豆冠层中部温度 1.1℃、下部温度 0.5℃（图 11-4）。表明间作能增加冠层内温度，尤其对冠层中部温度的提高效果高于冠层下部。

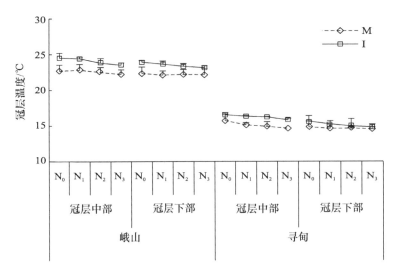

图 11-4　间作和施氮水平对蚕豆冠层温度的影响

4. 间作和施氮水平对冠层相对湿度的影响

峨山点，施氮对单作蚕豆冠层中部、下部相对湿度无显著影响，N_3 处理显著增加间作蚕豆冠层中部相对湿度，增幅为 4.5%，N_2 和 N_3 处理显著增加间作蚕豆冠层下部相对湿度，增幅分别为 5.8% 和 7.1%。寻甸点，单作条件下，与 N_0 相比，N_2、N_3 处理增加蚕豆冠层中、下部相对湿度，增幅分别为 8.2%、15.2% 和 11.3%、13.9%，N_1 与 N_0 相比无显著差异，3 个氮水平平均分别增加 8.5% 和 21.2%；间作条件下，N_2、N_3 处理显著增加蚕豆冠层中、下部相对湿度，增幅分别为 22.7%、28.7% 和 19.1%、20.2%，3 个氮水平平均分别增加 11.2% 和 15.0%（图 11-5）。表明施氮能增加蚕豆冠层内相对湿度，尤其在高氮水平下增幅最大，且施氮对间作蚕豆冠层相对湿度的增加幅度高于单作；施氮对寻甸点蚕豆冠层相对湿度的增加效果大于峨山点。

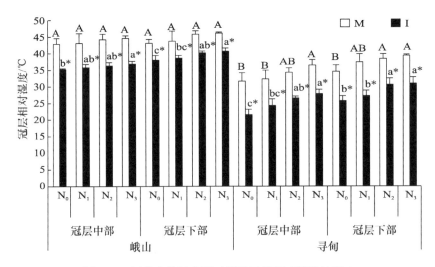

图 11-5　间作和施氮水平对蚕豆冠层相对湿度的影响

与单作相比，间作显著降低了蚕豆冠层中、下部的湿度（$P<0.05$）。峨山点，与单作相比，$N_0 \sim N_3$ 水平下间作蚕豆冠层中、下部相对湿度显著降低，降幅分别为 16.9%～17.9% 和 11.7%～12.2%。寻甸点，$N_0 \sim N_3$ 水平下间作冠层中、下部相对湿度显著降低，降幅分别为 24.8%～31.6% 和 20.3%～27.3%（图 11-5）。表明间作能有效降低蚕豆冠层内的相对湿度，对冠层中部相对湿度的降低作用高于下部，寻甸点间作降低冠层相对湿度的效果好于峨山点。

5. 间作和施氮水平对冠层透光率的影响

施氮对蚕豆冠层透光率具有显著影响（$P<0.05$），且随施氮量的增加，单作、间作蚕豆冠层透光率均降低。峨山点，单作条件下，与 N_0 相比，N_3 处理冠层中部透光率降低，降幅为 9.4%，3 个氮水平平均降低 5.2%，N_2、N_3 处理显著降低冠层下部透光率，降幅分别为 12.8% 和 15.4%，3 个氮水平平均降低 10.3%；间作条件下，N_2、N_3 处理显著降低冠层中部透光率，降幅分别为 15.5% 和 16.5%，3 个氮水平平均降低 12.4%，N_3 处理显著降低冠层下部透光率，降幅为 16%，3 个氮水平平均降低 9.3%。寻甸点，与 N_0 相比，N_1、N_2、N_3 处理对单作蚕豆冠层中、下部透光率均无显著影响；N_1、N_2、N_3 处理显著降低间作蚕豆冠层中部透光率，降幅分别为 15.1%、19.9% 和 30.1%，3 个氮水平平均降低 21.7%，N_2、N_3 处理显著降低冠层下部透光率，降幅分别为 15.2% 和 18.2%，3 个氮水平平均降低 13.1%（图 11-6）。表明施氮对单作、间作蚕豆不同冠层透光率均有影响，其中施氮对蚕豆冠层中部透光率的降低幅度大于下部，施氮降低冠层透光率的影响以寻甸点高于峨山点。

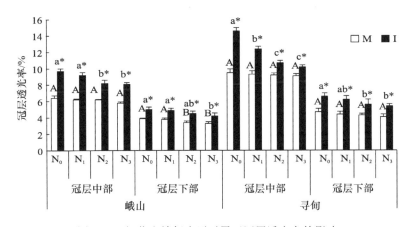

图 11-6　间作和施氮水平对蚕豆冠层透光率的影响

不同施氮水平下，间作对蚕豆冠层透光率均有显著影响（$P<0.05$）。峨山点，与单作相比，$N_0 \sim N_3$ 水平下间作显著提高冠层中、下部透光率，冠层中部透光率增幅分别为 51.8%、48.4%、32.3% 和 39.7%，平均提高 43.1%；冠层下部透光率增幅分别为 28.2%、28.9%、32.4% 和 27.3%，平均提高 29.2%。寻甸点，$N_0 \sim N_3$ 水平下间作显著提高冠层中、下部透光率，冠层中部透光率增幅分别为 53.7%、33.3%、27.2% 和 12.1%，平均提高 31.6%；冠层下部透光率增幅分别为 40.4%、40.9%、30.2% 和 31.7%，平均提高 35.8%（图 11-6）。

表明间作提高冠层中部透光率的效果高于冠层下部,同时寻甸点间作提高冠层透光率受氮水平的影响较大。

6. 间作和施氮水平对冠层光合有效辐射截获率的影响

由图 11-7 可知,随着施氮量的增加,峨山点和寻甸点蚕豆冠层光合有效辐射截获率也在增加。与 N_0 相比,$N_1 \sim N_3$ 处理单作、间作蚕豆冠层中、下部光合有效辐射截获率峨山点增加了 0.5%~1.8%;寻甸点增加了 0.3%~2.5%。表明施氮促进了蚕豆生长,增大了冠层,使冠层截获了更多的自然光,恶化了冠层内的光照环境。

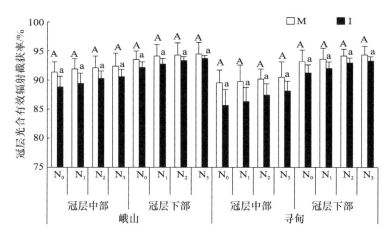

图 11-7　间作和施氮水平对蚕豆冠层光合有效辐射截获率的影响

与单作相比,间作降低了冠层光合有效辐射截获率(图 11-7)。与单作相比,$N_0 \sim N_3$ 水平下间作蚕豆冠层中、下部光合有效辐射截获率峨山点降低了 0.8%~2.6%,寻甸点降低了 1.3%~3.9%。说明间作降低了冠层对自然光的截获,自然光能够到达冠层内部,改善了冠层内部的光照环境。

7. 冠层微气候与赤斑病病情指数的相关分析

为明确蚕豆冠层微气候变化与赤斑病发生严重度的关系,将蚕豆冠层温度、湿度、透光率和光合有效辐射截获率与赤斑病病情指数进行相关分析(表 11-2)。结果表明,

表 11-2　蚕豆冠层微气候与赤斑病病情指数的相关分析

试验点	冠层中部				冠层下部			
	温度	湿度	透光率	光合有效辐射截获率	温度	湿度	透光率	光合有效辐射截获率
峨山	-0.762**	0.862**	-0.830**	0.332	-0.711**	0.840**	-0.788**	0.117
寻甸	-0.797**	0.776**	-0.671**	0.329	-0.457*	0.745**	-0.727**	0.152

*$P<0.05$；**$P<0.01$

峨山和寻甸点，冠层中、下部温度和透光率均与病情指数呈显著负相关关系，冠层中、下部相对湿度均与病情指数呈显著正相关关系。说明蚕豆赤斑病的严重程度与蚕豆冠层温度、湿度和透光率密切相关，即蚕豆冠层湿度越大，蚕豆赤斑病危害越重，冠层温度和透光率越高，赤斑病危害越轻。

11.2.3　讨论

1. 间作和施氮水平对蚕豆赤斑病发生的影响

小麦赤霉病病穗率和病情指数随施氮量的增加而增加，施氮量过高会加重小麦赤霉病病害（刘小宁等，2015）。本研究中，施氮平均增加单作、间作蚕豆赤斑病病情指数27.2%、31.8%（峨山点）和68.3%、62.6%（寻甸点），平均增加AUDPC 33.9%、27.1%（峨山点）和58.9%、69.9%（寻甸点），尤其在N_3水平下病情指数和AUDPC均最高。本研究结果与鲁耀等（2010）发现在蚕豆赤斑病发病盛期，高氮水平（N_{135}和N_{90}）比低氮水平（N_0和N_{45}）下发病更严重的结论相同。可见，施氮促进了蚕豆赤斑病的发生与流行，增加了赤斑病在整个发病阶段的总体危害程度。

不同作物合理间作增加农田生物多样性，提高了农田作物的抗病异质性，阻碍病原菌的侵染与传播，对流行病害的发生起到持续的控制作用（Zhu et al., 2000）。玉米//辣椒对玉米大斑病、小斑病和辣椒疫病有显著的控制效果（孙雁等，2006）；蚕豆//马铃薯有效控制了蚕豆赤斑病的发生（杜成章等，2013）。本研究中，间作蚕豆赤斑病的病情指数显著降低45.4%（峨山）和41.9%（寻甸），AUDPC显著降低51.7%（峨山）和46.1%（寻甸），说明小麦//蚕豆能够显著减少蚕豆赤斑病的发生，减轻蚕豆赤斑病的危害。

2. 间作和施氮水平对蚕豆冠层微气候的影响及其与赤斑病危害的关系

田间冠层温度、湿度和光照状况是影响作物病害暴发与蔓延的重要环境因素（Qin et al., 2013）。高湿度不但促进寄主作物长出多汁和感病的组织，更重要的是，它还促进了真菌孢子的产生、繁殖及释放；高湿度还能使孢子萌发，持续的高湿度能使上述过程反复发生，进而导致病害流行（Jambhulkar et al., 2016）。作物群体内的温度也受冠层湿度的影响，湿度大、温度低有利于作物发病（朱锦惠等，2017b）。光照强度影响病原菌的侵染，且作物冠层的透光性改变作物群体对热量的吸收和放射，影响冠层内温度、湿度的变化，进而改变病原菌的生存环境，促进或抑制病害的发展（杨国涛等，2017）。

Sahile等（2010）的研究表明，蚕豆各生育期的温度、湿度显著影响着赤斑病菌的侵染与发展。近年来，为了追求高产，氮肥施用量越来越高，这种施肥方式往往直接影响作物的农艺性状，造成冠层结构较不合理，改变了作物冠层郁闭度（王公明和丁克坚，2000）。杨国涛等（2017）的研究表明，过量施氮会导致水稻群体透光性、透气性降低，群体底层的温度降低而湿度显著提高，进而恶化水稻群体小气候。高氮水平下水稻齐穗期的冠层昼温降低，冠层光合有效辐射最大截获率增大，冠层郁闭度增加（雷恩等，2015）。本研究中两个试验点单作、间作蚕豆冠层中、下部温度和透光率在施氮后表现为逐渐降低的趋势，而相对湿度呈现逐渐升高的趋势。相关分析表明，蚕豆冠层中、下部温度和透光率均与赤斑病病情指数呈极显著负相关关系，而湿度与病情指数呈显著正相关关系。表明施氮增加了冠层的郁闭性，降低了蚕豆群体通透性，导致冠层内温度降低，湿度增加，从而促进和加重蚕豆赤斑病的发生与危害。

种植模式的变化会改变单一作物种植下均质的冠层结构，营造出不同的冠层微环境（梁开明等，2014）。应用生物多样性与生态平衡的原理，进行农作物品种的优化布局和种植，增加农田的物种多样性，保持农田生态系统的稳定性；创造有利于作物生长而不利于病害发生的田间微生态环境；可有效减轻作物病害的危害，大幅减少化学农药的施用，提高农产品的品质和产量，保障粮食安全，最终实现农业的可持续发展（高东等，2010）。单作条件下，各植株生长速度较一致，叶片分布在同一空间。生育前期叶面积小，绝大部分光照漏在地上，生育中、后期，植株郁闭封行，部分光照被上部的叶片吸收或反射，而中、下部的叶片则处于较微弱的光照条件下，光合速率低。玉米//花生形成了层次上的"空间差"，提高了田间玉米的光照度，降低了环境相对湿度（贾曦等，2016）；马铃薯//燕麦增加了燕麦群体中部、基部的光照强度和透光率（刘慧等，2007）。抗病杂交稻与感病糯稻间作系统中，优质稻'黄壳糯'株高一般比杂交稻高30cm以上，在田间形成了高矮相间的立体株群，因为优质稻株高高于杂交稻而使优质稻的穗颈部位充分暴露于阳光中，并且使其群体密度降低，增加了植株间的通风透光效果，大大降低了叶面及冠层空气湿度，创造了不利于病害发生的环境条件，使稻瘟病的发生得到控制（高东等，2010）。

本研究中，两个试验点小麦//蚕豆条带种植中，蚕豆株高高于小麦，田间蚕豆冠层形成凸起，这样既增大了蚕豆冠层光照面积又促进了冠层侧面光线的进入，从而降低了蚕豆冠层光合有效辐射的截获量，显著提高了冠层透光性、增加了冠层对热量的吸收和放射，从而提高了冠层温度。此外，田间蚕豆与小麦冠层高低错落分布，形成了天然的冠层"廊道"，提高了冠层通风，进而改善了整个冠层的通透性，降低了冠层湿度，营造了良好的冠层微环境，进而抑制了冠层内赤斑病菌的滋生，最终减轻了赤斑病的危害。何汉明等（2010）的研究表明，水稻灌浆期冠层相对湿度在病害流行传播中扮演着十分重要的角色，冠层相对湿度在一定程度上直接防止或减少了利于病害发生的环境条件的形成，从而使水稻病害的发生程度降低。Boudreau等（2016）也发现高位玉米与低位花生以1：1的比例间作同样因为这两种作物存在株高差异，能加速冠层空气流动，减少花生结露量和持露时间而降低花生早期褐斑病的病情指数，但当间作行比增加到1：4时，玉米对田间微气候的影响效应锐减。

3. 峨山和寻甸试验点发病严重程度的差异及其对氮肥调控的响应差异

本研究中，田间试验分别选择在滇东北冷凉气候区（寻甸）和滇东南温暖湿润区（峨山）进行，同一发病期两地气候环境差异较大，蚕豆赤斑病发病盛期（盛花期）峨山点冠层温度、湿度均比寻甸高，温度与湿度的配合更有利于赤斑病菌侵染，因此，峨山蚕豆赤斑病病情比寻甸更加严重，赤斑病总体危害程度也更高。田间微气候对施氮的响应程度以寻甸点高于峨山点，原因可能是峨山试验点土壤肥力较高，而寻甸试验点土壤肥力相对偏低，因此总体上峨山试验点蚕豆赤斑病的发生和危害程度对氮响应不敏感。小麦//蚕豆在低氮条件下间作产量优势突出，随氮肥用量的增加间作产量优势逐渐消失（赵平等，2010）。

本研究中，随施氮量的增加，间作改善农田小气候的效应无明显差异，间作控病优势也无明显变化，蚕豆赤斑病的病情指数及 AUDPC 在间作系统随施氮量的变化印证了这一观点。原因可能是蚕豆作为豆科作物，具有生物固氮功能，自身生长受氮肥影响较小，因而表现出间作控病效果受施氮水平的影响较小。

蚕豆不论单作还是间作，施氮均增加了赤斑病的发生和危害，N_3 水平下赤斑病病情指数和 AUDPC 均最高。施氮通过增加冠层郁闭度，降低冠层温度和透光率，增加冠层湿度和光合有效辐射截获率，恶化冠层微环境而促进赤斑病发生。与单作相比，间作显著减轻了蚕豆赤斑病的发生，尤其对赤斑病整个发病阶段的总体危害程度有显著的抑制效果。间作控制赤斑病的原因是增加冠层通风透光性，降低冠层湿度，改善冠层微气候，进而影响病原菌的萌发、增殖和传播，实现对赤斑病的持续控制。在蚕豆赤斑病的高发区，减少氮肥投入或通过小麦与蚕豆间作可以有效控制蚕豆赤斑病的发生。

11.3　施氮对蚕豆锈病发生的影响

蚕豆是世界范围内广泛种植的一种豆科作物，因具粮食、蔬菜、饲料和绿肥兼用等特点，种植的国家超过 70 个。蚕豆具有适应性广和固氮量高的特点，在世界范围内种植面积高达 200 万 hm^2，中国蚕豆种植面积和产量居世界首位，而云南省是中国最大的蚕豆主产区（李月秋等，2002）。蚕豆锈病是由蚕豆单胞锈菌（*Uromyces fabae*）引起的一种蚕豆病害，该病在我国的春、秋播蚕豆产区及夏播反季蚕豆产区经常发生，尤其对秋播蚕豆危害最重。云南省也是该病高发区之一，一般流行年可减产 30%～40%，流行暴发年可减产 70%～80%，甚至个别田块绝收（李月秋等，2002）。

氮素是农作物生长发育必需的养分，施氮是提高作物产量的重要措施。但在实际生产中，为了最大限度地获得高产，在农田投入了大量的氮（吴开贤等，2012）。然而，大量施用氮肥增加了专性寄生物（如锈病、白粉病等）的感染，从而加剧病害发生（Dordas，2008）。原因是氮素通过满足作物营养来调节作物的冠层结构，进而影响作物冠层光照、湿度、温度、风速等农田小气候的变化，这些因子的变化影响着作物病害的侵染及流行（刘玲玲等，2008）。雷恩等（2015）的研究表明，随施氮量增加，水稻群体田间小气候发生显著变化，使水稻稻瘟病、纹枯病的发病程度增加。

农业生物多样性是作物病害流行的天然屏障，而间作是增加农田生物多样性的有效措施。间作控制作物病害已有很多成功范例，目前已经在多种体系证实间作具有良好的控病效果，如玉米//马铃薯控制玉米大斑病、小斑病和马铃薯晚疫病（He et al.，2010），董艳等（2010）的研究表明，小麦//蚕豆可控制小麦白粉病和蚕豆枯萎病的发生。有关间作控制气传病害的机制，已经从间作作物遗传背景多样性（杨静等，2012）、作物植株抗病性物质变化（卢国理等，2008）、病原菌的稀释和阻隔作用（Zhu et al.，2000）及氮、锰、硅养分高效吸收利用（Chen et al.，2007；鲁耀等，2010；吴瑕等，2015；朱锦惠等；2017b）等方面开展了大量研究，并取得了显著进展。近年来的研究结果表明，间作可改变田间小气候而减少多种病害的发生（Gómez-Rodríguez et al.，2003；Boudreau et al.，2016），但是这些研究主要关注的是间作不同行比对田间微气候的影响及其与病害发生的关系，而有关间作系统氮肥调控对田间微气候的影响及其与气传病害发生的关系尚不清楚。因此，本节以小麦//蚕豆系统为对象，采用田间小区试验，研究间作系统氮素调控对蚕豆锈病发生、不同冠层温度、相对湿度和风速的影响，旨在明确间作系统蚕豆冠层微气候变化与锈病发生的关系及其对氮肥调控的响应。研究结果对于揭示氮肥调控影响间作控病效果及机制，指导间作系统合理施用氮肥，发挥间作控病增产优势具有重要的理论和现实意义。

11.3.1 材料与方法

1. 试验地点与试验材料

试验在云南省玉溪市峨山县峨峰村（24°11′N，102°24′E）进行。土壤类型为水稻土，前茬为韭菜，质地为砂壤土，耕层土壤有机质含量为 28.9g/kg、全氮为 2.2g/kg、全磷为 0.75g/kg、全钾为 18.3g/kg、碱解氮为 102mg/kg、有效磷为 36.9mg/kg、速效钾为 100.5mg/kg，pH 为 7.1。

2. 试验设计

试验为两因素随机区组设计：A 因素为 2 种种植模式，分别为蚕豆单作（M）、蚕豆与小麦间作(I)；B 因素为 4 个施氮水平，分别为不施氮(N_0, 0kg/hm^2)、低氮(N_1, 45kg/hm^2)、常规施氮（N_2，90kg/hm^2）和高氮处理（N_3，135kg/hm^2），小麦施氮量为蚕豆施氮量的 2 倍。组合为 8 个处理，每个处理 3 次重复，组合为 24 个小区（2×4×3），完全随机区组排列，小区面积为 5.4m×6m=32.4m^2。小麦条播，行距 0.2m；蚕豆点播，行距 0.3m、株距 0.15m。间作小区按 6 行小麦、2 行蚕豆的方式种植，间作小区内有 3 个小麦种植带和 4 个蚕豆种植带。小麦、蚕豆在单作和间作小区的种植方式、株行距和施肥量完全相同。

试验用肥料为尿素（N 46%）、普通过磷酸钙（P_2O_5 16%）和硫酸钾（K_2O 50%），磷肥施用量为 90kg/hm^2，钾肥施用量为 90kg/hm^2，磷、钾肥均作为基肥一次性施入。小麦氮肥分底肥和追肥（各 1/2）两次施用，全生育期内不施有机肥。田间日常管理按照当地常规管理进行，整个生育期不喷施农药，蚕豆锈病为田间自然发生。

3. 蚕豆锈病的调查

分别在蚕豆锈病发病初期（蚕豆分枝期）、发病盛期（蚕豆鼓荚期）、发病末期（蚕豆成熟期）对每个小区病害危害情况进行调查。单作小区沿对角线方向随机选取 5 个点，每个点 2 株，共调查 10 株；间作小区在第一个种植带内选 3 个点，第二个带内选 2 个点，每个点调查 2 株，共 10 株。每株蚕豆调查所有完全展开叶的发病情况，分别记录叶片上锈病病斑面积占整个叶片面积的百分数，以 6 级标准记载。0 级为蚕豆叶片上无病斑；1 级为病斑面积占叶面积的比例不超过 5%；3 级为病斑面积占叶面积的 6%～10%；5 级为病斑面积占叶面积的 11%～20%；7 级为病斑面积占叶面积的 21%～50%；9 级为病斑面积占叶面积的比例不低于 50%。调查完成后计算发病率和病情指数。

发病率（%）=发病叶数/调查总叶数×100

病情指数=Σ（各级病叶数×相应级值）/（最高级值×调查总叶数）×100

4. 田间小气候的测定

（1）冠层温度、湿度测定。采用浙江托普云农科技股份有限公司生产的 TPJ-20 型温湿度记录仪进行温度、湿度测定，选择晴天无云的天气进行信息采集，湿度、温度采集时间分别为 9～10 时、13～14 时，测定部位选择在距地面 0.2m（下层）、2/3 株高（中层）和冠顶（上层），测定时期为蚕豆锈病发病初期（蚕豆分枝期）、发病盛期（蚕豆鼓荚期）、发病末期（蚕豆成熟期）。

（2）冠层风速测定。采用浙江托普云农科技股份有限公司生产的 TPJ-30-G 型风向风速记录仪进行风速测定，选择晴天无云的天气进行信息采集，采集时间为 13～14 时，测定部位与测定时期同温度、湿度测定。

5. 数据处理

采用 Excel 2010 软件进行数据整理，采用 SPSS 21.0 软件进行数据的双因素方差分析和相关分析，采用最小显著性差异法（LSD）检验各处理间的差异显著性（$P=0.05$）。

11.3.2　结果与分析

1. 施氮和间作对蚕豆产量的影响

蚕豆单作、间作条件下，施氮有降低蚕豆产量的趋势，但与 N_0 处理相比，施氮（N_1、N_2、N_3）对蚕豆产量均无显著影响。与单作比较，N_0、N_1、N_2、N_3 水平下间作蚕豆产量分别增加了 25.80%、40.72%、36.76%、39.29%，4 个氮水平平均增加 35.31%；其中，N_1 水平下间作增加蚕豆产量的增幅最大，随施氮水平增加，间作增产效应逐渐降低（表 11-3）。

表 11-3　施氮和间作对蚕豆产量的影响　　　　　　（单位：10^3kg/hm^2）

处理	施氮水平				平均值
	N_0	N_1	N_2	N_3	
M	3.45±0.41a	3.34±0.62a	3.21±0.38a	2.80±0.41a	3.20
I	4.34±0.33a*	4.70±0.51a*	4.39±0.52a*	3.90±0.35a*	4.33*
平均值	3.90a	4.02a	3.80a	3.35a	—

注：M. 单作蚕豆；I. 间作蚕豆；同行不同字母表示同种种植模式下不同施氮水平间差异显著（$P<0.05$），*表示在相同施氮水平下单作和间作处理间差异显著（$P<0.05$）。后同

2. 施氮和间作对蚕豆锈病发生的影响

施氮有增加单作、间作蚕豆锈病发病率和病情指数的趋势，以 N_0 水平最低，N_3 水平最高。发病初期，施氮对单作、间作蚕豆锈病发病率和病情指数均无显著影响；发病盛期，与 N_0 相比，N_1、N_2、N_3 处理下单作、间作蚕豆锈病的发病率分别增加了 6.1%、17.0%、25.5% 和 28.5%、36.7%、42.0%，平均分别增加 16.2% 和 35.7%；病情指数分别增加了 10.1%、44.2%、63.0% 和 31.6%、62.4%、140.9%，平均分别增加 39.1% 和 78.3%；发病末期，N_1、

N_2、N_3 处理下单作、间作蚕豆锈病的发病率分别增加了 8.7%、22.3%、25.9%和 47.7%、77.4%、67.9%，平均分别增加 19.0%和 64.3%；病情指数分别增加了 3.9%、43.6%、64.3%和 36.9%、62.6%、156.2%，平均分别增加 37.3%和 85.2%（表 11-4）。表明施氮加剧了蚕豆锈病的发生，尤其在高氮水平下的增幅最大，并且病情指数对氮肥的响应大于发病率。

表 11-4　施氮和间作对蚕豆锈病发生的影响

发病时期	施氮水平	发病率		病情指数	
		M	I	M	I
发病初期	N_0	7.72±0.84a	3.04±2.64a*	1.15±0.48a	0.54±0.47a
	N_1	7.23±1.00a	4.60±0.28a*	1.32±0.47a	0.77±0.07a
	N_2	6.70±0.90a	4.16±0.25a*	1.20±0.69a	0.66±0.15a
	N_3	6.98±0.65a	4.61±0.67a*	1.28±0.26a	0.89±0.19a
发病盛期	N_0	27.36±4.47b	16.72±4.41a*	9.84±3.64b	4.84±1.93b
	N_1	29.02±0.58ab	21.49±2.91a*	10.83±2.63ab	6.37±1.40b
	N_2	32.01±4.71ab	22.86±3.22a*	14.19±3.66ab	7.86±1.69b
	N_3	34.33±1.66a	23.74±5.01a*	16.04±1.76a	11.66±1.97a*
发病末期	N_0	23.39±4.63a	11.26±3.19a*	7.00±1.97b	3.90±1.87b
	N_1	25.43±4.60a	16.63±4.75ab	7.27±1.93b	5.34±1.17ab
	N_2	28.60±6.31a	19.97±3.44a	10.05±2.66ab	6.34±2.18ab
	N_3	29.44±4.31a	18.90±0.23a	11.50±0.46a	9.99±3.99a

注：同列不同字母表示同种种植模式下不同施氮水平间差异显著（$P<0.05$）
* 表示相同施氮水平下单作、间作处理间差异显著（$P<0.05$）

与单作相比，发病初期，间作在 N_0~N_3 水平下蚕豆锈病发病率显著降低 34.0%～60.6%、病情指数显著降低 30.5%～53.0%；发病盛期，间作发病率显著降低 26.0%～38.9%，病情指数降低 27.3%～50.8%；发病末期，间作发病率显著降低 30.2%～51.9%，病情指数降低 13.1%～44.3%（表 11-4）。表明间作能够有效减轻蚕豆锈病的发生和危害，随施氮水平的增加，间作控病效果下降。

3. 施氮和间作对田间小气候的影响

1）施氮和间作对冠层温度的影响

冠层温度是作物群体的一个综合性指标，是作物群体内在、外在因素共同作用的反映。整个发病期，单作、间作蚕豆冠层上、中、下部温度均随氮肥用量的增加呈降低趋势，表现为 $N_3<N_2<N_1<N_0$。与 N_0 相比，发病初期，N_1~N_3 处理单作、间作蚕豆冠层上、下部温度分别降低 0.2～0.4℃、0.1～0.3℃和 0.1～0.5℃、0～0.3℃；发病盛期，与 N_0 相比，N_1~N_3 处理对单作蚕豆冠层上、中、下部温度均无显著影响；N_2、N_3 处理降低间作蚕豆冠层中、下部温度，降幅分别为 0.7℃、1.0℃和 1.6℃、1.8℃，N_1 和 N_0 处理相比无显著差异；发病末期，与 N_0 相比，N_1~N_3 处理对单作蚕豆冠层上部温度无显著影响；N_2、N_3 处理显著降低间作蚕豆冠层中、下部温度，降幅分别为 0.9℃、1.4℃和 0.8℃、1.4℃（图 11-8）。

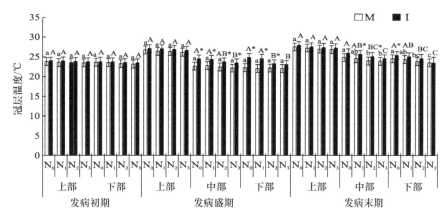

图 11-8　施氮和间作对蚕豆冠层温度的影响

与单作相比，相同施氮水平下，间作蚕豆冠层不同高度的温度均高于单作。发病初期，$N_0 \sim N_3$ 水平下间作对蚕豆冠层上、下部温度均无显著影响；发病盛期，$N_0 \sim N_3$ 水平下，间作对蚕豆冠层上部温度均无显著影响，但显著提高了冠层中部和下部温度，增幅分别为 1.8℃、1.6℃、1.3℃、1.3℃和 2.6℃、2.5℃、1.1℃、1.0℃；发病末期，$N_0 \sim N_3$ 水平下，间作对蚕豆上部温度均无显著影响，N_1、N_2 水平下间作显著提高了冠层中部温度，增幅分别为 1.1℃和 1.0℃，N_0 水平下间作下部温度显著提高 0.8℃（图 11-8）。

2）施氮和间作对冠层相对湿度的影响

整个发病期，单作、间作蚕豆不同冠层相对湿度均随氮肥用量的增加呈上升趋势，表现为 $N_3 > N_2 > N_1 > N_0$，在垂直方向上的变化随冠层高度的升高表现为下部>中部>上部。与 N_0 相比，发病初期，N_3 处理显著增加间作蚕豆冠层上、下部相对湿度，增幅分别为1.8%和2.2%；发病盛期，$N_1 \sim N_3$ 处理单作、间作蚕豆冠层上、中、下部相对湿度分别增加了0.5%~6.0%、0.2%~1.8%、0.6%~3.2%和1.9%~6.2%、0.7%~1.9%、0.7%~3.1%；发病末期，$N_1 \sim N_3$ 处理显著增加单作、间作蚕豆冠层上、中、下部相对湿度，增幅分别为3.0%~9.1%、3.3%~6.8%、2.4%~9.7%和6.9%~19.0%、4.2%~14.1%、2.9%~10.0%（图11-9）。

与单作相比，整个发病期，相同施氮水平下，间作蚕豆冠层不同高度的相对湿度均低于单作，尤其在发病盛期和发病末期，$N_0 \sim N_3$ 水平下，与单作相比，间作显著降低发病盛期蚕豆冠层上、中、下部相对湿度，减幅分别为 7.9%~9.0%、7.8%~8.4%和 5.4%~5.9%，显著提高发病末期蚕豆冠层上、中、下部相对湿度，减幅分别为 9.1%~16.7%、9.3%~15.1%和 11.8%~12.6%（图 11-9）。

3）施氮和间作对冠层风速的影响

蚕豆锈病发病初期、盛期和末期，总体上单作、间作蚕豆冠层不同高度的风速均随氮量的增加呈降低的趋势；在垂直方向上的变化为上部>中部>下部。发病初期，与 N_0 相比，$N_1 \sim N_3$ 处理显著降低单作蚕豆冠层上、下部风速，降幅分别为8.1%~16.8%和6.7%~28.6%，显著降低间作蚕豆冠层上、下部风速，降幅分别为5.9%~13.2%和4.4%~19.6%；发病盛期，与 N_0 相比，N_2 和 N_3 处理显著降低间作蚕豆冠层上、中、下部风速，降幅分别

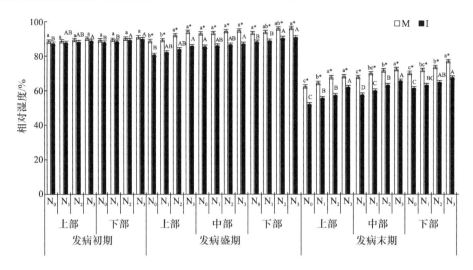

图 11-9　施氮和间作对蚕豆冠层相对湿度的影响

为 11.2%～12.2%、15.1%～30.1%、28.0%～40.0%；发病末期，N_1～N_3 处理显著降低单作蚕豆冠层上、中、下部风速，降幅分别为 11.0%～16.5%、12.4%～38.0%、19.4%～36.9%，显著降低间作蚕豆冠层上、中、下部风速，降幅分别为 4.8%～11.3%、12.0%～23.0%、11.6%～34.8%（图 11-10）。表明施氮对蚕豆冠层中、下部风速的影响大于上部，即施氮显著降低了蚕豆冠层中、下部的风速，尤其在高氮条件下的降幅最大。

　　与单作相比，整个发病期，N_0～N_3 水平下间作均显著提高了蚕豆冠层不同高度的风速。发病初期，N_0～N_3 水平下间作显著提高蚕豆冠层上、下部风速，增幅分别为 8.1%～18.4% 和 18.2%～33.0%；发病盛期，N_0～N_3 水平下间作显著提高蚕豆冠层上、中、下部风速，增幅分别为 24.2%～40.9%、0%～45.8%、66.7%～400.0%；发病末期，N_0～N_3 水平下间作显著提高蚕豆冠层上、中、下部风速，增幅分别为 14.2%～23.6%、25.8%～56.4%、51.7%～56.8%（图 11-10）。表明间作对蚕豆冠层中、下部的通风改善作用明显高于上部，同时中、高氮水平下间作对通风的改善作用好于不施氮和低氮水平。

　　4. 田间小气候与蚕豆锈病发生的相关分析

　　为明确蚕豆田间小气候变化与蚕豆锈病发生的关系，将蚕豆冠层温度、相对湿度和风速与锈病发病率和病情指数进行相关分析（表 11-5）。结果表明，发病初期，蚕豆锈病发病率和病情指数与冠层风速呈极显著负相关关系，病情指数与相对湿度呈极显著正相关关系；发病盛期和发病末期，发病率和病情指数与冠层相对湿度呈极显著正相关关系，与冠层温度、风速呈极显著负相关关系（表 11-5）。说明蚕豆锈病的发生及其严重程度与蚕豆田间冠层的温度、相对湿度和风速密切相关，且冠层温度、相对湿度和风速与发病率的相关系数大于病情指数，即田间相对湿度越高，蚕豆锈病的发病越普遍；而冠层温度越高，风速越大，蚕豆锈病的发病率和危害程度则越低。

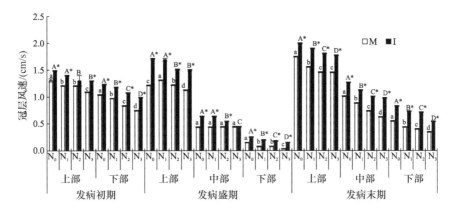

图 11-10　施氮和间作对蚕豆冠层风速的影响

表 11-5　田间小气候与锈病发病率和病情指数的相关分析

测定项目	发病初期			发病盛期			发病末期		
	冠层温度	相对湿度	冠层风速	冠层温度	相对湿度	冠层风速	冠层温度	相对湿度	冠层风速
发病率	-0.140	0.367	-0.599**	-0.809**	0.833**	-0.854**	-0.698**	0.867**	-0.833**
病情指数	-0.233	0.460**	-0.531**	-0.626**	0.781**	-0.817**	-0.776**	0.651**	-0.706**

** 表示相关系数显著水平为 $P<0.01$

11.3.3　讨论

1. 施氮和间作对蚕豆产量与锈病发生的影响

氮是农田生态系统中影响病害发生危害和作物产量的重要因子之一，一定范围内，随施氮量的增加，作物的产量随之增加（Shaheen et al., 2010；朱锦惠等，2017b）。但是在本试验中，无论蚕豆单作还是间作对氮肥的响应均不敏感，随施氮量增加，蚕豆产量并未显著增加，这与鲁耀等（2010）的研究结果相似。原因可能是蚕豆作为豆科作物，自身具有生物固氮功能，能够自己调控对氮的需求量，因而对氮肥不是特别敏感。

间作是中国传统农业中的精髓，在全国 100 多种间作组合中，70% 的组合有豆科作物参与，其中禾本科//豆科体系在中国西部地区被农民广为接受（肖焱波等，2007）。禾本科与豆科作物间作体系不仅具有一般间作体系增加作物产量、资源高效利用和控制病虫害的特点，更重要的是还能充分发挥豆科作物的生物固氮潜力而减少氮肥施用，被认为是农业可持续发展的重要模式之一（朱锦惠等，2017a）。间作增产增效优势已在多种种植体系得到证实，如玉米//大豆（王晓维等，2014）、玉米//花生（焦念元等，2013）等间作体系。本研究中，小麦//蚕豆也具有间作增产优势，与小麦间作的蚕豆产量比单作平均增加 35.31%，研究结果与前人一致。研究表明，氮投入影响间作体系的生产力优势，如吴开贤等（2012）的研究表明，氮投入条件下，玉米和马铃薯间作，其产量并未增加，反而有降低的趋势。本研究中，不同施氮水平下，间作显著增加了蚕豆的产量，N_0、N_1、N_2、N_3水平下，间作蚕豆产量分别比单作蚕豆产量增加了 25.80%、40.72%、36.76% 和 39.29%，表现为施氮条件下间作蚕豆的产量更高。原因是，小麦蚕豆间作是一个既相互竞争又相互促进的体系，在氮资源缺乏时，小麦和蚕豆表现为强竞争，一定量的氮供应缓解了这种竞争，从而表现为施氮条件下小麦与蚕豆间作的增产优势更明显。

氮素不仅对作物产量有影响，而且对作物病害的发生也有一定影响。有关氮在病害发生中的作用的文献报道颇多，对于专性寄生菌而言，一般随氮量增加，多种病害如蚕豆赤斑病（鲁耀等，2010）、小麦白粉病（肖靖秀等，2006；朱锦惠等，2017b）、小麦条锈病（陈学远等，2013）等的危害程度也随之增加。本研究中，随施氮量增加，蚕豆锈病发病率与病情指数均显著增加，特别是发病盛期，高氮（N_3）处理比不施氮（N_0）处理的发病率和病情指数平均分别增加了 33.8% 和 102.0%。小麦单作条件下，施氮显著增加了白粉病的发病率和病情指数，小麦//蚕豆条件下，小麦白粉病的发生受氮营养和田间气候条件的联合影响，氮营养不足时植株生长稀疏，这时氮营养对小麦白粉病的发生起主要作用；当氮营养较充足、适宜或过量时，小麦植株生长较繁茂，田间微气候差异对小麦白粉病发生起主要作用（Chen et al.，2007）。表明间作系统氮肥施用水平对作物冠层结构、田间小气候的影响是改变病害发生危害的重要原因之一。本研究中，N_0～N_3 水平下，整个发病阶段间作蚕豆锈病的发病率和病情指数均显著低于单作蚕豆，尤其在发病盛期，间作发病率降低了 25.9%～38.9%，病情指数降低了 27.3%～50.8%，减轻了蚕豆锈病的危害程度。可见，小麦与蚕豆间作是控制作物病害和增加产量的有效措施。

2. 施氮和间作对田间小气候的影响及其与蚕豆锈病发生的关系

田间小气候是指以农作物为下垫面的一种特殊小气候，包括距地面 1m 内贴地气层的气候条件和浅层土壤的气候条件，主要由温度、湿度、风速等组成。施肥及种植模式对农田小气候有较大影响（王兴亚等，2017）。作物群体内的冠层温度、湿度和通风状况对作物病害的发生、流行起着重要的作用，它们通过影响细菌的繁殖和真菌孢子的萌发，以及病原菌的生长和繁殖直接影响作物病害的发生（高东等，2010）。

增施氮肥能降低糜子群体内冠层温度和株间气温、增加株间相对湿度，能够塑造作物群体冷湿的环境（张盼盼等，2015；宫香伟等，2017）；增施氮肥后水稻群体通透性（包括透光性和透气性）显著降低，温度降低但湿度增加，这一系列群体小气候的恶化导致纹枯病发病程度增加（杨国涛等，2017）。本研究与前人观点一致，随施氮量增加，单作、间作蚕豆冠层温度、风速均降低，表现为 $N_3 < N_2 < N_1 < N_0$，而冠层相对湿度升高，表现为 $N_3 > N_2 > N_1 > N_0$，其中，发病盛期、发病末期单作、间作蚕豆冠层平均温度 N_3 处理较 N_0 分别降低了 0.4℃、1.1℃和 0.9℃、1.2℃，冠层平均风速分别降低了 28.5%、27.4%和 30.5%、23.0%，冠层平均相对湿度分别提高了 4.7%、8.0%和 8.5%、14.4%；而且越往下部，冠层温度越低、风速越小、相对湿度越大，这可能是氮肥施用过多改变了作物群体结构，使得植株茎秆越高，分枝数、叶片数越多，植株冠层对地表的覆盖率就越大，从而使作物冠层光照减少，枝、叶蒸腾作用增大（宋伟等，2011），对气流的阻尼作用提高（杨国涛等，2017），进而使蚕豆冠层温度、风速降低，相对湿度升高。

无论蚕豆单作还是间作，施氮均加重蚕豆锈病的发生和危害，蚕豆冠层温度、相对湿度和风速与锈病的相关分析结果显示，发病率和病情指数与冠层相对湿度呈极显著正相关关系,与冠层温度、风速呈极显著负相关关系,说明蚕豆锈病的发生及其严重程度与蚕豆冠层温度、相对湿度和风速密切相关。

间作系统中,由于作物生育期、株型、株高等方面的差异,间作的复合群体往往形成立体植株群落,这种群落结构比单作更有利于促进空气流通,降低复合群体内的空气湿度,减少叶片持露量和缩短持露时间,削弱了发病条件而不利于作物病害的发生与流行(朱有勇和李成云,2007)。例如,万寿菊和番茄间作通过改变冠层微气候条件,尤其是显著降低一天中不低于92%的相对湿度持续时间,从而显著抑制了番茄早疫病分生孢子的萌发和繁殖(Gómez-Rodríguez et al.,2003)。冠层上、中、下部间栽的糯稻叶温均比净栽糯稻冠层同一部位的叶温高,从而使间作糯稻的稻瘟病得到有效控制(杨静等,2012)。水稻品种的多样性混合间栽,有利于增强植株冠层中、下部的空气流动,从而降低冠层中、下部的空气相对湿度,对减少病菌的萌发、侵入及减缓病害的扩展速度有极大的作用(高东等,2010)。本研究中,与单作相比较,$N_0 \sim N_3$ 水平下间作冠层不同高度的温度、风速均高于单作,相对湿度均低于单作,其中,发病盛期冠层上、中、下部温度分别升高了 $0.4 \sim 0.6$℃、$1.3 \sim 1.8$℃、$1.0 \sim 2.6$℃,上、中、下部风速分别提高了 24.2%~40.9%、0%~45.8%、66.7%~400.0%,上、中、下部相对湿度分别显著降低 7.9%~9.0%、7.8%~8.4%、5.4%~5.9%,这与前人的研究结果一致。本研究中,蚕豆、小麦是两种株型、株高、叶型都不同的作物,它们在田间形成了疏密相间、高低搭配的冠层结构,改善了单一种植作物均匀的冠层结构,形成了通风透气的"走廊",增加了蚕豆冠层的温度、风速,降低了冠层的相对湿度,特别是在发病盛期和发病末期,小麦与蚕豆间作显著降低了冠层相对湿度,增加了植株间的空气流动性,解决了田间密闭、通风不良的问题,有利于降低病菌的滋生和传播。在感病'黄壳糯'单作和感病'黄壳糯'与抗病杂交稻间作系统中也发现相似的结果,'黄壳糯'单作和间作系统之所以表现出不同的稻瘟病流行差异,在很大程度上是因为单作、间作种植模式具有不同的冠层风速和田间相对湿度,其中,冠层风速的增加有利于加快植株冠层的空气流动速度,从而降低冠层内部的相对湿度,因此对减少病原菌的萌发、侵入及减缓病害的扩展和蔓延具有十分重要的意义(何汉明等,2010)。

无论单作还是间作,随氮肥施用量的增加,蚕豆锈病发病率和病情指数均呈增加趋势,在高氮(N_3)水平下发病率和病情指数最大,施氮显著降低了蚕豆冠层温度、风速,增大了相对湿度,恶化了农田小气候;与单作相比,蚕豆与小麦间作显著增加了蚕豆的产量,同时增加了蚕豆冠层的温度和风速,显著降低了相对湿度,优化了农田小气候,创造了有利于蚕豆生长而不利于锈病发生的微生态环境,有效减轻了蚕豆锈病的滋生、蔓延和危害。因此,小麦与蚕豆间作并控制氮肥用量可有效控制蚕豆锈病的发生和蔓延。

11.4 施氮对蚕豆枯萎病发生的影响

从图 11-11 可看出,蚕豆枯萎病发病率和病情指数从分枝期至开花期急剧上升,开花期发病率和病情指数都达到最高值,鼓荚期有所下降。单作和间作条件下,蚕豆枯萎病的发病率和病情指数随施氮量的变化趋势一致,即随着施氮量的增加,蚕豆枯萎病的发病率和病情指数先上升后下降，N_0 处理的发病率和病情指数最高，而 N_2 处理最低。与不施氮（N_0）处理相比，施氮降低了蚕豆枯萎病的发病率。

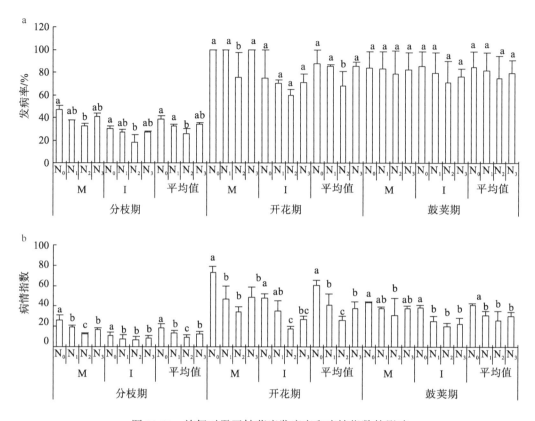

图 11-11　施氮对蚕豆枯萎病发病率和病情指数的影响

a. 施氮对蚕豆枯萎病发病率的影响；b. 施氮对蚕豆枯萎病病情指数的影响；平均值为同一氮水平下单作、间作的平均值；图中不同小写字母分别表示单作和间作模式下不同施氮处理间在 0.05 水平差异显著（$P<0.05$）

3 次调查中，施氮均显著降低了蚕豆枯萎病的病情指数。与 N_0 相比，N_1、N_2、N_3 水平下单作蚕豆分枝期发病率和病情指数分别降低了 19.7%、30.0%、13.6% 和 27.1%、52.6%、36.3%，施氮后发病率和病情指数平均分别降低 21.1% 和 38.7%；间作蚕豆分枝期 N_1、N_2、N_3 水平下发病率和病情指数分别降低 11.1%、40.9%、10.2% 和 31.5%、41.1%、22.4%，施氮后发病率和病情指数平均分别降低 20.7% 和 31.7%。开花期，施氮（N_1、N_2、N_3）使单作蚕豆枯萎病发病率和病情指数分别降低 0、24.4%、0 和 36.2%、52.5%、33.3%，平均分别降低 8.1% 和 40.7%；间作蚕豆 N_1、N_2、N_3 水平下发病率和病情指数分别降低 6.7%、20.3%、5.6% 和 25.6%、62.3%、42.9%，平均分别降低 10.9% 和 43.6%。鼓荚期，单作条件下施氮使发病率和病情指数平均分别降低 3.1% 和 18.5%；间作条件下施氮使发病率和病情指数平均分别降低 11.0% 和 41.4%。

从 3 次调查数据可看出，施氮对单作蚕豆和间作蚕豆具有相同的影响，但施氮降低间作蚕豆枯萎病发病率和病情指数的效果好于单作蚕豆，且施氮对病情指数的影响大于对发病率的影响，发病盛期施氮控制蚕豆枯萎病的效果最好，施氮水平为 N_2 时蚕豆生长最健康，抗枯萎病的能力最强。

由于氮在作物增产和调节作物抗病性方面极为重要，因此关于氮肥施用对作物病害影响的文献很多。氮素的施用一般减弱了作物的抗病性，导致作物发病率增加，病害程度加重（Marschner，1995）；小麦白粉病和水稻稻瘟病病情指数随着施氮量的增加而相应提高（肖靖秀等，2006；唐旭等，2006；Chen et al.，2007）。本研究中，蚕豆枯萎病的发病率和病情指数都随氮肥施用量的增加而降低，N_2 水平下发病率和病情指数最低，并与 N_0 处理间差异达显著水平，研究结果与上述结论不一致，但与 Huang 和 Sun（1989）的施用尿素并配合施用过磷酸钙可降低西瓜枯萎病发生的结果相同。造成氮肥施用对病害影响结论不一致的原因可能是：①未能明确施用氮肥是适量还是过量，许多病害是氮素过多才明显加重的；②所用氮肥种类不同也会导致病害发生的严重程度不同；③病原菌侵染方式是专性侵染还是兼性侵染，氮浓度高加重了专性寄生物的侵染，原因是施氮促进作物生长，幼嫩组织增加，木质素含量下降及硅的积累减少，增加了感病的机会，而施氮减轻了兼性寄生物的侵染（Marschner，1995）。本研究中，施氮减轻了蚕豆枯萎病的发生，可能有以下两个方面的原因：一是施氮引起蚕豆植株形态结构和生理上的改变，在蚕豆体内或根区形成不利于病原菌生存的环境；二是蚕豆枯萎病病原菌侵染方式为兼性侵染（Marschner，1995）。

参 考 文 献

陈远学. 2007. 小麦/蚕豆间作系统中种间相互作用与氮素利用、病害控制及产量形成的关系研究[D]. 北京: 中国农业大学博士学位论文.

陈远学, 李隆, 汤利, 等. 2013. 小麦/蚕豆间作系统中施氮对小麦氮营养及条锈病发生的影响[J]. 核农学报, 27(7): 1020-1028.

戴小华, 尤民生, 傅丽君. 2002. 氮、磷、钾对美洲斑潜蝇寄主选择性的影响[J]. 昆虫学报, 45(1): 145-147.

董艳, 董坤, 杨智仙, 等. 2016. 间作减轻蚕豆枯萎病的微生物和生理机制[J]. 应用生态学报, 27(6): 1984-1992.

董艳, 汤利, 郑毅, 等. 2010. 施氮对间作蚕豆根际微生物区系和枯萎病发生的影响[J]. 生态学报, 30(7): 1797-1805.

杜成章, 陈红, 李艳花, 等. 2013. 蚕豆马铃薯间作种植对蚕豆赤斑病的防控效果[J]. 植物保护, 39(2): 180-183.

高东, 何霞红, 朱有勇. 2010. 农业生物多样性持续控制有害生物的机理研究进展[J]. 作物生态学报, 34(9): 1107-1116.

宫香伟, 韩浩坤, 张大众, 等. 2017. 氮肥对糜子籽粒灌浆期农田小气候及产量的调控效应[J]. 中国农业大学学报, 22(12): 10-19.

何汉明, 房辉, 周惠萍, 等. 2010. 水稻遗传多样性栽培控制稻瘟病的灰色评价[J]. 西南农业学报, 23(3): 724-727.

贺帆. 2010. 不同氮肥水平对水稻冠层小气候和群体健康的影响[J]. 安徽农业科学, 38(5): 2338, 2285-2287.

黄燕, 朱振东, 段灿星, 等. 2014. 灰葡萄孢蚕豆分离物的遗传多样性[J]. 中国农业科学, 47(12): 2335-2347.

贾曦, 王璐, 刘振林, 等. 2016. 玉米//花生间作模式对作物病害发生的影响及分析[J]. 花生学报, 45(4): 55-60.

焦念元, 宁堂原, 杨萌珂, 等. 2013. 玉米花生间作对玉米光合特性及产量形成的影响[J]. 生态学报, 33(14): 4324-4330.

雷恩, 黄晓惠, 马太芳, 等. 2015. 氮素对哈尼梯田水稻冠层温、光生态因子及稻瘟病的影响[J]. 中国农学通报, 31(9): 44-50.

李月秋, 彭宏, 梁仙, 等. 2002. 我国蚕豆品种资源对蚕豆锈病的抗性鉴定[J]. 作物遗传资源科学, 3(1): 45-48.

梁开明, 章家恩, 杨滔, 等. 2014. 水稻与慈姑间作栽培对水稻病虫害和产量的影响[J]. 中国生态农业学报, 22(7): 757-765.

刘慧, 刘景辉, 李倩, 等. 2007. 燕麦与不同作物间作群体效应研究[J]. 华北农学报, 22(s3): 10-15.

刘玲玲, 彭显龙, 刘元英, 等. 2008. 不同氮肥管理条件下钾对寒地水稻抗病性及产量的影响[J]. 中国农业科学, 41(8): 2258-2262.

刘小宁, 刘海坤, 黄玉芳, 等. 2015. 施氮量、土壤和植株氮浓度与小麦赤霉病的关系[J]. 植物营养与肥料学报, 21(2): 306-317.

卢国理, 汤利, 楚轶欧, 等. 2008. 单/间作条件下氮肥水平对水稻总酚和类黄酮的影响[J]. 植物营养与肥料学报, 14(6): 1064-1069.

鲁耀, 郑毅, 汤利, 等. 2010. 施氮水平对间作蚕豆锰营养及叶赤斑病发生的影响[J]. 植物营养与肥料学报, 16(2): 425-431.

吕新. 2006. 气象及农业气象实验实习指导[M]. 北京: 气象出版社.

宋伟, 赵长星, 王月福, 等. 2011. 不同种植方式对花生田间小气候效应和产量的影响[J]. 生态学报, 31(23): 7188-7195.

孙雁, 周天富, 王云月, 等. 2006. 辣椒玉米间作对病害的控制作用及其增产效应[J]. 园艺学报, 33(5): 995-1000.

唐旭, 郑毅, 汤利, 等. 2006. 不同品种间作条件下的氮硅营养对水稻稻瘟病发生的影响[J]. 中国水稻科学, 20(6): 663-666.

王公明, 丁克坚. 2000. 施氮水平对水稻形态特征、内含物及稻瘟病的影响[J]. 安徽农学通报, 6(2): 48-49.

王晓维, 杨文亭, 缪建群, 等. 2014. 玉米-大豆间作和施氮对玉米产量及农艺性状的影响[J]. 生态学报, 34(18): 5275-5282.

王兴亚, 周勋波, 钟雯雯, 等. 2017. 种植方式和施氮量对冬小麦产量和农田小气候的影响[J]. 干旱地区农业研究, 35(1): 14-21.

吴开贤, 安瞳昕, 范志伟, 等. 2012. 玉米与马铃薯的间作优势和种间关系对氮投入的响应[J]. 植物营养与肥料学报, 18(4): 1006-1012.

吴瑕, 吴凤芝, 周新刚. 2015. 分蘖洋葱伴生对番茄矿质养分吸收及灰霉病发生的影响[J]. 植物营养与肥料学报, 21(3): 734-742.

肖靖秀, 周桂夙, 汤利, 等. 2006. 小麦/蚕豆间作条件下小麦的氮、钾营养对小麦白粉病的影响[J]. 植物营养与肥料学报, 12(4): 517-522.

肖焱波, 段宗颜, 金航, 等. 2007. 小麦/蚕豆间作体系中的氮节约效应及产量优势[J]. 植物营养与肥料学报, 13(2): 267-271.

杨国涛, 范永义, 卓驰夫, 等. 2017. 氮肥处理对水稻群体小气候及其产量的影响[J]. 云南大学学报(自然科学版), 39(2): 324-332.

杨进成, 刘坚坚, 安正云, 等. 2009. 小麦蚕豆间作控制病虫害与增产效应分析[J]. 云南农业大学学报, 24(3): 340-348.

杨静, 施竹凤, 高东, 等. 2012. 生物多样性控制作物病害研究进展[J]. 遗传, 34(11): 1390-1398.

张福锁. 1993. 植物营养生态生理学和遗传学[M]. 北京: 中国科学技术出版社.

张盼盼, 周瑜, 宋慧, 等. 2015. 不同肥力水平下糜子生长状况及农田小气候特征比较[J]. 应用生态学报, 26(2): 473-480.

赵平, 郑毅, 汤利, 等. 2010. 小麦蚕豆间作施氮对小麦氮素吸收、累积的影响[J]. 中国生态农业学报, 18(4): 742-747.

朱锦惠, 董坤, 杨智仙, 等. 2017a. 间套作控制作物病害的机理研究进展[J]. 生态学杂志, 36(4): 1117-1126.

朱锦惠, 董艳, 肖靖秀, 等. 2017b. 小麦与蚕豆间作系统氮肥调控对小麦白粉病发生及氮素累积分配的影响[J]. 应用生态学报, 28(12): 3985-3993.

朱有勇. 2004. 生物多样性持续控制作物病害理论与技术[M]. 昆明: 云南科技出版社.

朱有勇, 李成云. 2007. 遗传多样性与作物病害持续控制[M]. 北京: 科学出版社.

Boudreau M A, Shew B B, Andrako L E. 2016. Impact of intercropping on epidemics of groundnut leaf spots: defining constraints and opportunities through a 7-year field study[J]. Plant Pathology, 65(4): 601-611.

Chen Y X, Zhang F S, Tang L, et al. 2007. Wheat powdery mildew and foliar N concentrations as influenced by N fertilization and belowground interactions with intercropped faba bean[J]. Plant and Soil, 291(1/2): 1-13.

Dordas C. 2008. Role of nutrients in controlling plant diseases in sustainable agriculture. A review[J]. Agronomy for Sustainable Development, 28(1): 33-46.

El-Komy M H. 2014. Comparative analysis of defense responses in chocolate spot-resistant and susceptible faba bean (*Vicia faba*) cultivars following infection by the necrotrophic fungus *Botrytis fabae*[J]. The Plant Pathology Journal, 30(4): 355-366.

Gómez-Rodríguez O, Zavaleta-Mejía E, González-Hernández V A, et al. 2003. Allelopathy and microclimatic modification of intercropping with marigold on tomato early blight disease development[J]. Field Crops Research, 83(1): 27-34.

He X H, Zhu S S, Wang H N, et al. 2010. Crop diversity for ecological disease control in potato and maize[J]. Journal of Resources and Ecology, 1(1): 45-50.

Huang J W, Sun S K. 1989. Characteristics of suppressive soil and its application to watermelon Fusarium wilt disease management[J]. Plant Protection Bulletin, 31(1): 104-118.

Jambhulkar P P, Jambhulkar N, Meghwal M, et al. 2016. Altering conidial dispersal of *Alternaria solani* by modifying microclimate in tomato crop canopy[J]. The Plant Pathology Journal, 32(6): 508-518.

Marschner H. 1995. Mineral Nutrition of Higher Plants[M]. London: Academic Press.

Qin J H, He H Z, Luo S M, et al. 2013. Effects of rice-water chestnut intercropping on rice sheath blight and rice blast diseases[J]. Crop Protection, 43(1): 89-93.

Sahile S, Fininsa C, Sakhuja P K, et al. 2010. Yield loss of faba bean (*Vicia faba*) due to chocolate spot (*Botrytis fabae*) in sole and mixed cropping system in Ethiopia[J]. Archives of Phytopathology and Plant Protection, 43(12): 1144-1159.

Shaheen A, Ali S, Stewart B A, et al. 2010. Mulching and synergistic use of organic and chemical fertilizers enhances the yield, nutrient uptake and water use efficiency of sorghum[J]. African Journal of Agricultural Research, 5(16): 2178-2183.

Zhu Y Y, Chen H R, Fan J H, et al. 2000. Genetic diversity and disease control in rice[J]. Nature, 406(67): 718-722.

第12章 养分管理控制小麦病虫害的研究实例

12.1 施氮对小麦蚜虫发生的影响

蚜虫是麦田的主要害虫，主要寄生在小麦穗部和中上部叶片上刺吸危害，它不仅吸取大量汁液，引起植株营养恶化，籽粒饥瘦或不能结实，而且排泄的蜜露常覆盖在小麦叶片表面，影响叶片的呼吸和光合作用，造成小麦减产 20%～30%（孙红炜等，2007）。斑潜蝇具有生活周期短、世代重叠严重、繁殖力高、适应性强、寄主范围广、虫体小、生活危害习性隐蔽、对农药易产生抗性等特点。截至 1996 年 4 月斑潜蝇分布范围已经涉及云南省广大地区，发生面积达 20 万 hm² 以上，受害作物近百种，其中蚕豆、马铃薯、蔬菜等作物受害均较严重，尤其以蚕豆受害最重、面积最大，据田间调查，被害株率为 80%～100%，被害叶率为 30%～40%，严重的达 80% 以上，一般减产 20%～30%，严重的达 80% 以上，甚至绝收（李洪谨等，2006）。云南温凉的气候特别有利于作物虫害的发生和流行，这些作物虫害给当地的农业生产造成了较为严重的损失。

蚜虫发生初期（3月4日）和盛期（3月25日）有蚜株率都随施氮量的增加而逐渐增加（图 12-1）。蚜虫发生初期，与 N_0 处理相比，施氮使单作小麦有蚜株率增加 22.2%～33.3%，平均增加 29.6%；使间作小麦有蚜株率增加 0～120%，平均增加 53.3%。蚜虫发生盛期，施氮使单作小麦有蚜株率增加 0～7.1%，平均增加 4.8%；使间作小麦有蚜株率增加 9.1%～27.3%，平均增加 18.2%，间作条件下 N_3 与 N_0 处理间差异达到显著水平。施

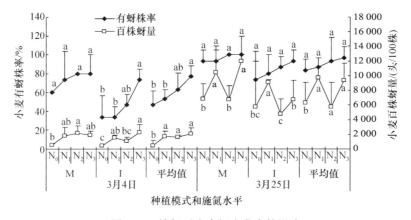

图 12-1 施氮对小麦蚜虫发生的影响

M. 单作；I. 间作；平均值为同一氮水平下单作、间作的平均值；图中不同小写字母分别表示单作和间作模式下不同施氮处理间在 0.05 水平下差异显著 （$P<0.05$）。后同

氮也显著增加了小麦的百株蚜量，蚜虫发生初期施氮使单作小麦百株蚜量增加 238.5%～323.1%，平均增加 276.1%；使间作小麦百株蚜量增加 144.1%～402.9%，平均增加 264.7%。蚜虫发生盛期，N_1 和 N_3 处理显著增加了单作、间作小麦的百株蚜量，N_1 和 N_3 处理使单作小麦百株蚜量分别增加了 53.5% 和 73.5%，使间作小麦百株蚜量分别增加了 58.2% 和 17.7%；N_2 处理小麦百株蚜量显著低于 N_1 和 N_3 处理，与 N_0 处理无显著差异。以上分析表明低氮和高氮供应均加重了小麦蚜虫的发生，施氮对小麦有蚜株率和百株蚜量的影响以蚜虫发生初期大于盛期。

小麦蚜虫是小麦生产中常见的一种害虫，成虫、若虫均吸食寄主作物的汁液，常使叶片卷曲、变黄，危害严重时，全株枯死。此外，蚜虫排泄的蜜露还会引发煤污病。寄主作物叶子的颜色等视觉因素对害虫的识别和定向能力是很重要的，如许多蚜虫喜欢在反射黄光的表面歇息。一般幼嫩或速生作物比老熟的和生长缓慢的作物更易遭受虫害，因此氮肥施用和害虫侵袭之间通常存在正相关关系。矿质营养和肥料能否预防刺吸式害虫的侵害取决于这些物质是增加还是减少了作物体内可溶性有机氮的含量（Marschner，1995）。随着氮营养的增加，麦长管蚜的数量增加；施氮过多会增加蚜虫发生的数量（Marschner，1995）；施用尿素能显著增加凤仙花根瘤球蚜的数量，而施用硝酸铵则降低种群数量（张福锁，1993）。本研究结果表明，小麦蚜虫发生初期和盛期有蚜株率都随施氮量的增加而逐渐增加，间作条件下，施氮使小麦有蚜株率在发生初期和盛期分别增加了53.3%和18.2%，小麦百株蚜量分别增加了264.7%和31.1%，研究结果与上述结论一致。但肖靖秀等（2005）的研究表明，从不施氮到高氮处理，油菜蚜虫发生率显著降低，蚜虫对氮肥反应的差异可能是由于不同蚜虫的食性和对作物器官喜好不同。

12.2　施氮对小麦白粉病发生的影响

小麦白粉病是由专性寄生菌禾布氏白粉菌（*Blumeria graminis* f. sp. *tritici*）引起的一种世界性病害，具有繁殖快、传播面广的特点，侵染早时会使幼苗死亡、分蘖消亡，最终导致减产（郑秋红等，2013；Singh et al.，2016）。该病在我国 20 多个小麦种植省份经常发生且相当严重（沈文颖等，2015）。云南是小麦白粉病常发地区之一，一般年份可造成小麦减产 10%左右，严重时达 50%以上（霍治国等，2002；张蕾等，2016）。

氮素是农田生态系统中影响病害发生和作物产量的重要因子之一。过量施氮增加了专性寄生物（如锈病、白粉病等）的感染而加剧病害发生（Dorda，2008）。原因是植株氮含量与作物体内尤其叶片的总酚、类黄酮、游离氨基酸、可溶性糖和全氮等物质的含量密切相关，这些物质含量的变化不仅影响作物自身抗病性，而且影响作物病害的侵染及发病程度（苏海鹏等，2006；金霞等，2008；卢国理等，2008）。

农业生物多样性是作物病害流行的天然屏障，而间作是增加农田生物多样性的有效措施（Costanzo and Bàrberi，2014）。利用间作控制作物病害已有很多成功范例，目前已经在多种体系证实间作具有良好的控病效果，如玉米//马铃薯控制玉米大斑病、小斑病和马铃薯晚疫病（He et al.，2010）；小麦//蚕豆控制小麦白粉病、小麦条锈病和蚕豆枯萎病（Chen et al.，2007；陈远学等，2013；董艳等，2014）。有关间作控制气传病害的机制，已经从间作作物遗传背景多样性（Zhu et al., 2000）及作物植株生理生化特性变化（苏海鹏等，2006；卢国理等，2008）、病原菌的稀释和阻隔作用及田间微气候变化（Zhu et al., 2000）等方面开展了大量研究，并取得了显著进展。近年来的研究结果表明，间作可提高寄主作物养分的高效利用而降低多种病害的发生，但是这些研究主要关注的是间作作物养分，尤其是氮养分在作物体内的含量及其与病害发生的关系，而有关间作系统氮肥调控对作物氮素养分吸收、累积分配的影响及其与气传病害发生的关系尚不清楚。因此，本节以小麦//蚕豆系统为对象，采用田间小区试验，研究间作系统氮素调控对小麦白粉病发生、氮素吸收、累积与分配的影响，旨在明确间作系统小麦氮素的吸收利用和累积特征、分配规律与白粉病发生的关系及其对氮肥调控的响应，为充分发挥间作持续控制病害优势、减少农药和化肥施用、提高作物产量提供理论依据。

12.2.1　材料与方法

1. 试验地情况

土壤类型为水稻土，前茬为水稻，质地为砂壤土，耕层土壤有机质含量为 14.5g/kg、全氮为 1.2g/kg、碱解氮为 62.1mg/kg、速效磷为 33.4mg/kg、速效钾为 58.3mg/kg，pH 为 7.1。

2. 试验设计

试验为间作和施氮水平两因素设计，随机区组排列。两种种植模式分别为：小麦单作（M），小麦与蚕豆间作（I）。4 个施氮水平分别为 N_0（不施氮）、N_1（施 N 112.5kg/hm^2）、N_2（施 N 225kg/hm^2）和 N_3（施 N 337.5kg/hm^2），组合为 8 个处理，每个处理 3 次重复，共 24 个小区，每个小区面积为 5.4m×6m=32.4m^2。小麦条播，行距 0.2m；蚕豆点播，行距 0.3m、株距 0.15m。间作小区按 6 行小麦、2 行蚕豆的方式种植，间作小区内有 3 个小麦种植带和 4 个蚕豆种植带。小麦、蚕豆在单作和间作小区的种植方式及株行距完全相同。

小麦磷肥施用量为 112.5kg/hm^2（以 P_2O_5 计），钾肥施用量为 112.5kg/hm^2（以 K_2O 计）。小麦氮肥分底肥和追肥（各 50%）两次施用，磷肥和钾肥作为基肥一次性施入。供试肥料为尿素（含 N 46.0%）、普通过磷酸钙（含 P_2O_5 16%）和硫酸钾（含 K_2O 50%），单作、间作小区中小麦的施肥量一致，单作、间作蚕豆的施肥量均为小麦的一半。田间日常管理按当地常规进行，整个生长季节不施农药，白粉病为田间自然发生。

3. 小麦白粉病调查及氮含量测定

（1）小麦白粉病调查。于小麦白粉病发病初期（小麦分蘖期）、盛期（小麦抽穗扬花期）和末期（小麦灌浆期）进行 3 次调查。依据《小麦白粉病测报调查规范》（NY/T 613—2002）的 8 级严重度分级标准记载病级，计算发病率、病情指数及病情进展曲线下面积，计算公式如下。

$$发病率=发病叶片总数/调查叶片总数×100\%$$

$$病情指数=\sum（各级病叶数×相应级值）/（调查叶片总数×最高级值）×100$$

病情进展曲线下面积（AUDPC）按以下公式计算。

$$\text{AUDPC} = \sum_1^n 1/2(X_i + X_{i-1})(T_i - T_{i-1})$$

式中，X_i 表示第 i 次调查时小麦病害的发病率[AUDPC（DI）]或病情指数[AUDPC（DSI）]；T_i 为第 i 次调查的时间（d）；n 为调查次数。

（2）小麦植株采样与测定。于小麦白粉病发病初期（小麦分蘖期）、盛期（小麦抽穗扬花期）和末期（小麦灌浆期）采集小麦植株，按茎、叶和穗分开，在 105℃杀青 30min，65℃烘干至恒量后粉碎。样品经 H_2SO_4-H_2O_2 消化后采用半微量凯氏定氮法测定全氮含量（鲍士旦，2000）。

4. 计算公式

植株氮素累积量=植株氮含量×干物质量

植株氮素阶段累积量=某生育时期的累积量−上个生育时期的累积量（段敏等，2010）

各器官氮素分配比例=各器官的氮素积累量/氮素总积累量×100%（孙小花等，2015）

5. 数据处理

数据采用 Excel 2010 软件进行处理，采用 SAS 9.0 进行双因素方差分析，采用最小显著性差异法（LSD）检验各处理间的差异显著性（P=0.05）。图表中数据为平均值±标准差。

12.2.2　结果与分析

1. 小麦与蚕豆间作系统氮素调控对小麦产量的影响

单作、间作小麦产量均随施氮量的增加呈先增加后降低趋势，N_2 处理下产量最高。与 N_0 相比，N_1、N_2 和 N_3 处理下小麦产量平均分别增加 21.5%、33.0%、23.3%，均达显著性差异，其中单作小麦产量分别显著增加 20.9%、34.5%、29.6%，间作小麦产量分别显著增加 22.0%、31.8%、17.9%（表 12-1）。与单作相比，间作小麦产量平均增加 12.0%，其中 N_0、N_1 和 N_2 水平下间作分别显著增加 15.2%、16.2%、12.9%，表明小麦与蚕豆间作提高了小麦产量，且在 N_2 处理下间作小麦产量最高（表 12-1）。

表 12-1　间作和施氮水平对小麦产量的影响　　　　（单位：kg/hm²）

施氮水平	小麦产量		平均值
	M	I	
N_0	3083±137b	3551±91c[*]	3317c
N_1	3726±233a	4331±196b[*]	4029b
N_2	4146±191a	4679±230a[*]	4413a
N_3	3996±486a	4186±167b	4091b
平均值	3738	4187[*]	

注：M. 单作小麦；I. 间作小麦；平均值为相同氮水平不同种植模式的平均值或相同种植模式不同氮水平的平均值；同列不同字母表示相同种植模式下不同施氮水平间差异显著，*表示相同施氮水平下单作和间作处理间差异显著（P<0.05）。后同

2. 小麦与蚕豆间作系统氮素调控对小麦白粉病发生的影响

施氮显著影响了发病初期、盛期和末期小麦白粉病的发病率、病情指数、氮含量、累积量和阶段累积量（$P<0.001$），但施氮对发病盛期、末期的小麦茎和穗中氮素分配比例无显著影响。除发病初期的氮含量和发病盛期的阶段累积量外，间作对发病初期、盛期和末期小麦白粉病的发病率、病情指数、氮含量、累积量和茎、叶、穗中氮素分配比例均有显著影响。小麦白粉病发病盛期，施氮水平和种植模式对发病率、病情指数、氮含量和累积量的交互作用影响显著，但在发病初期和末期对交互作用影响不显著（表 12-2）。

表 12-2 间作系统施氮水平对小麦白粉病发生、氮素累积和分配影响的方差分析

发病时期	因素	发病率	病情指数	氮含量	累积量	阶段累积量	茎比例	叶比例	穗比例
	N	15.7***	90.9***	22.0***	73.2***	73.2***	—	—	—
I	I	5.5*	33.4***	2.7NS	9.8**	9.8**	—	—	—
	I×N	0.2NS	2.8NS	0.7NS	1.0NS	1.1NS	—	—	—
	N	326.5***	81.7***	536.4***	1631.8***	639.6***	0.7NS	1.0NS	2.1NS
II	I	102.3***	196.9***	58.3***	16.9***	2.2NS	37.3***	58.7***	24.5***
	I×N	7.0**	16.2***	98.0***	40.5***	26.4***	5.4**	2.0NS	0.3NS
	N	352.4***	45.2***	441.6***	1014.6***	156.8***	2.6NS	5.1*	5.1NS
III	I	14.4**	10.0**	86.3***	233.9***	174.3***	5.2**	60.9***	60.9***
	I×N	0.6NS	0.9NS	0.6NS	0.9NS	18.5***	0.7NS	3.0NS	3.7NS

注：I.发病初期；II.发病盛期；III.发病末期，N.氮素水平；I.间作；I×N.间作×氮素水平；***$P<0.001$；**$P<0.01$；*$P<0.05$；NS.不显著。下同

1）间作系统氮素调控对小麦白粉病发病率和病情指数的影响

单作、间作系统小麦白粉病的发病率均表现为随施氮量的增加呈上升趋势，以 N_0 处理最低，N_3 处理最高，表明施氮加剧了小麦白粉病的发生。发病初期，与 N_0 相比，N_2 和 N_3 处理显著增加单作、间作小麦白粉病发病率，增幅分别为 35.1%、57.4% 和 57.7%、91.9%，N_1 与 N_0 处理间无显著差异；与 N_0 相比，N_2 和 N_3 处理显著增加单作小麦白粉病病情指数，增幅分别为 82.4% 和 123.2%，N_1、N_2 和 N_3 处理显著增加间作小麦白粉病病情指数，增幅分别为 95.5%、215.2% 和 247.0%。发病盛期，与 N_0 相比，N_1、N_2 和 N_3 处理显著增加单作、间作小麦白粉病发病率，增幅分别为 32.2%、37.8%、45.7% 和 40.5%、51.4%、45.8%；显著增加单作、间作小麦白粉病病情指数，增幅分别为 128.2%、150.0%、292.9% 和 85.6%、159.5%、236.0%。发病末期，与 N_0 相比，N_1、N_2 和 N_3 处理显著增加单作、间作小麦白粉病发病率，增幅分别为 62.3%、62.0%、65.5% 和 62.3%、61.2%、62.9%；显著增加单作、间作小麦病情指数，增幅分别为 100.5%、135.6%、152.1% 和 144.8%、159.4%、164.3%（表 12-3）。表明增加施氮量加重了小麦白粉病的发生，病情指数受氮肥调控的影响较发病率大。

与单作相比，发病初期，N_0、N_1、N_2 和 N_3 水平下间作显著降低了小麦白粉病发病率，降幅分别为 25.0%、20.8%、12.5% 和 8.6%，N_0～N_3 水平下间作显著降低了病情指数，降

幅分别为 53.5%、20.9%、19.7% 和 27.8%。发病盛期，$N_0 \sim N_3$ 水平下间作显著降低了白粉病发病率，降幅分别为 14.9%、9.5%、6.6% 和 14.9%，病情指数显著降低，降幅分别为 28.8%、42.1%、26.2% 和 39.2%。发病末期，N_3 水平下间作显著降低了发病率和病情指数，降幅分别为 6.5% 和 22.7%，N_0、N_1 和 N_2 水平下单作、间作处理间均无显著差异（表 12-3）。不同施氮水平下间作均降低了白粉病的发病率和病情指数，表明间作有效控制了小麦白粉病的发生并减轻其危害，在发病初期和盛期间作减轻白粉病危害的效果尤为显著。

表 12-3 间作和施氮水平对小麦白粉病发生的影响

发病时期	施氮水平	发病率%		病情指数	
		M	I	M	I
I	N_0	44.4±9.6b	33.3±4.8c*	14.2±1.4c	6.6±0.6c*
	N_1	57.8±3.9ab	45.8±4.4bc*	16.3±0.7c	12.9±1.9b*
	N_2	60.0±7.8a	52.5±4.4ab*	25.9±1.6b	20.8±1.4a*
	N_3	69.9±6.1a	63.9±7.3a*	31.7±2.0a	22.9±3.6a*
II	N_0	65.0±0.9d	55.3±1.1c*	15.6±1.9c	11.1±1.7d*
	N_1	85.9±2.0c	77.7±1.4b*	35.6±3.4b	20.6±2.1c*
	N_2	89.6±2.3b	83.7±1.5a*	39.0±1.7b	28.8±3.7b*
	N_3	94.7±0.7a	80.6±2.0b*	61.3±2.7a	37.3±1.5a*
III	N_0	57.6±8.6b	54.7±3.7b	19.4±3.1c	14.3±5.2b
	N_1	93.5±1.8a	88.8±8.8a	38.9±2.0b	35.0±6.2a
	N_2	93.3±2.7a	88.2±6.4a	45.7±3.9a	37.1±3.9a
	N_3	95.3±2.6a	89.1±2.4a*	48.9±3.0a	37.8±2.1a*

2）间作系统氮素调控对小麦白粉病病程进展曲线下面积（AUDPC）的影响

病程进展曲线下面积可表征作物整个发病阶段的总体危害程度。单作、间作小麦白粉病的 AUDPC（DI）和 AUDPC（DSI）均随施氮量的增加而增加。与 N_0 相比，N_1、N_2 和 N_3 处理 AUDPC（DI）分别平均增加 39.6%、47.1% 和 55.6%，均达显著性差异。其中，单作小麦分别显著增加 36.2%、40.8%、52.0%，间作小麦分别显著增加 43.7%、54.6% 和 59.9%。与 N_0 相比，N_1、N_2 和 N_3 处理 AUDPC（DSI）分别平均增加 92.4%、144.1% 和 216.9%。其中，单作小麦分别显著增加 87.0%、126.0% 和 212.8%，间作小麦分别显著增加 101.2%、172.8%、223.6%。表明在整个发病阶段，施氮均显著增加了白粉病的 AUDPC（DI）和 AUDPC（DSI），且病情指数受氮素调控的影响比发病率大（表 12-4）。

与单作相比，间作小麦白粉病的 AUDPC（DI）和 AUDPC（DSI）分别平均降低 11.5%、30.7%，$N_0 \sim N_3$ 水平下间作 AUDPC（DI）分别显著降低 16.1%、11.6%、7.9% 和 11.7%；AUDPC（DSI）分别显著降低 36.2%、31.4%、23.0% 和 34.1%（表 12-4）。表明在整个发病阶段，间作均具有降低小麦白粉病发生并减轻其危害的作用，且间作对小麦病情指数的控制效果比发病率显著。

表 12-4　间作和施氮水平对小麦白粉病病程进展曲线下面积（AUDPC）的影响

施氮水平	AUDPC（DI）		平均值	AUDPC（DSI）		平均值
	M	I		M	I	
N_0	4254±260c	3568±109c*	3911d	1178±71a	751±99a*	965d
N_1	5796±92b	5126±278b*	5461c	2203±118b	1511±74b*	1857c
N_2	5991±122b	5516±53a*	5754b	2662±101c	2049±167c*	2356b
N_3	6466±120a	5707±210a*	6087a	3685±32d	2430±155d*	3058a
平均值	5627A	4979B		2432A	1685B	

3. 小麦与蚕豆间作系统氮素调控对小麦氮素吸收和累积的影响及其与白粉病发生的关系

由表 12-5 可知，施氮增加了单作、间作小麦地上部植株的氮素吸收和累积。与 N_0 相比，发病初期，N_2 和 N_3 处理显著增加单作、间作小麦植株氮含量，增幅分别为 17.2%、19.5%和 26.7%、29.3%，N_1 与 N_0 处理间无显著差异；N_1、N_2 和 N_3 处理显著增加单作、间作小麦的氮素累积量，增幅分别为 19.90%～71.2%和 23.5%～60.6%，此阶段氮素累积量、阶段累积量变化一致。发病盛期，与 N_0 相比，N_1、N_2 和 N_3 处理显著增加单作、间作小麦氮含量，增幅分别为 39.4%～47.7%和 8.0%～22.3%；氮素累积量分别显著增加 108.7%～133.7%和 57.8%～77.3%，阶段累积量分别显著增加 132.2%～176.8%和 67.0%～88.1%。发病末期，与 N_0 相比，N_1、N_2 和 N_3 处理显著增加单作、间作小麦植株氮含量，增幅分别为 23.9%～51.4%和 11.6%～26.7%；氮素累积量分别显著增加 49.9%～86.8%和 28.9%～58.5%；阶段累积量分别显著增加 10.7%～49.4%和 6.9%～44.4%。表明无论小麦单作还是间作，施氮均增加了小麦植株氮含量、累积量和阶段累积量。

表 12-5　间作和施氮水平对小麦氮素吸收和累积的影响

发病时期	施氮水平	氮含量/（g/kg）		累积量/（g/kg）		阶段累积量/（g/kg）	
		M	I	M	I	M	I
I	N_0	1.28±0.10b	1.16±0.09b	42.3±3.4d	47.2±4.3c	42.3±3.4d	47.2±4.3c
	N_1	1.32±0.28b	1.23±0.06b	50.7±2.0c	58.3±3.16*	50.7±2.0c	58.3±3.1b*
	N_2	1.50±0.09a	1.47±0.05a	62.1±4.4b	71.1±2.9a*	62.1±4.4b	71.1±2.9a*
	N_3	1.53±0.04a	1.50±0.08a	72.4±2.4a	75.8±4.4a	72.4±2.4a	75.8±4.4a
II	N_0	1.55±0.02c	1.75±0.08d*	127.9±0.2c	164.5±4.1d*	85.5±3.6d	117.2±2.4d*
	N_1	2.16±0.06b	1.89±0.08c*	266.9±1.4b	259.6±5.1c	216.2±2.4b	201.4±6.3b*
	N_2	2.26±0.06a	2.03±0.07b*	298.9±4.8a	291.6±3.9a	236.8±8.8a	220.5±3.3a*
	N_3	2.29±0.03a	2.14±0.03a*	270.9±2.9b	271.4±3.5b	198.5±2.5c	195.7±6.5c
III	N_0	1.42±0.03d	1.72±0.07d	288.2±7.2d	381.8±5.8d*	160.3±7.1d	217.3±4.7d*
	N_1	1.76±0.02c	1.92±0.01c*	432.1±4.7c	492.0±6.2c*	177.5±3.4c	232.4±4.4c*
	N_2	1.86±0.04b	2.08±0.06b*	538.4±4.9a	605.3±9.5a*	239.5±6.3a	313.7±9.2a*
	N_3	2.15±0.05a	2.18±0.08a*	494.4±8.8b	536.5±7.5b*	223.5±10.7b	265.1±8.7b*

与单作相比，发病初期，$N_0 \sim N_3$ 水平下间作有降低小麦植株氮含量的趋势，但单作、间作处理间无显著差异；N_1 和 N_2 水平下间作显著提高了小麦氮素累积量，增幅分别为 15.0% 和 14.5%。发病盛期，N_0 水平下间作氮含量、氮素累积量和阶段累积量分别显著增加 12.9%、28.6% 和 37.1%，N_1、N_2、N_3 水平下间作氮含量分别显著降低 12.5%、10.2% 和 6.6%；N_1、N_2、N_3 水平下单作、间作小麦的氮素累积量无显著差异；N_1 和 N_2 水平下间作小麦的阶段累积量分别显著降低 6.8% 和 6.9%。发病末期，N_0、N_1 和 N_2 水平下间作小麦氮含量分别显著提高 21.1%、9.1% 和 11.8%，而 N_3 水平下单作、间作处理间无显著差异；$N_0 \sim N_3$ 水平下间作氮素累积量和阶段累积量分别显著提高 8.5%~32.5% 和 18.6%~35.6%（表 12-5）。可见，施氮条件下，间作小麦氮含量和阶段累积量在发病盛期显著低于单作小麦，但在发病末期则显著高于单作小麦，表明施氮增加了小麦的氮含量、氮素累积量和阶段累积量，但间作降低了发病盛期小麦对氮素的吸收和累积，从而减轻了小麦白粉病的发生与危害。

为明确小麦氮含量和氮素累积量与白粉病发生的关系，将小麦植株氮含量、氮素累积量和白粉病发病率和病情指数进行相关分析（表 12-6）。结果表明，小麦植株氮含量、累积量和阶段累积量与白粉病的发病率和病情指数在各发病时期均呈显著正相关关系（$P<0.01$），说明小麦白粉病的发生及其严重程度与小麦植株氮素吸收和累积密切相关，且氮含量与病情指数的相关系数除单作发病盛期小于发病率外、其余均大于发病率，即氮含量越高，小麦白粉病的危害越重，且单作条件下这种相关性比间作更强，说明单作小麦白粉病的发病程度更易受植株氮营养状况的影响。

表 12-6 小麦氮素吸收和累积与白粉病发生的相关系数

发病时期	项目	氮含量		累积量		阶段累积量	
		M	I	M	I	M	I
I	发病率	0.432*	0.572**	0.602**	0.669**	0.602**	0.669**
	病情指数	0.692**	0.700**	0.891**	0.815**	0.891**	0.815**
II	发病率	0.955**	0.697**	0.876**	0.980**	0.789**	0.958**
	病情指数	0.927**	0.714**	0.547**	0.645**	0.425*	0.516**
III	发病率	0.824**	0.712**	0.867**	0.724**	0.517**	0.359*
	病情指数	0.914**	0.725**	0.883**	0.703**	0.690**	0.424*

*$P<0.05$; **$P<0.01$

4. 小麦与蚕豆间作系统氮素调控对小麦各器官氮素分配比例的影响

各施氮水平下，单作、间作小麦叶片中氮素分配比例均高于茎和穗，氮水平对单作和间作小麦茎、叶和穗中氮素分配比例无显著影响（表 12-7）。与单作相比，发病盛期，N_0、N_1 和 N_2 水平下间作显著提高小麦茎中氮素分配比例，增幅分别为 27.2%、24.2% 和 16.9%，N_3 水平下单作、间作处理间无显著差异；$N_0 \sim N_3$ 水平下间作显著降低叶片中氮素分配比例，降幅分别为 18.7%、15.4%、13.9% 和 8.9%；N_0、N_2 和 N_3 水平下间作显著提高穗中氮素分配比例，增幅分别为 10.6%、8.6% 和 11.0%。发病末期，$N_0 \sim N_3$ 水平下间作对茎中氮素分配比例无显著影响；N_1、N_2 和 N_3 水平下间作显著降低叶片氮素分配比例，降幅分别为 12.2%、9.6% 和 12.1%，显著提高穗中氮素分配比例，增幅分别为 15.3%、10.0% 和 19.9%。以上分析表明，间作显著降低了叶片中的氮素分配比例，而增加了茎和穗中的氮素分配比例，促进了茎和叶中氮素向穗粒的转移。

表 12-7　间作和施氮水平对小麦氮素分配比例的影响　　　　　（%）

发病时期	N水平	茎比例		叶比例		穗比例	
		M	I	M	I	M	I
II	N$_0$	21.3±0.6c	27.1±0.8a[*]	48.7±0.8a	39.6±0.6b[*]	30.1±1.4a	33.3±0.9a[*]
	N$_1$	21.9±1.0bc	27.2±2.1a[*]	47.5±3.2a	40.2±2.0b[*]	30.6±2.3a	32.7±0.5a
	N$_2$	23.1±1.2ab	27.0±1.3a[*]	46.7±0.7a	40.2±0.8b[*]	30.2±0.8a	32.8±0.5a[*]
	N$_3$	24.0±0.6a	25.0±0.8a	47.0±0.7a	42.8±1.3a[*]	29.0±0.2a	32.2±0.7a[*]
III	N$_0$	20.6±1.5a	21.7±1.0a	46.9±1.6c	45.0±1.2a	32.6±0.8a	33.4±0.6a
	N$_1$	18.9±0.8a	20.4±1.0a	51.0±0.5a	44.8±0.9a[*]	30.1±0.4ab	34.7±0.8a[*]
	N$_2$	20.1±1.4a	21.4±1.1a	48.0±0.4bc	43.4±0.6a[*]	32.0±1.0a	35.2±1.5a[*]
	N$_3$	21.1±1.1a	21.4±0.8a	50.3±2.2ab	44.2±0.7a[*]	28.7±2.4b	34.4±1.1a[*]

12.2.3　讨论

1. 小麦与蚕豆间作系统氮肥调控对小麦产量和白粉病的影响

间作种植利用时空生态位分异特点，高效利用光热、水分和养分等资源进而增加作物产量，间作增产增效优势已在多种种植体系得到证实，如玉米//大豆（雍太文等，2014）、甘蔗//大豆（李志贤等，2011）、玉米//马铃薯（马心灵等，2017）等。本研究中，小麦//蚕豆也具有增量优势，与蚕豆间作的小麦产量平均比单作增加了 12%，研究结果与前人研究结果一致。氮肥是保证作物产量的营养基础，单作和间作小麦产量均随氮肥用量的增加呈先增加后降低的趋势，以 N$_2$（225kg/hm^2）水平下产量最高，单作、间作分别为 4146kg/hm^2 和 4679kg/hm^2，而 N$_3$ 水平下产量低于 N$_2$ 水平。说明施氮可有效增加作物产量，但并非氮肥用量越多产量越高，过量施氮会导致增产效果下降，氮肥利用效率降低，甚至还会加快硝态氮的残留累积，加重面源污染，带来环境问题（叶优良等，2010；李志贤等，2011；雍太文等，2014；马心灵等，2017）。氮营养在影响作物产量形成的同时还影响作物病害的发生，植株体内尤其叶片中氮素含量高低不仅影响其生理生化特性，而且影响病原侵染与致病性及寄主自身抗病性（张福锁，1993）。大量研究表明，施氮会显著增加病害危害，如施氮加重小麦白粉病（肖靖秀等，2005）、条锈病（陈远学等，2013）和蚕豆赤斑病的发生（鲁耀等，2010）。本研究中，小麦白粉病的发病率和病情指数均随施氮量的增加而加重，AUDPC（DI）平均增加 39.6%～55.6%，AUDPC（DSI）平均增加 92.4%～216.9%，相关分析也表明，小麦植株氮素吸收和累积与白粉病的发生密切相关。已有研究报道，小麦//蚕豆通过改善蚕豆锰营养状况而减少蚕豆叶赤斑病的发生（鲁耀等，2010），通过改变根际微生物群落结构等减轻了蚕豆枯萎病危害（董艳等，2014）。本研究中，间作通过降低发病盛期小麦植株氮含量、累积量和阶段累积量，使白粉病的 AUDPC（DI）和 AUDPC（DSI）分别平均降低 11.5% 和 30.7%，减轻了白粉病在整个发病阶段的总体危害程度。可见，小麦与蚕豆间作是控制作物病害和增加产量的有效措施。

2. 小麦与蚕豆间作系统氮肥调控对小麦氮含量及氮素累积量的影响及其与白粉病发生的关系

氮素营养使作物生长方式、形态学和解剖学，特别是化学成分发生变化，因而显著影响作物对病害的抵抗力。无论小麦单作还是间作，施氮均加重小麦白粉病的发生和危害。相关分析结果显示，小麦植株氮含量、累积量和阶段累积量与白粉病的发病率和病情指数在各发病时期均呈显著正相关关系（$P<0.01$），说明小麦白粉病的发生及其严重程度与小麦植株氮素吸收和累积密切相关。原因是氮素过高时作物细胞壁木质素合成减少，植株徒长，质外体和叶表面的氨基酸及酰胺浓度增加，为病原菌孢子萌发和生长提供了营养源；同时氮素过高还导致作物酚类物质合成减少，毒性降低，易受病菌侵染，抗病力下降（Chen et al.，2007）。

本研究中，发病盛期，N_0 水平下间作小麦植株的氮含量显著高于单作小麦，而白粉病发病率及病情指数均低于单作小麦，原因是不施氮肥导致单作小麦氮营养不足而使小麦对白粉病的抗性较差，小麦与蚕豆间作系统中因蚕豆具有生物固氮作用，且可将固定的氮素转移到小麦根际并被其利用而改善小麦氮营养（付学鹏等，2016；李隆，2016），缓解了小麦缺氮症状，进而减轻白粉病的发生与危害。施氮条件下（N_1、N_2 和 N_3）间作小麦的氮含量和氮素累积量在发病盛期低于单作，至发病末期高于单作，原因可能是小麦//蚕豆系统中种间根系互作改变了小麦根系生长，进而影响养分吸收和累积。研究表明，间作小麦根系生长峰值出现在抽穗期（张恩和等，2002），由此推断地上部植株氮素吸收累积峰值滞后于根系生长峰值，而此时（抽穗期）正是发病盛期，因而间作降低了小麦的氮含量和氮素阶段累积高峰值，造成间作小麦的氮含量和氮素营养累积与病害发生在时间上前后分离，避开了白粉病菌对氮素营养需求的高峰期，进而降低小麦白粉病发病率，减轻白粉病危害。

3. 小麦与蚕豆间作系统氮肥调控对小麦氮素分配比例的影响及其与白粉病发生的关系

总酚和类黄酮是作物体内重要的抗病物质，游离氨基酸等可溶性氮化合物会增加作物的感病性，促进病害发生。水稻（黄壳糯）单作条件下，高氮供应（N_{300}）显著降低其叶片总酚和类黄酮的含量，加剧稻瘟病的发生；杂交稻（抗稻瘟病）与'黄壳糯'（感稻瘟病）间作提高了'黄壳糯'叶片中总酚和类黄酮的含量，减少了稻瘟病的发生（卢国理等，2008）。高氮供应显著增加单作小麦叶片中游离氨基酸含量，而对间作小麦影响不显著甚至降低游离氨基酸含量，从而减轻小麦白粉病的发生（苏海鹏等，2006）。小麦白粉病主要危害叶片，严重时也可危害叶鞘、茎秆和穗部，与其他器官相比，叶片对氮素供给更为敏感，因而施氮量越高，叶片氮含量越高，病害危害越严重（李长松，2013；张经廷等，2013）。因此通过氮肥调控及间作调节小麦叶、茎和穗的氮含量及分配比例，进而影响小麦白粉病发生具有重要的实践意义。本研究中，白粉病发病盛期和末期，小麦单作条件下，氮肥施用使氮素滞留在小麦叶片中，因而表现为白粉病随施氮量的增加而加重，尤其以 N_3 处理下白粉病发病最重。间作降低了小麦叶片氮素分配比例而增加穗中比例，即间作促进了小麦叶片中氮素向籽粒转移，从而减少了白粉病的发生与危害。表明在小麦集约化生产中，氮肥施用较高的情况下采用间作种植是降低作物病害的有效措施。施氮条件下间作降低小麦白粉病危害的原因可能是间作促进小麦叶片中氮素向籽粒转运，避免了叶片中氮素过量累积而导致总酚、类黄酮等抗性物质含量下降，小分子游离氨基酸等致病性物质增加，有序协调了小麦整个感病阶段各器官中氮素的累积与分配转运，保证了小麦良好的生长而增强其抗病能力。

小麦白粉病的发生除与种植模式、施肥水平关系密切外，还与气候条件、品种抗性等因素有关，白粉病发生发展是这些因素综合影响的结果。本研究尚未考虑小麦其他病害的发生对白粉病的影响，事实上农田生态系统中往往是多种病害同时发生，病害–病害及病害–作物的关系非常复杂，可能存在更广泛的互作效应。因此，有关间作对多种病害复合危害的影响有待今后进一步研究。

不论小麦单作还是间作，施氮均增加了小麦产量，N_2 水平下产量最高，间作模式下的小麦产量在各施氮水平下均高于单作小麦。施氮加重单作、间作小麦白粉病的发生，且病情指数受氮素调控的影响较发病率大。与单作相比，间作显著减轻小麦白粉病的发生与危害，尤其在发病盛期仍保持显著的控制效果，对病情指数的控制效果优于发病率。间作控制白粉病发生的原因一方面是降低发病盛期小麦植株氮含量、累积量和阶段累积量；另一方面是促进小麦茎、叶中氮素向穗部转移，降低叶片中氮素的分配比例，减少叶片中可溶性氮对病原菌的营养供应而有效减少小麦白粉病的发生。

12.3　施氮对小麦条锈病发生的影响

小麦（*Triticum* spp.）是仅次于水稻的第二大粮食作物，随着人口的增长，到 2050 年，小麦的需求量预计每年将以 1.6% 的速度增长，全球平均产量将由 2016 年的 3000kg/km^2 增加到 5000kg/km^2（Singh et al.，2016）。然而，盲目追求高产，单一高产品种大面积种植和大量化肥投入，尤其是大量氮肥的投入，加剧了小麦条锈病（*Puccinia striiformis* f. sp. *tritici*）的发生（陈远学等，2013），可导致小麦减产 5%～50%，产量损失约达 5.47 万 t，相当于 979 万美元的经济损失（Beddow et al.，2015），严重制约着小麦的安全生产和世界粮食安全。因此，研究减量施氮对减轻小麦条锈病发生的影响对于挽回其产量损失具有重要意义。间作通过利用时间生态位分离（Dong et al.，2018）、补偿效应（Xiao et al.，2018）来提高光、热、水及养分资源的高效利用，同时也是利用生物多样性持续控制病害、增强农田生态稳定性的有效途径（Boudreau et al.，2016）。大量研究表明，间套作系统中适当减少氮肥施用量并不会显著降低作物产量，甘蔗//大豆减量施氮的系统经济效益比高氮处理高 3.2%～26.3%（李志贤等，2011）；在甘蔗//大豆体系减少 40% 施氮量仍能维持甘蔗产量（杨文亭等，2011）；在玉米与大豆套作体系减少 25% 的施氮量提高了系统周年作物产量和氮肥利用率（雍太文等，2014）。前人在间作控病，如玉米//马铃薯控制玉米大斑病、小斑病和马铃薯晚疫病（He et al.，2010），小麦//蚕豆控制小麦条锈病、小麦白粉病和蚕豆枯萎病（李勇杰等，2006；董艳等，2010；陈远学等，2013）等方面开展了大量研究并取得了显著进展，但尚缺乏小麦与蚕豆间作系统减量施氮对小麦条锈病及小麦、蚕豆产量影响的研究报道。本节以小麦//蚕豆为研究对象，在小麦//蚕豆体系减少 50%施氮量情况下探讨其对小麦养分吸收利用、病害发生及产量的影响，以期为实现养分高效利用、控病增产、减少化肥投入提供理论指导。

12.3.1　材料与方法

1. 试验地概况

试验在云南省安宁市禄脿镇上村和玉溪市峨山县峨峰村试验地进行。安宁点前作水稻，砂壤土；峨山点前作韭菜，轻壤土，基本理化性状见表 12-8。

表 12-8　供试土壤的基本理化性状

试验地	有机质/ （g/kg）	全氮/ （g/kg）	碱解氮/ （mg/kg）	速效钾/ （mg/kg）	有效磷/ （mg/kg）	pH
安宁	14.9	1.3	60.5	55.2	29.8	7.2
峨山	28.9	2.1	102	100.5	36.9	6.7

2. 试验设计

安宁与峨山两地试验设计完全相同，为施氮水平和种植模式两因素设计，随机区组排列，3 个施氮水平，分别为 ZN（不施氮，N 0kg/hm^2）、RN（减量施氮，N 90kg/hm^2）和 CN（常规施氮，N 180kg/hm^2）；3 种种植模式分别记为小麦单作（MW）、蚕豆单作（MF）、小麦与蚕豆间作（W//F），组合为 9 个处理，每个处理 3 次重复，共 27 个小区。

小麦磷肥施用量为 90kg/hm^2 P$_2$O$_5$，钾肥施用量为 90kg/hm^2 K$_2$O。小麦氮肥分底肥和追肥（各 50%）两次施用，磷肥和钾肥作为基肥一次性施入。供试肥料为尿素（N 46.0%）、普通过磷酸钙（P$_2$O$_5$ 16%）和硫酸钾（K$_2$O 50%），单作、间作小麦的施肥量一致，单作、间作蚕豆的施肥量均为小麦的一半。

小区面积 5.4m×6m=32.4m^2，小麦条播（播种量 150kg/hm^2，均匀称量至行），行间距 0.2m；蚕豆点播，行距 0.3m、株距 0.15m。间作小区按 6 行小麦、2 行蚕豆的方式种植，间作小区内有 3 个小麦种植带和 3 个蚕豆种植带。

3. 测定项目与方法

1）小麦条锈病的调查

根据病情发展，两个试验点分别于小麦条锈病发病初期（小麦孕穗期）和盛期（小麦灌浆期）进行，按 8 级分类法进行调查。单作小麦调查时按对角线法选 5 个点，每个点调查 10 茎，共 50 茎；间作小区在两个蚕豆带上选取 5 个点（第一个带选 2 个点，第二个带选 3 个点），同样每点调查 10 茎，共 50 茎。

发病率（%）=发病叶片总数/调查叶片总数×100［AUDPC（DI）］

相对防效=（单作病情指数–间作病情指数）/单作病情指数×100%

2）小麦植株氮含量

于小麦条锈病发病盛期采集小麦植株，单作小麦采用梅花形 3 点随机取样，间作小麦只采第 1 行、第 3 行，每个点采 0.2m 长的植株。按茎、叶和穗分开，105℃杀青 30min，65℃烘干至恒重后粉碎，样品经 H_2SO_4-H_2O_2 消化后采用半微量凯氏定氮法测定全氮含量。

3）土地当量比

小麦和蚕豆收获方式相同，单作小区均除去边上 3 行，再收获剩余的小麦；间作小区收获中间的一个完整带幅，全部脱粒测产，得到籽粒产量。土地当量比（land equivalent ratio，LER）是衡量间作产量优势的表征之一，即获取与间作相同产量所需的单作面积，LER>1时表示间作相比单作具有产量优势；当 LER<1 时，表示间作相比单作有产量劣势。

计算公式为：LER=Yia·Zia/Ysa+Yib·Zib/Ysb（余常兵等，2009）。式中，Yia、Ysa、Yib、Ysb 分别表示间作作物 a、单作作物 a、间作作物 b 和单作作物 b 的产量；Zia、Zib 分别表示作物 a 和作物 b 在间作中的面积比例，本研究以籽粒产量为基础计算土地当量比。

4.统计分析

数据处理及作图采用 Excel 2010 完成，利用 SAS 9.0（SAS Institute，USA）进行双因素方差分析，采用最小显著性差异法（LSD）检验各处理间的差异显著性（P=0.05）。

12.3.2　结果与分析

1.间作系统减量施氮对产量及土地当量比的影响

土地当量比是衡量间作是否比单作增产的重要指标，安宁和峨山两个试验点各施氮水平下土地当量比（LER）均大于 1，表明间作具有产量优势（表 12-9）。两个试验点 LER 均随施氮量的增加呈下降趋势，减量施氮比常规施氮具有更高的间作产量优势。

表 12-9　小麦蚕豆间作条件下减量施氮对籽粒产量及土地当量比（LER）的影响

试验地	施氮水平	小麦产量/（kg/hm²）		蚕豆产量/（kg/hm²）		LER
		MW	IW	MF	IF	
安宁	ZN	2526±233B	3717±163b*	2312±251B	2621±252a	1.37±0.12
	RN	3383±392A	4531±128a*	2747±106A	3344±572a	1.31±0.17
	CN	3846±191A	4613±340a*	2633±100AB	3179±351a	1.20±0.21
峨山	ZN	3940±103B	4851±258b*	3727±565A	4892±172a*	1.26±0.10
	RN	4432±311AB	5546±312a*	3513±252A	4542±511a*	1.27±0.08
	CN	5177±414A	5597±343a	3269±180A	4312±379a*	1.16±0.09

注：MW：单作小麦；IW：间作小麦；MF：单作蚕豆；IF：间作蚕豆。不同大、小写字母分别表示不同氮水平间单作、间作的差异；*表示同一氮水平下单作、间作的差异。后同

施氮及间作对小麦和蚕豆产量均有影响（表 12-9）。就小麦产量而言，与不施氮（ZN）相比，减量施氮（RN）和常规施氮（CN）处理下安宁点单作小麦分别显著增产33.9%、52.3%，间作分别显著增产 21.9%、24.1%；峨山点间作模式下小麦分别显著增产14.3%、15.4%。两个试验点单作、间作小麦产量在 RN 处理下均略低于 CN 处理，但均无

显著差异。与单作相比,安宁点间作小麦产量在 ZN、RN 和 CN 处理下分别显著增产47.1%、33.9%和 19.9%;峨山点在 ZN 和 CN 处理下分别显著增产 23.1%、25.1%。

在蚕豆产量中,施氮对蚕豆产量影响较小,安宁点蚕豆产量随施氮量的增加呈先增加后降低趋势,峨山点则随施氮量的增加而降低,但两个试验点在各施氮水平间均无显著差异。与单作相比,安宁点间作蚕豆产量在各处理下均无显著差异;峨山点 ZN、RN 和 CN 处理下分别显著增产 31.3%、29.3%、31.9%。研究结果表明,与常规施氮相比,减量施氮并不会导致小麦大幅减产,同时还较好地维持了蚕豆产量。

2. 间作系统减量施氮对小麦条锈病发生的影响

施氮及间作对小麦条锈病有影响。施氮增加小麦条锈病发病率（DI）,与 ZN 相比,施氮（RN 和 CN）处理增加小麦条锈病的发病率,但无显著差异;与单作相比,间作在各施氮水平下均减轻小麦条锈病 DI,其中峨山点 ZN、RN 处理下分别显著降低 37.5%、38.2%（图 12-2）。

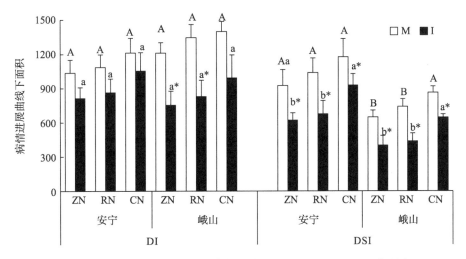

图 12-2　间作和减量施氮对小麦条锈病 AUDPC（DI 和 DSI）的影响

DI、DSI 分别代表基于小麦条锈病发病率和病情指数计算的病情进展曲线下面积。不同大、小写字母分别表示不同氮水平间单作、间作的差异;*表示同一氮水平下单作、间作的差异。M. 单作小麦, I. 间作小麦。后同

施氮加重小麦条锈病病情指数（DSI）,与 ZN 相比,安宁点单作模式下无显著差异,但间作模式及峨山点单作、间作模式 CN 处理下均显著高于 ZN,分别显著提高 48.9%、33.4%、60.7%,同时两个试验点间作模式 RN 处理下较 CN 分别显著降低 26.9%（安宁）、31.8%（峨山）;与单作相比,两个试验点间作在各施氮水平下均减轻小麦条锈病 DSI,ZN、RN、CN 处理下分别显著降低 32.5%、34.5%、21.0%（安宁）和 37.8%、40.5%、25.1%（峨山）（图 12-2）。试验结果表明施氮对小麦条锈病影响较小,间作模式有良好的控病效果。

由小麦条锈病的相对防效可知（图 12-3）,两个试验点间作对小麦条锈病的控制效果均随施氮量的增加呈先增加后降低趋势,RN 处理下相对防效最佳,与 ZN 相比无显著差异,但较 CN 分别显著提高 65.8%（安宁）和 62.6%（峨山）。以上研究结果表明施氮促进

小麦条锈病的发生，但间作可减轻条锈病危害，在减量施氮处理下效果最佳。

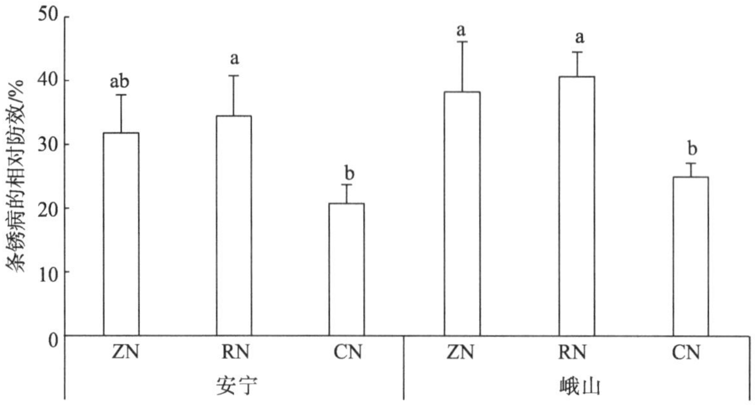

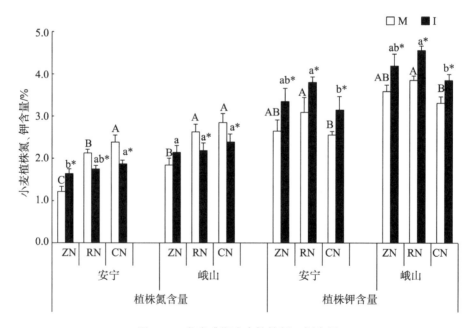

图 12-3　间作对小麦条锈病的相对防治效果

3. 间作系统减量施氮对小麦植株氮、钾含量的影响

小麦植株氮含量随施氮量的增加而增加（图 12-4）。与 ZN 相比，单作模式下 RN、CN 处理分别显著增加 73.6%、95.4%（安宁）和 42.7%、55.0%（峨山），但两个试验点的间作模式间均无显著差异；与单作相比，安宁点间作小麦植株氮含量在 ZN 处理下显著提高 33.7%，在 RN、CN 处理下分别显著降低 17.8%、21.8%（安宁）和 16.9%、16.2%（峨山）。

图 12-4　发病盛期小麦植株氮、钾含量

小麦植株钾含量随施氮量的增加呈先增加后降低的趋势（图 12-4）。与 ZN 相比，两个试验点的单作、间作模式 RN、CN 处理下均无显著差异，但 RN 较 CN 处理显著提高钾含量，单作、间作分别显著提高 20.4%、20.8%（安宁）和 16.3%、18.5%（峨山）；与单作相比，间作小麦植株钾含量在 ZN、RN、CN 处理下分别显著提高 25.9%、23.0%、22.6%（安宁）和 16.9%、18.3%、16.2%（峨山）。综合小麦植株氮、钾含量来看，小麦植株氮、钾含量受施氮水平影响较小，但受间作种植模式的影响较大，间作较单作更能有效降低小麦植株氮含量并提供钾含量。

4. 间作系统减量施氮对小麦植株及叶片中氮钾比的影响

植株抗病性与养分平衡状况有关，施氮及间作对小麦植株及叶片氮钾比（N/K）有显著影响（图 12-5）。与 ZN 相比，单作模式 RN、CN 处理下分别显著提高 49.0%、100.3%（安宁）和 33.2%、68.7%（峨山），间作模式 CN 处理下分别显著提高 21.8%（安宁）、21.9%（峨山），RN 较 CN 处理显著降低植株 N/K，单作、间作分别显著降低 25.6%、22.9%（安宁）和 21.1%、22.9%（峨山）；与单作相比，间作小麦植株 N/K 在 RN、CN 处理下分别显著降低 33.8%、36.1%（安宁）和 29.7%、28.0%（峨山）。

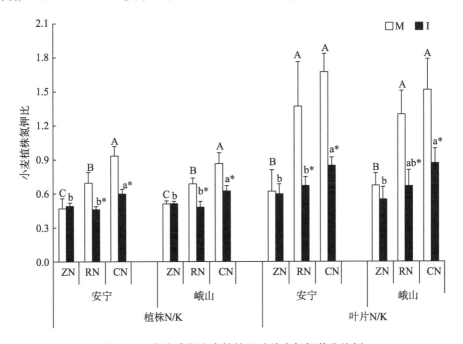

图 12-5　发病盛期小麦植株及叶片中氮钾养分比例

小麦叶片 N/K 的变化趋势与植株 N/K 相似，与 ZN 相比，单作模式下 RN、CN 处理下分别显著提高 121.0%、169.4%（安宁）和 91.2%、123.5%（峨山），间作模式 CN 处理下分别显著提高 42.3%（安宁）、58.2%（峨山）；与单作相比，间作小麦植株 N/K 在 RN、CN 处理下分别显著降低 51.1%、49.1%（安宁）和 48.5%、42.8%（峨山）。

12.3.3 讨论

1. 间作系统减量施氮对小麦植株氮、钾含量和氮钾比的影响

本研究结果与众多研究结果一致（肖靖秀等，2005；陈远学等，2013），施氮明显提高了小麦植株氮含量，但因种植模式、施氮水平及地力条件不同而异。研究报道，豆科作物通过固定空气氮而减少对土壤有效氮的吸收，把土壤中的有效氮及其固定的部分氮素供给与之间作的禾本科作物吸收利用（肖焱波等，2004）。本研究结果与之相似，不施氮处理下，间作明显改善了小麦植株氮营养状况，且在安宁试验点尤为显著，原因是安宁点土壤氮明显低于峨山点，表明禾本科//豆科在缺氮情况下，豆科对禾本科氮营养的改善作用更大。小麦//蚕豆体系中，间作在提高小麦对氮素吸收利用的同时还加快了氮素同化，因而降低了间作小麦氮含量（苏海鹏等，2006）；小麦//蚕豆、小麦//大豆体系因间作改善小麦生长状况而对小麦氮含量产生稀释效应（肖焱波等，2004）；研究也发现水稻//雍菜体系由于间作水稻生物量较单作大而降低水稻氮含量（宁川川等，2017）。本研究中，减量施氮和常规施氮条件下小麦植株氮含量仍保持增加趋势，而间作均显著低于单作且两地表现一致，可能是由间作加速氮素同化及稀释效应所致。

在一定范围内，施氮有利于土壤中 K^+ 释放和作物对钾素的吸收利用（肖靖秀等，2005；陈远学等，2013）。这是由于施入土壤中的氮肥经微生物和酶分解后以 NH_4^+-N 形式存在，NH_4^+-N 与 K^+ 化合价相同、离子半径相似、体积大小相近，对土壤吸附 K^+ 具有替代作用（曹志洪等，1990；倪晋山和安林昇，1984），促进作物根系对 K^+ 的吸收，作物在吸收 NH_4^+、K^+ 的同时酸化根际，进一步促进根区微域土壤 K^+ 的释放；但随着施氮量的增加 NH_4^+ 浓度上升，对 K^+ 产生拮抗作用，抑制作物对 K^+ 的吸收（Marschner，1995），同时过量施氮导致作物蛋白质合成速率下降，积累更多的蛋白质中间产物，如腐胺、鲱精胺和多胺等对作物有毒害作用的物质，造成蛋白质合成受阻，减少作物对钾的吸收（邹芳刚等，2015）。本试验中，小麦植株钾含量随施氮量的增加呈先增加后降低的趋势，与曹志洪等（1990）和周龙等（2016）的研究结果相似，原因可能是减量施氮水平下促进土壤 K^+ 释放，有利于小麦根系对 K^+ 的吸收；而常规施氮水平下 NH_4^+ 浓度增加，抑制小麦对 K^+ 的吸收。间作模式下小麦钾含量显著高于单作，原因可能是间作氮素同化及稀释效应降低小麦植株氮含量而提高钾含量。峨山点小麦植株钾含量在各施氮水平均高于安宁点，其原因一是峨山点土壤有效钾本身比安宁点高；二是峨山点土壤 pH 较安宁低，pH 低的土壤含钾矿物释放的钾素较多，同时 Ca^{2+}、Mg^{2+} 活度低，降低对 K^+ 的竞争，进而有利于作物对钾素的吸收（Marschner，1995）。

试验中还发现，施氮显著提高了小麦植株及叶片的 N/K，单作模式下尤为显著，这是因为施氮（RN 和 CN）处理小麦氮含量显著增加且 CN 处理钾含量显著下降，而间作模式显著增加了钾含量，因而单作模式施氮处理下小麦植株及叶片的 N/K 较高。安宁点小麦植株及叶片的 N/K 高于峨山点，主要是因为峨山点小麦的钾含量高于安宁点。

2. 小麦植株氮、钾含量和氮钾比与条锈病发生的关系

氮、钾营养既是影响作物生长和产量形成的关键因素，也是影响病害发生的重要因子

（肖靖秀等，2005；李勇杰等，2006；陈远学等，2013）。植株体内尤其叶片中氮、钾含量的高低不仅影响其生理生化特性，而且影响病原侵染与致病性及寄主自身的抗病性（周龙等，2016）。施氮增加小麦白粉病（李勇杰等，2006）、条锈病（肖靖秀等，2005）和赤霉病（刘海坤等，2014）的发病率，病情指数也随着施氮量的增加而加重，且小麦条锈病的发生与小麦体内的氮素营养呈显著正相关（肖靖秀等，2005）。本研究结果与前人研究结果一致，施氮加剧小麦白粉病的发生与危害，原因可能是施氮增加了小麦植株氮含量，导致植株体内游离氨基酸、酰胺和可溶性糖等感病物质增加，总酚和类黄酮物质及过氧化物酶活性等降低，进而减弱其抗病能力（李勇杰等，2006；卢国理等，2008）。本试验中，间作小麦发病率（DI）比单作降低了 12.8%～21.3%（安宁）、28.9%～38.2%（峨山），病情指数（DSI）降低了 21.0%～34.5%（安宁）、25.1%～40.5%（峨山），无论从 DI 还是 DSI 看，间作控制小麦条锈病的效果均显著。其中的机制可能是：间作显著降低小麦植株氮含量并增加钾含量，RN 和 CN 处理下氮含量显著降低 17.8%～21.8%（安宁）、16.2%～16.9%（峨山），钾含量显著增加 22.6%～25.9%（安宁）、16.2%～18.3%（峨山），进而降低间作小麦植株体内感病物质，增强其抗病力。

作物达到最适生长的"养分平衡"时抗病能力最强，且抗病力随着养分状况偏离最适状态的程度而变化（周龙等，2016）。已有研究表明，作物病害与植株氮钾比有关，当氮钾比协调时，烤烟抗病能力最强，当氮钾比偏离最适水平时，烤烟发病逐渐加重（董艳等，2007）；番茄与分蘖洋葱伴生后显著降低了番茄植株内的氮钾比，极显著降低了番茄灰霉病病情指数（吴瑕等，2015）。本研究中，间作降低小麦氮含量并增加钾含量，降低了小麦 N/K，使间作小麦氮、钾养分达到平衡状况，因而间作较好地控制了小麦条锈病；峨山小麦植株及叶片 N/K 均明显低于安宁，因此该试验点小麦病情指数明显低于安宁。

3. 间作系统减量施氮对产量的影响

由氮肥过量施用导致的作物病害加剧、作物产量降低及生态环境问题，已成为众多研究者共同关注的焦点（刘海坤等，2014；Luo et al.，2016）。为了提高氮肥利用率，实现控病增产，近年来出现大量有关减量施氮理论与技术的研究报道。相关研究表明，在玉米与大豆套作体系减少 25%施氮量可提高系统周年作物产量和氮肥利用率（雍太文等，2014），在甘蔗与大豆间作体系减少 40%施氮量对甘蔗产量及其主要农艺性状均无显著负面影响（杨文亭等，2011），同时还减少了 N_2O 排放（Luo et al.，2016）。本研究中，施氮增加了小麦产量，CN 处理下产量最高，但 RN 处理与之相比无显著差异；安宁点 RN 处理下蚕豆产量最高，峨山点蚕豆产量则随施氮量的增加而降低。由此说明，施氮对禾本科增产效果显著，而对豆科作物影响甚微，在高肥力土壤上甚至出现减产情况。原因是禾本科作物自身对氮营养需求较高且不具备固氮功能，但对蚕豆而言，增施氮肥促进蚕豆节间伸长、株高增加、干物质增加、地上部与地下部植株全氮含量增加，植株旺长，冠层郁闭度增加，落花落荚现象严重，导致减产。

合理间作可有效控制作物病害和增加作物产量，尤其是禾本科与豆科间作种植，具有明显的控病增产优势。本研究中，小麦//蚕豆产量在各施氮处理下土地当量比均大于 1

（LER>1），表明小麦//蚕豆有较好的间作产量优势。两个试验点间作小麦产量显著高于单作，主要得益于间作显著控制了小麦条锈病的发生与危害，减少了病害导致的产量损失，而蚕豆的间作增产效果只有峨山点显著，可能是间作效应大小与当地水热条件有关。总之，减量施氮并不会导致小麦大幅减产，同时还可以维持较高的蚕豆产量。

小麦蚕豆间作体系中，减量施氮降低小麦植株氮含量而增加植株钾含量，使小麦 N/K 降低，达到养分平衡状况，显著减轻了整个生长期小麦条锈病的发生与危害，挽回了因条锈病导致的产量损失，使小麦产量在减量施氮条件下仍保持稳定。小麦//蚕豆减量施氮对小麦产量无显著影响的同时稳定了蚕豆产量，因此间作能够提高土地当量比，提高土地单位面积的生产力。鉴于本研究中小麦//蚕豆模式下减量施氮仍能提高系统综合产量，因此从提高土地利用率和保护农业生态环境、节约成本考虑，小麦//蚕豆模式下减量施氮具有一定的可行性，但不同生态条件下，小麦蚕豆产量对氮肥反应不一致，因而减量施氮应根据当地气候及土壤肥力情况而定。

参 考 文 献

鲍士旦. 2000. 土壤农化分析[M]. 北京: 中国农业出版社.

曹志洪, 周秀如, 李仲林, 等. 1990. 我国烟叶含钾状况及其与植烟土壤环境条件的关系[J]. 中国烟草科学, (3): 6-13.

陈远学, 李隆, 汤利, 等. 2013. 小麦/蚕豆间作系统中施氮对小麦氮营养及条锈病发生的影响[J]. 核农学报, 27(7): 1020-1028.

董艳, 董坤, 郑毅, 等. 2014. 不同品种小麦与蚕豆间作对蚕豆枯萎病的防治及其机理[J]. 应用生态学报, 25(7): 1979-1987.

董艳, 董坤, 范茂攀, 等. 2007. 氮钾营养与氮钾平衡对几种烤烟病害的影响[J]. 中国农学通报, 23(1): 302-304.

董艳, 汤利, 郑毅, 等. 2010. 施氮对间作蚕豆根际微生物区系和枯萎病发生的影响[J]. 生态学报, 30(7): 1797-1805.

段敏, 同延安, 魏样. 2010. 不同施肥条件下冬小麦氮素吸收、转运及累积的研究[J]. 麦类作物学报, 30(3): 464-468.

付学鹏, 吴凤芝, 吴瑕, 等. 2016. 间套作改善作物矿质营养的机理研究进展[J]. 植物营养与肥料学报, 22(2): 525-535.

霍治国, 陈林, 刘万才, 等. 2002. 中国小麦白粉病发生地域分布的气候分区[J]. 生态学报, 22(11): 1873-1881.

金霞, 赵正雄, 李忠环, 等. 2008. 不同施氮量烤烟赤星病发生与发病初期氮营养、生理状况关系研究[J]. 植物营养与肥料学报, 14(5): 940-946.

李洪谨, 陈国华, 周惠萍, 等. 2006. 昆明地区蚕豆小麦间作控制南美斑潜蝇危害的研究[J]. 云南农业大学学报, 21(6): 721-724.

李隆. 2016. 间套作强化农田生态系统服务功能的研究进展与应用展望[J]. 中国生态农业学报, 24(4): 403-415.

李勇杰, 陈远学, 汤利, 等. 2006. 不同分根条件下氮对间作小麦生长和白粉病发生的影响[J]. 云南农业大学学报, 21(5): 581-585.

李长松. 2013. 中国小麦病害及其防治[M]. 上海: 上海科学技术出版社.

李志贤, 王建武, 杨文亭, 等. 2011. 甘蔗/大豆间作减量施氮对甘蔗产量、品质及经济效益的影响[J]. 应用生态学报, 22(3): 713-719.

刘海坤, 刘小宁, 黄玉芳, 等. 2014. 不同氮水平下小麦植株的碳氮代谢及碳代谢与赤霉病的关系[J]. 中国生态农业学报, 22(7): 782-789.

卢国理, 汤利, 楚轶欧, 等. 2008. 单/间作条件下氮肥水平对水稻总酚和类黄酮的影响[J]. 植物营养与肥料学报, 14(6): 1064-1069.

鲁耀, 郑毅, 汤利, 等. 2010. 施氮水平对间作蚕豆锰营养及叶赤斑病发生的影响[J]. 植物营养与肥料学报, 16(2): 425-431.

马心灵, 朱启林, 耿川雄, 等. 2017. 不同氮水平下作物养分吸收与利用对玉米马铃薯间作产量优势的贡献[J]. 应用生态学报, 28(4): 1265-1273.

倪晋山, 安林昇. 1984. 三系杂交稻幼苗 NH_4^+、K^+ 吸收的动力学分析[J]. 植物生理学报, 10(4): 381-390.

宁川川, 杨荣双, 蔡茂霞, 等. 2017. 水稻-雍菜间作系统中种间关系和水稻的硅、氮营养状况[J]. 应用生态学报, 28(2): 474-484.

沈文颖, 冯伟, 李晓, 等. 2015. 基于叶片高光谱特征的小麦白粉病严重度估算模式[J]. 麦类作物学报, 35(1): 129-137.

苏海鹏, 汤利, 刘自红, 等. 2006. 小麦蚕豆间作系统中小麦的氮同化物动态变化特征[J]. 麦类作物学报, 26(6): 140-144.

孙红炜, 尚佑芬, 赵玖华, 等. 2007. 不同药剂对麦蚜的防治作用及对麦田天敌昆虫的影响[J]. 麦类作物学报, 27(3): 543-547.

孙小花, 谢亚萍, 牛俊义, 等. 2015. 不同施钾水平对胡麻钾素营养转运分配及产量的影响[J]. 草业学报, 24(4): 30-38.

王正银, 姚建祥. 1998. 不同施氮量条件下不同品种水稻对紫色土钾吸收利用的影响[J]. 植物营养与肥料学报, 4(2): 183-187.

吴瑕, 吴凤芝, 周新刚. 2015. 分蘖洋葱伴生对番茄矿质养分吸收及灰霉病发生的影响[J]. 植物营养与肥料学报, 21(3): 734-742.

肖靖秀, 郑毅, 汤利, 等. 2005. 小麦蚕豆间作系统中的氮钾营养对小麦锈病发生的影响[J]. 云南农业大学学报, 20(5): 640-645.

肖焱波, 李隆, 张福锁. 2004. 两种间作体系中养分竞争与营养促进作用研究[J]. 中国生态农业学报, 12(4): 86-89.

杨文亭, 李志贤, 舒磊, 等. 2011. 甘蔗//大豆间作和减量施氮对甘蔗产量及土壤氮素的影响[J]. 生态学报, 31(20): 6108-6115.

杨志贤, 王建武, 杨文亭, 等. 2011. 甘蔗-大豆间作减量施氮对甘蔗产量、品质及经济效益的影响[J]. 应用生态学报, 22(3): 713-719.

叶优良, 王桂良, 朱云集, 等. 2010. 施氮对高产小麦群体动态、产量和土壤氮素变化的影响[J]. 应用生态学报, 21(2): 351-358.

雍太文, 刘小明, 刘文钰, 等. 2014. 减量施氮对玉米-大豆套作体系中作物产量及养分吸收利用的影响[J]. 应用生态学报, 25(2): 474-482.

余常兵, 孙建好, 李隆. 2009. 种间相互作用对作物生长及养分吸收的影响[J]. 植物营养与肥料学报, 15(1): 1-8.

张恩和, 李玲玲, 黄高宝, 等. 2002. 供肥对小麦间作蚕豆群体产量及根系的调控[J]. 应用生态学报, 13(8): 939-942.

张福锁. 1993. 植物营养生态生理学和遗传学[M]. 北京: 中国科学技术出版社.

张经廷, 刘云鹏, 李旭辉, 等. 2013. 夏玉米各器官氮素积累与分配动态及其对氮肥的响应[J]. 作物学报, 39(3): 506-514.

张蕾, 郭安红, 王纯枝. 2016. 小麦白粉病气候风险评估[J]. 生态学杂志, 35(5): 1130-1137.

郑秋红, 杨霏云, 朱玉洁. 2013. 小麦白粉病发生气象条件和气象预报研究进展[J]. 中国农业气象, 34(3): 358-365.

周龙, 吕玉, 朱启林, 等. 2016. 施氮与间作对玉米和马铃薯钾吸收与分配的影响[J]. 植物营养与肥料学报, 22(6): 1485-1493.

邹芳刚, 张国伟, 王友华, 等. 2015. 施氮量对滨海改良盐土棉花钾累积利用的影响[J]. 作物学报, 41(1): 80-88.

祖艳群, 林克惠. 2000. 氮钾营养的交互作用及其对作物产量和品质的影响[J]. 土壤肥料, (2): 3-7.

Beddow J M, Pardey P G, Chai Y, et al. 2015. Research investment implications of shifts in the global geography of wheat stripe rust[J]. Nature Plants, 1(10): 15132.

Boudreau M A, Shew B B, Andrako L E. 2016. Impact of intercropping on epidemics of groundnut leaf spots: defining constraints and opportunities through a 7-year field study[J]. Plant Pathology, 65(4): 601-611.

Chen Y X, Zhang F S, Tang L, et al. 2007. Wheat powdery mildew and foliar N concentrations as influenced by N fertilization and belowground interactions with intercropped faba bean[J]. Plant and Soil, 291(1/2): 1-13.

Costanzo A, Bàrberi P. 2014. Functional agrobiodiversity agroecosystem services in sustainable wheat production: a review[J]. Agronomy for Sustainable Development, 34(2): 327-348.

Dong N, Tang M M, Zhang W P, et al. 2018. Temporal differentiation of crop growth as one of the drivers of intercropping yield advantage[J]. Scientific Reports, 8(1): 3110.

Dordas C. 2008. Role of nutrients in controlling plant diseases in sustainable agriculture: a review[J]. Agronomy for Sustainable Development, 28(1): 33-46.

He X H, Zhu S S, Wang H N, et al. 2010. Crop diversity for ecological disease control in potato and maize[J]. Journal of Resources and Ecology, 1(1): 45-50.

Luo S S, Yu L L, Liu Y, et al. 2016. Effects of reduced nitrogen input on productivity and N_2O emissions in a sugarcane/soybean intercropping system[J]. European Journal of Agronomy, 81: 78-85.

Marschner H. 1995. Mineral Nutrition of Higher Plants[M]. 2nd ed. London: Academic Press.

Singh R P, Singh P K, Rutkoski J, et al. 2016. Disease impact on wheat yield potential and prospects of genetic control[J]. Annual Review of Phytopathology, 54(1): 303-322.

Singh R P, Singh P K, Rutkoski J, et al. 2016. Disease impact on wheat yield potential and prospects of genetic control[J]. Annual Review of Phytopathology, 54(1): 303-322.

Xiao J X, Yin X H, Ren J B, et al. 2018. Complementation drives higher growth rate and yield of wheat and saves nitrogen fertilizer in wheat and faba bean intercropping[J]. Field Crops Research, 221: 119-129.

Zhu Y Y, Chen H R, Fan J H, et al. 2000. Genetic diversity and disease control in rice[J]. Nature, 406(67): 718-722.